高 等 学 校 教 材

食品冷冻冷藏原理与技术

关志强　主编

李　敏　副主编

化学工业出版社

·北京·

本书全面系统地介绍了食品冷冻冷藏基础理论、基本原理和实用技术，全书共分 7 章。前 5 章阐述了食品冷冻冷藏所涉及的基础理论和基本原理，内容包括食品冷冻冷藏的生物化学基础、物理化学基础、物性学基础、传热学基础和传质学基础；后 2 章从技术应用出发，详尽介绍了食品冷却、冻结、冷藏、冻藏、解冻的工艺技术和装置。

本书可供食品科学与工程、农（水）产品加工及储藏工程、制冷与低温技术、冷冻冻藏技术等专业（专业方向）的本科生、研究生或教师作为专业教材或教学参考书使用，也适于食品冷冻冷藏相关企业的工程技术人员阅读。

图书在版编目（CIP）数据

食品冷冻冷藏原理与技术/关志强主编 . —北京：
化学工业出版社，2010.8（2021.2 重印）
（高等学校教材）
ISBN 978-7-122-09104-8

Ⅰ. 食…　Ⅱ. 关…　Ⅲ. ①食品储藏：冻结储藏
②食品储藏：制冷储藏　Ⅳ. TS205.7

中国版本图书馆 CIP 数据核字（2010）第 132541 号

责任编辑：程树珍　　　　　　　　　文字编辑：李　瑾
责任校对：王素芹　　　　　　　　　装帧设计：张　辉

出版发行：化学工业出版社（北京市东城区青年湖南街 13 号　邮政编码 100011）
印　　装：涿州市般润文化传播有限公司
787mm×1092mm　1/16　印张 19¼　字数 500 千字　　2021 年 2 月北京第 1 版第 6 次印刷

购书咨询：010-64518888　　售后服务：010-64518899
网　　址：http://www.cip.com.cn
凡购买本书，如有缺损质量问题，本社销售中心负责调换。

定　价：58.00 元

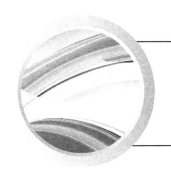

前 言

　　食品是人类生命活动不可缺少的物质来源。优质的食品与人的健康有着非常密切的关系。随着社会的不断进步、食品工业的迅猛发展以及人民生活水平的不断提高，食品冷冻冷藏技术得到了快速发展。经过多年的探索和研究，人们发现低温保鲜方法能最大限度地保持食品原有色、香、味及其外观、鲜度和营养价值，因此是目前世界上被普遍采用的一种食品保鲜方法。冷冻冷藏食品是经过严格的原料筛选、加工处理、调理制作、低温快速冻结、密封包装、低温储存、运输和销售的现代化加工食品，具有安全卫生、品质优良、食用方便、成本较低等优点。随着世界经济一体化，各国对食品品质和安全的要求也在不断提高，如何运用现代科学理论和技术研究与解决食品冷冻冷藏过程中出现的质量问题和安全问题，完善和开发满足不同消费需求的食品冷加工工艺和设备，建设完善可靠、规范管理的食品冷藏链，提高冷加工食品品质控制水平，全面提升我国食品品质，适应国内外市场需求是冷冻冷藏食品行业面临的重要课题。为此，我们编写了《食品冷冻冷藏原理与技术》一书，全面系统地介绍了食品冷冻冷藏的基础理论、基本原理和应用技术，可供食品科学与工程、农（水）产品加工及储藏工程、制冷与低温技术、冷冻冻藏技术等专业（专业方向）的本科生、研究生或教师作为专业教材或教学参考书使用，也适于食品冷冻冷藏相关企业的工程技术人员阅读。

　　全书共分7章。前5章重点阐述了食品冷冻冷藏所涉及的基础理论和基本原理，包括食品冷冻冷藏的生物化学基础、物理化学基础、物性学基础、传热学基础和传质学基础。后2章从技术应用出发，主要介绍了食品冷却、冻结、冷藏、冻藏和解冻的工艺技术及其装置。第1～第4章由关志强编写；第5章由蒋小强编写；第6章（第1、第4节）、第7章由李敏编写；第6章（第2、第3节）由叶彪编写。全书由关志强主编和统稿。博士研究生宋小勇、硕士研究生王秀芝、郭胜兰、郑立静为本书的编写做了大量的编译和校对工作。

　　由于编者水平有限，书中难免存在不妥之处，恳请同行专家和各界读者提出宝贵意见。

编　者
2010 年 5 月

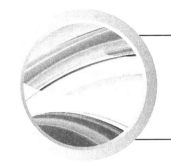

目录

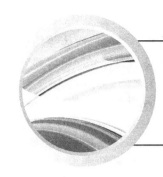

第1章
食品冷冻冷藏的生物化学基础

食品冷冻冷藏是食品加工和储藏的常用方法。植物性食品采摘后仍然是有生命的活的物体，在冷藏过程中靠消耗自身的物质来维持生命的代谢活动，继续完成成熟、衰老、死亡等过程。动物性食品在宰后加工储藏中也发生呼吸途径变化、肌肉组织 pH 值变化、蛋白质变性等一系列的生物化学过程。因此，无论是植物性食品或是动物性食品，在冷冻冷藏过程中，均进行着一系列的生物化学反应。研究食品原料的化学组成及其性质、食品原料组织的生物化学变化是研究食品冷冻冷藏原理的主要基础。

1.1 食品原料的基本构成

人类食物基本上来源于生物界。无论是单细胞生物或是多细胞生物，生物体的形态组成、物质代谢、能量代谢、信息传递等都是以细胞为基础的，维持生命活动的绝大多数反应都发生在细胞内，细胞是生命组织的最小单位。在食品冷冻冷藏过程中，食品组织细胞内外均发生一系列的生物化学变化，因此，了解细胞的结构与功能尤为重要。

1.1.1 细胞的分子组织层次

图 1-1 给出了细胞的分子组织层次。活细胞由无生命的分子组成。首先，由 C、H、O、N、P 和 S 等元素形成前体分子 H_2O、CO_2、NH_3 等，然后再由这些前体分子组成生物分子的代谢中间物，如丙酮酸、柠檬酸、苹果酸和草酰乙酸等。中间物进一步形成构件分子，如氨基酸、核苷酸、脂肪酸和单糖等，再由这些构件分子构成生物大分子，如蛋白质、核酸、多糖和脂等。生物大分子组装成超大分子集合体，如核糖体、生物膜和染色质等，再由这些超大分子集合体构成细胞器，如真核生物中的细胞核、线粒体、叶绿体等，这些细胞器进一步组装成活细胞。

生物分为原核生物和真核生物两大类。原核生物包括各种各样的细菌，结构相对来说比较简单，并且都是以单细胞形式存在，细胞中没有明显的由膜包围的核，DNA区域称为拟核。真核生物包含细胞核以及许多其他细胞器，绝大多数真核生物为多细胞生物，但也包括单细胞生物，如酵母菌和草履虫。

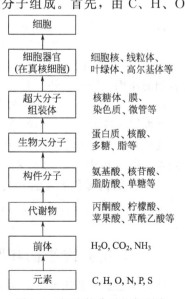

图 1-1 细胞的分子组织层次

1.1.2　植物细胞

如图 1-2 所示，植物细胞是由细胞壁、细胞膜、细胞液、细胞核、液泡、质体等构成。其中，细胞壁、液泡和质体是植物细胞特有的组成部分，是植物细胞与动物细胞的主要区别之一。

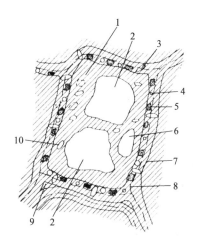

图 1-2　植物细胞结构
1—细胞溶液；2—液泡；3—碳水化合物颗粒；4—胡萝卜素；5—叶绿素；6—细胞核；7—细胞壁；8—中胶层；9—细胞间隙；10—线粒体

植物细胞类似于细菌，有细胞壁和特殊的细胞器叶绿体，而动物细胞既没有细胞壁，也没有叶绿体。植物细胞壁是细胞的外壳，略带弹性，由中胶层、初生壁和次生壁三部分构成，其主要化学组成是纤维素、半纤维素、果胶质、木质素等。细胞壁具有稳定细胞形状并增加其刚性、减少水分散失、防止微生物侵染和机械损伤等保护作用。细胞壁通过果胶质与相邻的细胞壁连成整体。

细胞膜是紧挨细胞壁内侧的一层生物膜，主要由脂类、蛋白质和水组成，是细胞生命活动的重要场所与组成部分，具有保护细胞、交换物质、传递信息、转换能量、运动和免疫等生理功能。植物细胞可以脱离细胞壁而生活，却不能脱离细胞膜生存。细胞膜在不同的温度下热力学性能也不同。当细胞膜出现破裂时，细胞内大量的离子将外溢，造成食品质量下降。

细胞液主要由水、蛋白质、盐、糖类、脂类组成，其中水占 80% 以上，蛋白质等其他物质悬浮于水中，使细胞液表现为一种生物胶。细胞液具有进行某些生化活动、为维持细胞器的实体完整性提供所需要的离子环境、供给细胞器行使功能所必需的一切底物和生化活动中涉及的物质运输等功能。在冻结与冻藏中，细胞液中的水形成冰晶，破坏了细胞内高度精细的结构，使代谢失调。

细胞核是一个双层膜包围的大而且浓的细胞器，在膜上有许多膜孔，细胞核中生物合成的产物通过这些膜孔运送到周围的细胞质里去。

液泡是一种位于细胞质中、外面有一层膜结构的水囊，是细胞内原生质的组成之一。液泡内的物质靠液泡膜有选择地进出，液泡内的物质主要是水、糖、盐、氨基酸、色素、维生素等。在正常的代谢过程中，液泡具有调节细胞内水溶液的化学势和 pH 值以及分解大分子化合物的作用。同时，还具有将那些大量产生的不能及时排出的毒性代谢物质与细胞中其他物质相隔绝的重要功能。当细胞衰老或液泡受机械损伤时，液泡内的酶外溢，使细胞发生自溶。在冻结与冻藏中，其中的水也形成冰晶。

质体包括白色体、杂色体和叶绿体。白色体不含色素，存在于胚细胞及根部和表皮组织中。杂色体中含有的色素为胡萝卜素和叶黄素，呈黄色或橘黄色，分布于高等植物某些器官如花瓣和果实的外表皮内。叶绿体含有叶绿素，存在于一切进行光合作用的植物细胞中，是光合作用的主要场所。叶绿素是使果蔬呈绿的物质，在加工中易被氧化破坏。

1.1.3　动物肌肉结构和肌纤维

动物体主要可利用部分的组织分为肌肉组织、脂肪组织、结缔组织和骨骼组织四类，其组成的质量分数随动物种类、肥度和年龄不同有较大的变化范围：肌肉组织 50%～60%，脂肪组织 20%～30%，骨骼组织 13%～20%，结缔组织 7%～11%。此外，还有比例较少的神经、血管、淋巴和腺体等组织。

肌肉组织可分为横纹肌、平滑肌和心肌三种。横纹肌是肌肉的主体，食品加工所指的肌肉组织主要是指在生物学中称为横纹肌的部分。横纹肌是附着在骨骼的肌肉，随动物的意志伸张或收缩而完成运动机能，故又称骨骼肌或随意肌。如图 1-3 所示，横纹肌是由肌纤维（多核细胞）束簇组成。包裹在整个肌纤维外的结缔组织鞘称为"肌外膜"。从肌外膜内表面延伸出的其他结缔组织贯穿肌肉内部，将肌纤维组分成肌纤维束，包裹着肌纤维组的这种结缔组织层称为"肌束膜"，包裹着每一条肌纤维的更纤细的结缔组织鞘是从肌束膜延

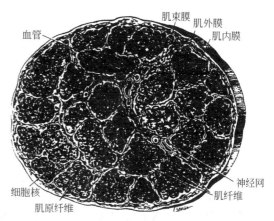

图 1-3　肌肉横切面

伸出来的，后一种鞘称为"肌内膜"。这些结缔组织鞘与肌肉末端的大块结缔组织腱相连接，这些连接点起到了将肌肉固定在骨骼上的作用。图 1-3 示意了结缔组织（肌外膜、肌束膜及肌内膜）的分布及其与肌纤维、肌纤维束的关系，图中还给出了血管的典型位置，血管、淋巴和神经组织分布于结缔组织之中。

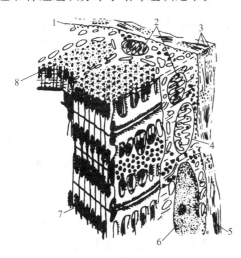

图 1-4　横纹肌肌纤维细胞结构
1—细胞膜；2—线粒体；3—胶原纤维；
4—糖原；5—肌纤维膜；6—细胞核；
7—肌纤丝；8—肌原纤维

如图 1-4 所示，横纹肌是由长而窄的肌纤维（多核细胞）组成，一个肌纤维相当于一个细胞，故也称为肌纤维细胞。细胞的长度可达几个厘米，直径在 $10\sim100\mu m$ 之间。肌纤维平行排列成束，肌纤维束簇构成肌肉。鱼肉中肌纤维的排列不同于鸟类和哺乳动物，其排列方式遵从于在水中屈曲身体向前推进的需要。肌纤维细胞内有许多微细的肌原纤维、细胞核、线粒体和汁液等物质。

平滑肌不具有横纹肌的特征性条纹，是构成血管壁和胃肠壁的物质。含有平滑肌的动物器官，如鸟类的肠组织和软体动物（蛤、牡蛎）的肉，也可以用作食品原料。

心肌是构成心脏的物质。心肌的肌原纤维结构与横纹肌相似，但心肌的纤维排列不如横纹肌那样规则。它们在肌肉组织中所占的比例很小，都是由肌纤维细胞构成的。这些肌纤维与横纹肌的肌纤维比较，仅在细胞和细胞核的形状方面略有不同。

脂肪组织是决定肉质的重要部分，是由退化了的疏松结缔组织和大量的脂肪细胞所组成，大多分布在皮下、肾脏周围和腹腔内。

结缔组织是由纤维质体和已定型的基质组成，深入到动物体的任何组织中，构成软组织的支架。

骨骼组织是动物的支柱，形态各异，由致密的表面层和疏松的海绵状内层构成，外包一层坚韧的骨膜。

1.2　食品原料的化学组成

食品原料的主要化学成分有：水分、蛋白质、脂肪、糖类、维生素、酶和矿物质等。在冷冻冷藏过程中，这些物质均会发生一系列的物理、化学变化，以至于影响食品的食用价值和营养价值，因此，应尽量减少或避免营养成分的破坏与损失，保持新鲜食品原有的营养价值和风味。常见食品原料的化学成分如下。

1.2.1　蛋白质

1.2.1.1　蛋白质的分子结构

蛋白质是一类复杂高分子含氮化合物，它是一切生命活动的基础，是构成生物体细胞的重要物质。虽然蛋白质的种类繁多，结构复杂，但它们的化学元素组成均相似。蛋白质主要由碳、氢、氧、氮四种元素组成，大多数蛋白质含有硫元素，一些蛋白质还含有磷元素，少数蛋白质含有铁、铜、锌、锰等矿物质元素。蛋白质的分子量差别很大，可相差几千倍。但无论蛋白质来源如何，其含氮百分率相对恒定，平均含氮量为16%，取其倒数6.25（如果已知确切含氮量，则为确切含氮量的倒数），称为蛋白质换算系数，它是通过氮元素含量分析测定蛋白质大致含量的依据，即粗蛋白质（%）＝氮元素含量×6.25。

蛋白质是由天然氨基酸通过肽键连接而成的生物大分子。蛋白质分子的基本结构是，由上述各种元素按照一定的结构组成氨基酸；一个分子氨基酸的羧基和另一个分子氨基酸的氨基相互缩合形成肽键，肽键把许多氨基酸连接形成较长的多肽链；然后通过氢键而成螺旋状多肽链；再通过副键（如盐键等）将几条螺旋状多肽链折叠盘曲保持着不同形状的立体结构。

在酸、碱、酶等物质作用下，蛋白质发生水解作用，最终将大分子的蛋白质水解为小分子的氨基酸：

$$蛋白质 \rightarrow 多肽 \rightarrow 二肽 \rightarrow 氨基酸$$

氨基酸是蛋白质的基本单位。虽然从各种生物体内发现的氨基酸目前已有180多种，但参与蛋白质构成的氨基酸主要是20种。这20种氨基酸被称为构成蛋白质的氨基酸，包括色氨酸、缬氨酸、亮氨酸、异亮氨酸、苏氨酸、赖氨酸、蛋氨酸、苯丙氨酸、组氨酸、甘氨酸、丙氨酸、丝氨酸、天冬氨酸、谷氨酸、精氨酸、半胱氨酸、胱氨酸、酪氨酸、脯氨酸、羟脯氨酸。除脯氨酸和羟脯氨酸外，其他构成蛋白质的氨基酸中的氨基都是和离羧基最近的碳原子（该碳原子编号为 α）相连，这类氨基酸均为 α-氨基酸，即由一个氨基（—NH_2）、一个羧基（—COOH）、一个氢原子（—H）和一个R基团（—R）连结在一个碳原子上。在不同的氨基酸分子中，其侧链彼此不同，但其余部分均相同，结构通式如下

氨基酸　　　　　　　　氨基酸的两性离子

根据氨基酸能否在人体内合成以满足机体需要，分为必需氨基酸和非必需氨基酸。必需氨基酸在人体内不能合成或合成速度不能满足机体需要，必须通过水解食品中的蛋白质获得。非必需氨基酸在人体内能够合成以满足机体需要。上述20种构成蛋白质的氨基酸的前8种氨基酸是必需氨基酸，组氨酸是婴儿必需氨基酸。

1.2.1.2　蛋白质的重要性质

（1）蛋白质的等电点

蛋白质分子与氨基酸分子一样，分子中有游离的氨基和羧基，属于两性化合物。在碱性溶液中（pH＞pI），酸性基团解离增大，使蛋白质分子带负电荷。在酸性溶液中（pH＜pI），碱性基团解离加强，使蛋白质分子带正电荷。在酸性或碱性蛋白质溶液中通过电流时，蛋白质分子便向阴极或阳极移动，当调节溶液到达某一 pH 值时，蛋白质分子因内部酸性基团和碱性基团的解离度相等而呈等电状态，蛋白质分子内的正、负电荷数相等，蛋白质不显电性，这时溶液的 pH 值叫做蛋白质的等电点。

$$\underset{(pH > pI)}{R-\underset{NH_2}{\overset{COO^-}{CH}}} \xrightleftharpoons[H^+]{OH^-} \underset{(pH = pI)}{R-\underset{NH_3^+}{\overset{COO^-}{CH}}} \xrightleftharpoons{H^+} \underset{(pH < pI)}{R-\underset{NH_3^+}{\overset{COOH}{CH}}}$$

（等电点）

不同的蛋白质有不同的等电点。如果蛋白质的碱性氨基酸（赖氨酸、精氨酸）的含量较高，那么等电 pH 值高，超过 pH 7.0；如果蛋白质的酸性残基（天冬氨酸、谷氨酸）占优势，其等电 pH 较低。在等电点时，蛋白质的溶解度、黏性、渗透压、膨胀性、稳定性等达到最低限度。蛋白质处于等电点时，将失去胶体的稳定性而发生沉淀现象。食品加工和储藏中都要利用或防止蛋白质因等电点而引起各种性质的变化。

（2）蛋白质的胶体性质

蛋白质的相对分子质量很大，一般在 10000～1000000 之间，因此它的水溶液必然具有胶体的性质，如布朗运动、光散射现象、电泳现象、不能透过半透膜及具有较大的吸附能力等。蛋白质在生物体内常以溶胶和凝胶两种状态存在。例如，蛋清是蛋白质溶胶，蛋黄是蛋白质凝胶；动物肌肉纤维为蛋白质凝胶，而肉浆中的蛋白质为溶胶状态。溶于水的蛋白质能形成稳定的亲水胶体，统称为蛋白质溶胶，如豆浆、牛奶、肉冻汤等。由于大部分蛋白质的分子表面有许多亲水基（如—SH，—CO—等），吸引水分子在蛋白质颗粒周围形成一层水膜，这样就使蛋白质颗粒各自相互隔开而阻碍聚合下沉，保持其稳定性，这是使蛋白质溶胶稳定的一个因素。另一使蛋白质溶胶稳定的因素是蛋白质胶粒带有电荷。因此，蛋白质在溶液中靠水膜和电荷保持其稳定性，一旦消除水膜和电荷，蛋白质就开始黏在一起而形成较大的蛋白质团，最后从溶液中沉淀出来。在一定条件下，蛋白质溶胶可以变为凝胶，在凝胶体内，溶剂和蛋白质形成一种如同胶冻的外表均一体，其中有的水形成很厚的水膜包围着蛋白质颗粒，有的水则积存在胶粒间的空间。豆腐、奶酪等就是用蛋白质制成的凝胶体。溶胶可看做是蛋白质颗粒分散在水中的分散体系，而凝胶则可看做是水分散在蛋白质中的一种胶体状态。

（3）蛋白质的变性

蛋白质分子的天然状态是在生理条件下最稳定的状态，当蛋白质分子所处的环境如温度、辐射、pH 等变化到一定程度时，蛋白质的立体结构发生变化，从而引起蛋白质性质的改变，这种现象称为蛋白质的变性。从分子结构来看，蛋白质变性是由于多肽链特有的有规则排列即蛋白质特殊的空间构象遭到破坏所致，它不涉及主链肽键的断开，不包括蛋白质的分解，仅涉及蛋白质的二、三、四级结构的变化。蛋白质分子只有在一定的温度、pH 范围内和其他特定条件下才能保持其立体结构，当蛋白质受到外界因素（如冷冻、加热、振荡等）的影响，保持蛋白质立体结构的副键就会被破坏，其中氢键的键能最小，最易破坏；副键的破坏使螺旋盘曲的多肽链伸展，原来处于分子内部的疏水基趋向表面，降低了表面的电荷和水化作用。因此，蛋白质变性后，其溶解度、黏度、膨胀性、渗透性、稳定性都会发生明显的变化，同时也失去其生理活性功能。在日常生活中，蛋清受热凝固、毛发受热卷曲、肉类解冻后汁液流失等都是蛋白质变性的结果。

1.2.1.3　蛋白质的分类

根据蛋白质所含氨基酸的种类、数量及其营养价值，可将蛋白质分为完全蛋白质、半完全蛋白质和不完全蛋白质三类。

（1）完全蛋白质

完全蛋白质是一种质量优良的、含有人体必需而在人体内不能合成的缬氨酸、亮氨酸、异亮氨酸、苏氨酸、蛋氨酸、苯丙氨酸、色氨酸和赖氨酸 8 种氨基酸的蛋白质，它所含的必需氨基酸种类齐全、数量充足、比例合理，不但能保证人体生长的正常需要，维持人的生命和健康，还可以促进生长发育，尤其有益于儿童的生长发育。酪蛋白、乳白蛋白、麦谷蛋白等均属于完全蛋白质。动物性食品如肉、鱼、蛋、乳等所含的蛋白质是完全蛋白质。

（2）半完全蛋白质

这类蛋白质所含的各种人体必需氨基酸的种类比较齐全，但氨基酸比例不合适，其中某些氨基酸的数量不能完全满足人体的需要。若作为膳食中唯一的蛋白质来源时，只能够维持生命，而不能促进生长发育。如小麦和大麦中的麦胶蛋白就属于半完全蛋白质，赖氨酸含量很少。

（3）不完全蛋白质

这类蛋白质所含的人体必需氨基酸的种类不全，缺少其中一种或一种以上氨基酸。若用作膳食中唯一的蛋白质来源时，既不能促进生长发育，也不能维持生命。植物性食品所含的蛋白质，大部分是不完全蛋白质，如玉米中的胶蛋白等属于不完全蛋白质。动物的结缔组织和肉皮中的胶原蛋白也属于不完全蛋白质。

食物中的蛋白质大都属于半完全蛋白质，食物之所以能够维持我们的身体健康，是因为人们从膳食中摄入的蛋白质不止一种，蛋白质与蛋白质之间可以互补。如果某种蛋白质中所缺的氨基酸，在另一种蛋白质中含量丰富，它们互相补充就可以变成完全蛋白质。如我们单吃牛肉，其蛋白质营养价值并不很高，但如果和面粉同吃，两种蛋白质互相补充，就能提高其综合营养价值。通常情况下，同类食物中蛋白质的互补作用不大，所以谷类蛋白可以用肉类或豆类来补充，但不能用别种谷类来补充。

根据蛋白质的化学组成分类，通常可将蛋白质分为单纯蛋白质和结合蛋白质。单纯蛋白质完全水解的产物只有 α-氨基酸一种成分，如白蛋白、球蛋白、谷蛋白、鱼精蛋白、组蛋白和硬蛋白等。结合蛋白质的水解产物由单纯蛋白质和耐热的非蛋白质物质结合而成，其非蛋白质部分称为辅基，即除 α-氨基酸外，还有其他化合物，如核蛋白、色蛋白、磷蛋白、糖蛋白等。

根据蛋白质的分子形状（分子外型的对称程度）分类，又可分为球状蛋白质和纤维状蛋白质。球状蛋白质分子对称性佳，外型接近球状或椭球状，溶解度较好，能结晶。球状蛋白质的营养价值较高，通常含有人体必需氨基酸，易于被人体消化吸收。球状蛋白质主要存在于动物性食品中，包括肌球蛋白、酪蛋白、白蛋白、血清球蛋白。纤维状蛋白质分子对称性差，分子类似细棒或纤维。纤维状蛋白质是机体组织结构不可缺少的蛋白质，由长氨基酸肽链连接成纤维状或卷曲成各种盘状结构，成为各种组织的支持物质，如结缔组织中的胶原蛋白、肌腱和韧带等。这类蛋白质一般不溶于水。

1.2.2　碳水化合物

1.2.2.1　碳水化合物的组成

碳水化合物也称为糖类，是含多羟基的醛类或多羟基的酮类化合物及其缩聚物和某些衍生物的总称。由于早期发现的此类化合物含氢和氧的比例和水中氢和氧的比例一样，因此碳水化合物这一名词一直沿用。

糖类物质的主要生物学作用是通过氧化而放出大量的能量，以满足生命活动的需要。淀粉、糖原是重要的生物能源，它能转化为生命必需的其他物质，如蛋白质和脂类物质。几乎所有动物、植物、微生物体内都含有糖，其中以存在于植物界最多，约占其干重的 80％；在人和动物的器官组织中，含糖量不超过体内干重的 2％；微生物体内含糖量约占菌体干重的 10％～30％。在人体内除少量的粗纤维不能被消化吸收外，大部分糖类物质都能被人体利用。1g 葡萄糖在体内完全氧化可产生 16kJ 热量，因此，糖类物质是供给人体热量最主要和最经济的原料。

1.2.2.2　糖类物质的分类

（1）单糖

单糖是不能再水解成更小分子的最简单的多羟基醛或多羟基酮，是糖类物质中最简单的一类。它是构成复杂糖类物质的单体。根据碳原子数目，可分为丙糖（C_3）、丁糖（C_4）、戊糖（C_5）、己糖（C_6）、庚糖（C_7）等或称为三碳糖、四碳糖、五碳糖、六碳糖、七碳糖等。在自然界分布广、意义大的是戊糖和己糖，核糖、脱氧核糖属戊糖，葡萄糖、果糖和半乳糖属己糖。

果实中存在大量葡萄糖和果糖。葡萄糖是构成食物中各种糖类的最基本单位，葡萄糖可以为人体直接吸收，是生物细胞能直接利用的唯一糖类。有些糖类完全由葡萄糖构成，如淀粉；有些则由葡萄糖与其他糖化合而成，如蔗糖。葡萄糖以单糖形式存在于自然食品中是较少的。果糖往往与葡萄糖同时存在于植物中，主要存在于水果和蜂蜜中。果糖是动物体易于吸收的糖分，果糖吸收后，经肝脏转变成葡萄糖被人体利用。半乳糖很少以单糖形式存在于食品中，在人体中也是先转变成葡萄糖再被人体利用。

新鲜果蔬在呼吸酶的催化下发生呼吸作用，发生以下的反应

$$C_6H_{12}O_6 + 6O_2 \longrightarrow 6H_2O + 6CO_2 + 674 \text{ kcal}❶$$

呼吸作用的结果，不仅消耗了糖类，而且产生的热量还能促进果蔬的其他生化变化，并为微生物的繁殖创造了适宜的条件。针对果蔬的这种特点，采用冷却储藏或气调储藏控制它们的呼吸作用，延长它们的储藏期。

（2）低聚糖

低聚糖是指聚合度小于或等于 10 的糖类，即把由 2～10 个单糖分子聚合所形成的糖类称为低聚糖，根据低聚糖水解后所形成的单糖的数量可分为二糖、三糖、…、十糖，其中以双糖最为重要，存在最为广泛，如蔗糖和麦芽糖等。低聚糖的通式，以六碳低聚糖为例，可表示如下

$$n(C_6H_{12}O_6) \cdot (n-1)H_2O, \; n=2,3,4,\cdots$$

低聚糖分为均低聚糖和杂低聚糖；含相同单糖的低聚糖称为均低聚糖，以同一种单糖聚合而成，如麦芽糖、异麦芽糖、海藻糖均由二分子葡萄糖组成，低聚果糖、低聚木糖以及聚

---

❶　1cal＝4.18J，全书余同。

合度小于 10 的糊精等均属均低聚糖；含不同单糖的低聚糖称为杂低聚糖，由不同种单糖聚合而成，如蔗糖由葡萄糖和果糖组成，乳糖或蜜二糖均由葡萄糖和半乳糖组成，棉籽糖由葡萄糖、果糖和半乳糖组成，水苏糖由葡萄糖、果糖和二分子半乳糖组成等。还可根据还原性质分低聚糖为还原性低聚糖和非还原性低聚糖。低聚糖属小分子化合物，能结晶，可溶于水，有甜味，都有旋光活性。

（3）多糖

多糖是由 10 个以上单糖组成的大分子糖，是自然界中分子结构复杂的一类高分子物质。多糖是一种高效的免疫调节剂，广泛存在于动植物和人体内。多糖在性质上与单糖和低聚糖不同，一般不溶于水，即使能溶，在水溶液中也不形成真溶液，只能形成胶体。多糖相对分子质量大，无甜味，无还原性，有旋光性，但无变旋现象，在酸或酶的作用下可水解为数百至数千个单糖以及二糖和部分非糖物质。根据多糖的组成特点可分为同多糖和杂多糖。由一种单糖聚合而成的多糖称为同多糖或均一多糖，如淀粉、纤维素和糖原等；由不同类型的单糖或衍生物结合而成的多糖称为杂多糖或不均一多糖，如果胶、半乳糖和甘露糖胶等。从功能上说，作为储存形式的多糖（淀粉和糖原等），在需要时，可以通过生物体内酶系统的作用，分解、释出单糖，是生物机体代谢能源之一。另一些不溶性多糖（植物的纤维素和动物的壳多糖），是构成植物和动物骨架的原料。

① 淀粉　淀粉是由许多葡萄糖组成的、能被人体消化吸收的植物多糖，是最丰富、最廉价的热能营养素。植物借光合作用合成葡萄糖并将其输送到淀粉储存器官转化为淀粉，以淀粉粒形式储存在植物细胞中，尤其是根、茎和种子细胞中。农作物的淀粉含量，因作物品种、生长条件、地理气候条件及生长期不同而变化。淀粉在谷类、豆类和薯类中含量最多，是人类碳水化合物的主要食物来源。淀粉是无味、无臭的呈颗粒状的白色粉末，无甜味，无还原性，有一定的吸湿性。根据分子结构特点，淀粉可分直链淀粉和支链淀粉。直链淀粉不溶于冷水，而能溶于热水，在热水中形成溶胶；支链淀粉不溶于水，又称为不溶性淀粉，但它能分散于凉水中形成胶体。淀粉颗粒不溶于冷水，但在常温下能吸收 40%～50% 的水分，其体积膨胀较少。当受热后水分渗入到颗粒内部，使可溶性直链淀粉逐渐吸收水分而体积增大，当体积增大到极限时，淀粉颗粒就发生破裂。直链淀粉向水分子中扩散，体积增大很多倍，而支链淀粉以淀粉残粒形式保留在水中，这一过程称为淀粉的溶胀。淀粉颗粒在一定的温度（一般在 60～80℃）下，吸水后体积膨胀，进而溶胀、分裂，由淀粉大颗粒分解为细小淀粉分子而形成半透明的胶体溶液，此过程称为淀粉糊化，糊化后的淀粉称为 α-淀粉。在适宜的温度下长期存放，α-淀粉会发生老化，老化是胶体溶液中淀粉分子重新聚集与结晶的过程。与生淀粉（β-淀粉）比较，老化后的淀粉不易被人体所吸收，因此，在工业上常采用 −20℃ 速冻来避免淀粉老化。淀粉很容易发生水解反应，在有水的情况下，加热就可以发生水解反应，当与无机酸共热时，或在淀粉酶的作用下，可彻底水解为葡萄糖。

② 纤维素　纤维素是存在于植物体中不能被人体消化吸收的多糖和木质素。植物细胞与动物细胞相比，有特殊的细胞壁，纤维素是植物细胞壁的主要结构物质。纤维素不溶于水，但吸水膨胀，无还原性，性质稳定。纤维素水解也比淀粉困难得多，一般需要在浓酸中或用稀酸在加压条件下进行。蔬菜、水果及谷类外皮中纤维素含量较高。纤维素在食品中的作用不是其中的营养成分，但能促使胃肠道的蠕动和刺激消化腺的分泌。

③ 果胶　果胶是典型的植物多糖，主要存在于植物细胞壁和细胞壁之间，起细胞间的粘接作用。果胶通常存在于水果和蔬菜之中，尤其是柑橘类和苹果中含量较多。果胶是一种无定形物质，可形成凝胶和胶冻，在热溶液中溶解，在酸性溶液中遇热形成胶态。果胶一般有三种状态，即原果胶、果胶和果胶酸。未成熟的果实中主要是原果胶，其组织坚硬，随着

果实的成熟，果实组织由硬变软，原果胶转化为果胶，果胶分解后产生甲醇和果胶酸，使果实组织柔软。果实过熟或腐烂时，甲醇含量较高。果胶物质只能被人体部分吸收。

④ 糖原　糖原是动物体内的主要多糖，因此也称动物淀粉。糖原由肝脏和肌肉合成和储存，是一种含有许多葡萄糖分子和支链的动物多糖。糖原的两个主要储藏部位分别为肝脏及骨骼肌。肝脏中储存的糖原浓度比肌肉中要高些，但在肌肉中储存的糖原比肝脏多，这是因为肌肉的总量比肝脏大得多的缘故。肝脏中储存的糖原可维持正常的血糖浓度，肌肉中的糖原可提供肌体运动所需要的能量。糖原的分支程度比支链淀粉高 1 倍多，较多的分支可为快速分解葡萄糖提供较多的酶作用位点。食物中糖原含量很少，它不是主要的碳水化合物的食物来源。动物肌肉中的肌糖原在自溶酶所促进的无氧分解的酵解作用下产生乳酸，使肉的pH 值降低，使肉由中性变成酸性，会促进肉的成熟。

1.2.3　脂类

脂类是生物细胞和组织中不溶于水，而易溶于乙醚、苯及氯仿等非极性溶剂中，主要由碳氢结构成分构成的一大类生物分子。凡是可以用有机溶剂如乙醚、苯及氯仿等提取的任何生物材料部分都叫脂类。脂类由碳、氢、氧所组成。脂类分为简单脂类、复合脂类和衍生脂类。简单脂类是仅由脂肪酸和醇所形成的脂，主要包括油脂与蜡；复合脂类是由简单脂类成分与非脂性成分组成的脂类化合物，主要包括磷脂和糖脂。衍生脂类主要包括除简单脂类和复合脂类以外的脂类，主要有胡萝卜素类物质和固醇类物质。

油脂主要由甘油和高级脂肪酸组成。油脂中的高级脂肪酸，种类复杂，多数含有偶数碳原子，不带侧链。直链越长，沸点越高，熔点也有不规则升高。高级脂肪酸分为饱和脂肪酸（分子中碳原子间以单键相连的一元羧酸，如软脂酸、硬脂酸等）和不饱和脂肪酸（碳链中含有碳碳双链的脂肪酸，如油酸、棕榈油酸等）。不饱和脂肪酸中双键越多，不饱和程度越高，氧化也越快。油脂中饱和脂肪酸成分越多，其流动性越差，不饱和脂肪酸成分越多，其流动性越好。大多数植物油含油酸等不饱和高级脂肪酸的甘油酯较多，因此在常温下是液体（一般称为油）。而牛油等动物的油脂含硬脂酸和软脂酸等饱和高级脂肪酸甘油酯较多，因此在常温下是固体（一般称为脂肪）。尽管在常温下有的呈固体、半固体（如牛油、猪油、椰子油），有的呈液体（如花生油、鱼肝油），但它们的化学成分与结构是相似的。

食品中所含的油脂以细胞原生质的组成部分和积存于脂肪组织中储藏脂肪形式而存在。高等动物和人体的脂肪大都存在于肠系膜、皮下脂肪等结缔组织中，植物油脂集中于果实和种子内。油脂在动物性食品中和植物的种子中含量较多，如肥猪肉含 29.2%、鸡蛋含 11.6%、牛奶含 3.5%、花生仁含 39.2%，而在一般果蔬中含量较少。

与食品冷冻冷藏关系较为密切的油脂性质是氧化和水解。含有共轭双键较多的不饱和脂肪酸油脂，其结构中的不饱和键易被空气中的氧所氧化，生成过氧化物，并进一步断裂分解，产生具有刺激性气味的醛、酮或酸等物质。饱和脂肪酸在微生物的存在下，也能被氧化而分解，但因为它在结构上不存在双键，所以化学性质较稳定。在微生物和脂酶的作用下或在酸、碱溶液中，油脂可以水解为甘油和游离脂肪酸，并继续氧化分解，最后生成有臭味的酮类。油脂氧化也称为油脂的酸败。当水分、脂酶、空气存在时，日光对油脂的酸败起催化作用。温度升高，油脂氧化速度加快。油温在 25~35℃，pH 值为 4.7~5 时，脂酶活性最大。油脂的酸败主要是由氧和水引起的，此外，温度的升高和光线的照射也会加速油脂的酸败。因此，为了尽量避免油脂酸败，油脂应在避光、低温、隔绝空气的条件下保存，同时要尽量降低油脂中的水分含量。

1.2.4　维生素

维生素是维持生物正常生命过程所必需的一类有机物质。维生素在天然食品原料中广泛存在，主要存在于植物性食品原料中，动物性食品原料中含量则很少。人体对维生素的需要量很小，但它却是机体维持生命所必需的要素，缺乏维生素会引起各种疾病。除了极少数几种维生素外，人体是不能合成维生素的，人体需要的维生素主要从动物性食品和植物性食品中摄取。

维生素按其溶解性分为两大类：脂溶性维生素和水溶性维生素。脂溶性维生素有维生素 A、维生素 D、维生素 E、维生素 K 等小类，它们不溶于水而溶于脂肪和脂肪溶剂（如苯、乙醚、氯仿等）；水溶性维生素分维生素 B、维生素 C 等小类，有的小类或族中又包含几种维生素如维生素 B_1、维生素 B_2、维生素 B_{12} 等。过去，维生素的命名是根据发现的先后以字母 A、B、C、D 等命名，现在，由于维生素的化学结构已经弄清楚，多数根据化学结构并结合生理功能来命名。例如，维生素 B_1 因含有硫和氨基而称为硫胺素；维生素 C 能防治坏血病，化学结构上又是有机酸，所以又称为抗坏血酸等。

1.2.4.1　维生素 A 族

维生素 A 族（抗眼干燥病维生素）是脂溶性的醇类物质，具有同分异构体形式，包括维生素 A_1 和维生素 A_2。维生素 A_1 的化学名称为视黄醇，主要存在于海水鱼以及哺乳类动物的肝脏、血液和视网膜中；维生素 A_2 又叫 3-脱氢视黄醇，主要存在于淡水鱼肝中，其生理活性比维生素 A_1 低，只有维生素 A_1 的 40％，对人体作用不大。维生素 A 仅存在于动物性食品中，而以肝脏、鱼肝油、乳汁和蛋黄中含量丰富。植物中虽然不含维生素 A，但许多绿色植物含有类胡萝卜素，具有维生素 A 的生理功能，所以，有时将类胡萝卜素称为维生素 A 原。植物性食品中如胡萝卜、玉米等含有维生素 A 原，可在动物体内转化为维生素 A。维生素 A 具有广泛的生理功能，它能促进机体生长发育，维持结缔组织的完整性。维生素 A 和视觉有关，它是构成视网膜中棒状细胞内感光物质的成分，缺乏维生素 A 时能引起眼角膜干燥，也称为夜盲症。维生素 A 耐热。

1.2.4.2　维生素 D 族

维生素 D 族是甾醇类衍生物，维生素 D 和动物骨骼的钙化有联系，因此又叫钙化醇。在食物中具有实用性的维生素 D 只有两种——维生素 D_2（麦角钙化醇）和维生素 D_3（胆钙化醇），两者的分子结构很相似，仅侧链不同，都是无色晶体，性质稳定，不易被酸、碱、氧化剂及加热所破坏。维生素 D_2 和维生素 D_3 本身均无活性，需经过肝、肾进行羟化作用，生成活性维生素 D 才能发挥其生理作用。维生素 D_3 主要生理功能是促进钙、磷吸收，从而促进骨骼生长发育。维生素 D 缺乏时，会出现佝偻病。维生素 D 通常在食品中与维生素 A 共存，在鱼、蛋黄、奶油中含量丰富，尤其是海产鱼肝油中含量特别丰富，因此鱼肝油广泛地被利用作为预防和治疗佝偻病的药剂。

1.2.4.3　维生素 E 族

维生素 E 化学名为生育酚，缺乏维生素 E 的主要症状是不能生育。维生素 E 在自然界分布很广，一般动植物食品中均含有维生素 E，尤以蔬菜、麦胚、植物油的非皂化部分中含量较多。维生素 E 为淡黄色油状物，对热稳定，耐酸，能被碱破坏，易被氧化。以摄取天然食物为主要营养的人们，很少患维生素 E 缺乏症。在油脂中，维生素 E 具有良好的抗氧化性。维生素 E 在预防衰老方面也有重要作用。

1.2.4.4　维生素 K 族

维生素 K 具有促进凝血作用，故又称抗出血性维生素。维生素 K 广泛地存在于自然界中，在绿叶植物如菠菜、红薯叶和动物性食品的肝脏中含量较丰富，在天然发酵豆酱中含量最高。维生素 K 对热稳定，但容易被光和碱破坏，故应避光保存。天然存在的维生素 K 只有维生素 K_1 和维生素 K_2 两种，其余 70 多种均为人工合成。

1.2.4.5　维生素 B 族

维生素 B 族中对人体健康关系最大的是维生素 B_1 和维生素 B_2。

维生素 B_1（硫胺素），又称抗脚气病维生素，广泛存在于谷物的胚和糠皮以及酵母、肉类、豆类、蛋中，在谷类种子表层中的含量特别丰富。维生素 B_1 对热稳定，干热 100℃ 不分解，在水中加热至 100℃ 缓慢分解；在酸性溶液中对热稳定，加热至 120℃ 不分解；在碱性溶液中容易分解。人体缺乏维生素 B_1 时会引起脚气病。动物缺乏维生素 B_1 时则出现多发性神经炎。

维生素 B_2 的化学名称为核黄素，存在于动物内肝脏、蛋黄、乳品以及鱼类与鱼制品中，大豆、米糠和酵母中含量也较多。维生素 B_2 呈橘黄色，在酸性溶液中稳定、耐热，但易被碱和光破坏。人体缺乏维生素 B_2 时往往伴随有 B 族维生素的同时缺乏。缺乏维生素 B_2 导致的常见症状有唇炎、舌炎等。

1.2.4.6　维生素 C

维生素 C 又称抗坏血病维生素，广泛地存在于植物性食品中，特别是番茄、橘子、鲜枣、红辣椒及柠檬等含量丰富。维生素 C 在弱酸性环境中稳定，但在中性和碱性环境中易被破坏。维生素 C 在人体内不能合成，也不能储存，过多则排除，所以每天必须从植物性食品中摄取，满足人体的需要，缺乏它，引起坏血病。

1.2.5　酶

酶是活细胞产生的一种特殊的具有催化作用的蛋白质，是极为重要的活性物质，也称为生物催化剂。生物体内绝大多数代谢反应几乎都是由酶来催化完成的。酶的催化效率极高，催化作用具有高度的专一性，催化活性受调节和控制。没有酶的存在，生物体内的化学反应将非常缓慢，或者需要在高温高压等特殊条件下才能进行。有酶的存在，生物物质能在常温常压下以极高的速度和很强的专一性进行。食品加工与储藏中，酶可来自食品本身和微生物两方面，酶的催化作用通常使食品营养质量和感官质量下降，因此，抑制酶的活性是食品加工储藏中的重要内容之一。

酶的化学本质是蛋白质。酶的分子量和蛋白质的分子量相似，具有亲水胶体性质。它也是两性物质，能以阳离子、阴离子或两性离子的形式存在。冷冻、振荡、加热等都能引起蛋白质变性，同样也能使酶丧失活性。酶脱离活细胞后仍然具有活性。已经有多种酶制成制剂产品。

影响酶催化作用的因素有以下几个。

① 温度　温度是酶促反应的重要影响因素之一，主要表现为两个方面。一方面，随着温度的升高，反应活化分子数增加，反应速率加快，直到最大速率为止；另一方面，随着温度的升高酶逐渐变性，酶活性的减少使反应速率降低。在一定条件下，每一种酶在某一温度下才表现出最大的活力，此时的温度称为酶的最适宜温度。低于最适宜温度时，前一种效应为主，高于最适宜温度时，后一种效应为主，酶促反应速率是温度双重影响的结果。大多数酶的最适宜温度在 40～50℃ 之间，温度继续升高，酶的活性反而减弱，约在 70～100℃ 时酶

完全丧失其催化能力，酶在较高温度下变性后，一般不会再恢复活性；当温度下降低于 0℃时，酶的催化作用缓慢，一旦温度回升后酶的催化活性又恢复。酶的最适宜温度不是酶的特征常数，它与反应条件有关，如反应时间长短、酶浓度以及 pH 等条件对最适温度都有影响。食品的冷藏或冻藏是利用低温使酶减缓催化作用或使之完全失去活性，从而来延长食品保藏期的。

②pH 值　酶对环境的酸碱度极为敏感，pH 对酶促反应速率的影响是复杂的。由于 pH 变化影响酶分子结构的稳定性以及酶分子和底物的解离状态，在不同的 pH 环境下，其活性也不同，大多数酶的最适宜 pH 在 4.5～8.0 范围内，即在中性、弱酸、弱碱环境中能够保持较好活性。植物和微生物体内的酶，其最适宜 pH 多在 4.5～6.5 之间，动物体内大多数酶，其最适宜 pH 接近中性，一般为 6.5～8.0 之间。pH 过高或过低都会促使酶的活性下降，甚至完全失去活性。酶作用的最适宜 pH 也不是一个特征常数，它也受其他因素的影响，如酶的纯度、底物的种类和浓度等，所以，酶作用的最适宜 pH 只有在一定条件下才有意义。

③酶浓度　当底物足够过量，其他条件固定，在反应系统中不含有抑制酶活性的物质且无其他不利于酶发挥作用的因素时，酶促反应的速率与酶浓度成正比。

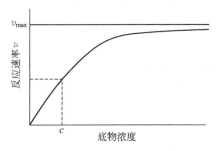

图 1-5　底物浓度对酶促反应速率的影响

④底物浓度　所有的酶促反应，如果条件恒定，则反应速率决定于酶浓度和底物浓度。如果酶浓度保持不变，当底物浓度增加时，反应的初速率随之增加，并以双曲线形式达到最大，如图 1-5 所示。

图 1-5 的曲线表明，在底物浓度较低时，反应速率随底物浓度的增加而急剧加快，两者成正比关系。当底物浓度较高时，反应速率虽然也随底物的增加而增加，但增加程度却不如底物浓度较低时那样明显，反应速率与底物浓度不再成正比关系。当底物浓度达到一定程度时，反应速率将趋于恒定，即使再增加底物浓度，反应速率也不会增加，此时达到最大速率。

⑤激活剂和抑制剂　化合物对酶的活性也有影响。凡是能提高酶活性的化合物称为激活剂，凡是能抑制酶的催化作用的化合物称为抑制剂。这些物质对酶的作用具有一定的选择性，表现在它们对某一种酶有激活剂的作用，对另一种酶却可能是抑制剂。

许多存在于组织和细胞内的酶，原来呈无活性状态，而在一定条件下又重新呈现活性，这种酶称为酶原。酶原需要经某种酶或酸将其分子做适当的改变或切去一部分才能呈现活性，这一过程称为酶原激活过程。某些动植物组织中的酶原，在食品冻结、冻藏和解冻以后，虽受到冰晶机械作用的影响，但在适宜的条件下仍有可能转向活性状态。

1.2.6　矿物质

构成生物体的元素已知的有 50 多种，除 C、H、O、N 四种元素是以有机化合物及水分的形式存在外，其余元素统称为矿物质元素，简称矿物质。根据矿物质元素在生物体内的含量，可将矿物质分为常量元素和微量元素，在生物体内已知的几十种元素中，含量在 0.01% 以上的元素称为常量元素或大量元素，如钙、镁、磷、钠、钾、氯、硫等；低于 0.01% 的元素为微量元素或痕量元素，如铁、锌、铜、碘、锰、钼、钴、硒、铬、镍、锡、硅、氟、钒等。从食物与营养角度，一般把矿物质元素分为必需元素、非必需元素和有毒元素三类。所谓必需元素是指存在于机体健康组织中，并且含量浓度比较恒定，缺乏时可使机体组织或功能出现异常，补充后又恢复正常，或可防止这种异常发生的矿物质，如铁、锌、铜、碘是必需微量元素。但这种区分是有条件的，所有的必需元素在摄取过量后都会有毒。人体对矿物质的需求量是不同的，过多或过少均会影响健康，如缺钙会导致人体骨质疏松；缺碘会使人体甲状腺肿大；钾过多会使人体血管收缩，造成四肢苍白无力、嗜睡甚至突然死亡等。常见的有毒元素是汞、镉、铅、砷等，正常状态下，它们对人体不会造成危害，但当它们污染食品，被人体大量摄入后，会对机体的生理功能及正常代谢产生阻碍作用，造成人体中毒。

人体所需要的矿物质主要从食品中获得，它们以无机盐形式存在于食品中。各种食品中都含有少量矿物质，一般占其总质量的 $0.3\%\sim1.5\%$。其数量虽少，但却是维持动植物正常生理机能绝不可缺少的物质。

肉类中的矿物质一部分以无机盐呈可溶性状态存在，另一部分则与蛋白质结合而呈不溶性状态存在。肉类中矿物质的含量一般为 $0.8\%\sim1.2\%$。肉中常量元素以钠、钾和磷的含量较高，微量元素中铁的含量较多。动物骨骼中矿物质的主要成分是以钙和镁的磷酸盐及碳酸盐形式而存在，血清中主要是氯化钠（占总灰分的 $60\%\sim70\%$），红细胞含有铁，肝脏含有碱金属与碱土金属的磷酸盐和氯化物，也含有铁。结缔组织含有钙和镁的磷酸盐。肌肉主要是钾的磷酸盐，其次是钠和镁。在肉类组织中，离子平衡对肉类的持水性起重要作用。

植物中矿物质元素除极少部分以无机盐形式存在外，大部分都与植物中的有机化合物相结合而存在，或者本身就是有机物的化学组成。植物性食品的矿物质成分主要是钾、钠、钙、镁、铁等的磷酸盐、硫酸盐、硅酸盐与氯化物。矿物质在粮粒中的分布是不均匀的。在壳、皮、糊粉层以及胚部含量较多，而胚乳中含量较少。植物的储藏养料的部分（种子、块茎、块根等）含钾、磷、镁较多，而支撑部分含钙较多，叶子则含镁较多。果蔬中含有多种矿物质，以硫酸盐、磷酸盐、碳酸盐或与有机物结合的盐类存在。

乳品中矿物质含量受到来源、饲料等因素的影响。牛乳中，以 K、Ca、Cl、P、Na 和 Mg 等元素含量高。乳中钾的含量比钠高 3 倍，均以可溶状态存在。钙、镁则与酪蛋白、磷酸和柠檬酸结合，一部分呈胶体状态，一部分呈溶解状态存在。乳品在加工过程中，如热处理和蒸发都能改变盐的平衡而影响蛋白质的稳定性。当乳加热后，钙和磷从可溶态改变为胶体态；当 pH 降低至 5.2 时，乳中所有的钙和磷又以胶体状态变为可溶态。

矿物质和蛋白质共存，维持各组织的渗透压力，同时和蛋白质一起组成一个缓冲体系，来维持酸碱平衡。在食品中有矿物质的存在，能使食品汁液的冻结点比纯水冻结点低。

1.2.7　水分

水是体内化学作用的介质，也是生物化学反应的反应物。水作为组织和细胞所需的养分和代谢物在体内运转的载体，使食品经消化后所有养料靠水输送到生物体各部分，代谢的废物也靠它溶解后排出体外。水维持各种电解质在水中离解，维持生物体各部分的渗透压，直接参加生物生理反应。由此可见，水分和生命有着密切关系。各种食品中的含水量是不同的，如水果的含水量一般在 $73\%\sim90\%$，蔬菜含 $65\%\sim96\%$，鱼含 $70\%\sim80\%$，肉含 50%；有的食品含水量较少，如乳粉含 $3\%\sim4\%$，食糖含 $1.5\%\sim3\%$。

水分存在的状态直接影响着食品自身的生化过程和周围微生物的繁殖状况，是食品冷冻冷藏中重点关注的问题。食品中的水由毛细管力和氢键结合力联系存在于食品组织中，分为体相水和结合水，由毛细管力联系着的水称为体相水（或称为自由水或游离水），由氢键结合力联系着的水一般称为结合水（或称为束缚水）。但是结合水和体相水之间的界限很难定量地做截然的区分，只能根据物理、化学性质做定性的区分。

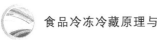

体相水能为微生物所利用，结合水则不能。因此，体相水也称为可利用的水。在一定条件下，食品是否为微生物所感染，并不决定于食品中水分的总含量，而仅仅决定于食品中体相水的含量。因此，引入水分活度 a_w，表示食品中的水分可以被微生物利用的程度，直接反映食品的储藏条件。

各种食品在一定条件下都各有其一定的水分活度，各种微生物的活动和各种化学与生物化学反应也都需要有一定的 a_w 值。只要检测出微生物、化学以及生物化学反应所需的 a_w 值，就可能控制食品加工的条件和预测食品的耐藏性（a_w 的详细描述见第 2 章）。

1.3　新鲜天然食物组织的生物化学

新鲜的水果、蔬菜、鱼、肉、蛋、乳等食物，在生物学上虽然都已经离开母体或宰杀死亡，但仍然具有活跃的生物化学活性，只是这种生物活性的方向、途径、强度与整体生物有所不同。本节将讨论已经采收的新鲜水果蔬菜和动物宰杀后肌肉组织中代谢活动的特点及其与食品品质和加工的关系。

1.3.1　新鲜植物组织的生物化学

天然植物类食品按含水量的高低可大体分为两类：一类是含水量低的种子类食品，如稻、麦、大豆、玉米、花生等。这类天然植物类食品含水量一般为 12%～15%，因而代谢活动强度很低，耐储性很强，组织结构和主要营养成分在采收后及储藏过程中变化很小。另一类是含水量较高的水果、蔬菜类食品。这类天然植物食品的水分含量一般为 70%～90%，主要特点是多汁，因而代谢活跃，在采收后及储藏过程中，组织结构和营养成分变化较大。

采收后的水果蔬菜与整株植物的新陈代谢具有显著不同的特点。生长中的整株植物中同时存在着同化合成作用和异化分解作用。而采收后的水果蔬菜，由于被切断了养料供应来源，其组织细胞只能利用内部储存的营养来维持生命活动，虽然也存在着同化合成作用，但主要表现为异化分解作用。

1.3.1.1　采收后水果、蔬菜组织呼吸的生物化学

水果、蔬菜呼吸是生命的基本特征。采后水果、蔬菜是一个活的有机体，其生命代谢活动仍在有序地进行。组织的呼吸作用为各种代谢活动所需能量提供基本保证。呼吸作用是指生活细胞经过某些代谢途径使有机物质分解，并释放出能量的过程。它不仅提供采后组织生命活动所需的能量，而且是采后各种有机物相互转化的中枢。水果、蔬菜采后呼吸的主要底物是有机物质，如糖、有机酸和脂肪等。在呼吸过程中，呼吸底物在一系列酶的作用下，逐渐分解成简单的物质，最终形成 CO_2 和 H_2O，同时释放出能量。但呼吸并非单纯的过程，因为一些呼吸作用的中间产物和所释放的能量又参与一些重要物质的合成过程，呼吸过程的中间代谢产物在物质代谢中起着重要的枢纽作用。采后水果、蔬菜的呼吸作用与采后品质变化、成熟衰老进程、储藏寿命、货架寿命、采后生理性病害、采后处理和储藏技术等有着密切的关系。

1.3.1.1.1　水果、蔬菜组织的呼吸类型

根据呼吸过程是否有 O_2 参与，可以将呼吸作用分为有氧呼吸和无氧呼吸两大类。

① 有氧呼吸　有氧呼吸是生活细胞在 O_2 的参与下，把某些有机物彻底氧化分解，生成 CO_2 和 H_2O，同时释放出能量的过程。通常所说的呼吸作用就是指有氧呼吸。在有氧呼吸过程中，相当部分能量以热的形式释放，使储藏环境温度提高，并有 CO_2 积累。因此，在

水果、蔬菜采后储藏过程中要加以注意。

② 无氧呼吸　无氧呼吸是在无氧条件下，生活细胞降解为不彻底的氧化产物，同时释放出能量的过程。无氧呼吸可以产生酒精，也可产生乳酸。无氧呼吸的特征是不利用 O_2，底物氧化降解不彻底，仍以有机物的形式存在，因而，释放的能量比有氧呼吸的少。水果、蔬菜采后在储藏过程中，尤其是气调储藏时，如果储藏环境通气性不良，或控制的 O_2 浓度过低，均易发生无氧呼吸，使产品品质劣变。

1.3.1.1.2　新鲜水果、蔬菜组织的呼吸强度

呼吸强度是衡量呼吸作用强弱的指标，是指在一定温度下单位时间内单位质量的水果、蔬菜组织释放的 CO_2 或消耗的 O_2 的量，也称为呼吸速率，通常用前者表示，单位为 mg CO_2/(kg·h) 或 mL CO_2/(kg·h)。反映呼吸作用性质的参数是呼吸商（也称为呼吸系数），是指呼吸过程中释放出的 CO_2 与消耗的 O_2 的容积比。在一定程度上可根据呼吸商来估计呼吸底物种类、呼吸反应的彻底性以及需氧或缺氧过程的程度及比例等呼吸性质。在代谢底物相同时，无氧呼吸所占比例越大，呼吸商越大。

水果、蔬菜采收后，仍然活着的组织被阻断了物质供应来源，自身也不能由光合作用合成物质，只能通过呼吸作用把原来储藏在组织中的物质氧化，提供维持生命的能量和中间物质，维系其生命的延续。当呼吸作用旺盛进行时，储藏物质将会很快被氧化耗尽，不能继续维持组织生命状态，最后崩溃死亡。因此，呼吸作用的强弱直接影响果蔬的储存寿命。一般来说，产生 CO_2 或消耗 O_2 速度快的果蔬极易腐败，而呼吸速度较慢的果蔬则能在较长时间内具有满意的储藏效果。水果、蔬菜采收后，呼吸强度总的趋势是逐渐下降的。但一些蔬菜，特别是叶菜类，在采收时由于机械损伤导致的愈伤呼吸会使总的呼吸强度在一段时间内出现增强现象，然后才开始下降。

1.3.1.1.3　影响水果、蔬菜组织呼吸的因素

（1）种类和品种

不同种类和品种水果、蔬菜的呼吸强度相差很大，这是由遗传特性所决定的。一般来说，热带、亚热带水果的呼吸强度比温带水果的呼吸强度大，高温季节采收的产品比低温季节采收的大。就种类而言，浆果的呼吸强度较大，柑橘类和仁果类果实的较小；蔬菜中叶菜类呼吸强度最大，果菜类次之，根菜类最小。

不同种类植物的呼吸强度不同，同一植物不同器官的呼吸强度也不同。呼吸强度与植物种类、组织器官的构造特征关系密切。由于叶片组织在构造上具有很发达的细胞间隙，气孔极多，表面积巨大，使得叶片内部组织与外部空气交换性好，叶片内部组织间隙中的气体近似于大气组成，所以叶片细胞呼吸强度大，营养损失快，在普通条件下保存期短。肉质的植物组织，其组织结构较密实，与外部空气交换性差，呼吸作用产生的 CO_2 由于气体交换不畅而滞留在组织间隙中。因此，肉质植物组织间隙气体组成中的 CO_2 浓度比大气中 CO_2 浓度高，而 O_2 浓度则比大气的要低；植物组织内部也存在着气体浓度梯度，从植物组织表层至植物肉质中心 CO_2 含量逐渐增高而 O_2 逐渐减少。例如，在苹果表层组织中，CO_2 为 10.1%，O_2 为 11.9%，而到了果心附近，CO_2 达 27.4%，而 O_2 仅为 1.4%。所以，肉质植物组织的呼吸强度要低于叶片组织的呼吸强度。各种植物器官的呼吸强度一般遵循以下规律：根、块茎和球状蔬菜（如马铃薯、洋葱、甘薯）<长成的（未成熟）水果（如番茄、苹果）<未长成的水果（如青豆、茄子）<生长中的茎和花（如芦笋、硬花甘蓝）。不同种类水果、蔬菜组织的疏密程度不等，因而组织间隙中气体的含量也不相同，例如苹果果肉中约含有 28mL/100g 果肉、柠檬中为 14.5mL/100g 果肉、马铃薯约为 2.8mL/100g 组织。

（2）温度的影响

① 温度对呼吸强度的影响　在水果、蔬菜"生理温度"范围内，呼吸强度与温度呈正相关关系，环境温度越高，组织呼吸越旺盛。呼吸强度变化的程度用温度系数 Q_{10}（温差为 $10℃$ 时的呼吸强度之比）表示。温度系数 Q_{10} 依种类、品种、生理时期、环境温度不同而异，通常在 $2\sim4$。一般来说，水果蔬菜在 $10℃$ 时的呼吸强度与产生的热量为 $0℃$ 时的 3 倍。因此，适宜的低温，可以显著降低产品的呼吸强度，并推迟呼吸跃变型果蔬的呼吸跃变高峰的出现，甚至不出现呼吸跃变。呼吸强度越小，物质消耗也就越慢，储藏寿命便延长。降低储存温度可降低新鲜水果蔬菜的呼吸强度和损耗，但有些植物组织呼吸强度并非都是随温度降低而降低，例如马铃薯的最低呼吸率在 $3\sim5℃$ 之间而不是在 $0℃$。表 1-1 给出了一些水果、蔬菜在不同温度下的呼吸热。

表 1-1　一些水果、蔬菜在不同温度下的呼吸热/[kJ/(t·24h)]

品　名	0℃	2℃	5℃	10℃	15℃	20℃
樱桃	1883	2971	4602	9205	15899	20920
杏	1464	2301	4812	8786	13389	17154
桃	1632	1883	3514	7950	11297	15481
李	1841	3012	5648	10878	15899	90083
梨(早期)	1255	2259	3974	54319	13807	23012
梨(晚期)	920	1925	3556	4812	10878	18828
苹果(早期)	1590	1799	2720	5230	7950	10460
苹果(晚期)	920	1172	1799	2678	5021	7276
葡萄	837	1464	2092	3138	4184	6694
草莓	4017	5439	7950	15062	20920	25941
覆盆子	7950	10041	14226	24267	50208	72760
黑莓	5858	8786	11715	24267	37238	50208
黄柠檬	837	1130	1674	2803	4058	5021
柑橘	920	1088	1632	3012	4812	6067
葡萄柚	920	1088	1239	2176	3682	4812
香蕉(青)			4393	8452	11297	13389
香蕉(熟)			5021	10042	14226	20920
石刁柏	5439	6282	7113	13807	24058	31380
菠菜	7113	10251	17154	36987	42677	77404
刀豆	6067	7113	10460	17782	35561	49790
豌豆(连荚)	8996	12343	16318	23012	39748	55647
黄瓜	1757	2092	2929	5230	10460	15062
番茄(熟)	1506	1674	2301	3556	7531	8786
花椰菜(带叶)	5439	6067	6694	11924	22384	34727
蘑菇	10460	11297	13807	21757	41840	54818
食用大黄	3138	3556	4184	8067	10042	16318

由于不同植物的代谢体系是在不同温度条件下建立的，所以各种水果、蔬菜保持正常生

理状态的最低适宜温度自然不同，对温度降低的反应也不同。不同水果蔬菜的储藏温度要求不同，要维持它们的最低呼吸量，而又使其处于正常生理状态，需要根据不同情况，对水果、蔬菜设定合适的储藏温度。水果、蔬菜合适的储藏温度，应是能够保证植物组织不致遭受冷害或冻害和不致发生生理失调现象的最低温度，这个温度能最大限度地降低植物组织的呼吸强度。例如，柠檬以 3～5℃ 为宜；菜花、大白菜以 0℃ 为宜；番茄为 12℃ 左右；苹果、梨、葡萄等只要细胞不结冰，仍能维持正常的生理活动。一般说来，降低储藏温度可以降低水果、蔬菜的呼吸强度，减少储藏损失，但并不是冷藏温度越低越好。在低于最适温度下储藏会引起冻伤，由于低温损伤细胞原生质，或破坏了线粒体膜结构，导致呼吸和磷酸化过程紊乱，使组织损伤解体和死亡。例如香蕉不能储存于低于 12℃ 的温度下，否则就会发黑腐烂。综上所述，过高或过低的温度对果蔬的储藏不利。超过正常温度范围时，初期的呼吸强度上升，其后下降为零。这是由于在过高温度下，O_2 的供应不能满足组织对 O_2 消耗的需求，同时 CO_2 过多的积累又抑制了呼吸作用的进行。温度低于产品的适宜储藏温度时，会造成低温伤害或冷害。

② 冰点温度对呼吸强度的影响　当环境温度降至水果、蔬菜组织的冰点以下时，细胞就会结冰，冰晶的形成损伤细胞原生质体，使生物膜的正常区域化作用遭到破坏，酶与原生质的关系由结合态变为以激活分解过程为主的游离态，反而有刺激呼吸作用的效果；细胞原生质遭到损伤，不能维持正常的呼吸系统功能，一些中间产物积累造成异味异臭，氧化产物特别是醌类的累积还会使冻害组织发生黑色褐变。因此，水果、蔬菜一般应储藏在略高于冰点温度的环境中。一般水果、蔬菜汁液的冰点在 −2.5～−4℃，因此大多数水果、蔬菜可在 0℃ 附近的温度下储藏。某些种类的果实，如柿子和一些品种的梨、苹果和海棠等，经受冰冻后在缓慢解冻的条件下仍可恢复正常。

③ 温度波动对呼吸强度的影响　表 1-2 给出了几种蔬菜分别在恒温和变温（平均温度与恒温相同）条件下储存一个月的呼吸强度测定数据。表中可见，在平均温度相同的条件下，变温的平均呼吸强度显著高于恒温的平均呼吸强度。和恒温条件比较，变温条件下胡萝卜的糖分呼吸损耗增加 43%，甜菜增加 30%，葱增加 15%。因此，除了温度的高低以外，温度的波动也影响呼吸强度。温度波动对呼吸强度影响的程度依植物组织种类、生理状态等的不同而异。表 1-2 显示，三种蔬菜中胡萝卜对温度波动的反应最敏感。

表 1-2　几种蔬菜在不同温度下的呼吸作用/ $[mg\ CO_2/(kg\cdot h)]$

试　验　条　件	葱	胡萝卜	甜菜
恒温,5℃	9.9	7.7	12.2
变温,2℃ 及 8℃,24h 交替	11.4	11.0	15.9

④ 温度对呼吸途径的影响　温度对各种呼吸途径的强度具有重要影响。在水果蔬菜最适的生长温度下，呼吸途径主要是酵解-三羧酸循环途径，末端氧化酶主要是细胞色素氧化酶。随着温度的降低，磷酸戊糖旁路强度增加，黄素末端氧化酶等活性增强。各种呼吸途径相对强度的变化，使植物组织对不同呼吸底物的利用程度不同，即温度影响呼吸底物的利用程度。柑橘类水果在 3℃ 下经 5 个月的储藏，含酸量降低 2/3，而在 6℃ 下仅降低 1/2，在甜菜中也发现类似情况。这说明低温下，植物组织对呼吸底物有机酸的利用强度相对增强，三羧酸循环只是部分运转。

（3）湿度的影响

采收后的水果、蔬菜和采收前一样，仍在不断地进行水分蒸发，但采收前果实蒸发的水分可以通过根部吸收水分而得到补偿，采收后果实由于已经离开了母株再也得不到水分补充

而很容易造成失水过多而萎蔫。由于蔬菜组织细胞之间的间隙较大，细胞角质化层很小，大多数呈单行排列，使蔬菜水分容易蒸发而迅速凋萎，同时，由于蔬菜的蛋白质含量较低，使得原生质的保水能力较低，呼吸和蒸发使蔬菜容易失水减缩。酶处于游离态时，激活分解过程；酶处于结合态时，失去激活分解过程的能力。果蔬失水过多，组织含水量低，会导致原生质失水，酶与原生质的关系由结合态变为游离态，酶的游离和可利用的呼吸底物增多，从而加速了细胞内可塑性物质的水解过程，使细胞的呼吸作用增强，呼吸底物的消耗增加，营养恶化。如表1-3和表1-4所示，少量失水可使呼吸底物的消耗成倍增加。

表 1-3 在萎蔫时糖用甜菜叶子的呼吸强度

叶含水量/%	100.0	87.6	78.4	72.4
呼吸强度/%	100.0	121.3	188.7	204.2

表 1-4 肉质根组织中蔗糖降解过程的强度

蔬　菜	新鲜肉质根	凋萎度 6.5%	凋萎度 1.5%
甜菜	4.3	9.6	10.6
胡萝卜	13.8	20.1	51.0

水果、蔬菜的相对呼吸强度 $y(\%)$ 与叶片的相对含水量 $x(\%)$ 成反比，且在一定范围内存在极显著的线性关系。如糖用甜菜叶片，两者存在如下线性关系

$$y = 496.5407 - 4.0543x$$

水果、蔬菜的水分蒸发是以蒸汽（水气）状态移动的。影响蒸发的内在因素是水果、蔬菜的种类、比表面积、形态结构和化学成分等，其外界条件是储藏环境中空气的流速、温度和相对湿度。果实内部和周围环境空气中的水蒸气压差和温差越大，水分蒸发越快。绝大多数水果、蔬菜在冷却储藏初期，由于植物组织温度高于冷藏环境温度，植物组织内部的空气相对湿度较高（一般为99%以上），所以水分的损失最严重。在恒温储藏期间，由于植物组织温度接近储藏温度并维持稳定，水分的损失相对较少。所以，生产上常采用预冷、急速降温或速冻的方法来尽力缩短降温持续时间，以减少水果、蔬菜储藏初期的水分损失。

水果、蔬菜的储藏条件应综合考虑两方面因素：一方面，减少水果、蔬菜的含水量，有利于储藏；另一方面，保护水分免于损失，有利于保鲜。因此，应合理控制水果、蔬菜的含水量和储藏环境的相对湿度。提高储藏环境中的相对湿度可以有效地降低水果、蔬菜的水分蒸发，避免由于萎蔫产生各种不良的生理效应。通常情况下，保持相对湿度在80%～90%之间较为适宜。但相对湿度过大以至饱和时，水蒸气及呼吸产生的水分会在水果蔬菜的表面凝结，形成"发汗"现象，使微生物容易滋生从而加速水果、蔬菜腐烂。同时，由于微生物更加活跃，呼吸作用增强，大量消耗空气中的氧并大量释放二氧化碳，又使储藏环境气体条件恶化。只有在配合使用有效的防腐剂的条件下，方宜采用95%～97%甚至更高的相对湿度。在相同条件下，并不是所有的水果蔬菜都适宜于高湿度储藏。如柑橘类水果在高湿条件下，会产生"浮皮"、"枯水"等生理病害，即果皮吸水，果肉内的水分和其他成分向果皮转移，外表虽较饱满，但果肉干缩，风味淡薄。

（4）大气组成的影响

正常的空气中一般含有20.9%氧气、78%氮气、0.03%二氧化碳以及其他一些微量气体。环境中 O_2 和 CO_2 的浓度变化，对呼吸作用有直接的影响。在不干扰组织正常呼吸代谢的前提下，适当降低环境 O_2 浓度，并提高 CO_2 浓度，可以有效抑制呼吸作用，从而延缓果蔬的后熟、衰老过程。

无氧呼吸要消耗大量储藏物质，同时积累有毒的乙醛、乙醇等产物，阻碍正常生理活动的进行。因此，水果、蔬菜储藏时应控制环境条件，保持氧浓度处于最低水平和有氧呼吸量达到最低点，却又不发生无氧呼吸或无氧呼吸作用甚微。

　　有氧呼吸的总方程式

$$C_6H_{12}O_6 + 6O_2 \longrightarrow 6CO_2 + 6H_2O + 能量$$

由上述化学方程式不难看出，随着氧浓度增加，反应向右进行，即呼吸加强；当氧浓度降低时呼吸减弱。因此，改变环境中氧含量和二氧化碳含量的组成可以有效地控制植物组织的呼吸强度。一般说来，环境中氧含量的降低（低于 21%）和二氧化碳含量的增加（高于0.03%）都会减缓呼吸作用及其相关的反应。降低大气中的含氧量可降低呼吸强度，提高 CO_2 含量有强化减氧降低呼吸强度的作用，两者对植物组织呼吸的抑制效应是可叠加的。

　　降低氧含量可减少用于合成代谢的 ATP 供给量而导致呼吸强度的降低，如苹果在3.3℃下储存在含氧 1.5%～3% 的空气中，其呼吸强度仅为同温下正常大气中的 39%～63%。降低氧含量一般产生如下生理效应：ⅰ降低呼吸基质的氧化速度；ⅱ叶绿素的降解被抑制；ⅲ降低维生素 C 的损失；ⅳ改变不饱和脂肪酸的比例；ⅴ延缓不溶性果胶化合物的减少速度；ⅵ减少乙烯的产生。

　　提高 CO_2 浓度可以抑制某些氨基酸的形成，这些氨基酸为某些酶的合成所需要，CO_2 还可以延缓某些酶抑制剂的分解，强化减氧对降低呼吸强度的作用。例如，在含氧 1.5%～1.6%、含 CO_2 5% 的空气中于 3.3℃下储存的苹果的呼吸强度仅为对照组的 50%～64%。提高植物细胞内 CO_2 浓度，一般会导致下列生理变化：ⅰ降低导致成熟的合成反应，如蛋白质、色素的合成；ⅱ抑制某些酶的活动，如琥珀酸脱氢酶、细胞色素氧化酶；ⅲ减少挥发性物质的产生；ⅳ破坏有机酸的代谢，特别是导致琥珀酸积累；ⅴ缓解果胶物质的分解；ⅵ改变各种糖的比例，抑制乙烯合成；ⅶ抑制叶绿素合成和果实脱绿。

　　根据上述原理，可控制环境大气中 O_2 和 CO_2 浓度，使植物组织为进行正常生命活动所必需的合成代谢降低到最低限度，分解代谢（呼吸作用）维持在供给正常生命活动所需能量的最小强度。这一储藏方法称为气调储藏法。

　　每一种水果、蔬菜都有其适宜的气体成分。O_2 浓度过低，如低于 2% 时，则植物组织进行缺氧呼吸而消耗大量储藏物质并产生异味，因此，水果、蔬菜都有其特有的"临界需氧量"。水果、蔬菜的临界需氧量并非是固定不变的，它依水果、蔬菜的种类、其他气体成分含量、温度等的不同而异。几种水果、蔬菜的临界需氧量：菠菜和菜豆约 1%；石刁柏约2.5%；豌豆和胡萝卜约 4%；苹果约 2.5%；柠檬约 5%（温度 20℃）。CO_2 浓度过高，如高于 15% 时，由于乙醇和乙醛等物质的积累会产生异味，如黄瓜的苦味、番茄的异味等，并引起一些生理病害，不正常的颜色也可能出现。许多水果、蔬菜储藏时氧和二氧化碳的最适浓度条件范围是：O_2 为 3% 左右，CO_2 为 0～5%。

　　对抑制呼吸作用来说，适宜的温度、适宜的 CO_2 和 O_2 浓度互相配合的作用显著高于某个因子的单独作用。对大多数水果蔬菜而言，最适宜的储藏条件是：温度为 0～4.4℃，O_2 浓度为 3%，CO_2 浓度为 0～5%。这三个储藏条件是相互关联和相互制约的。一个条件不适宜，可以增加植物组织对其他因素的敏感性；一个因素受到限制，就会得不到另一个适宜的因素应有的效应。

　　除 CO_2、O_2 外，还可用一些既能钝化酶又兼有杀菌作用的气体如 NO_2、CO、环氧乙烷等掺入大气中气调储存新鲜水果蔬菜等食物。据报告，在 CO 和环氧乙烷等气体中封存的食物，甚至在室温下都能时间长短不等地保持新鲜状态。

　　(5) 机械损伤及微生物感染的影响

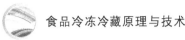

水果、蔬菜在采收、分级、包装、运输和储藏过程中会受到挤压、碰撞、刺扎等机械损伤。水果、蔬菜受到机械损伤、虫咬以及受微生物感染都会引起组织呼吸强度明显上升，即使一些看来并不明显的机械损伤都会引起很强的呼吸增高现象。水果蔬菜受到机械损伤后，从如下三个方面影响组织的呼吸强度。

ⅰ. 由于果蔬组织受到物理性损伤，伤口的创伤增加了果蔬组织中氧的通透性，增大果蔬组织内的氧气浓度，提高呼吸强度。

ⅱ. 机械损伤部位周围的细胞力图形成愈合组织，以保护其他未受伤的部分免受损害，从而进行旺盛的生长和分裂。细胞的生长和分裂需要大量原料和能量，使得呼吸作用显著增强以满足这种需要。这种呼吸的加强被称为"伤呼吸"，其强度往往是正常呼吸强度的数倍。如马铃薯受伤后2～3天，它的呼吸强度比没有受伤时高5～6倍。

ⅲ. 果蔬组织受伤后，从伤口流出大量营养物质，其中有糖、维生素和蛋白质等。由于提供了丰富的营养源，微生物在伤口处大量繁殖，呼吸强度大大提高，所以受伤严重的蔬菜易于发热，储藏期较短，腐烂率较高。

(6) 植物组织的生理状态与呼吸强度的关系

水果、蔬菜的呼吸强度不仅依种类而异，而且因生理状态而不同。幼嫩的正在旺盛生长的组织和器官具有较强的呼吸能力，趋向成熟的水果蔬菜的呼吸强度则逐渐减弱。

1.3.1.2　成熟与衰老及其生物化学变化

(1) 成熟与衰老

从植物本身来看，成熟是指繁殖器官离开母体后，可以单独维持很久的寿命。对水果而言，色、香、味等方面完全表现出该果品固有的特性，称为生理成熟。根据园艺学观点，成熟是达到用途标准的成熟度。由于食用的组织、器官不同，鲜食或加工等目的不同，成熟的标准差异很大。例如，香蕉、青梅一般是八成生理成熟时采收，蔬菜以可食部分最佳为度，叶菜类是营养生长最佳期，豆芽是生长的初期。这种成熟称为园艺成熟。生理成熟与园艺成熟在多数情况下是一致的，但是由于商品的目的不同有时差别甚大。

① 成熟　一般是指果实生长的最后阶段，即达到充分长成的时候。这一时期，果实中各种物质发生了极明显的变化，例如含糖量增加，含酸量降低，淀粉（苹果、梨、香蕉等）、果胶物质变化引起果肉变软，单宁物质变化导致涩味减退，芳香物质和果皮、果肉中的色素生成，叶绿素分解，抗坏血酸增加，类胡萝卜素增加或减少等。同时，果实体积长到一定的大小，长成一定的形状，果皮出现光泽或带果霜、果蜡。果实生长到一定阶段而表现出上述的形态和生理生化的特点，是果实开始成熟的表现，说明进入成熟的阶段。所以成熟是指果实达到可以采摘的程度，但不是食用品质最好的时候。

② 完熟　这是成熟以后的阶段，指果实达到完全表现出本品种典型性状，而且是食用品质最好的阶段。所以，成熟与完熟虽然概念上很难截然分开，但两者在果实成熟的程度上有实质性区别。完熟是成熟的终了时期，这时的果实风味、质地和芳香气味已经达到宜于食用的程度。

③ 衰老　衰老是指生物个体发育的最后阶段，开始发生一系列不可逆的变化，最终导致细胞崩溃及整个器官死亡的过程。果实的成熟是不可逆的过程。某些果实的呼吸跃变的出现代表衰老的开始。

(2) 成熟与衰老的生物化学变化

水果蔬菜进入成熟时既有生物合成性质的化学变化，也有生物降解性质的化学变化，但进入衰老后更多地处于降解性质。

① 色素物质的变化　植物在成熟过程中伴随着一系列的生物化学变化，最明显的特征

是叶绿体解体，叶绿素降解消失，类胡萝卜素和花青素显现而呈红色或橙色等。例如，番茄由于番茄红素的合成而呈红色，苹果由于花青素的形成而呈红色，橙由于叶绿素破坏和类胡萝卜素的显现而呈橙色。果实的色素受基因控制，果皮颜色是某一特定环境条件下的基因表现。如 15.6～21.1℃ 是番茄红素合成的最适温度，29.4℃ 以上则抑制番茄红素的合成，但对红瓤西瓜却没有影响。

② 鞣质的变化　幼嫩果实由于含多量鞣质而具强烈涩味，这种涩味在成熟过程中会逐渐消失，其原因可能有三个：①鞣质与呼吸中间产物乙醛生成不溶性缩合产物；ⅱ鞣质单体在成熟过程中聚合为不溶性大分子；ⅲ鞣质氧化。

③ 果胶物质的变化　多汁果实的果肉在成熟过程中变软是由于果胶酶活力增大而将果肉组织细胞间的不溶性果胶物质分解，果肉细胞失去相互间的联系所致。但苹果中的果胶物质在成熟期和衰老期基本上没有变化。

④ 芳香物质形成　芳香物质是一些醛、酮、醇、有机酸、酯类物质及某些萜烯类化合物，其形成过程常与大量氧的吸收有关，可以认为是成熟过程中呼吸作用的产物。例如，苹果的香气一般由乙酸、醋酸、丙酸、丁酸、辛酸等挥发性酸及其酯和甲醇、乙醇、乙醛等组成。果实成熟时增加了酯的成分，故香气增加，但水果、蔬菜芳香物质的形成是极其复杂的化学变化的结果，其机制多数还不十分清楚。虽然成熟度是影响芳香物质生成的主要生理因素，但香气成分也强烈受制于成熟期的环境条件，特别是环境温度及昼夜温差对芳香物质的含量及组成具有重要影响。

⑤ 维生素 C 积累　维生素 C 是己糖的氧化衍生物。果实通常在成熟期间大量积累维生素 C，它的形成与成熟过程中的呼吸作用有关，但成熟衰老以后，其含量又显著减少。表 1-5 所示为番茄成熟过程中维生素 C 及类胡萝卜素的动态变化情况。

表 1-5　番茄成熟过程中维生素 C 及类胡萝卜素的动态变化（毫克）

成熟程度	维生素 C	胡萝卜素	叶黄素	番茄红素
绿色	15	0.248	1.544	0
绿而发白	17	0.632	1.220	痕量
肉红色	22	1.265	0.093	1.92
成熟	20	2.703	0.040	2.82
过熟	10	1.123	0.010	2.65

⑥ 糖酸比的变化　水果、蔬菜中存在的糖类通常是低分子糖类的混合物，其中有单糖、双糖和短链的低聚糖。水果、蔬菜成熟后的糖类组成相对含量依种类、品种、生理状态和储藏条件等不同而异。许多未成熟的水果、蔬菜如苹果、番茄中含有一定量的淀粉。一些种类成熟前淀粉含量较高、成熟后淀粉含量降低，另一些种类则在成熟过程中淀粉含量不断提高，如香蕉中淀粉含量在成熟时上升到 20%。在一些多汁的果蔬，如柑橘、西瓜、番茄中，淀粉是一种短暂的储存糖类，能为幼果的生长与呼吸提供能源。当成熟时，淀粉全部代谢而消失，糖类主要是葡萄糖，其次是果糖、蔗糖和山梨糖醇，有时含有机醇。

水果、蔬菜中含有的有机酸主要有五种：脂肪族一元羧酸；脂肪族一元羧酸附有醇、酮或醛基；脂肪族二羧酸或三羧酸；从糖转化来的酸；碳环一元羧酸。不同种类的水果蔬菜在不同的发育时期内所含有机酸的浓度是不同的。进入成熟期的葡萄和苹果含其生命中最高量的游离酸（可滴定酸），成熟后又趋下降。香蕉和梨则与此相反，在发育过程中所含有机酸逐渐下降，在成熟期时达到生命中的最低值。这里所指的是总可滴定酸，对于不同种类的酸，其含量则不完全符合上述变化趋势。一般情况下，有机酸是水果、蔬菜成熟过程中的重要呼吸底物，主要经三羧酸循环进行氧化。

糖酸比是衡量水果风味的一个重要指标。在发育初期，由于多汁果实由叶子流入果实的糖分在果肉组织细胞内转化为淀粉储存，因而缺乏甜味，而有机酸的含量则相对较高。在果实成熟期间，随着温度的降低，储存的淀粉又转变为糖，而有机酸则优先作为呼吸底物被消耗掉，因此，糖分与有机酸的比例上升，风味增浓，口味变佳。表1-6给出了橘子成熟过程中糖-酸含量变化。

表 1-6　橘子成熟过程中糖-酸含量变化

日期	果皮色泽	果实直径		果实重量		糖/%			酸/%	糖/酸
		mm	%	g	%	转化糖	蔗糖	总糖量		
10 月 4 日	绿色	40	100	35	100	0.84	1.78	2.78	2.96	0.9
10 月 12 日	初变黄征象	42	105	38	110	1.23	2.59	3.82	2.42	1.6
11 月 2 日	表面 1/8 变黄	46	115	43	125	1.84	3.25	5.09	1.26	4.0
11 月 16 日	半变黄	48	120	46	133	1.97	4.36	6.33	1.24	5.1
12 月 2 日	黄色	49	123	49	141	2.18	5.23	7.41	1.17	6.3
12 月 10 日	黄色	49	123	51	146	2.56	5.74	8.30	1.18	7.0

（3）成熟过程中的呼吸作用特征

根据采后呼吸强度的变化曲线，呼吸作用可分为呼吸跃变型和非呼吸跃变型两种类型。

① 呼吸跃变型　其特征是在果蔬采后初期，其呼吸强度渐趋下降，而后迅速上升，并出现高峰，随后迅速下降。通常达到呼吸跃变高峰时果蔬的鲜食品质最佳，呼吸高峰过后，食用品质迅速下降。这类产品呼吸跃变过程伴随有乙烯跃变的出现。不同种类或品种出现呼吸跃变的时间和呼吸峰值的大小差异甚大，一般而言，呼吸跃变峰值出现的早晚与储藏性密切相关。具有呼吸跃变现象的一类果实称为高峰型果实。

② 非呼吸跃变型　其特征是采后组织成熟衰老过程中的呼吸作用变化平缓，不形成呼吸高峰。没有明显的呼吸跃变现象的一类果实称为非高峰型果实。

表1-7给出了部分水果的呼吸活性分类。图1-6是水果呼吸跃变曲线示意图。呼吸跃变顶点是果实完熟的标志，过了顶点（曲线的拐点），果实进入衰老阶段。高峰型水果一般都在呼吸跃变之前收获，在受控条件下储存，到食用前再令其成熟。降低高峰型水果的储藏温度会延迟呼吸跃变开始的时间，同时减少呼吸跃变的幅度。果实的

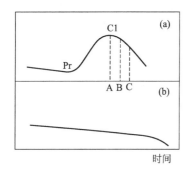

图 1-6　水果呼吸跃变曲线示意图
（a）有呼吸跃变现象的水果的呼吸曲线；
（b）无呼吸跃变现象的水果的呼吸曲线；
Pr—呼吸跃变前的最低点；C1—呼吸跃变顶点；A—完熟；B—过熟；C—腐熟

高峰期与非高峰期的根本生理区别在于后熟过程中是否产生内源乙烯。乙烯是加速果实成熟的调节物质，是一种植物激素。乙烯的产生是果实成熟的开始。

表 1-7　部分水果的呼吸活性分类

有呼吸跃变现象	苹果　梨　猕猴桃　杏　李　桃　柿　鳄梨　荔枝　番木瓜　无花果　甜瓜　西瓜　番茄
无呼吸跃变现象	柠檬　柑橘　菠萝　草莓　葡萄　黄瓜

果实在成熟过程中，呼吸方向也发生明显的变化，由有氧呼吸转向无氧呼吸，因此在果肉中积累乙醇等 C_2 化合物。

（4）乙烯的生理作用及其调控

乙烯是一种植物自然代谢的产物，在植物的生命周期中起着重要的调节作用。在植物的

成熟衰老时期，它的作用发挥得更加充分，同时植物组织本身对乙烯的敏感性增加，使得乙烯成为调节果蔬成熟衰老最为重要的植物激素。乙烯的主要生理作用是提高果蔬的呼吸强度和促进果蔬成熟。

①　提高果蔬的呼吸强度　呼吸跃变型和非呼吸跃变型两类果实对乙烯的反应不同。乙烯可以促进呼吸跃变型未成熟果实呼吸高峰提早到来，并引发相应的成熟变化，但乙烯浓度的大小对呼吸高峰的峰值没有显著影响。乙烯对呼吸跃变型果实呼吸作用的影响只有一次，而且外源乙烯处理必须在果实成熟以前，处理之后果实内源乙烯便有自动催化作用，加速果实成熟。非呼吸跃变型果实的呼吸强度也受乙烯影响，当施用外源乙烯处理时，在很大的浓度范围内乙烯浓度与呼吸强度成正比，而且在果实的整个发育过程中呼吸强度对外源乙烯都有反应，每施用一次，都会有一个呼吸高峰出现。

②　促进果蔬成熟　成熟是果实生长发育的一个阶段，一般是指果实生长停止后发生的一系列生理生化变化达到可食状态的过程。所有果实在发育期间都会有微量乙烯产生。呼吸跃变型果实在果实未成熟时乙烯含量很低，通常在果实进入成熟和呼吸高峰出现之前乙烯含量开始增加，并且出现一个与呼吸高峰类似的乙烯高峰，同时果实内部的化学成分也发生一系列的变化。非呼吸跃变型果实在整个发育过程中乙烯含量没有很大的变化，在成熟期间乙烯产生量比呼吸跃变型果实少得多，见表 1-8。

表 1-8　几种呼吸跃变型和非呼吸跃变型果实内源乙烯浓度

果　　实	乙烯/(μL/L)	果　　实	乙烯/(μL/L)
呼吸跃变型		西番莲	466～530
苹果	25～2500	李	0.14～0.23
梨	80	番茄	3.60～29.8
桃	0.90～20.7	非呼吸跃变型	
油桃	3.60～602	柠檬	0.11～0.17
香蕉	0.05～2.1	柑橘	0.13～0.32
芒果	0.04～3.0	菠萝	0.16～0.40

果实对乙烯的敏感程度与果实的成熟度密切相关，许多幼果对乙烯的敏感度很低，要诱导其成熟，不仅需要较高的乙烯浓度，而且需要较长的处理时间。随着果实成熟度的提高，对乙烯的敏感度也越来越高。要抑制呼吸跃变型果实的成熟，必须在果实内源乙烯的浓度达到启动成熟浓度之前采取相应的措施，才能够延缓果实的成熟，从而延长果实的储藏寿命。

用外源乙烯处理可诱导和加速果实成熟，排除乙烯可延迟果实的成熟，同时乙烯生成抑制剂（如 AVG、AOA）和乙烯作用拮抗物（如 CO_2、NBD）处理可抑制果实成熟。例如，用气密性塑料袋包装绿熟香蕉，在袋内放置用饱和的高锰酸钾处理过的砖块或珍珠岩吸收乙烯，可以延缓香蕉的成熟。用减压储藏提高乙烯的扩散率，降低果实内乙烯的分压，同样可以延缓果实的成熟。气调储藏中提高 CO_2 的浓度可提高储藏质量。

人工催熟水果的质量达不到水果自然成熟的水平，但人工催熟技术在生产实际中仍有广泛的应用。某些水果如巴梨、香蕉等，如到自然成熟后再采收，由于很快过熟而无法保存，一般可在果实变为淡绿色尚未转黄、质地尚硬时采收，然后在消费前催熟。番茄也可以提前采收，然后用乙烯催熟。

乙烯不仅能促进果实的成熟，而且还有许多其他的生理作用。乙烯可以加快叶绿素的分解，使水果和蔬菜转黄，促进果蔬的衰老，导致品质下降。乙烯还会促进植物器官脱落，如可以引起大白菜和甘蓝脱帮。乙烯处理猕猴桃可加速果实软化。用乙烯浸泡柿子，可使柿子脱涩。乙烯处理可以使甘薯变软，但风味下降。此外，乙烯还与果实体内的其他激素平衡有关。

为了延缓果蔬采后的成熟与衰老，要尽量控制储藏环境中乙烯的生成，并设法抑制其作用或将其排除。采用的主要措施如下。

ⅰ. 合理拣选，将有病虫害和机械损伤的果实剔除。

ⅱ. 不要将乙烯释放量少的非呼吸跃变型果实以及对乙烯敏感的果实与大量释放乙烯的果实混合储藏和运输。

ⅲ. 控制储藏环境条件，抑制乙烯的生成和作用。降低 O_2 的浓度，提高 CO_2 的浓度；在不至于造成果实冷害和冻害的前提下，尽量降低储藏温度。

ⅳ. 排除或吸收储藏环境中的乙烯。通风排乙烯；用乙烯吸收剂，如高锰酸钾脱除乙烯；用乙烯脱除设备脱除乙烯，如高温或纳米光催化等。

1.3.2　新鲜动物组织的生物化学

人们常把肉看成是"死"的，而把收获后的水果和蔬菜说成是"活"的，之所以存在这种差别主要是因为肌肉组织和植物组织在生理学和形态学上存在着差异。动物组织比植物组织的组织化程度更高，动物的生命过程强烈地依赖于高度发达的循环系统。动物死后所有的循环都终止而且肌肉组织迅速发生重要的变化，这些变化可归因于缺氧（无氧状态）和某些废物（特别是乳酸和 H^+）的积累。与动物组织相比，植物组织对高度发达的循环系统依赖性较小，虽然果蔬在收获后不可能再获取某些物质养分，但氧气仍可渗入，CO_2 可以继续透出，代谢废物可从细胞质中移出，并在成熟组织细胞的液泡内积聚下来。

动物经过屠宰放血后体内平衡被打破，从而使机体抵抗外界因素影响、维持体内环境、适应各种不利条件的能力丧失而导致死亡。但是，维持生命以及各个器官、组织的机能并没有同时停止，各种细胞仍在进行各种活动。宰后肌肉发生一系列生理变化和生化变化，肉的嫩度、风味、颜色、持水能力等都发生了显著变化。

1.3.2.1　宰后肌肉的物理与生物化学变化过程

动物在屠宰死亡后，机体组织中在一定时间内仍具相当水平的代谢活动，但生活时的正常生化平衡已被打破，发生许多死亡后特有的生化过程，在物理特征方面出现所谓死后僵直或称尸僵的现象。死亡动物组织中的生化活动一直延续到组织中的酶因自溶作用而完全失活为止。动物死亡的生物化学与物理变化过程可以划分为三个阶段。

① 尸僵前期　在这个阶段中，肌肉组织柔软、松弛，生物化学特征是 ATP 及磷酸肌酸含量下降，无氧呼吸即酵解作用活跃。

② 尸僵期　尸僵期是指肌球蛋白与肌动蛋白的不可逆相互作用使肌肉产生的一种尸体僵硬状态。此阶段的生物化学特征是磷酸肌酸消失，ATP 含量下降，肌肉中的肌动蛋白及肌球蛋白逐渐结合，形成没有延伸性的肌动球蛋白，结果形成僵硬僵直的状态，即尸僵。

③ 尸僵后期　尸僵缓解。生物化学特征主要是由于组织蛋白酶的活性作用而使肌肉蛋白质发生部分水解，水溶性肽及氨基酸等非蛋白氮增加，肉的食用质量随着尸僵缓解达到最佳适口度。

动物在死亡后发生的主要生化变化可概括如图 1-7 所示。

1.3.2.2　宰后肌肉呼吸途径的转变

正常生活的动物体内，虽然并存着有氧和无氧呼吸两种方式，但主要的呼吸过程是有氧呼吸。动物宰杀后，血液循环停止而供氧也停止，组织呼吸途径由原来的有氧呼吸为主转变为无氧酵解，最终产物为乳酸。有氧呼吸时，由糖原产生的一个葡萄糖分子被降解为 H_2O

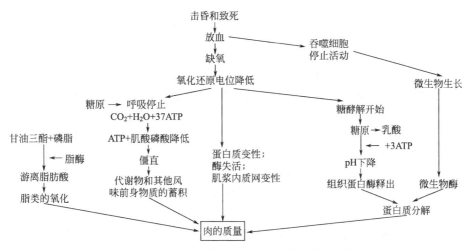

图 1-7　动物死后肌内组织发生的主要生化变化

和 CO_2 时，经生物氧化可净获 37 个 ATP 分子，但在无氧酵解中，每一个葡萄糖分子只能净获 3 个 ATP 分子。无氧酵解时净获的 ATP 分子比有氧呼吸时净获的 ATP 分子少得多，所以，屠宰后肌肉无氧酵解时 ATP 的产生显著降低。伴随着糖原无氧酵解代谢，组织中乳酸增多，肌肉 pH 下降。

死亡动物组织中糖原降解有水解途径和磷酸解途径。

ⅰ. 水解途径：糖原→糊精→麦芽糖→葡萄糖→磷酸葡萄糖→乳酸。在鱼类肌肉中，糖原降解主要是水解途径。

ⅱ. 磷酸解途径：糖原→1-磷酸葡萄糖→6-磷酸葡萄糖→乳酸。在哺乳动物肌肉中，糖原降解主要是磷酸解途径。

在通常情况下，限制宰后糖酵解的因素是 pH，当 pH 足够低时，某些关键酶被抑制，糖酵解停止。由于无氧呼吸产物乳酸在肌肉中的积累导致肌肉 pH 下降，使糖的酵解活动逐渐减弱最后停止。糖酵解停止时所达到的 pH 称为"最终 pH"。

1.3.2.3　宰后肌肉组织中ATP含量的变化及其重要性

如前所述，动物宰杀死亡后，由于有氧呼吸停止，糖原不能再继续被氧化为 CO_2 和 H_2O，因而阻断了肌肉中 ATP 的主要来源，肌肉无氧酵解时 ATP 的产生显著降低。同时，由于 ATP 酶的作用，也在不断分解 ATP 而使 ATP 不断减少。虽然在动物死后的一段时间里，由于刚死亡的动物肌肉中肌酸激酶与 ATP 酶的偶联作用而使一部分 ATP 得以再生（如下图所示），使肌肉中的 ATP 尚能保持一定的水平，但这是一种暂时性的表面现象，一旦磷酸肌酸消耗完毕，ATP 量就会在 ATP 酶作用下不断分解而显著降低。ATP 的降解途径如下：

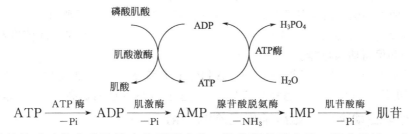

肌苷酸是构成动物肉香及鲜味的重要成分，肌苷则是无味的。肌苷的进一步分解有两条

途径：

因此，肌肉组织中的 ATP 随着磷酸肌酸的消耗和 ATP 的不断降解而加速减少。

动物屠宰后，中枢神经冲动完全消失，肌肉立即出现松弛状态，所以肌肉柔软并具弹性，但随着 ATP 浓度的逐渐下降，肌动蛋白与肌球蛋白逐渐结合成没有弹性的肌动球蛋白，结果形成僵硬僵直状态，即尸僵现象。

在屠宰时，大多数肌肉组织中平均 ATP 含量为 3～5mg/g 低脂组织。当 ATP 和（或）ADP 含量充足时，肌肉能伸展至相当的长度而不致撕裂。当肌肉处于僵直状态时，随着 ATP 的耗尽，肌肉不可能被显著地伸长而不断裂。随着糖酵解速度的减慢、磷酸肌酸的消耗和 ATP 的不断降解，ATP 浓度下降，大多数 ATP 会在 24h 或更短的时间内被消耗掉。宰后组织中大部分 ATP 被消耗掉的时间可近似地作为尸僵开始的标志。哺乳动物死亡后，尸僵开始于死亡后 8～12h，经 15～20h 后终止；鱼类死后尸僵开始于死后约 1～7h，持续时间约 5～20h 不等。

1.3.2.4　宰后肌肉组织 pH 的变化

宰后肌肉组织中一个重要的生物化学变化是由糖酵解引起的 pH 下降。由于刚屠宰死亡的动物组织的呼吸途径由有氧呼吸转变为无氧酵解，其最终产物乳酸在肌肉组织中逐渐积累，使肌肉组织 pH 下降。除乳酸积累使 pH 下降外，ATP 降解生成的无机磷酸也是肌肉 pH 下降的原因之一。温血动物宰杀后 24h 内肌肉组织的 pH 由正常生活时的 7.2～7.4 降至 5.3～5.5，但一般也很少低于 5.3。鱼类死后肌肉组织的 pH 大都比温血动物高，在完全尸僵时甚至可达 6.2～6.6。

屠宰后 pH 受屠宰前动物体内糖原储量的影响，若屠宰前动物曾强烈挣扎或运动，则体内糖原含量必少，宰后 pH 值也因之较高，牲畜中可达 6.0～6.6，鱼类甚至可达 7.0，被称为碱性尸僵。

宰后肌肉 pH 下降太快，肌肉会产生失色、质软、流汁（PSE）现象，宰后肌肉 pH 变化可分为六种不同的类型。

ⅰ. 宰后 1h 左右 pH 降低零点几个单位，最终 pH 为 6.5～6.8，为深色的肌肉。

ⅱ. 宰后 pH 逐渐缓慢下降，最终 pH 为 5.7～6.0，为色稍深的肌肉。

ⅲ. 宰后 8h 从 pH 7.0 左右逐渐降低到 pH 5.6～5.7。宰后 24h 降低到最终 pH 为 5.3～5.7，为正常肌肉。

ⅳ. 宰后 3h pH 比较快地降低到约 5.5，最终 pH 为 5.3～5.6，为轻度 PSE。

ⅴ. 宰后 1h pH 迅速降低到约 5.4～5.6，最终 pH 为 5.3～5.6，为高度 PSE。

ⅵ. pH 逐渐降低到 5.0 附近，为流汁严重，稍带灰色。

最终 pH 的大小除了对肉的质构、持水性（PSE 现象）产生重要影响之外，还对微生物的生长能力以及色泽等性质具有显著的作用。宰后动物肌肉保持较低的 pH 值有利于抑制腐败细菌的生长和保持肌肉色泽。

图 1-8 所示为宰后肌肉组织的张力、ATP、pH 和糖原含量变化曲线。肌肉组织的 ATP、pH 和糖原含量均呈下降趋势。25℃时，这些反应的速度明显高于 5℃的情况。

1.3.2.5　屠宰后动物肌肉组织中蛋白质的变化

（1）肌肉色泽变化

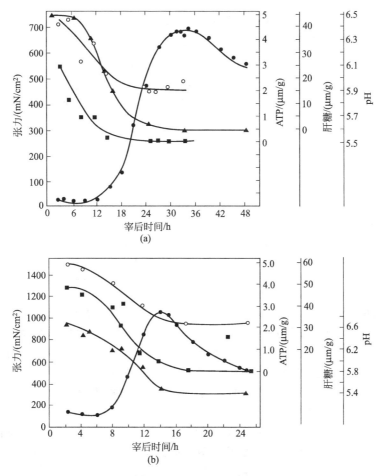

图 1-8　宰后肌肉组织的张力、ATP、pH 和糖原含量变化曲线

(a) 5℃放置；(b) 25℃放置

肉的颜色主要取决于肌肉中的色素物质——肌红蛋白和血红蛋白，对于放血充分的畜禽肉来说，肌红蛋白占肉中色素成分的 80%~90%。因此，肌红蛋白的含量和化学状态影响肉色及其稳定性。

对于新鲜肉而言，肌红蛋白有 4 种主要存在形式，如图 1-9 所示。

ⅰ. 刚宰后的肌肉或真空包装的肌肉，肌红蛋白分子第六配位处没有氧分子存在时，呈紫红色。当氧分压低于 1.4mmHg❶ 时，肌红蛋白以脱氧形式存在。脱氧肌红蛋白与氧结合可生成氧合肌红蛋白，为鲜红色，此时氧气分子以配位键结合于卟啉环中央，但铁离子仍以还原态形式（Fe^{2+}）存在，随着氧合时间的延长，肌肉表面的氧气向内部渗透，产生更多的氧合肌红蛋白，氧合肌红蛋白层的深度与氧分压、pH 等有关。

ⅱ. 随着放置时间的延长，氧合肌红蛋白中的 Fe^{2+} 被氧化成 Fe^{3+}，生成高铁肌红蛋白，呈褐色，使肉色变暗。一般情况下，高铁肌红蛋白层介于表层的氧合肌红蛋白层和深层的脱氧肌红蛋白层之间，高铁肌红蛋白的生成与氧分压、pH、肌肉内部的还原能力、温度以及微生物有关。

ⅲ. 高铁肌红蛋白可被肌肉中的氧化还原酶及 NADH（烟酰胺腺嘌呤二核苷酸）还原，

---

❶　1mmHg＝133.322Pa，全书余同。

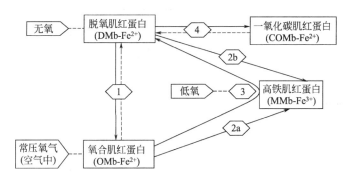

图 1-9　肉中肌红蛋白的转换

反应 1（氧合反应）：脱氧肌红蛋白＋氧气→氧合肌红蛋白；

反应 2a（氧化反应）：氧合肌红蛋白＋[氧耗或低氧分压]－e^-→高铁肌红蛋白；

反应 2b（氧化反应）：[脱氧肌红蛋白-H^+-H^+复合物]＋氧气→高铁肌红蛋白＋O_2^-；

反应 3（还原反应）：高铁肌红蛋白＋氧耗＋高铁肌红蛋白还原酶→脱氧肌红蛋白；

反应 4：脱氧肌红蛋白＋一氧化碳→一氧化碳肌红蛋白

生成脱氧肌红蛋白，因此在宰后早期，肌肉自身仍保持着较强的氧化还原能力，不易形成高铁肌红蛋白。但随着宰后时间的延长，氧化还原酶活力下降，NADH 含量降低，脱氧肌红蛋白或氧合肌红蛋白开始氧化生成高铁肌红蛋白，且时间越长，产生的高铁肌红蛋白越多。当氧分压很低时，肌肉表面的氧合肌红蛋白脱氧转化成脱氧肌红蛋白，此时，卟啉环中的 Fe^{2+} 转变成 Fe^{3+}，在此过程中，肌肉的氧化还原能力和再次携氧能力都下降，因此，真空包装后，肉色转化成鲜红色可能会遇到一些问题（因为 Fe^{3+} 不能被还原成 Fe^{2+}）。

ⅳ. 一氧化碳与肌红蛋白反应生成鲜红色的一氧化碳肌红蛋白，这种物质相对稳定，可使鲜肉保持较长时间的鲜艳色泽。一氧化碳氧合肌红蛋白的形成机制还不甚明确，但脱氧肌红蛋白比氧合肌红蛋白和高铁肌红蛋白更易形成一氧化碳肌红蛋白。值得注意的是，一氧化碳肌红蛋白暴露在不含二氧化碳的空气中时，一氧化碳会缓慢地从蛋白质中解离出来，从而使肉色发生改变。近年来，低浓度一氧化碳在鲜肉的气调包装中得到越来越广泛的应用。

（2）肌肉蛋白质持水力的变化

肌肉的持水能力是非常重要的指标，不仅影响煮制前肉的外观，而且影响煮制过程中的汁液损失和咀嚼时的多汁性。如果活体肌肉的持水能力差，宰后会出现各种类型的汁液渗出，如未冻结生肉的"出汗"现象、冻肉解冻时的汁液滴失现象及煮制过程中收缩现象等，汁液中的成分包括水溶性物质和脂溶性物质。

肌肉中蛋白质亲水基团结合的水分只占总水分的 5% 左右，这部分结合水受肌肉结构或电荷变化的影响很小，因此，宰后僵直时结合水变化很小，主要是由于胞内自由水流出而导致胞外自由水增加。组织学研究发现肌肉中的绝大多数水分通过毛细管作用存在于粗纤丝和细纤丝之间，肌原纤维间隙中的水分含量变化远大于蛋白质结合水分含量的变化，肌原纤维之间的间隙大小决定了肌原纤维的持水能力。图 1-10 显示了宰后肌肉微观结构变化对其持水能力的影响。宰后早期（僵直前），肌肉处于松弛状态，其肌原纤维结构与活体肌肉没有明显差异，基本保持活体状态下的持水能力 [图 1-10（a）]；随着宰后糖原酵解的发生，ATP 供应减少，肌肉进入僵直状态，肌原纤维发生收缩，肌原纤维间的水分流出，持水能力下降 [图 1-10（b）]；随后，在肌肉内源酶（主要是 Calpains）的作用下肌原纤维骨架蛋白降解，使肌原纤维间的间隙增加，胞外水分重新进入肌原纤维的间隙中，持水能力增加 [图 1-10（c）]。与此同时，成熟过程中，部分蛋白质的降解促使蛋白质分子中的亲水基团暴露，进一步增加肌肉蛋白质的持水能力 ［图 1-10(d)］。

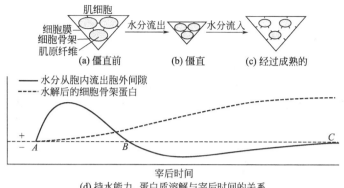

图 1-10　肌肉持水机制

Lawson（2004）认为，宰后僵直收缩过程中肌原纤维之间挤出的水分可能进入肌原纤维和细胞膜之间的通道中，该通道是由于钙蛋白酶的作用导致整合蛋白的降解；水分通过此通道，以"出汗"或"汁液滴失"形式流出胞外。如果钙蛋白酶调控的整合蛋白降解发生在僵直之后，肌原纤维之间的水分可能被排到结缔组织中，由于结缔组织是亲水的，使汁液损失减少。肌肉纵向收缩及肌原纤维的收缩是导致肌原纤维中水分排出的主要因素。图 1-11 为肌肉汁液流失原理。

（3）尸僵的缓解与肌肉蛋白质的自溶

尸僵缓解后，肉的持水力及 pH 较尸僵期有所回升。此时，触感柔软，煮食风味好，嫩度提高。

不同动物肌肉中组织蛋白酶的活性差异很大，鱼肉中组织蛋白酶活性比哺乳动物肌肉的组织蛋白酶活性高 10 倍左右，因而鱼类容易发生

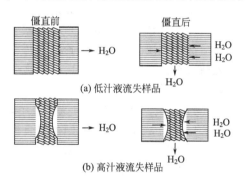

图 1-11　肌肉汁液流失原理
图中横条纹为肌纤维，波浪形条纹为结缔组织

自溶腐败，特别是当鱼内脏中天然的蛋白质水解消化酶类进入肌肉中时，极易出现"破肚子"的现象。

一般认为，组织蛋白酶对肌原纤维没有明显的作用，其主要活性作用限于分解肌浆蛋白质，肌浆蛋白质是天然的蛋白水解酶类的主要底物，但在用蛋白酶组分处理过的肌肉中可以看到肌肉纤维的伸长率低和肌动蛋白、肌球蛋白、肌钙蛋白和原肌球蛋白的降解。由于组织蛋白酶的分解作用，使肌肉蛋白质发生部分水解，水溶性肽及氨基酸等非蛋白氮增加，肉的食用质量达到最佳适口度。组织蛋白酶分解作用产生的游离氨基酸是形成肉香和肉味的物质基础之一。

1.4　食品冷冻冷藏基本原理

引起食品腐败变质的主要原因是微生物作用、酶的催化作用、氧化作用、呼吸作用和机械损伤。无论是由微生物作用、酶的作用、氧化作用和呼吸作用引起的食品变质，或者是由于冻结过程中冰结晶导致机械损伤引起的食品变质，都与食品所处的温度或降温速率有密切

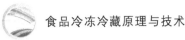

关系。食品冷冻冷藏保鲜就是通过降低食品温度使上述作用减弱，从而达到阻止或延缓食品腐败变质的目的。

1.4.1　食品腐败变质的机理

食品腐败变质的机理实质上是食品中蛋白质、碳水化合物、脂肪等被污染微生物的分解代谢作用或自身组织酶进行的某些生化过程。例如新鲜的肉类、鱼类的后熟，粮食、水果的呼吸等可以引起食品成分的分解、食品组织溃破和细胞膜碎裂，为微生物的广泛侵入与作用提供条件，结果导致食品的腐败变质。由于食品成分的分解过程和形成的产物十分复杂，因此建立食品腐败变质的定量检测尚有一定的难度。

1.4.1.1　食品中蛋白质的分解

由微生物引起蛋白质食品发生的变质，通常称为腐败。肉、鱼、禽蛋和豆制品等富含蛋白质的食品，主要是以蛋白质分解为其腐败变质特征。

在动植物组织酶以及微生物分泌的蛋白酶和肽链内切酶等的作用下，蛋白质首先水解成多肽，进而裂解形成氨基酸。氨基酸通过脱羧基、脱氨基、脱硫等作用，进一步分解成相应的氨、胺类、有机酸类和各种碳氢化合物，食品即表现出腐败特征。

蛋白质分解后所产生的胺类是碱性含氮化合物质，如伯胺、仲胺及叔胺等具有挥发性和特异的臭味。各种不同的氨基酸分解产生的腐败胺类和其他物质各不相同。甘氨酸产生甲胺，鸟氨酸产生腐胺，精氨酸产生色胺进而又分解成吲哚，含硫氨基酸分解产生硫化氢和氨、乙硫醇等。这些物质都是蛋白质腐败产生的主要臭味物质。

（1）氨基酸的分解

① 脱氨反应　在氨基酸脱氨反应中，通过氧化脱氨生成羧酸和 α-酮酸，直接脱氨则生成不饱和脂肪酸，若还原脱氨则生成有机酸。例如

$$RCH_2CHNH_2COOH(氨基酸) + O_2 \longrightarrow RCH_2COCOOH(\alpha\text{-}酮酸) + NH_3$$
$$RCH_2CHNH_2COOH(氨基酸) + O_2 \longrightarrow RCOOH(羧酸) + NH_3 + CO_2$$
$$RCH_2CHNH_2COOH(氨基酸) \longrightarrow RCH = CHCOOH(不饱和脂肪酸) + NH_3$$
$$RCH_2CHNH_2COOH(氨基酸) + H_2 \longrightarrow RCH_2CH_2COOH(有机酸) + NH_3$$

② 脱羧反应　氨基酸脱羧基生成胺类；有些微生物能脱氨、脱羧同时进行，通过加水分解、氧化和还原等方式生成乙醇、脂肪酸、碳氢化合物和氨、二氧化碳等。例如

$$CH_2NH_2COOH(甘氨酸) \longrightarrow CH_3NH_2(甲胺) + CO_2$$
$$CH_2NH_2(CH_2)_2CHNH_2COOH(鸟氨酸) \longrightarrow CH_2NH_2(CH_2)_2CH_2NH_2(腐胺) + CO_2$$
$$CH_2NH_2(CH_2)_3CHNH_2COOH(精氨酸) \longrightarrow CH_2NH_2(CH_2)_3CH_2NH_2(尸胺) + CO_2$$
$$组氨酸 \longrightarrow 组胺 + CO_2$$
$$(CH_3)_2CHCHNH_2COOH(缬氨酸) + H_2O \longrightarrow (CH_3)_2CHCH_2OH(异丁醇) + NH_3 + CO_2$$
$$CH_3CHNH_2COOH(丙氨酸) + O_2 \longrightarrow CH_3COOH(乙酸) + NH_3 + CO_2$$
$$CH_2NH_2COOH(甘氨酸) + H_2 \longrightarrow CH_4(甲烷) + NH_3 + CO_2$$

（2）胺的分解

腐败中生成的胺类通过细菌的胺氧化酶被分解，最后生成氨、二氧化碳和水。

$$RCH_2NH_2(胺) + O_2 + H_2O \longrightarrow RCHO + H_2O_2 + NH_3$$

过氧化氢通过过氧化氢酶被分解，同时，醛也经过酸再分解为二氧化碳和水。

（3）硫醇的生成

硫醇是通过含硫化合物的分解而生成的。

$$CH_3SCH_2CHNH_2COOH(甲硫氨酸) + H_2O \longrightarrow$$
$$CH_3SH(甲硫醇) + NH_3 + CH_3CH_2COCOOH(\alpha\text{-酮酸})$$

（4）甲胺的生成

鱼、贝、肉类的正常成分三甲胺氧化物可被细菌的三甲胺氧化还原酶还原生成三甲胺。此过程需要有可使细菌进行氧化代谢的物质（有机酸、糖、氨基酸等）作为供氢体。

$$(CH_3)_3NO + NADH \longrightarrow (CH_3)_3N + NAD^+$$

1.4.1.2　食品中脂肪的分解

虽然脂肪发生变质主要是由于化学作用所引起的，但是许多研究表明，它与微生物也有着密切的关系。脂肪发生变质的特征是产生酸和刺激的"哈喇"气味。人们一般把脂肪发生的变质称为酸败。

食品中油脂酸败的化学反应，主要是油脂自身氧化过程，其次是加水水解。油脂的自身氧化是一种自由基的氧化反应；而水解则是在微生物或动物组织中的解酯酶作用下，使食物中的中性脂肪分解成甘油和脂肪酸等。但油脂酸败的化学反应目前仍在研究中，过程较复杂，有些问题尚待澄清。

（1）油脂的自身氧化

油脂的自身氧化是一种自由基（游离基）氧化反应，其过程主要包括脂肪酸（RCOOH）在热、光线或铜、铁等因素作用下，被活化生成不稳定的自由基 R·、H·。这些自由基与 O_2 生成过氧化物自由基，接着自由基循环往复不断地传递生成新的自由基。在这一系列的氧化过程中，生成了氢过氧化物、羰基化合物（如醛类、酮类、低分子脂肪酸、醇类、酯类等）、羟酸以及脂肪酸聚合物、缩合物（如二聚体、三聚体等）。

（2）脂肪水解

脂肪酸败也包括脂肪的加水分解作用，产生游离脂肪酸、甘油及其不完全分解的产物。如甘油一酯、甘油二酯。在微生物的解酯酶的作用下：

$$食物中脂肪 \longrightarrow 脂肪酸 + 甘油 + 其他产物$$

脂肪酸可进而断链形成具有不愉快味道的酮类或酮酸；不饱和脂肪酸的不饱和键可形成过氧化物。脂肪酸也可再氧化分解成具有特臭的醛类和醛酸，即所谓的"哈喇"气味。这就是食用油脂和含脂肪丰富的食品发生酸败后感官性状改变的原因。

脂肪自身氧化以及加水分解所产生的复杂分解产物，使食用油脂或食品中脂肪带有若干明显特征：首先是过氧化值上升，这是脂肪酸败最早期的指标；其次是酸度上升，羰基（醛酮）反应阳性。脂肪酸败过程中，由于脂肪酸的分解，其固有的碘价（值）、凝固点（熔点）、密度、折光指数、皂化价等也必然发生变化，因而形成脂肪酸败所特有的"哈喇"味；肉、鱼类食品脂肪的超期氧化变黄；鱼类的"油烧"现象等也常被作为油脂酸败鉴定中较为实用的指标。

食品中脂肪及食用油脂的酸败程度，受脂肪的饱和度、紫外线、氧、水分、天然抗氧化剂以及铜、铁、镍离子等触媒的影响。油脂中脂肪酸不饱和度、油料中动植物残渣等，均有促进油脂酸败的作用；而油脂的脂肪酸饱和程度，维生素 C、维生素 E 等天然抗氧化物质及芳香化合物含量高时，则可减慢氧化和酸败。

1.4.1.3　食品中碳水化合物的分解

食品中的碳水化合物包括纤维素、半纤维素、淀粉、糖原以及双糖和单糖等。含这些成分较多的食品主要是粮食、蔬菜、水果和糖类及其制品。在微生物及动植物组织中的各种酶及其他因素作用下，这些食品组成成分被分解成单糖、醇、醛、酮、羧酸、二氧化碳和水等

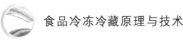

低级产物。由微生物引起糖类物质发生的变质，习惯上称为发酵或酵解。在分解糖类的微生物作用下

$$碳水化合物 \longrightarrow 有机酸 + 酒精 + 气体等$$

碳水化合物含量高的食品变质的主要特征为酸度升高、产气和稍带有甜味、醇类气味等。食品种类不同也表现为糖、醇、醛、酮含量升高或产气（CO_2），有时常带有这些产物特有的气味。水果中果胶可被一种曲霉和多酶梭菌所产生的果胶酶分解，并可使含酶较少的新鲜果蔬软化。

1.4.2 温度对微生物生长和繁殖的影响

1.4.2.1 微生物生长和繁殖的条件

附着在动物性食品表面的微生物以食品原料作为良好的培养基，在一定的条件下迅速生长繁殖，并分泌出各种酶类物质，促使食品营养成分迅速分解，将食品中的蛋白质等逐渐分解成胺类、脂肪酸、氨、硫化氢等低分子化合物，使食品发生质变，尤其是富有蛋白质的动物性食品，还会因变质而产生恶臭气味。在引起食品腐败变质的诸原因中，微生物作用往往是最主要的。引起食品腐败的微生物主要有细菌、酵母和霉菌，尤以细菌引起的变质最为显著。植物组织采摘后仍然是个活体，只有在受到物理损伤或处于衰老阶段时，才易被微生物所利用。

引起食品腐败变质的微生物是能够生长繁殖的活体，因此需要营养和适宜的生长环境。为此，要掌握微生物生长和繁殖的条件，以便采取有效措施抑制微生物作用，达到保持食品原有的色、香、味的目的。下面分别叙述微生物生长和繁殖的条件。

（1）水分

水分是微生物生命活动所必需的，是组成原生质的基本成分，微生物借助水进行新陈代谢。食品中的水分越多，微生物越容易繁殖。一般认为，细菌在食品水分含量达 50％以上时才能生长繁殖，在食品水分含量为 30％以下时繁殖开始受到抑制，当食品水分含量在 12％以下时繁殖困难。食品水分含量在 14％以下时对某些霉菌孢子有一定的抑制作用，但当空气相对湿度达到 80％以上时，食品表面水分达 18％左右，霉菌可以生长。水分含量低的食品如果存放在湿度较大的环境中，由于食品表面水分增加，仍然会加速食品的发霉。因此，降低湿度有利于食品保藏。如果微生物处于很浓的糖或盐的溶液中，由于渗透压作用，细胞原生质会失去水分而使微生物难于摄取养料和排除体内代谢物，甚至原生质收缩并与细胞壁分离，产生质壁分离和蛋白质变性等现象，从而抑制甚至完全终止微生物的生命活动，所以人们常腌制保藏食品。用低温冻藏食品，使食品内的水分结成冰晶，束缚了水参与微生物生命活动和生化反应的作用，与腌制或干制食品的效果相仿。腌制、干制和低温冻藏食品实质上都是降低微生物生命活动和实现生化反应所必需的液态水的含量，不同的是低温冻藏食品时将部分水冻结为冰晶，腌制保藏食品时使微生物原生质脱水，干制保藏食品时将部分水分物理性除掉。

（2）温度

温度是微生物生长和繁殖的重要条件之一，各种微生物各有其生长所需的温度范围，超出此温度范围，就会停止生长甚至终止生命。此温度范围对某种微生物而言又可分为最低、最适和最高三个区域。在最适温度区，微生物的生长速度最快。由于微生物种类的不同，其最适温度的界限也不同。根据其最适温度的界限，可将微生物分为嗜冷性微生物、嗜温性微生物、嗜热性微生物三种，大部分腐败细菌属于嗜温性微生物。微生物对温度的适应性见表 1-9 所示。

表 1-9　微生物对温度的适应性

类　别	最低温度/℃	最适温度/℃	最高温度/℃	种　类
嗜冷性微生物	0	10～20	25～30	霉菌、水中细菌
嗜温性微生物	0～7	20～40	40～45	腐败菌、病原菌
嗜热性微生物	25～45	50～60	70～80	温泉、堆肥中的细菌

（3）营养物

微生物和其他生物一样，也要不断地进行新陈代谢。它们从外界环境中摄取糖类、蛋白质、无机盐、维生素等作为营养物质。动物性食品原料是微生物生长繁殖的最好营养基。淀粉、蛋白质、维生素等有机物质，首先分解成简单物质，然后渗透到微生物细胞内；乳糖、葡萄糖与盐类等简单营养物质，可直接渗透过微生物细胞膜进入细胞内。每种微生物对营养物质的吸收都有选择性，如酵母菌喜欢糖类营养物，不喜欢脂肪；而一些腐败菌需要蛋白质营养物。实验表明：高水分和低 pH 值的介质会加速微生物的死亡，而糖、盐、蛋白质、脂肪对微生物有保护作用。

（4）环境介质

① pH 值　环境的 pH 对微生物生长繁殖影响很大。各种微生物都有其各自最适的 pH 值，pH 值过高或过低均会影响微生物的生长繁殖。组成细胞原生质的半透膜胶体在某一 pH 下带正电荷，而在另一 pH 下带负电荷；当 pH 不同时，其所携带的电荷也不同。由于胶体携带电荷的更换，引起某些离子渗透性的改变，影响了微生物对营养物质的摄取。大多数细菌在中性或弱碱性的环境中生长较适宜，霉菌和酵母菌则在弱酸的环境中较适宜。一般细菌的最适 pH 为 7～8，低于 pH 4～5 时就不能正常发育；霉菌和酵母菌的最适 pH 为 4～5，最低临界 pH 为 2。

② 日光　日光中的紫外线对微生物有杀灭作用。紫外线杀菌的作用机理主要是紫外线被原生质的核蛋白吸收，使微生物发生变异。

③ 放射性同位素　放射性同位素放射出的射线通常有 3 种，即 α 射线、β 射线、γ 射线。其中 γ 射线被空气吸收的比率极小，不但能射至相当远的地方，并且对食品有较强的穿透力。辐照杀菌的机理分为直接作用和间接作用。直接作用是指射线直接破坏微生物的核糖核酸、蛋白质和酶等与生命有关的物质，使微生物死亡。间接作用是指射线在微生物体内先作用于生命重要分子周围物质（主要是水分子）产生自由基，自由基再作用于核酸、蛋白质和酶等使微生物死亡，达到保藏食品和灭菌消毒的目的。

④ 渗透压　微生物的细胞膜是半透性的，细胞内比细胞外围渗透压大，如把带有微生物的食物放进糖、盐等渗透压大的溶液中，微生物的细胞发生质壁分离，即原生质与细胞膜脱离，可破坏、抑制微生物的生长繁殖。

⑤ 化学药品　若在培养基中加入某些化学药品，会对微生物产生致命的破坏作用。例如，加入重金属盐类、酚类和酸类等物质，能使原生质中蛋白质迅速凝固变性，微生物立即死亡；加入漂白粉、臭氧与氧化物，能使原生质中的蛋白质因氧化而破坏；加入醛类能使蛋白质中的氨基酸分解成更简单的物质；加入浓盐和浓糖能使原生质萎缩，而促使细胞质壁分离。

1.4.2.2　温度对微生物的作用

如前所述，引起食品腐败变质的微生物的生长和繁殖需要营养和适宜的生存环境。温度是微生物生长和繁殖的重要环境条件，各种微生物各有其适宜生长和繁殖的温度范围，超出此温度范围，温度对微生物有较明显的致死作用。

足够的高温能使蛋白质受热凝固变性，从而终止微生物的生命活动。例如，细菌在100℃可迅速死亡，带芽孢菌在121℃高压蒸汽作用下经过10～20min也会死亡。大多数细菌不耐高温，当温度为55～70℃时，10～30min就会失活。相对而言，细菌耐低温的能力反而要强一些，低温只能抑制其生长和繁殖，使其部分细菌死亡，却不能使其完全失活。嗜冷性微生物如霉菌或酵母菌最能忍受低温，即使在−8℃的低温下，仍然发现少量孢子出芽。大部分水中细菌也都是嗜冷性微生物，它们在0℃以下仍能繁殖。个别的致病菌能忍受更低的温度，甚至在温度−20℃以下，也仅受到抑制，只有少数死亡。

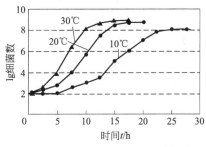

图1-12 温度对微生物繁殖数量的影响

图1-12给出了温度对微生物繁殖数量的影响，表1-10给出了不同温度下微生物繁殖时间。降低温度会导致微生物体内代谢酶的活力下降，使得物质代谢过程中各种生化反应速率下降，微生物的生长繁殖逐渐减慢。微生物在正常生长繁殖条件下，细胞内各种生化反应总是相互协调一致的。降温时各种生化反应将按照各自的温度系数（即倍数）减慢，但由于各种生化反应的温度系数 Q_{10} 各不相同，因而破坏了各种反应原有的协调一致性，影响了微生物的生活机能。温度降得愈低，失调程度也愈大，从而破坏了微生物细胞内的新陈代谢，以致它们的生活机能受到了抑制甚至达到完全终止的程度。降低温度还导致微生物细胞内的原生质体浓度增加，黏度增大，胶体吸水性下降，蛋白质分散度改变，对细胞造成了严重损害，最终导致了不可逆的蛋白质变性，从而破坏了生物性物质代谢的正常运行。降低温度也导致微生物细胞内外的水分冻结形成冰结晶，冰晶体的形成促使细胞内原生质或胶体脱水，浓度增加，使其中的部分蛋白质变性；冰结晶还会对微生物细胞产生物理损伤，使细胞遭受到机械性破坏。

表1-10 不同温度下微生物繁殖时间

温度/℃	繁殖时间/h	温度/℃	繁殖时间/h
33	0.5	5	6
22	1	2	10
12	2	0	20
10	3	−3	60

一般情况下，低温不能杀死全部微生物，只能阻止存活微生物的繁殖，一旦温度升高，微生物的繁殖又逐渐旺盛起来。因此要防止由微生物引起的变质和腐败，必须将食品保存在稳定的低温环境中。

1.4.3 温度对酶促反应的影响

1.4.3.1 由酶的作用引起的食品变质

酶是一种特殊蛋白质，是加速生化反应速度而不消耗自身的生物催化剂。每一种酶只能催化小范围的某些反应，有时甚至只能催化一种反应，例如淀粉酶只对淀粉有催化作用，蛋白酶催化蛋白质的分解，脂肪酶可以使油脂和含油的某些食品分解。酶的这种性质称为"特异性"。由于酶与被作用基质结合形成一定的中间产物后，基质分子内键的结合力便会减弱，使得基质分子所需要的反应活化能降低，因而大大加快了生化反应。

食品中的许多反应都是在酶的催化下进行的，这些酶中有些是食品中固有的，有些是微生物生长繁殖中分泌出来的。酶催化生化反应的速度随食品的种类不同而异，鱼肉的酶促反应比畜肉的酶促反应快。鱼类因其本身组织酶的作用，在相当短的时间内，经过一系列中间变化，使蛋白质水解为氨基酸和其他含氮化合物及非含氮化合物，脂肪分解生成游离的脂肪酸，糖原酵解成乳酸。上述变化导致鱼体组织中氨基酸一类物质的增多，为腐败微生物繁殖提供了有利条件，使鱼类的品质急剧变坏，引起腐败变质以致不能食用。畜肉生化过程进行相对缓慢。牲畜经屠宰放血后，停止对肌肉细胞供给氧气，破坏了肌肉组织的新陈代谢及正常的生理活动，停止了生命活动，体内氧化酶的活动减弱，自行分解的酶活动加强，自行分解的酶在有机磷化物参加下很快地将糖原变成乳酸，磷化物形成正磷酸。由于乳酸和磷酸的积累，使肉呈酸性反应，这时肉呈僵硬状态，坚硬干燥，不易煮烂。僵硬以后，肉中乳酸量继续增加，又使肌肉变得柔软、富有汁液，具有肉香味，较易煮烂。从僵硬到柔软的过程称为肉的成熟，肉的成熟能改善肉类本身的质量和风味。成熟的肉呈酸性，能抑制腐败细菌的繁殖，但如果继续在较高温度条件下保存，蛋白质在蛋白酶的作用下分解产生氨，使肉呈碱性，为腐败细菌创造有利生长环境，引起肉类腐败变质。另外，由于霉菌、酵母、细菌等微生物能分泌出各种酶类物质，使食品中的蛋白质、脂肪等营养成分发生分解，并产生硫化氢、氨等难闻的气味和有毒物质，使食品失去食用价值。

许多水果蔬菜在储藏、加工及销售过程中易发生褐变，不仅影响果蔬的价值，而且也降低了其内在品质。目前，普遍认为引起果蔬褐变主要有两方面原因：酶促褐变和非酶促褐变。酶促褐变是指组织中的酚类物质在酶的作用下氧化成醌类，醌类聚合形成褐色物质而导致组织变色。非酶促褐变是指不需要经过酶的催化而产生的一类褐变。非酶促褐变是果蔬产品在储藏中发生的主要褐变反应。

1.4.3.2　温度对酶促反应的影响

温度对酶促反应的影响比较复杂。一般来讲，温度对酶促反应的影响具有双重性，主要体现在：一是温度对酶促反应本身的影响，包括影响最大反应速率，影响酶与底物的结合，影响酶与抑制剂、激活剂或辅酶的结合，影响酶与底物分子的解离状态等；二是温度对酶蛋白稳定性的影响，即对酶蛋白的热变性失活作用。也就是说，一方面，像一般化学反应一样，温度升高活化分子数就增多，反应速率就加快；另一方面，温度升高会使酶蛋白的活性降低甚至变性失活，从而使反应速率降低。综合上述两个因素的影响，只有在某一温度时，酶促反应速率达到最大，此时的温度

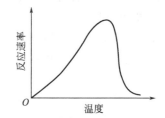

图 1-13　温度对酶活性的影响

称为酶的最适温度，如图 1-13 所示。但是，酶的最适温度并不是酶的特征性物理常数，一种酶的最适温度通常不是完全固定的，它与作用的时间长短有关，反应时间增长时，最适温度向数值较低的方向移动。此外，最适温度还与底物浓度、反应 pH、离子强度等因素有关。大多数动物酶的最适温度为 37～40℃，植物酶的最适温度为 50～60℃。在最适温度时，酶的催化作用最强。随着温度的升高或降低，酶的活性均下降。一般来讲，在 0～40℃ 范围内，温度每升高 10K，反应速率将增加 1～2 倍。一般最大反应速率所对应的温度均不超过60℃。当温度高于 60℃ 时，绝大多数酶的活性急剧下降。过热后酶失活是由于酶蛋白发生变性的结果。而温度降低时，酶的活性也逐渐减弱。例如，若以脂肪酶 40℃ 时的活性为 1，则在 -12℃ 时降为 0.01，在 -30℃ 时降为 0.001。

由此可见，在低温区间，降低温度可以降低酶促反应速率，因此食品在低温条件下，可以抑制由酶的作用而引起的变质。低温储藏温度要根据酶的品种和食品的种类而定，对于多数食品，在 -18℃ 低温下储藏数周至数月是安全可行的；而对于含有不饱和脂肪

酸的多脂鱼类等食品，则需在 $-25\sim-30℃$ 低温中储藏，以达到有效抑制酶的作用的目的。酶活性虽在低温条件下显著下降，但并不是完全失活。因此，低温虽然能抑制酶的活性，但不能完全阻止酶的作用，长期低温储存的食品质量可能会由于某些酶在低温下仍具有一定的活性而下降。当食品解冻后，随着温度的升高，仍保持活性的酶将重新活跃起来，加速食品的变质。

基质浓度和酶浓度对催化反应速率影响也很大，一般说来，基质浓度和酶浓度越高，催化反应速率越快。食品冻结时，当温度降至 $-1\sim-5℃$ 时，有时会出现其催化反应速率比高温时快的现象，其原因是在这个温度区间，食品中的水分有 80% 变成了冰，使未冻结溶液的基质浓度和酶浓度都相应增加的结果。因此，快速通过这个冰晶生成带不但能减少冰晶对食品的机械损伤，同时也能减少酶对食品的催化作用。

在低温条件下，微生物作用和氧化作用对食品质量的影响相对较小，而酶的作用影响相对较大。

1.4.4　温度对氧化反应的影响

引起食品变质的化学反应大多是由于酶的作用，但也有一些化学反应不直接与酶有关，氧化作用是影响食品品质的又一主要因素。食品氧化作用包括非酶褐变、维生素氧化分解和色素氧化褪色或变色等。非酶褐变的主要反应是氨-羰反应；维生素氧化分解反应主要有维生素 C（抗坏血酸）降解反应、维生素 B_1（硫胺素）降解反应以及 β-胡萝卜素的裂解等；色素氧化变色的反应主要有叶绿素脱镁反应和类胡萝卜素的氧化褪色。

根据化学反应动力学理论，温度对化学反应速率的影响比较明显。反应温度提高 $10℃$ 时，化学反应速率提高的比率称为速率常数或温度系数（Q_{10}）。范特霍夫通过大量实验总结出一条规律，温度每升高 $10℃$，化学反应速率常数约变为原来的 $2\sim4$ 倍。虽然，并非所有的化学反应都符合范特霍夫规则，如酶催化反应，当温度偏离酶的最适温度下降或提高时，由于酶的活性下降，酶催化反应速率也下降。但是，除了酶催化反应和个别可能发生了副反应或某些特殊反应的情况外，对于大多数常见的化学反应，均符合反应速率随温度升高而逐渐加快的规律，并呈指数关系变化。反应速率和反应温度的指数关系由阿累尼乌斯方程描述。氧化反应是化学反应中常见的一类反应，大多符合范特霍夫规则。

食品在储藏过程中所发生的化学反应其 Q_{10} 值一般也在 $2\sim4$ 之间。食品储藏中最常见的氧化反应是脂类的氧化酸败和维生素的氧化。食品中脂类含有各种各样脂肪酸，这些脂肪酸对氧化敏感性有较大区别。油脂与空气直接接触，会发生氧化反应，生成醛、酮、酸、内酯、醚等化学物质，并且油脂本身黏度增加，相对密度增加，出现令人不愉快的“哈喇”味，这称为油脂的酸败。食品中还含有许多非脂类组分，这些非脂类组分可能产生共氧化，或者与氧化脂及其氧化产物产生相互作用，因此食品中脂类氧化是非常复杂的。一般来说，随着温度上升，脂类的氧化速率增大，氧在脂与水中溶解度下降，氧分压对速率影响较小。维生素 C 对氧化反应高度敏感，热和光能加速氧化反应。维生素 C 很容易被氧化成脱氢维生素，若脱氢维生素 C 继续分解生成二酮古洛糖酸，则失去维生素 C 的生理作用。番茄色素是由八个异戊二烯结合而成，由于其中有较多的共轭双键，故易被空气中的氧所氧化。胡萝卜色素也有类似氧化作用。因此，降低食品储藏温度，可减弱各类氧化反应速率，从而延长食品的储藏期限。

1.4.5　温度对呼吸作用的影响

对于植物性食品来说，影响衰老过程的主要因素是呼吸作用，植物性食品腐败变质进程主要取决于呼吸作用。水果、蔬菜在采摘后储藏时，虽然不再继续生长，但仍是一个具有呼吸作用的生命体。一方面，呼吸过程中的氧化作用，能够把微生物分泌的水解酶氧化而变成无害物质，使水果、蔬菜的细胞不受毒害，从而阻止微生物的侵入，因此，果蔬在储藏中能控制机体内酶的作用，并对引起腐败、发酵的外界微生物的侵入有一定的抵抗能力。另一方面，它们采摘后仍然是活体，要进行呼吸，但不能再像采摘前那样能够从母株上得到水分及其他营养物质，只能消耗体内的物质而逐渐衰老变成死体。水果蔬菜采摘后仍然发生一系列的生化反应和生理变化，详见 1.3 节。要长期储藏植物性食品，就必须维持它们的活体状态，同时又要减弱它们的呼吸作用。

果蔬的呼吸作用就是把细胞组织中复杂的有机物质逐步氧化分解成为简单物质，最后变成二氧化碳和水，同时释放出能量。果蔬的呼吸作用分有氧呼吸和缺氧呼吸两种方式。

果蔬在正常环境中（即氧气充足条件下）所进行的呼吸称为有氧呼吸。有氧呼吸的实质是在酶的催化下消耗自身能量的氧化过程，该过程中细胞组织中的糖、酸被充分分解为二氧化碳和水，并释放出大量的热能，反应式如下

$$C_6H_{12}O_6 + 6O_2 = 6CO_2 + 6H_2O + 2822 \text{ kJ/mol} \tag{1-1}$$

果蔬在缺氧状态下进行的呼吸称为缺氧呼吸。缺氧呼吸是在氧气不足的环境下，其细胞组织中的糖、酸不能充分氧化而生成二氧化碳和乙醇，同时放出少量热的过程。其反应式为

$$C_6H_{12}O_6 = 2C_2H_5OH + 2CO_2 + 117 \text{ kJ/mol} \tag{1-2}$$

无论是有氧呼吸或是缺氧呼吸，呼吸都使食品的营养成分损失，而且呼吸放出的热量和有毒物质也加速食品的变质。由于呼吸是在酶的催化下进行的，因此，呼吸速率的高低也可用温度系数 Q_{10} 衡量

$$Q_{10} = \frac{K_2}{K_1} \tag{1-3}$$

式中　Q_{10}——温度系数，即温度每增加 10K 时因酶活性变化引起的化学反应速率提高的比率；

　　　K_1——温度 T 时酶活性所导致的化学反应速率；

　　　K_2——温度增加到 $T+10K$ 时酶活性所导致的化学反应速率。

多数果蔬的 Q_{10} 为 2～3，即温度上升 10K，化学反应速率增加 2～3 倍。表 1-11、表 1-12 是部分果蔬的 Q_{10} 值，从表中可见，0～10℃间温度变化对呼吸速率的影响较大。

降低温度能够减弱水果蔬菜类食品的呼吸作用，延长它们的储藏期限。但温度不能过低，温度过低会引起植物性食品的生理病害，甚至将它们冻死。因此，储藏温度应该选择在接近冰点但又不致使植物发生冻死现象时的温度。如能同时调节空气中的成分（氧、二氧化碳、水分），会取得更好的储藏效果，这种改变空气成分的储藏叫气调储藏（CA 储藏）。气调储藏目前已广泛用于水果蔬菜的保存中，并已得到良好的效果。

表 1-11　水果呼吸速率的温度系数 Q_{10}

种　类	温　度/℃				
	0～10	11～21	16.6～26.6	22.2～32.2	33.3～43.3
草莓	3.45	2.10	2.20		
桃子	4.10	3.15	2.25		
柠檬	3.95	1.70	1.95	2.00	
橘子	3.30	1.80	1.55	1.60	
葡萄	3.35	2.00	1.45	1.65	2.50

表 1-12　蔬菜呼吸速率的温度系数 Q_{10}

种　类	温度的变化范围/℃		种　类	温度的变化范围/℃	
	0.5～10.0	10.0～24.0		0.5～10.0	10.0～24.0
芦笋	3.7	2.5	莴苣	1.6	2.0
豌豆	3.9	2.0	番茄	2.0	2.3
菠菜	3.2	2.6	黄瓜	4.2	1.9
辣椒	2.8	2.3	马铃薯	2.1	2.2
胡萝卜	3.3	1.9	豆角	5.1	2.5

1.4.6　冻结速率和储藏温度对机械损伤的影响

1.4.6.1　由冰结晶引起的食品细胞组织机械损伤

机械损伤是指由于食品组织结构被挤压、碰撞后发生汁液流失和氧化，使食品的外观、颜色、味道发生变化，质量下降。机械损伤有两种情况：一种情况是指食品在加工、采摘或运输过程中，由于受机械或人为因素的碰撞、挤压、切割等使其宏观组织结构受到破坏。例如，苹果受伤或切开后，果肉暴露于空气中被氧化变成褐色；瘦肉被切开或剁碎后置于空气中表面颜色变暗等。另一种情况是指在冻结过程中食品中的水结成冰晶或在冻藏过程中发生重结晶，使得细胞受冰晶的挤压而产生变形或破裂，破坏了食品的微观组织结构，解冻时营养汁液流失。后一种情况是引起食品质量下降的主要因素，这里仅讨论后一种情况。

动植物食品中的水分存在于细胞原生质或细胞间隙中，或呈结合状态，或呈游离状态。动植物组织细胞内的水分与细胞间隙之间的水分由于其所含盐类等物质的浓度不同，冻结点也有差异。如果快速冻结，由于散热作用很强，使冰结晶形成的速度大于水和水蒸气的渗透和扩散速度，组织内冰层推进的速度大于水分移动的速度，细胞内、外几乎同时达到形成冰晶的温度条件，食品中冰晶的分布接近冻前食品中液态水分布的状态，冰晶呈针状结晶体，冰晶数量多且细小，分布均匀，对组织结构的机械损伤较轻，解冻时汁液流失少，解冻品的复原性好。如果缓慢冻结，那些和亲水胶体结合较弱或存在于低浓度溶液内的部分水分，主要是处于细胞之间间隙中的水分，就会首先形成冰晶体，而此时细胞内的水分仍以液相形式存在。由于同温度下水的蒸汽压大于冰的蒸汽压，在蒸汽压差的作用下，细胞内的水分透过细胞膜向细胞外移动，并冻结于细胞间隙间此前已经形成的冰晶体上，渐渐形成大冰晶体，最大的晶体直径可达到 $500 \sim 900 \mu m$，并且分布也不均匀。水变成冰其体积增大 9% 左右，大冰晶对细胞膜产生的胀力更大，使细胞破裂，组织结构受到严重机械损伤。同时，由于细胞内的水分向细胞外迁移，造成细胞内脱水，胞内溶液浓度增加，胶质状原生质成为不稳定状态，细胞膜的透水性增加，淀粉、蛋白质的保水能力降低，引起蛋白质冻结变性。这一系列的变化过程是不可逆的，因此，解冻时冰结晶融化成水，不能再与淀粉、蛋白质等分子重新结合恢复冻结前的原有状态，致使大量营养汁液流出，食品品质明显下降。食品的冻结速率越慢，所形成的冰结晶越大，解冻时汁液流失越多，对食品的质量影响就越大。所以快速冻结的食品比慢速冻结食品的质量好。

重结晶是冻藏期间由于温度波动出现反复解冻的一种结晶体积增大的现象。冻藏温度波动是产生重结晶的原因。通常，食品细胞或肌纤维内汁液浓度比细胞外高，故它的冻结温度也比较低。冻藏温度回升时，细胞或肌纤维内部冻结点较低部分的冻结水分首先融化，经细胞膜或肌纤维膜扩散到细胞间隙内，这样未融化冰晶体就处于外渗的水分包围之中。温度再次下降，这些外渗的水分就在未融化的冰晶体的周围再次结晶，增大了冰晶体的体积。重结晶的程度直接取决于单位时间内温度波动次数和程度，波动幅度愈大，波动次数愈多，重结晶的情况也愈剧烈。即使在冻结时采用快速冻结工艺，形成的冰结晶微细均匀，但是由于不可避免地出现了冻藏温度的波动，随着冻藏时间的延长，经过反复解冻和再结晶，促使冰晶体颗粒迅速增大，详见表 1-13。由于冰晶体体积增大，严重破坏了食品微观组织结构，使食品解冻时营养汁液大量流失，营养价值下降，食品质地失去了弹性，口感风味变差。

表 1-13　冻藏过程中冰晶体和组织结构变化情况

冻藏天数/d	冰晶体直径/μm	解冻后组织状态	冻藏天数/d	冰晶体直径/μm	解冻后组织状态
刚冻结	70	完全回复	30	110	略有回复
7	84	完全回复	45	140	略有回复
14	115	组织不规则	60	160	未能回复

1.4.6.2　冻结速率和储藏温度对冻结食品质量的影响

如前所述，直接影响冻结食品质量的机械损伤很大程度上取决于冻结过程中食品组织内形成冰晶的大小、形状、数量和分布位置，而冰晶的大小、形状、数量和分布位置又主要取决于冻结速率。

表 1-14 给出了冻结速率与冰晶形状之间的关系，从表中可以看出，快速冻结与慢速冻结形成的冰晶体有以下区别。

表 1-14　冻结速率与冰晶形状之间的关系

通过 0～-5℃的时间	冰　晶			
	位置	形状	大小(直径×长度/μm×μm)	数量
数秒	细胞内	针状	(1～5)×5	极多
1.5min	细胞内	杆状	(10～20)×20	多数
40min	细胞内	柱状	(50～100)×100	少数
90min	细胞外	块粒状	(50～200)×200	少数

ⅰ．冰晶体的大小不同。快速冻结时形成的冰晶体小，冰晶粒子大小为 $0.5～100\mu m$；慢速冻结时形成的冰晶体大，冰晶粒子大小为 $100～1000\mu m$。

ⅱ．冰晶体的形状不同。快速冻结时形成的冰晶体呈针状或杆状；慢速冻结时形成的冰晶体呈圆柱状或块粒状。

ⅲ．冰晶体的数量不同。快速冻结时形成的冰晶体的数量较多；慢速冻结时形成的冰晶体的数量较少。

ⅳ．冰晶体的分布位置不同。快速冻结时形成的冰晶体同时分布在细胞内外；慢速冻结时形成的冰晶体大多分布在细胞间隙中。

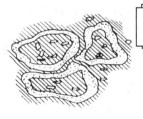

(a) 正常的细胞结构　　　　　(b) 慢速冻结后的细胞结构　　　(c) 快速冻结后的细胞结构

图 1-14　冻结速率对冰晶大小的影响

图 1-14 所示为快速冻结和慢速冻结的细胞内外形成冰晶的大小及其对细胞结构的影响。由图可见，慢速冻结过程产生的大冰晶使细胞产生破裂，而快速冻结过程产生的细小冰晶对细胞结构影响较小。

(a) 快速冻结　　　(b) 慢速冻结

图 1-15　冻结保存后的草莓

图 1-15 所示为草莓经过快速冻结和慢速冻结保存后的照片。从图中可看出，由于慢速冻结形成的大冰晶体对草莓细胞组织的破坏和损伤，草莓变得松软，汁液流失严重，整个形态结构与新鲜草莓有很大差别；而快速冻结则形成数量多且细小、分布均匀的小晶体，使细胞组织损伤减少到最小限度，草莓在形态上与新鲜的差别甚微。这说明冻结过程中产生的冰晶大小对食品质量的影响很大。

综上所述，食品慢速冻结时，细胞外的水分首先结晶，造成细胞外溶液浓度增大，细胞内的水分则不断渗透到细胞外并继续凝固，最后在细胞外空间形成较大的冰晶。细胞受冰晶挤压产生变形或破裂，破坏了食品的组织结构，解冻后汁液流失多，不能保持食品原有的外观和鲜度，质量明显下降。食品快速冻结时，能以最短的时间通过最大冰晶生成带，在食品组织中形成均匀分布的细小结晶，对组织结构破坏程度大大降低，解冻后的食品基本能保持原有的色、香、味。

在食品储存和运输过程中，由于温度波动、冻藏温度过高等原因，细小的冰晶会不断长大，出现频繁的重结晶现象，使冻藏前的快速冻结具有的优点逐渐消失，严重破坏食品的组织结构。因此在食品冻藏和运输期间，要严格控制温度，尽量减少温度波动的次数和幅度，最大限度地减少重结晶引起的对食品组织结构的机械损伤。

食品的腐败变质，主要是由于微生物的作用、酶的作用、氧化作用、呼吸作用和机械损伤所造成的。在食品冷冻冷藏过程中，由于温度的下降，微生物失去活力而不能正常生长和繁殖，酶的催化反应受到抑制，食品中的氧化反应速率也随之变慢，植物性食品的呼吸作用得以延缓，控制合适的冻结速率和储藏温度可以最大限度地避免食品原料组织的机械损伤，因此食品可以做较长时间的储藏而不至于腐败变质，这就是食品冷冻冷藏的基本原理。

复习思考题

● 1-1　动物性食品原料和植物性食品原料在其构成上有什么不同？冻结和冻藏对其细胞结构会产生哪些不同的影响？

● 1-2　蛋白质是食品原料的主要化学成分，有哪些性质？在食品冷冻冷藏中如何利用其特性来确定其冷加工的条件，以保证食品的品质。

● 1-3　脂肪的主要功能是什么？在食品冷冻冷藏中如何最大限度地保存脂肪。

● 1-4　什么叫呼吸强度？影响水果蔬菜组织呼吸的主要因素有哪些？并举例说明是如何影响的。

● 1-5　宰后肌肉的物理与生物化学变化过程有哪些？屠宰后动物肌肉组织中蛋白质的变化是怎样的？

● 1-6　低温储藏食品的原理是什么？活体食品与非活体食品对温度有什么不同的要求。

● 1-7　食品变质的原因是什么？为什么控制食品的温度可以防止食品的腐败变质？

● 1-8　酶在食品生物化学过程中起什么作用？有什么特性？

● 1-9　什么叫冻结速率？冻结速率和储藏温度的变化为何造成食品的机械损伤？

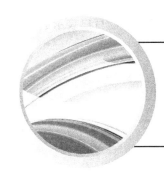

第2章
食品冷冻冷藏的物理化学基础

2.1 水溶液的基本性质

2.1.1 化学势与相平衡

热平衡准则是温度相等，机械平衡准则是压力相等。物理化学平衡时，体系中每一种组分的化学势 μ 相等。

如果气相和液相平衡，某一组分在液相中的化学势等于气相中的化学势

$$\mu_i^L = \mu_i^V \tag{2-1}$$

化学势是偏摩尔自由能，可以描述如下

$$\mu_i = \left(\frac{\partial G}{\partial n_i}\right)_{T,p,n_j} \tag{2-2}$$

式中　G——吉布斯自由能；

　　　n_i——第 i 种组分的摩尔数。

化学势的物理含义是：在恒温恒压下，除 i 组分外，其余组分的量不变，i 组分的量发生微小变化所引起系统的吉布斯自由能 G 随组分 i 的物质的量的变化率。

吉布斯自由能定义为焓 H、温度 T 和熵 S 的组合

$$G = H - TS \tag{2-3}$$

焓定义为内能 U、压力 p 和体积 V 的组合

$$H = U + pV \tag{2-4}$$

将式(2-4)代入式(2-3)

$$G = U + pV - TS \tag{2-5}$$

对式(2-5)求微分

$$dG = dU + pdV + Vdp - TdS - SdT \tag{2-6}$$

对于恒定组成的封闭系统的可逆过程，根据热力学第一和第二定律，可得

$$dU = TdS - PdV \tag{2-7}$$

将式(2-7)代入式(2-6)

$$dG = Vdp - SdT \tag{2-8}$$

如果系统组成恒定，由式(2-8)可得式(2-9)和式(2-10)

$$\left(\frac{\partial G}{\partial T}\right)_{p,n_i} = -S \tag{2-9}$$

因为系统的熵总为正，吉布斯自由能在定压下随着温度的上升而下降。

$$\left(\frac{\partial G}{\partial p}\right)_{T,n_i} = V \tag{2-10}$$

因为系统体积总为正，吉布斯自由能在定温下随着压力的升高而增大。

对于一个开放的系统，存在着与环境的物质交换，其总的吉布斯自由能可以表示成系统中存在的每种化学组分的摩尔数以及温度和压力的函数

$$G = f(T, P, n_1, n_2, \cdots, n_i)$$

对吉布斯自由能求微分

$$\mathrm{d}G = \left(\frac{\partial G}{\partial T}\right)_{p,n_i} \mathrm{d}T + \left(\frac{\partial G}{\partial p}\right)_{T,n_i} \mathrm{d}p + \sum_{i=1}^{k} \left(\frac{\partial G}{\partial n_i}\right)_{T,p,n_j} \mathrm{d}n_i \tag{2-11}$$

式中 n_i——系统中各组分的物质的量均不变（即混合物组成不变）；

n_j——除了组分 i 以外其余各组分的物质的量均不变。

将式(2-9)和式(2-10)分别代入式(2-11)，有

$$\mathrm{d}G = V\mathrm{d}p - S\mathrm{d}T + \sum_{i=1}^{k} \left(\frac{\partial G}{\partial n_i}\right)_{T,p,n_j} \mathrm{d}n_i \tag{2-12}$$

定义

$$\mu_i = \left(\frac{\partial G}{\partial n_i}\right)_{T,p,n_j}$$

在恒温恒压下，式(2-12)可简化为

$$\mathrm{d}G = \sum_{i=1}^{k} \mu_i \mathrm{d}n_i \tag{2-13}$$

式(2-13)显示，系统的吉布斯自由能为各种组分贡献之和。

系统平衡的一般准则为

$$(\mathrm{d}G)_{T,p} = 0 \tag{2-14}$$

$$(\mathrm{d}G)_{T,p} = \sum_{i=1}^{k} (\mu_i^{\mathrm{L}} \mathrm{d}n_i^{\mathrm{L}}) + \sum_{i=1}^{k} (\mu_i^{\mathrm{V}} \mathrm{d}n_i^{\mathrm{V}}) = 0 \tag{2-15}$$

如果系统是封闭的

$$\mathrm{d}n_i^{\mathrm{V}} = -\mathrm{d}n_i^{\mathrm{L}} \tag{2-16}$$

等式(2-15)变成

$$(\mathrm{d}G)_{T,p} = \sum_{i=1}^{k} (\mu_i^{\mathrm{L}} \mathrm{d}n_i^{\mathrm{L}}) + \sum_{i=1}^{k} (-\mu_i^{\mathrm{V}} \mathrm{d}n_i^{\mathrm{L}}) = 0 \tag{2-17}$$

$$\sum_{i=1}^{k} (\mu_i^{\mathrm{L}} - \mu_i^{\mathrm{V}}) \mathrm{d}n_i^{\mathrm{L}} = 0 \tag{2-18}$$

要使等式(2-18)成立，唯一的条件是式(2-1)成立。

$$\mu_i^{\mathrm{L}} = \mu_i^{\mathrm{V}}$$

因此，在恒温恒压下，只有当气相和液相中的每种组分的化学势相等时才能满足平衡条件。

2.1.2 拉乌尔定律和亨利定律

2.1.2.1 拉乌尔定律

如果组成液态混合物的各组分的物理性质相近，各种分子之间的相互作用力与它们各自处于纯态时同种分子之间的相互作用力相同，则可定义这种液态混合物为理想溶液。这也意味着，当存在两种组分 A 和 B 时，A 与 B、A 与 A、B 与 B 之间的相互作用力都相等。

偏摩尔自由能是化学势，式(2-10)可以写成偏摩尔量的形式。对于溶液中组分 A

$$\left(\frac{\partial \bar{G}}{\partial p_{\mathrm{A}}}\right)_T = V_{\mathrm{mA}} = \left(\frac{\partial \mu_{\mathrm{A}}}{\partial p_{\mathrm{A}}}\right)_T \tag{2-19}$$

式中　V_{mA}——溶液中组分 A 的摩尔体积，m^3/mol。

利用理想气体定律和等式(2-19)，μ_A 与组分在气相中的分压有关

$$d\mu_A = V_{mA}dp_A = RT\frac{dp_A}{p_A} \tag{2-20}$$

如果令 μ_A^0 是标准大气压下的化学势，由式(2-20) 积分可得

$$\int_{\mu_A^0}^{\mu_A} d\mu_A = \int_1^{p_A} RT\frac{dp_A}{p_A} \tag{2-21}$$

$$\mu_A = \mu_A^0 + RT\ln p_A \tag{2-22}$$

组分在气相中的分压是溶液的一个重要参数，它给出了该组分从溶液逃逸进入气相的趋势的估计。对于气液平衡状态下的溶液

$$\mu_A^{soln} = \mu_A^{vapor} = \mu_A^0 + RT\ln p_A \tag{2-23}$$

因此，溶液中组分 A 的化学势与组分 A 在气相中的分压有关，等式(2-23) 适用于气相中蒸气为理想气体。

如果每一种组分的逃逸趋势与溶液中该组分的摩尔分数成比例，这种溶液为理想溶液。理想溶液中组分 A 的逃逸趋势，由它的蒸气分压所表征，等于同温下组分 A 纯溶液的蒸气压 p_A^0 与溶液中 A 分子的摩尔分数 x_A 的乘积。用拉乌尔定律描述上述关系

$$p_A = x_A p_A^0 \tag{2-24}$$

式中　p_A——组分 A 的蒸气分压；

x_A——组分 A 的摩尔分数；

p_A^0——相同温度下纯溶液 A 的蒸气压。

如果将组分 B 加入纯溶液 A 中，蒸气压下降。

$$p_A = (1 - x_B)p_A^0 \tag{2-25}$$

$$x_B = \frac{p_A^0 - p_A}{p_A^0} \tag{2-26}$$

将式(2-24) 代入等式(2-23)，可以得到

$$\mu_A = \mu_A^0 + RT\ln p_A^0 + RT\ln x_A \tag{2-27}$$

2.1.2.2　亨利定律

考察包含有溶剂 A 和溶质 B 的溶液，如果溶液非常稀，使得溶质 B 每个分子都被溶剂 A 完全包围。这种情况下，B 从它的环境中逃逸的趋势与它的摩尔分数成比例，可以用亨利定律表示如下

$$p_B = kx_B \tag{2-28}$$

式中　k——亨利定律常数。

2.1.3　溶液组成的表示法

两种或多种物质均匀混合且彼此呈分子状态分布的物质均可称为溶液。溶液可以是液态的，也可以是气态的或固态的。以下讨论的是由水和一种或几种物质组成的液态溶液的浓度表示法，且将水称为溶剂，将其他物质称为溶质。

2.1.3.1　摩尔分数 x_S

定义　溶液中某一溶质 S 的物质的量与溶液总的物质的量之比为溶液中该溶质 S 的摩尔分数 x_S，又称为物质的量分数。x_S 的量纲为 1。

$$x_S = \frac{n_S}{n_水 + \sum n_S} = \frac{n_S}{n_总} \tag{2-29}$$

式中 n_S、$n_水$、$\sum n_S$、$n_总$——该种溶质的、水的、各种溶质的以及溶液的"物质的量",mol。

按 SI 制,mol 是"物质的量"的单位。若一系统中所含的基本单元数与 0.012kg 的 C_{12} 的原子数目相等,则该系统的"物质的量"为 1mol。

2.1.3.2 质量分数w_S

定义 溶质 **S** 的质量与溶液的总质量之比为溶液中该溶质的质量分数 w_S,w_S 的量纲为 **1**。

$$w_S = \frac{n_S M_S}{n_水 M_水 + \sum n_S M_S} \tag{2-30}$$

式中 $M_水$,M_S——水和溶质的摩尔质量,kg/mol。

2.1.3.3 物质的量浓度c_S

定义 单位体积的溶液中所含某种溶质 **S** 的物质的量为溶液中该溶质 **S** 的物质的量浓度 c_S,简称浓度,单位一般用 **mol/L**,即 **mol/dm³**。以前称摩尔浓度,现已不再使用。

$$c_S = n_S / V \tag{2-31}$$

式中 V——溶液体积,可用下式计算

$$V = \frac{m}{\rho} = \frac{n_水 M_水 + n_S M_S}{\rho}$$

若已知溶液在一定状态下的密度为 $\rho(\text{kg/m}^3)$,则溶液的质量为 ρV,而水和溶质的摩尔质量分别为 $M_水$ 和 $M_S(\text{kg/mol})$,可以得到下列关系

$$\frac{c_S}{x_S} = \frac{\rho(n_水 + \sum n_S)}{n_水 M_水 + \sum n_S M_S} \tag{2-32}$$

对于很稀的溶液,有

$$x_S = c_S M_水 / \rho \tag{2-33}$$

$$m_S = c_S / \rho \tag{2-34}$$

在计算中要注意单位的使用,如 $M_水$ 应取 18×10^{-3} kg/mol,对很稀的溶液 $\rho \approx 10^3$ kg/m³ 等。

2.1.3.4 质量摩尔浓度m_S

定义 单位质量的溶剂(水)中所含某种溶质 **S** 的物质的量为溶液中该溶质 **S** 的质量摩尔浓度 m_S,单位为 **mol/kg**。

$$m_S = \frac{n_S}{m_水} \tag{2-35}$$

式中 $m_水$——水的质量,kg。

二组分溶液中溶质 **S** 的 x_S 与 m_S 的关系是

$$x_S = \frac{n_S}{n_水 + \sum n_S} = \frac{\dfrac{n_S}{m_水}}{\dfrac{n_水}{m_水} + \dfrac{\sum n_S}{m_水}} = \frac{m_S}{\dfrac{1}{M_水} + \sum m_S}$$

即

$$x_S = \frac{M_水 m_S}{1 + M_水 \sum m_S} \tag{2-36}$$

式中 $M_水$——溶剂(水)分子的摩尔质量,水为 18.015×10^{-3} kg/mol。

对于很稀的溶液，有：

$$x_S = m_S M_水 \tag{2-37}$$

2.1.4　理想稀溶液的依数性质

不挥发性非电解质溶质溶于某一溶剂，构成理想稀溶液，溶液的蒸气压下降、沸点升高（溶质不挥发）、凝固点降低（析出固体为纯溶剂时）、溶液与纯溶剂在半透膜之间产生的渗透压等四种性质在数值上仅与溶质的量有关，而与溶质的性质无关，这些性质称为理想稀溶液的依数性，这是无限稀的溶液特有的性质。现在讨论由水和某种不挥发性非电解质的溶质所组成的二元溶液，存在下列四种依数性质。

2.1.4.1　蒸汽压下降

理想稀溶液的溶剂 A 遵循拉乌尔定律，有

$$p_A = x_A p_A^0$$

溶剂的蒸气压下降值为

$$\Delta p_A = p_A^0 - p_A = p_A^0 - p_A^0 x_A = p_A^0 x_B$$

对于理想水溶液，溶质为 S，则有

$$p_水^0 - p_水 = p_水^0 x_S \tag{2-38}$$

由此可见，理想稀溶液中水的蒸汽压 $p_水$ 等于纯水的蒸气压 $p_水^0$ 乘以溶液中水的摩尔分数 $x_水$；或者可以说，溶液中水的蒸汽压的降低值 $p_水^0 - p_水$ 等于纯水的蒸气压 $p_水^0$ 乘以溶质的摩尔分数 x_S。溶液中水的蒸汽压的降低值 $p_水^0 - p_水$ 与溶质 S 的摩尔分数成正比，与溶质的性质无关。

2.1.4.2　沸点升高（溶质不挥发）

在相同的外压下，理想稀溶液的沸点 T_b 要高于纯水的沸点 T_b^0，其沸点升高值正比于溶液的质量摩尔浓度 m_S。

$$\Delta T_b = T_b - T_b^0 = K_b m_S \tag{2-39}$$

$$K_b = R M_水 (T_b^0)^2 / r \tag{2-40}$$

式中　　K_b——沸点升高常数；

R——摩尔气体常数，$R = 8.314 J/(K \cdot mol)$；

r，$M_水$，T_b——纯水的摩尔蒸发热、摩尔质量和沸点。

式（2-39）只适用于不挥发性溶质，对挥发性溶质不适用。从式（2-40）可知，沸点升高常数 K_b 仅与溶剂性质有关，而与溶质的性质无关。水作为溶剂时，当 $T_b = 373.15K$ 时，$r = 40.6 kJ/mol$；可求得 $K_b = 0.51 K/(mol/kg)$。表 2-1 列出常见溶剂的 K_b 值。

表 2-1　常见溶剂的 K_b 值

溶　剂	水	甲　醇	苯	乙　醚	乙　醇
$K_b / (K \cdot kg/mol)$	0.51	0.80	2.57	2.11	1.20

2.1.4.3　凝固点降低（析出固体为纯溶剂时）

对稀溶液来说，与溶液（液相）平衡共存的固相，若为固溶体（即溶质溶于溶剂中形成固体溶液），则稀溶液的凝固点不一定降低，只有当固相为纯溶剂时，稀溶液的凝固点才会降低。在相同的外压下，当温度降低时，若水和溶质不生成固溶体，而且生成的固态是纯冰，则理想稀溶液中水的冰点 T_f 要低于纯水的冰点 T_f^0，其冰点的降低值正比于溶液的质量

摩尔浓度 m_S。即

$$\Delta T_f = T_f^0 - T_f = K_f m_S \tag{2-41}$$

$$K_f = R M_水 (T_f^0)^2 / L_f \tag{2-42}$$

式中 K_f——凝固点降低常数；

  L_f——冰在 T_f^0 温度下的摩尔融化热。

式(2-41) 对不挥发性溶质和挥发性溶质均可适用。从式(2-42) 可知，凝固点降低常数 K_f 仅与溶剂性质有关，而与溶质的性质无关。水作为溶剂时当 $T_f^0 = 273.15K$ 时，$L_f = 6.003 kJ/mol$，可得出 $K_f = 1.86 K/(mol/kg)$。表 2-2 列出常见溶剂的 K_f 值。

表 2-2　常见溶剂的 K_f 值

溶　剂	水	醋　酸	苯	环己烷	樟　脑
$K_f / [K/(mol/kg)]$	1.86	3.90	5.10	20	40

2.1.4.4　渗透压

在一定温度下，只允许溶剂透过而不能使溶质透过的膜称为半透膜。用半透膜把溶剂和溶液隔开，溶剂将会通过半透膜渗透到溶液中使溶液液面上升，直到一定高度 h 为止。如图 2-1(a) 所示，溶剂分子可通过半透膜进入溶液，此种现象称为渗透现象，产生这种现象的原因在于纯溶剂的化学势比稀溶液中溶剂的化学势高，为了阻止此现象发生，必须提高溶液的压力，使溶液中溶剂的化学势变大。当两边溶剂的化学势相等时，则达到渗透平衡，如图 2-1(b) 所示。如果平衡时纯溶剂的压力为 p，溶液的压力为 p'，则

$$\Pi = p' - p \tag{2-43}$$

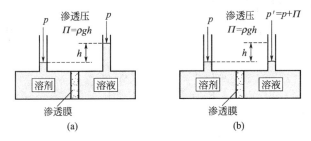

图 2-1　渗透平衡示意图

此压力差 Π 称为渗透压。只要溶液的浓度不为零，渗透压总是存在的，浓度越高，渗透压越大。实验证明，对于理想稀溶液，渗透压也是一个依数性质，它只与溶液温度和溶质 S 的物质的量浓度 c_S 有关，而与溶质性质无关。

$$\Pi = c_S RT = \frac{RT x_S}{V_{m水}^0} \tag{2-44}$$

式中 $V_{m水}^0$——纯水的摩尔体积，约为 $18 \times 10^{-3} L/mol$；

  T——热力学温度，K。

其他符号同前。

对于稀溶液，由定义式 $x_S = n_S/(n_S + n_水)$，可以近似取 $x_S = n_S/n_水$，而 $n_水 V_{m水}^0$ 就是溶液中水的体积 $V_水$，这样式(2-44) 可以改写成：

$$\Pi V_水 = n_S RT \tag{2-45}$$

式(2-45) 和理想气体的状态方程式具有完全相同的形式，因此，渗透压是状态参数。

这个关系式被称为稀溶液的范特霍夫（Van't Haff）渗透压公式。

由于 $m_S = n_S / m_水$，所以式（2-45）可以改写成

$$\Pi = K_{os} m_S \tag{2-46}$$

式中　K_{os}——渗透压常数。

式（2-46）表示渗透压正比于溶质的质量摩尔浓度 m_S。

对于 37℃ 的水，渗透压常数 $K_{os} = 2.54 \times 10^6 \, \text{Pa} / (\text{mol} / \text{kg}_水)$。这意味着只要有很少量的溶质，就能使溶液具有很高的渗透压力。

在单位时间内，由细胞膜的单位面积上渗透出来的水流率 $J_水$ 可以表示为

$$J_水 = P_水 (\Pi^e - \Pi^i) \tag{2-47}$$

式中　Π^e、Π^i——膜外和膜内的渗透压；

　　　$P_水$——细胞膜的水渗透率，是个唯象系数，常用单位是 $\mu m^3 / (\mu m^2 \cdot min \cdot atm^{❶})$。

水渗透所引起的单位时间内细胞内水量减少和细胞体积的降低可表达为

$$J_水 = -\frac{1}{A} \frac{dV_水}{dt} = -\frac{1}{A} \frac{dV_胞}{dt} \tag{2-48}$$

式中　A——细胞的表面积；

　　　t——时间。

联立式（2-47）和式（2-48），即得

$$\frac{dV_胞}{dt} = P_水 A (\Pi^i - \Pi^e) \tag{2-49}$$

式（2-49）反映了在冻结过程中由于胞外冰的形成和增多、胞内外渗透压不同而引起细胞体积变化的情况。

渗透现象在生物体内是一个普遍现象，生物的细胞膜起着半透膜的作用，生物体内细胞液的渗透压要维持在一定范围内才能保证生命正常活动，渗透压低于或高于正常值，会导致细胞的破坏，因此渗透现象在生理学研究中有重要意义。一般情况下，细胞内溶液的浓度总要和细胞外溶液的浓度基本相同，即保持内外等渗的条件。但在冻结过程中，当胞外溶液中的水分开始冻结成冰，胞外液相溶液的浓度上升，高于胞内溶液的浓度，由于细胞膜内外存在着浓度差，胞内水分就透过细胞膜向胞外渗透。这一渗透过程使胞内溶液浓度增大、细胞体积缩小。

当施加在溶液与溶剂上的压力差大于溶液的渗透压时，溶液中的溶剂分子将通过半透膜渗透到纯溶剂中，即溶液中的溶剂通过半透膜向纯溶剂方向流动，这不是自发过程，要消耗外界能量。这种现象称为反渗透现象。

2.1.5　实际水溶液的冰点降低性质

对于理想的由非电解质溶质构成的稀溶液，实验已表明其冰点降低正比于溶液的质量摩尔浓度 m_S，即式（2-41）。如果溶质是电解质，它可能部分或全部离解成正、负离子。离解后正离子、负离子以及未离解的分子，均能以相当于理想非电解质溶质分子那样的方式，对溶液的冰点降低起作用。因此，应以 m_+、m_- 和 m_u 三者之和代替式（2-41）中的 m_S。m_+、m_- 和 m_u 分别为电解质溶液中正离子、负离子以及中性分子的质量摩尔浓度。

对于溶液的非理想性对冰点降低的影响，许多人习惯用渗摩尔浓度来表示，即对非理想

---

❶　1atm＝101325Pa，全书余同。

的电解质溶液，也直接运用下式表示冰点下降的性质

$$\Delta T_f = K_f \Omega \qquad (2\text{-}50)$$

这里的值 K_f 与式（2-42）相同；而 Ω 是质量渗摩尔浓度。非理想溶液的渗摩尔浓度数值上等于能起到相同 ΔT_f 效果的理想稀溶液中的质量摩尔浓度；而 Ω 与溶液的实际质量摩尔浓度 m_S 之比，被称为渗透系数。

对于溶液的非理想性对蒸汽压的影响，引入活度和活度系数来修正，用活度代替实际浓度。活度被认为是校正了的有效浓度，以修正实际溶液的非理想性。

2.1.6　食品中水的存在形式

根据食品中水分子与非水物质发生相互作用的性质和程度，可以将食品中水的存在形式分为结合水和体相水。

2.1.6.1　结合水

结合水或称为束缚水或固定水，通常是指存在于溶质或其他非水组分附近的、与溶质分子之间通过化学键结合的那一部分水。结合水与非水组分的化学键结合主要依靠水-离子和水-偶极间的缔合作用以及水-水和水-溶质氢键的作用，水与溶质之间的氢键键合比水与离子之间的相互作用要弱，但与水分子之间的氢键作用相近。结合水具有与同一体系中体相水显著不同的性质，如流动性差，在−40℃不结冰，不能作为外加溶质的溶剂，在氢核磁共振（HNMR）中使氢的谱线变宽等。根据结合水被结合的牢固程度的不同，结合水又可分为：化合水、邻近水和多层水。

① 化合水或称为组成水　是指与非水物质结合得最牢固并构成非水物质组成的那部分水，它与非水物质构成一个整体，如位于蛋白质分子内空隙中或者作为化学水合物中的水。化合水在−40℃不结冰，不能作为所加入溶质的溶剂，也不能被微生物所利用，在食品中仅占很少部分。

② 邻近水　是指处在非水组分中亲水性最强的基团周围的第一层位置的水（单层水分子膜），它与非水组分物质的结合主要依靠水-离子和水-偶极间的缔合作用。与离子或离子基团缔合的水是结合最紧密的邻近水。邻近水包括单分子层水和微毛细管（<0.1μm 直径）中的水，在−40℃不结冰，也不能作为所加入溶质的溶剂。

③ 多层水　是指位于以上所说的第一层的剩余位置的水和在邻近水的外层形成的另外几个水层。多层水主要依靠水-水和水-溶质氢键的作用而形成。尽管多层水不像邻近水那样牢固地结合，但由于水与亲水物质靠得足够近，仍然与非水组分结合得较为紧密，其性质也发生了明显的变化，与纯水的性质不相同。大多数多层水在−40℃仍不结冰，即使结冰，冰点也大大降低；溶剂能力部分降低。

2.1.6.2　体相水

体相水或称为游离水或自由水，是指食品中除了结合水以外的那一部分水，主要包括食品组织毛细孔内或远离极性基团能够自由移动、容易结冰、能溶解溶质的水。结合水通过化学键与非水物质结合，体相水没有与非水物质化学结合，主要是通过物理作用而滞留。体相水在动物细胞中含量较少，而在某些植物细胞中含量却较高，它是以毛细管凝聚状态存在于食品组织中，这部分水与一般的水没有什么不同。根据物理作用方式，体相水又可分为 3 类：不移动水或滞化水、毛细管水和自由流动水。

① 不移动水或滞化水　是指被组织中的显微和亚显微结构及膜所阻留住的水，食品中通常有凝胶或有细胞结构时就可能有滞化水，这部分水不能自由流动。例如，一块质量

100g 的肉，总含水量为 70～75g，含蛋白质 20g，除了近 10g 结合水外，在其余 60～65g 水中，极大部分水被组织中的显微和亚显微结构及膜所阻留住而不能自由流动，这部分水就是滞化水。

② 毛细管水　是指在生物组织的细胞间隙和食品结构组织中由毛细管力的物理作用所限制而被滞留的水，在生物组织中又称为细胞间水，其物理和化学性质与滞化水相同，如流动性降低、蒸汽压下降等。

③ 自由流动水　是指动物的血浆、淋巴和尿液，植物的导管和细胞内液泡中的水以及食品中肉眼可见的水。由于它可以自由流动，所以称为自由流动水。

2.1.6.3　结合水和体相水的区别

结合水和体相水之间的界限难以定量描述，只能根据物理、化学性质做定性的区分，如表 2-3 所示。

表 2-3　食品中水的性质

项　目	结　合　水	体　相　水
一般描述	存在于溶质或其他非水组分附近的那部分水。包括化合水和邻近水以及几乎全部多层水	位置上远离非水组分，以水-水氢键存在
冰点(与纯水比较)	冰点大为降低，甚至在 -40℃ 不结冰	能结冰，冰点略微降低
溶剂能力	无	大
平均分子水平运动	大大降低甚至无	变化很小
蒸发焓(与纯水比)	增大	基本无变化
在高水分食品中占总水分含量/%	<0.03～3	约96%

i. 结合水的量与食品中有机大分子的极性基团的数量有比较固定的比例关系。大部分结合水和蛋白质、糖等相结合。由于食品中非水组分的不同，结合水的量也不同。据测定，每 100g 蛋白质可结合的水平均高达 50g。在动物器官组织中，蛋白质约占 20%，所以在 100g 动物组织中由蛋白质结合的水可达 10g。类似地，在植物材料组织中，每 100g 淀粉的持水能力在 30～40g 之间。结合水对食品的可溶性成分不起溶剂的作用。结合水对食品的风味起重要作用，尤其是单分子层结合水更为重要，当结合水被强行与食品分离时，食品的风味和质量就会发生改变。

ii. 结合水蒸气压比体相水蒸气压低得多，这是由于结合水与非水成分缔合强度大的缘故，所以在一定温度（100℃）下结合水不能从食品中分离出来。从食品中除去结合水所需要的能量比除去体相水要大得多，除去结合水将使食品的风味、质构产生不可逆的变化。结合水沸点高于一般水。加热干燥或冷冻干燥能够除去部分结合水，而冷冻冷藏对结合水影响却较小。

iii. 结合水的冰点（约 -40℃）比体相水冰点低得多，所以结合水不易结冰。由于这种性质，使得几乎没有体相水的植物种子和微生物孢子得以在很低的温度下保持其生命力；而多汁的组织（新鲜水果、蔬菜、肉等），由于体相水较多，冰点相对较高，在冰冻后细胞结构被冰晶所破坏，解冻后食品组织不同程度地崩溃。在解冻过程中，体相水易被食品组织重新吸收，但胶体结合水则不能完全被组织吸收。

iv. 结合水不能作为溶质的溶剂。

v. 体相水能为微生物所利用，绝大部分结合水则不能为微生物所利用，所以体相水较多的食品容易腐败。

2.2 水溶液的冻结特性

2.2.1 水的相图

2.2.1.1 水的相平衡实验数据与相图

水在中常压力下，以水蒸气（气）、水（液）和冰（固）三种不同相态存在，相应存在水-水蒸气、冰-水蒸气和冰-水三种两相平衡。

表 2-4 给出了实验测得的三种两相平衡时蒸汽压与温度的关系。表中显示：①水与水蒸气平衡时，蒸汽压力随温度升高而增大；Ⅱ冰与水蒸气平衡时，蒸汽压力随温度升高而增大；Ⅲ冰与水平衡时，压力增加，冰的熔点降低；Ⅳ在 0.01℃ 和 0.610kPa 下，冰、水和水蒸气同时共存，呈三相平衡状态。

表 2-4　水的相平衡数据

$T/℃$	−20	−15	−10	−5	0.01	20	40	60	100	374
p（水-气）/ kPa	0.126	0.191	0.287	0.422	0.610	2.338	7.376	19.92	101.3	22060
p（冰-气）/ kPa	0.103	0.165	0.260	0.414	0.610					
p（冰-水）/ kPa	$193.5×10^{-3}$	$156.0×10^{-3}$	$110.4×10^{-3}$	$59.8×10^{-3}$	0.610					

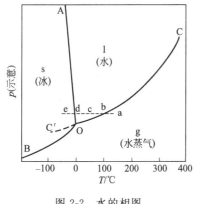

图 2-2　水的相图

若将表 2-4 中三种两相平衡时蒸汽压与温度的实验数据在 p-T 图上绘成连续曲线 COC'、OB、OA，对曲线包围区域标注相应的相态，即得水的相图，见图 2-2。

2.2.1.2 水的相图分析

（1）液固平衡线

图 2-2 中的 OA 线为液固平衡线，描述了冰-水两相平衡时温度与压力的关系。液固平衡时的系统温度称为熔点，亦称为凝固点或冰点，故 OA 线亦称为熔化曲线或凝固点曲线。从图中可以看出，OA 线往左倾斜，斜率为负值，说明压力增大，冰的熔点略有下降，压力增大 100MPa，熔点仅降低 10℃。这与其他单组分系统有所不同，主要与冰和水的结构有关，因为冰融化时体积反而减少，即 $\Delta V < 0$，熔化焓 $\Delta H > 0$，根据克拉佩龙方程可得 $dp/dT = \Delta H/(T\Delta V) < 0$，所以 T 升高，p 下降。

（2）气固平衡线

图 2-2 中的 OB 线为气固平衡线，描述了冰-气两相平衡时的饱和蒸汽压与温度的关系。因为对应的相变是升华过程，故 OB 线亦称为冰的饱和蒸发压曲线或升华曲线。OB 线可以延伸到绝对零度。从图中可知，冰的饱和蒸汽压随温度升高而增大。若在恒温下对此两相平衡系统加压，或在恒压下令其降温，都可使水蒸气凝结为冰；反之，恒温下减压或恒压下升温，则可使冰升华为水蒸气。

（3）气液平衡线

图 2-2 中的 OC 线为气液平衡线，描述了水-气两相平衡时的饱和蒸汽压与温度的关系。因为对应的相变是蒸发过程，故 OC 线亦称为水的饱和蒸汽压曲线或蒸发曲线。OC 线不能无限延长，达到 C 点时气液界面消失，称为临界点，线到此中断，在临界点时水与水蒸气

不可区分。从图中可知，水的饱和蒸汽压随温度升高而增大。若在恒温下对此两相平衡系统加压，或在恒压下令其降温，都可使水蒸气凝结为水；反之，恒温下减压或恒压下升温，则可使水蒸发为水蒸气。

上述三条两相平衡线分别表示三个单变量系统，这类系统的温度和压力中只有一个是能独立改变的，即指定了两相平衡的温度（或压力），两相平衡的压力（或温度）也就确定了。

（4）三相点

图 2-2 中的 OA、OB、OC 三线的交点 O 称为三相点。这时的压力为 610Pa，温度为 0.01℃，水、冰、水蒸气三相达到共存平衡。三相点表示的系统是个无变量系统，系统的温度和压力（0.01℃，610Pa）均不能改变。

水的三相点和通常所说的冰点（0℃）是不同的。水的三相点是水在它自己的蒸汽压力下的凝固点，冰点则是 101325Pa 外压下被空气饱和了的水的凝固点。由于空气溶解在水中，使凝固点降低 0.0023℃，由于压力从三相点压力 610Pa 增大到 101325Pa，又使凝固点降低 0.0075℃，这两种效应的总结果使冰点温度比三相点温度低 0.0098℃。国际上规定，将水的三相点温度定为 273.16K（即 0.01℃）。这是水的三相点温度（0.01℃）比正常冰点（0℃）稍高的原因。

（5）单相区

两相平衡线 OA、OB、OC 把图形分成三个单相区域，对应的相态分别为冰、水蒸气和水。每个单相区表示一个双变量系统，温度和压力可以同时在一定范围内独立改变而无新相出现。

（6）亚稳平衡线（过冷线）

图 2-2 中的虚线 OC' 称为亚稳平衡线，亦称为过冷线，是利用水-气两相平衡时低于 0℃的饱和蒸汽压与温度关系的数据绘成。当温度低于 0℃时，水应该结成冰，但实验表明，有时温度低于 0℃甚至低到 -20℃仍不结冰，这种现象称为过冷现象，这时的水称为过冷水，相应的蒸汽称为过冷水蒸气。OC' 线落在冰的相区，说明在相应的温度、压力下冰是稳定的。由于同样温度下过冷水的饱和蒸汽压大于冰的饱和蒸汽压，因此过冷水的化学势大于冰的化学势，过冷水能自发地转变为冰。过冷水与其饱和蒸汽的平衡不是稳定平衡，但它又可以在一定时间内存在，故称之为亚稳平衡（用虚线表示），这是热力学上不稳定的相态，在一定条件下（如剧烈搅拌或投入固体冰作晶种）会自动结成冰。

（7）临界状态

图 2-2 中的 C 点是水的临界点，对应的温度（$T_c = 374℃$）和压力（$p_c = 22.06MPa$）分别称为临界温度和临界压力。一旦超过临界点（$T > T_c$，$p > p_c$），气液两相界面消失，物质处于超临界流体状态。

2.2.2　冻结点和低共熔点

如前所述，由于溶液中溶质和水（溶剂）的相互作用，使得溶液的饱和水蒸气压低于纯水的饱和水蒸气压，溶液的冻结点低于纯水的冻结点。水的冻结点是水与冰处于相平衡时的温度，此时水的蒸汽压与冰的蒸汽压相等。若在冰水混合物中加入盐、糖等溶质，则溶液的蒸汽压和冻结点下降。溶液的冻结点下降值与溶液中溶质的种类和数量（即溶液的浓度）有关。食品原料中的水溶有某些溶质，其溶质的种类较复杂。下面以一个简单的二元溶液系统说明溶液的冻结点下降情况。

图 2-3 为蔗糖水溶液相图。图中 AB 线为液固平衡线，也即溶液的凝固点曲线；BC 线为气液平衡线，也即蔗糖的溶解度曲线，A 点代表标准大气压下纯水的冰点，B 点是低共熔

点、是液相和两种固相的三相共存点。可以看出，AB 曲线反映了溶液冰点降低的性质，随着蔗糖溶液浓度的增加，溶液的冻结点下降。设蔗糖溶液的初始质量分数为 w_1，由室温 T_1 开始被冷却。在液相区，其温度下降，但浓度不变。当温度降至 T_2 时，蔗糖溶液经过过冷开始冻结，部分水分首先形成冰结晶，从此体系进入了 ABE 固液两相共存区，固相冰的状态用 AE 线（质量分数为 0）上的点表示，液相的状态用 AB 线上的点表示。对两相共存体系继续降温，随着部分水分冻结为冰晶，原先溶解在这些水分中的溶质会转到其他未冻结的水分中，使剩余溶液的浓度增加。剩余溶液浓度的增加又导致这些溶液的冻结点进一步下降，因而溶液的冻结并非在某一温度完成。一般所指的溶液或食品原料的冻结点是初始冻结温度。溶液或食品物料在初始冻结温度开始冻结，随着冻结过程的进行，水分不断地转化为冰结晶，冻结点也随之降低，这样直至所有的水分都冻结，此时溶液中的溶质、水（溶剂）达到共同固化，这一状态点（B）被称为低共熔点。

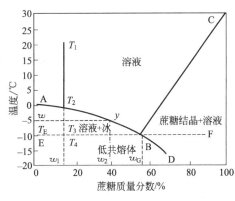

图 2-3　蔗糖水溶液相图

食品物料由于溶质种类和浓度上的差异，其初始冻结温度也不同。即使是同一类食品物料，由于品种、种植、饲养和加工条件等的差异，其初始冻结温度也不尽相同。表 2-5 列出了一些常见食品物料的初始冻结温度。表 2-6 则列出了一些溶液和食品物料的低共熔点。

表 2-5　一些水果、蔬菜和果汁的初始冻结温度

食品材料	水的质量分数/%	初始冻结温度/℃	食品材料	水的质量分数/%	初始冻结温度/℃
苹果汁	87.2	−1.44	草莓	89.3	−0.89
浓缩苹果汁	49.8	−11.33	草莓汁	91.7	−0.89
胡萝卜	87.5	−1.11	甜樱桃	77.0	−2.61
橘汁	89.0	−1.17	苹果酱	92.9	−0.72
菠菜	90.2	−0.56			

表 2-6　一些溶液和食品物料的低共熔点

种　　类	低共熔点/℃	种　　类	低共熔点/℃
葡萄糖溶液	−5	冰淇淋	−55
蔗糖溶液	−9.5	蛋清	−77
牛肉	−52		

2.2.3　冻结曲线和冻结速率

2.2.3.1　冻结过程和冻结曲线

冻结曲线是描述冻结过程中食品原料温度随时间变化的曲线。一般情况下，纯水只有被过冷到低于 0℃的某一温度时才开始冻结。在实际生产中，食品表面潮湿，常落有霜点，使食品表面具有形成晶核的条件，故无显著过冷现象。图 2-4 中所示的冻结曲线为一般模式，并未明显反映过冷现象。从图中不难看出，食品冻结过程大致可分为三个阶段。

第一阶段（AB 段）：食品的温度从初温（A 点对应的温度）迅速降至初始冻结温度（B

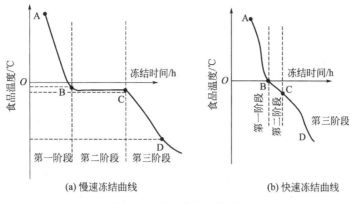

图 2-4　食品的冻结曲线

点对应的温度），这一过程所放出的热量是显热，此热量与冻结全过程放出的热量相比较所占比例较小，故降温速度快，冻结曲线较陡。

第二阶段（BC 段）：在这一冻结阶段，食品中大部分水分冻结成冰，生成冰晶体，同时放出相变潜热。这一阶段的温度范围大致在 $-1 \sim -5$℃左右，此过程中放出的相变潜热相当大，大约是显热的 $50 \sim 60$ 倍。由于热量不能及时导出，故温度下降减缓，冻结曲线出现平坦段。对于生鲜食品，在这一温度区间，大约 80% 以上水分将被冻结成冰晶，故称这一温度区间为最大冰晶生成带。此间大量生成的冰晶体机械压迫细胞组织，使冻结食品受到机械损伤。通过最大冰晶生成带的时间越长，生成的冰晶体越大，且分布不均匀，食品细胞组织的机械损伤越严重。因此要加快冻结速度，快速通过最大冰晶生成带。

第三阶段（CD 段）：食品温度继续下降到生产工艺所要求的冻结终温，食品内部尚未冻结的水继续结冰，同时冰晶进一步降温。在这一阶段中，水变成冰后其比热容下降，冰进一步降温的显热减少，但由于尚未冻结的水结冰时放出冻结潜量，所以曲线呈陡缓，不及第一阶段那样陡峭。由于冰的比热容比水小，开始时温度下降比较迅速，随着食品与周围介质之间温度差的不断缩小，降温速度不断减慢，曲线趋于平缓。

在冻结过程中，食品内部各点温度下降虽然符合冻结曲线的变化规律，但同一时刻不同部位的温度下降速度和温度分布是不一样的，食品表面温度最低，热中心部位温度最高。食品在冻结结束后，其中心、表面及内部各点上的最终温度仍然有所差别，经过一段时间冻藏后各部位温度可以趋于一致。将食品冻结结束时中心温度和表面温度的平均值称为冻结终温，即冻结终温＝$(T_{中心} + T_{表面})/2$。食品冻结终温由食品生产工艺所决定，并要求移入冻藏间时不致引起冻藏间温度波动。

解冻是冻结的逆过程。食品在加工或消费之前必须解冻。食品解冻是将已冻结的食品材料进行复温融化，力求使之恢复到原先未冻结前的状态。在冻结过程中，食品外层首先被冻结，随后的热量释放传递要通过冻结层。而在解冻融化过程中，食品的外层首先被融化，供给的热量必须先通过这个已融化的液体层向内部传递。由于冰的比热容只有水的一半，热导率却为水的 4 倍，导温系数为水的 8.6 倍，冻结过程的传热条件要比解冻过程好得多，因此，解冻过程很难达到高的复温速率。在冻结过程中，可以通过增大冻结介质与食品原料的温度差来加强传热，提高冷却速率。但在解冻过程中，解冻温度却受到食品原料的限制，否则将导致组织破坏。所以解冻过程的热控制要比冻结过程更为困难。

2.2.3.2　冻结速率

食品的冻结速率通常用食品热中心降温速率和食品冰锋前进速率两种方法表示。

（1）食品热中心降温速率

食品热中心是指降温过程中食品内部温度最高的点。对于成分均匀且几何形状规则的食品，热中心就是其几何中心。食品热中心降温速率是指食品热中心温度通过$-1\sim-5℃$最大冰晶生成带所需的时间，在30min内称为快速冻结，在30～120min内称为中速冻结，若超过120min则称为慢速冻结。这种方法只考虑热中心位置的降温情况，并未考虑食品形态、几何形状和包装情况对温度分布带来的影响，而且有些食品的最大冰晶生成带并不限于$-1\sim-5℃$范围，甚至可延伸至$-10\sim-15℃$，因此，人们建议用冰锋前进速率表示食品冻结速率。

（2）食品冰锋前进速率

食品冰锋前进速率是指1h内$-5℃$的冻结锋面从食品表面向中心移动的距离，称为冻结速率（v），单位为cm/h。德国学者普朗克将冻结速率分为三类：$v\geqslant5\sim20$cm/h，为快速冻结；$v=1\sim5$cm/h，为中速冻结；$v=0.1\sim1$cm/h，为慢速冻结。

2.2.4　食品原料中水的冻结率

纯水在冻结过程中，不断释放相变潜热和析出冰晶，温度保持在恒定的平衡冻结温度0℃，出现一个0℃的冻结温度平台。食品是由多元组分组成的，它的冻结过程与纯水不同。冻结前，食品系统由固体材料和水组成，随着食品中不断放出显热，固体材料和水的混合物温度下降。当温度降至初始冻结温度，水分冻结并析出冰晶，食品系统由固体材料、冰和水组成。随着不断释放相变潜热，更多的水析出冰晶，食品溶液的浓度增加，溶液的冻结点下降，整个结冰的过程是在浓度变化的情况下进行的。因此，相变潜热的释放过程不是发生在某一个温度点上而是发生在一个温度范围内，并不会像纯水冻结那样出现明显的"冻结平台"。冻结食品的热物理性质主要取决于冻结状态的水分含量，因此必须关注食品冻结过程中的两个问题：一是初始冻结温度；二是当冷却到某一温度时，食品内未冻结水的分数。表2-5给出了一些水果、蔬菜和果汁的初始冻结温度。现在介绍食品中未冻结水的质量分数的计算方法。

冻结点下降的现象是由于溶液中的溶质引起蒸汽压下降而导致的，可以用热力学基本定律来预测。根据Raoult定律和Clausius-clapeyron关系，可以得出溶剂的摩尔分数和冰点降低值的微分关系

$$\frac{\mathrm{d}x}{x}=\frac{L}{RT^2}\mathrm{d}T \tag{2-51}$$

式中　L——水由固相变为液相的融化热，J/mol；

　　　x——溶剂（水）的摩尔分数。

2.2.4.1　不考虑潜热随温度变化的情形

对于理想的二元溶液，不考虑潜热随温度变化时，可用下式表示冻结点降低与水的摩尔分数的关系

$$\frac{L_\mathrm{f}}{R}\left[\frac{1}{T_\mathrm{P}}-\frac{1}{T}\right]=\ln x_\mathrm{w} \tag{2-52}$$

式中　L_f——纯水在T_P(273.15K)时的摩尔融化潜热，J/mol；

　　　R——摩尔气体常数；

　　　x_w——水在溶液中的摩尔分数；

　　　T——对应于x_w时的冻结温度。

水的摩尔分数可表示成

$$x_{\mathrm{w}} = \frac{w_{\mathrm{w}}/M_{\mathrm{w}}}{w_{\mathrm{w}}/M_{\mathrm{w}} + \sum w_j/M_j} \tag{2-53}$$

式中　w_{w}——水的质量分数，%；

　　　M_{w}——水的摩尔质量，为 $18 \times 10^{-3}\,\mathrm{kg/mol}$；

　　　w_j——第 j 种组分溶质的质量分数；

　　　M_j——第 j 种组分溶质的摩尔质量。

由式(2-52) 和式(2-53)，食品初始冻结温度 T_{z} 可由下式求得

$$\frac{1}{T_{\mathrm{z}}} = \frac{1}{T_{\mathrm{p}}} - \frac{R}{L_{\mathrm{f}}} \ln\left(\frac{w_{\mathrm{wz}}/M_{\mathrm{w}}}{w_{\mathrm{wz}}/M_{\mathrm{w}} + \sum w_j/M_j}\right) \tag{2-54}$$

式中　w_{wz}——在初始冻结温度下水的质量分数。

如果 T_{z} 接近 T_{p}，式(2-54) 可近似为

$$T_{\mathrm{p}} - T_{\mathrm{z}} = \frac{RT_{\mathrm{p}}^2}{L_{\mathrm{f}}} \sum \frac{w_j}{M_j} \tag{2-55}$$

假设食品的固体成分绝大部分可溶于水，不可溶成分可忽略不计，按下述方法求得的溶质的摩尔质量被称为可溶性固体的有效分子质量 M_{S}。

$$x_{\mathrm{w}} = \frac{w_{\mathrm{w}} M_{\mathrm{w}}}{w_{\mathrm{w}}/M_{\mathrm{w}} + w_{\mathrm{S}}/M_{\mathrm{S}}}$$

$$x_{\mathrm{w}} \frac{w_{\mathrm{S}}}{M_{\mathrm{S}}} = \frac{w_{\mathrm{w}}}{M_{\mathrm{w}}}(1 - x_{\mathrm{w}}) = \frac{w_{\mathrm{w}}}{M_{\mathrm{w}}} x_{\mathrm{S}}$$

$$M_{\mathrm{S}} = (w_{\mathrm{S}} M_{\mathrm{w}} x_{\mathrm{w}})/(w_{\mathrm{w}} x_{\mathrm{S}})$$

式中　w_{S}——可溶性固体质量分数；

　　　M_{S}——可溶性固体摩尔质量（可溶性固体的有效分子质量）；

　　　x_{S}——可溶性固体摩尔分数。

由于 T_{z} 接近 T_{p}，同样也有

$$\frac{T_{\mathrm{p}} - T_{\mathrm{z}}}{T_{\mathrm{p}}^2} = -\frac{R}{L_{\mathrm{f}}} \ln x_{\mathrm{w}} = -\frac{R}{L_{\mathrm{f}}} \ln(1 - x_{\mathrm{S}}) \approx \frac{R}{L_{\mathrm{f}}} x_{\mathrm{S}} \tag{2-56}$$

$$T_{\mathrm{p}} - T_{\mathrm{z}} = \frac{RT_{\mathrm{p}}^2}{L_{\mathrm{f}}} x_{\mathrm{S}} \tag{2-57}$$

食品中可溶性固体摩尔分数 x_{S} 可以从式(2-54)、式(2-57) 中消去，从而得到

$$w_{\mathrm{wu}} = w_{\mathrm{wz}} \frac{F_{\mathrm{z}} - F_{\mathrm{p}}}{F - F_{\mathrm{p}}} \tag{2-58}$$

F 是一个函数，被定义为

$$F = F\{T\} = \exp\left[\frac{L}{RT}\right] \tag{2-59}$$

式中　w_{wu}——任一温度时未冻水的质量分数；

　　　w_{wz}——在初始冻结温度下的水的质量分数；

　　F_{p}，F_{z}——对应于 T_{p}、T_{z} 的函数值。

冻结食品大体可看成由固体材料、水和冰三部分组成。在冻结过程中，随温度下降时冰量增加，冰和水总的质量分数保持不变，而冻结水的质量分数 w_{wf} 为

$$w_{\mathrm{wf}} = w_{\mathrm{wz}} - w_{\mathrm{wu}} \tag{2-60}$$

式中　w_{wf}——任一温度时已冻水的质量分数。

上述公式中并未考虑食品材料中不可冻水的含量，对于一些不可冻水含量很高的食品，计算结果会和实验值产生很大的区别。

若食品中不可冻水的质量分数为 w_A，则式（2-58）可写成

$$w_{wu} = (w_{wz} - w_A) \times \frac{F_z - F_p}{F - F_p} + w_A \tag{2-61}$$

用此式计算得到的值和实验结果符合得很好，如图 2-5 所示。

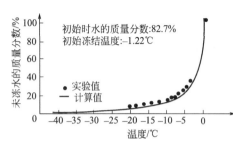

图 2-5　木莓中未冻结水质量分数的
计算值和实验值的比较

2.2.4.2　考虑潜热随温度变化的情形

考虑到潜热随温度的变化，Mannapperuma 和 Singh（1989）认为，潜热随温度的变化是线性的。当温度从 0℃ 降至 −40℃ 时，潜热约降低 27％。

$$L = L_0 + L_1 T \tag{2-62}$$

式中　L_0，L_1——上述拟合方程的系数。

将式（2-62）中的 L 代入式（2-51），整理后得到

$$\frac{\mathrm{d}x}{x} = \frac{L_0}{R} \frac{\mathrm{d}T}{T^2} + \frac{L_1}{R} \frac{\mathrm{d}T}{T} \tag{2-63}$$

以纯水的冻结点 T_p 作为积分下限，对式（2-63）进行积分，得到以下水的摩尔分数和稀溶液初始冻结温度之间的关系。

$$x = \left[\frac{T_p}{T} \right]^{-\frac{L_1}{R}} \exp\left[\frac{L_0}{R} \left(\frac{1}{T_p} - \frac{1}{T} \right) \right] \tag{2-64}$$

定义：

$$F' = F'\{T\} = T^{-\frac{L_1}{R}} \mathrm{e}^{\frac{L_0}{RT}} \tag{2-65}$$

将式（2-64）改写为另一形式，并引入食品中不可冻结水的摩尔分数

$$x_w - x_A = \frac{F'_p}{F'} \tag{2-66}$$

式中　x_w——食品中水的摩尔分数；

　　　x_A——食品中不可冻结水的摩尔分数。

类似的，对于初始冻结温度下稀溶液中水的摩尔分数，有

$$x_{wz} - x_A = \frac{F'_p}{F'_z} \tag{2-67}$$

水的摩尔分数可以用质量分数和摩尔质量来表示，代入式（2-66）和式（2-67），有

$$\frac{\frac{w_w}{M_w} - \frac{w_A}{M_w}}{\frac{w_w}{M_w} - \frac{w_A}{M_w} + \frac{w_B}{M_B}} = \frac{F'_p}{F'} \tag{2-68}$$

$$\frac{\frac{w_{wz}}{M_w} - \frac{w_A}{M_w}}{\frac{w_{wz}}{M_w} - \frac{w_A}{M_w} + \frac{w_B}{M_B}} = \frac{F'_p}{F'_z} \tag{2-69}$$

式中　　　　　　　x_{wz}——食品初始冻结温度下水的总摩尔分数；

w_w，w_A，w_B，w_{wz}——食品中未冻水的质量分数、不可冻结水的质量分数、溶质的质量分数、初始时水的质量分数；

　　　M_w，M_B——食品中水的摩尔质量和溶质的摩尔质量；

　　F'_p，F'_z，F'——对应于纯水冻结温度 T_p、食品初始冻结温度 T_z、食品温度 T 的函

数值。

在式(2-68)和式(2-69)中消去 $\dfrac{w_B}{M_B}$ 项，得到下式

$$w_w = (w_{wz} - w_A)\frac{F_z' - F_p'}{F' - F_p'} + w_A \tag{2-70}$$

另外两种组分在初始冻结温度以下的任意温度 T 的质量分数可以由下述公式计算得到

固形物 $\qquad\qquad w_S = 1 - w_{wz}$

冰 $\qquad\qquad w_I = 1 - w_w - w_S$

例 2-1　已知一食品材料，水的质量分数 $w_w = 0.85$，固体成分摩尔质量 $M_S = 180 \times 10^{-3}\,\text{kg/mol}$，求其初始冻结温度 T_z。

解　水的摩尔分数为

$$x_w = \frac{w_w/M_w}{w_w/M_w + w_w/M_S} = \frac{0.85/18 \times 10^{-3}}{0.85/18 \times 10^{-3} + 0.15/180 \times 10^{-3}} = 0.9827$$

则 $\qquad\qquad\qquad x_S = 1 - x_w = 0.0173$

$$T_p - T_z = \frac{RT_p^2}{L_f}x_S$$

已知，$R = 8.314\,\text{J/(K·mol)}$，$L_f = 6.003\,\text{kJ/mol}$

则 $\qquad\qquad T_p - T_{fz} = 1.79\,\text{K} \qquad T_z = 271.36\,\text{K}$

例 2-2　若已知食品的水的质量分数为 82.7%，初始冻结温度为 $-1.22℃$，试求被冷却到 $-10℃$ 时，此食品中未冻水的质量分数。

解　① 求可溶性固体的摩尔分数 x_S

方法一：利用式(2-57)，$T_p - T_z = \dfrac{RT_p^2}{L_f}x_S$

$$x_S = 1.22 \times \frac{L_f}{RT_p^2} = \frac{1.22 \times 6.003 \times 10^3}{8.314 \times (273.15)^2} = 1.18\%$$

$$x_w = 98.82\%$$

方法二：利用式(2-54)，$\dfrac{1}{T_p} - \dfrac{1}{T_z} = \dfrac{R}{L_f}\ln x_w$

食品中水的摩尔分数 $x_w = \exp\left[\dfrac{L_f}{R}\left(\dfrac{1}{T_p} - \dfrac{1}{T_z}\right)\right]$

$$= \exp\left[\frac{6.003 \times 10^3}{8.314} \times \left(\frac{1}{273.15} - \frac{1}{271.93}\right)\right] = \exp(-0.011859) = 98.82\%$$

因此可溶性固体的摩尔分数 x_S 为 1.18%。

② 计算可溶性固体的有效分子量 M_S

$$M_S = (w_S M_w x_w)/(w_w x_S)$$
$$= (1 - 0.827) \times 18 \times 10^{-3} \times 0.9882/(0.827 \times 0.0118) = 0.3153(\text{kg/mol})$$

③ 计算冷却到 $-10℃$ 时未冻水的有效（表观）摩尔分数 x_w

方法一：利用式(2-52)，计算：

$$x_w = \exp\left[\frac{L_f}{R} \times \left(\frac{1}{T_p} - \frac{1}{T}\right)\right] = \exp\left[\frac{6003}{8.314} \times \left(\frac{1}{273.15} - \frac{1}{263.15}\right)\right] = 90.44\%$$

在此温度下，已有相当部分的水结成冰，而溶液的浓度提高，溶液中水的摩尔分数由原来的 98.82% 降低至 90.44%。

从质量分数来分析，最初的水的质量分数 $w_w = 82.7\%$；到 $-10℃$ 时，水的质量分数分

成固态冰的质量分数 w_{wf} 和液态水的质量分数 w_{wu} 两部分，其总量保持不变。

即 $w_{wf}+w_{wu}=0.827$ 和 $w_S=0.173$ 保持不变。

根据未冻水的摩尔分数 x_{wu} 来计算未冻水的质量分数 w_{wu}

$$x_{wu}=\frac{w_{wu}/M_w}{w_{wu}/M_w+w_S/M_S}$$

$$x_{wu}\left(\frac{w_{wu}}{M_w}+\frac{w_S}{M_S}\right)=\frac{w_{wu}}{M_w}$$

$$x_{wu}\times\frac{w_S}{M_S}=\frac{w_{wu}}{M_w}(1-x_{wu})$$

$$w_{wu}=\frac{x_{wu}}{1-x_{wu}}\times w_S\times\frac{M_w}{M_S}=\frac{0.9044}{1-0.9044}\times0.173\times\frac{18}{315.3}=0.0934$$

到-10℃时食品中未冻水的质量分数只有 9.34%，

方法二：上述结果也可以由式(2-59) 求得

$$F=F\{T\}=\exp\left(\frac{L}{RT}\right)=\exp\left(\frac{6.003}{8.314\times T}\right)$$

$$T_p=273.15K, F_p=14.0604$$

$$T_z=271.93K, F_z=14.2282$$

$$T=265.15K, F=15.5462$$

$$w_{wS}=0.827$$

在-10℃食品中未冻水的质量分数

$$w_w=w_{wz}\frac{F_z-F_p}{F-F_p}=0.827\times\frac{14.2282-14.0604}{15.5462-14.0604}=0.0934$$

其相对于未冻前水的质量分数之比 $=\frac{9.34\%}{82.7\%}=11.29\%$，即到$-10$℃时食品中水分的 11.29% 尚未冻结成冰；而水分的 88.71% 已被冻结。

2.3　食品原料中的水分活度

2.3.1　逸度和活度

2.3.1.1　逸度和逸度系数

化学势是物质从一相向另一相迁移的驱动力，并为相平衡提供了一个基本判据。对于混合物系统，第 i 组分的化学势可由下式计算

$$\mathrm{d}\mu_i=V_{mi}\mathrm{d}p-S_{mi}\mathrm{d}T \tag{2-71}$$

式中　V_{mi}，S_{mi}——第 i 组分的摩尔体积、摩尔熵。

当温度恒定，$\mathrm{d}T=0$，因此

$$\left(\frac{\partial\mu_i}{\partial p}\right)_T=V_{mi} \tag{2-72}$$

对于理想气体，有

$$pV_m=RT \tag{2-73}$$

由式(2-72) 和式(2-73) 得

$$\mathrm{d}\mu_i=RT\frac{\mathrm{d}p}{p}$$

在食品存放空间中的水蒸气和空气，如果被看做理想气体的混合物，参照上式，水蒸气的化学势可写为

$$d\mu_w(vapor) = RT \frac{dp_w}{p_w} \tag{2-74}$$

式中　p_w——溶液中水蒸气分压。

式(2-74) 只反映了水蒸气化学势的变化情况，但并不知道水蒸气化学势的绝对值。为此，定义一个参考点，如选择 101325Pa 作为标准压力，水蒸气作为理想气体的化学势为 μ_w^0，那么在任一压力 p，水蒸气的化学势为

$$\mu_w(vapor) = \mu_w^0 + RT\ln(p_w/p_0) \tag{2-75}$$

若引入新的 μ_w^0 代替式(2-75) 的 $\mu_w^0 - RT\ln p_0$，则可以得到

$$\mu_w(vapor) = \mu_w^0 + RT\ln p_0 \tag{2-76}$$

式(2-76) 表示了理想气体中水蒸气压力与其化学势之间的关系。

实际气体不遵循理想气体状态方程 $pV_m = RT$，为使实际气体的化学势与理想气体有类似的简单形式，引入"有效压力"f_w，对式(2-76) 进行修正

$$\mu_w(vapor) = \mu_w^0 + RT\ln f_w \tag{2-77}$$

$$f_w = r_w p_w \tag{2-78}$$

式中　f_w——考虑实际气体性质时仍能按上述形式计算化学势而对压力值进行修正后的值，称为"有效压力"或"逸度"；

r_w——压力校正因子，即有效压力 f_w 与实际压力 p_w 之比，被称为"逸度系数"。

理想气体可以看做是实际气体在压力趋向于零时的极限情况。当 $p \to 0$ 时，$f_w \to p_w$，$r_w \to 1$。

表 2-7 给出了水蒸气的逸度和逸度系数。从表中不难看出，在低于 100℃ 的温度范围内，水的逸度系数 r_w 近似为 1.0；但对高压和高温，逸度系数可能偏离 1.0 较远。

表 2-7　与饱和液态水相平衡的水蒸气的压力、逸度和逸度系数以及在 101325Pa 下水蒸气的逸度

温　度 $T/℃$	饱　和　状　态			101325Pa 时水蒸气的逸度 f_w/kPa
	压力 p_w/kPa	逸度 f_w/kPa	逸度系数 $r_w = f_w/p_w$	
0.01	0.611	0.611	0.9995	
20.00	2.337	2.334	0.9988	
40.0	7.376	7.357	0.9974	
60.00	19.920	19.821	0.9950	
80.00	47.362	46.945	0.9912	
100.00	101.32	99.856	0.9855	99.86
150.00	475.96	457.26	0.9607	100.51
200.00	1555.0	1427.8	0.9182	100.81
250.00	3377.5	3414.1	0.8584	100.98
300.00	8591.6	6736.7	0.7841	101.08

2.3.1.2　活度和活度系数

理想溶液遵循拉乌耳定律，具有与理想气体相似的性质，根据相平衡条件，可得

$$\mu_w(solution) = \mu_w^*(p, T) + RT\ln x_w \tag{2-79}$$

式中　$\mu_w^*(p, T)$——纯水在一定压力、温度下的化学势；

x_w——溶液中水的摩尔分数。

对于实际溶液，即非理想溶液，仿照实际气体化学势处理方法，引入活度和活度因子概念，可用下式表示其中溶剂（水）的化学势

$$\mu_w(solution) = \mu_w^*(p, T) + RT\ln a_w \tag{2-80}$$

$$a_w = r_w x_w \tag{2-81}$$

式中　a_w——实际溶液中水的活度，可以看做实际溶液对理想溶液的校正浓度，有时也被称为"有效浓度"；

r_w——水的活度因子或称为活度系数。

当摩尔分数 $x_w \to 1$ 时，$a_w \to x_w$，$r_w \to 1$。

2.3.2　食品中的水分活度

图 2-6 给出了处于一个绝热容器中的食品材料的平衡示意图。近似地把食品材料看做是溶液，其中水是溶剂，而盐类、糖类、蛋白质、碳水化合物等看做是溶质。在一定温度 T 下，食品材料中的水和其他组分与上层空间的空气处于平衡状态。由于是等温、等压，$dG = 0$，水分在食品内部和食品上部之间的组分化学势应相等，即上层。空间中水蒸气的化学势等于在食品中水分的化学势

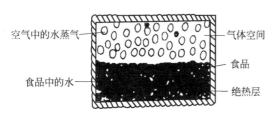

空气中的水蒸气

食品中的水

气体空间

食品

绝热层

图 2-6　处于一个绝热容器中的
食品材料的平衡

$$\mu_w(vapor) = \mu_w(food) \tag{2-82}$$

在上层空气中，计算公式与式(2-77)相同

$$\mu_w(vapor) = \mu_w^0 + RT\ln f_w \tag{2-83}$$

在食品材料中

$$\mu_w(food) = \mu_w^* + RT\ln a_w \tag{2-84}$$

联立式(2-77)和式(2-84)，可得

$$\mu_w^0 + RT\ln f_w = \mu_w^* + RT\ln a_w \tag{2-85}$$

对于纯水，$a_w = 1$，设与纯水平衡时的水蒸气的逸度亦即纯水的蒸汽压力为 f_w^*，那么，纯水的化学势为

$$\mu_w^* = \mu_w^0 + RT\ln f_w^* \tag{2-86}$$

将式(2-86)代入式(2-85)，有

$$RT\ln a_w = RT\ln f_w - RT\ln f_w^* \tag{2-87}$$

即：
$$a_w = (f_w / f_w^*)_T \tag{2-88}$$

式中　f_w——食品材料水蒸气的逸度（有效压力）。

由于：
$$f_w^* = p_w^* \qquad f_w = r_w p_w$$

式中　p_w^*——纯水蒸汽压。

故食品材料中水分的活度

$$a_w = (r_w p_w / p_w^*)_T \tag{2-89}$$

在低压时，f_w / f_w^* 和 p_w / p_w^* 之间的差别小于 1%；由表 2-7 可知，对于低压的情况，$r_w \approx 1.0$，因此，可以认为，水分活度 a_w 是指溶液中水蒸气分压（p_w）与纯水蒸汽压（p_w^*）之比

$$a_w = p_w / p_w^*$$

此等式成立的前提是，溶液是理想溶液和存在热力学平衡。但食品体系一般不符合上述两个条件，因此上式只是一个近似式，更合适的表达是

$$a_w \approx p_w / p_w^* \tag{2-90}$$

由于 p_w / p_w^* 是实验测定项目，使用更为直观准确，因此将 p_w / p_w^* 称为相对蒸汽压（RVP），有时与水分活度 a_w 交替使用。对纯水来说，因 p_w 和 p_w^* 相等，故 a_w 为 1。呈溶液状态的水，其蒸汽压随着可溶性成分的增加而减少，因此，食品中呈溶液状态的水，其蒸汽压都小于纯水的蒸汽压。所以 p_w 总是小于 p_w^*。故 $a_w < 1$。

食品材料中水分活度对食品保存有着重要的影响。一般认为如能控制 $a_w < 0.6$，则能抑制微生物的生长和繁殖。表 2-8 给出了一些食品材料的最大许可水分活度。

表 2-8　几种未加包装的干食品在 20℃ 时水分活度的最大许可值 a_{wmax}

食品	a_{wmax}	食品	a_{wmax}
碳酸氢钠	0.45	奶粉	0.20～0.30
脆点心、饼干	0.43	汤粉	0.60
全蛋粉	0.30	焙炒咖啡	0.10～0.30
明胶	0.43～0.45	可溶咖啡	0.45
硬糖	0.25～0.30	淀粉	0.60
巧克力饼	0.73	小麦制品	0.60
牛奶、巧克力	0.68	糖	0.55～0.92
马铃薯片	0.11	脱水肉	0.72
面粉	0.65	果干、果脯	0.60～0.70
燕麦粉	0.12～0.25	脱水豌豆	0.25～0.45
牛肉汁料	0.35	脱水豆	0.08～0.12
脱脂奶粉	0.30	橘粉	0.10

2.3.3　水分活度与温度的关系

水分活度 a_w 与温度有关，可根据 Clausius-Clapeyron 方程式来描述这个关系。

$$\frac{d\ln a_w}{d(1/T)} = -\frac{\Delta H}{R} \tag{2-91}$$

或

$$\ln \frac{a_{w2}}{a_{w1}} = \frac{\Delta H}{R}\left(\frac{1}{T_1} - \frac{1}{T_2}\right) \tag{2-92}$$

式中　T——热力学温度，K；

　　　R——气体常数，J/(mol·K)；

　　　ΔH——在食品某一水分含量下的等量净吸附热（纯水的汽化潜热），J/mol；

a_{w1}，a_{w2}——温度为 T_1 和 T_2 时的水分活度。

由式（2-91），有

$$\ln a_w = -k(\Delta H/R)(1/T) \tag{2-93}$$

$$k = \frac{样品的绝对温度 - 纯水的蒸汽压为 \; p \; 时的绝对温度}{纯水的蒸汽压为 \; p \; 时的绝对温度}$$

由式（2-93）可知，当水分含量一定时，以 $\ln a_w$ 对 $1/T$ 作图，可得一直线。在一定温度范围内，$\ln a_w$ 和 $1/T$ 两者之间具有良好的线性关系，a_w 对 T 的相依性程度是水分含量的函

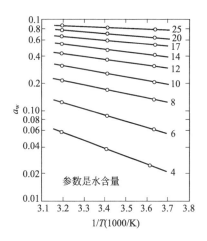

图 2-7　不同水分含量的天然马
铃薯淀粉 a_w 和温度的关系
在每一条直线上标明了
每克干淀粉水分含量（g）

数。图 2-7 所示为马铃薯淀粉在不同水分含量时的 $\ln a_w$ 对 $1/T$ 直线图。显然，水分含量一定时，食品的 a_w 随温度的提高而提高，a_w 随温度变化的程度是水分含量的函数。初始的水分活度为 0.5 时，在 2～40℃范围内，温度系数为 0.0034/℃。不同的食品，其温度系数会有所不同。一般来说，温度每变化 10℃，a_w 在 0.03～0.2 之间变化。初始的水分活度为 0.5 时，在 5～50℃范围内，高碳水化合物食品或高蛋白质食品的温度系数范围为（0.003～0.02）/℃。

如图 2-8 所示，在宽广的温度范围内，$\ln a_w$ 对 $1/T$ 作图并非总是直线，当冰开始形成时，直线在结冰温度点处出现明显的转折。在冰点以下，$\ln a_w$ 随 $1/T$ 的变化率明显变大，并且不受食品中非水组分的影响。此时，式（2-93）中水的汽化潜热（ΔH）应由冰的升华潜热代替，显然，ΔH 值明显增大。

实验结果表明，在确定冰点以下食品水分活度 a_w 时，分母 p_w^* 应采用纯过冷水的蒸汽压 $p_0(\mathrm{scw})$ 来代替。因为，冻结后食品含有冰，此时食品内水的蒸汽分压实际上就是纯冰的蒸汽压，如果分母 p_w^* 也用冰的蒸汽压，则冻结后食品在任何条件下其 a_w 都等于 1，这是毫无意义的。因此，冰点以下食品水分活度按下式定义：

$$a_w = p_w/p_w^* = p_{ff}/p_0(\mathrm{scw}) = p_{ice}/p_0(\mathrm{scw}) \tag{2-94}$$

式中　p_{ff}——未完全冷冻的食品中水的蒸汽分压，Pa；

　　$p_0(\mathrm{scw})$——纯过冷水的蒸汽压，Pa；

　　p_{ice}——纯冰的蒸汽压，Pa。

图 2-8 表明：①$\ln a_w$ 和 $1/T$ 两者关系在冰点以下时也是线性的；②温度对 a_w 的影响在冰点以下远大于在冰点以上；③在食品的冰点处直线出现明显的折断。

分析比较冰点以上温度和冰点以下温度的 a_w 时，应注意如下三个重要的区别。

ⅰ. 在冰点以上温度，a_w 是食品组成和温度的函数，并且食品组成起着主要的作用；在冰点以下温度，由于冰的存在，a_w 不再受食品中非水组分种类和数量的影响，仅取决于温度，即冰相存在时 a_w 不受所存在的溶质的种类或比例的影响。于是，食品冻结后，不能再根据 a_w 预测任何一个受非水组分（溶质）影响的物理、化学和生物化学变化。因此，冰点以下的 a_w 作为物理、化学和生物化学过程的考察指标，其价值远比在冰点以上的 a_w 低得多。

ⅱ. 就食品稳定性而言，冰点以上温度和冰点以下温度的 a_w 的意义是不一样的。如某含水的食品，在 −15℃时水分活度等于 0.86，在此低温下，微生物不能生长繁殖，化学反应也基本上不能进行；但在 20℃，水分活度仍为 0.86 时，微生物将以中等速度生长，化

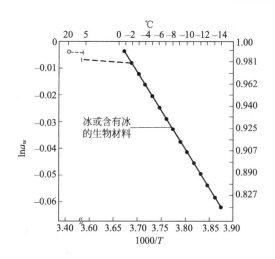

图 2-8　复杂食品在冰点以上和冰点以下时 a_w 和温度的关系

学反应也将较快地进行。

ⅲ．冰点以下的 a_w 数据不能被用于预测冰点以上的相同食品的 a_w，这是因为冰点以下的 a_w 值与食品的组成无关，而仅与温度有关。

2.3.4 水分活度与水分含量的关系

2.3.4.1 水分吸附等温线

在恒定温度下，以食品水分含量（用每单位质量干物质中水的质量表示）对 a_w 作图得到的图线称为水分吸附等温线（MSI）。MSI 线图反映了水分活度与水分含量的关系。MSI 图的制作方法有两种：一是高水分食品，通过测定高水分食品脱水过程中水分含量与 a_w 的关系，绘制解吸等温线；二是低水分食品，通过向低水分干燥食品试样中逐渐加水，分别测定对应于某一水分含量的 a_w 值，据此关系数据描绘回吸等温线。如图 2-9 所示，不同食品的 MSI 图具有不同的形状，大多数食品的水分吸附等温线呈 S 形，水果、糖制品、含有大量糖和其他可溶性小分子的咖啡提取物以及多聚物含量不高的食品的等温线为 J 形（图中的曲线 1）。

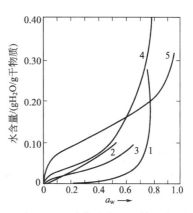

图 2-9 几种食品的回吸等温线

1—糖果（主要成分为粉末状蔗糖）；2—喷雾干燥菊巨根提取物；3—焙烤后的咖啡；4—猪胰脏提取物粉末；5—天然稻米淀粉（其中，1 为 40℃时样品的 MSI 图，其余的均为 20℃时样品的 MSI 图）

从 MSI 图可以获取如下信息：①食品在浓缩和干燥过程中脱水的难易程度与相对蒸汽压 RVP 的关系；ⅱ配制组合食品时应当如何防止水分在组合食品各配料之间的转移；ⅲ测定包装材料的阻湿性；ⅳ预测多大的水分含量才能够抑制微生物的生长；ⅴ预测食品的化学和物理稳定性与水分含量的关系；ⅵ可以看出不同食品中非水组分与水结合能力的强弱。

图 2-10 是食品从正常到干燥状态的整个水分含量范围的吸附等温线示意图，该图线称为广泛水分含量范围的吸附等温线。从图中可以看出，在低水分含量时，含水量的微小变化，将引起水分活度 a_w 的较大变化。因此，广泛水分含量范围的吸附等温线不能详细地反映出低水分区域的情况。如果把水分含量低的区域扩大和略去高水分区域，就可得到一张更有价值的低水分含量范围的 MSI 图，如图 2-11 所示。

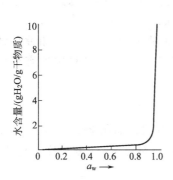

图 2-10 广泛水分含量范围的水分吸附等温线

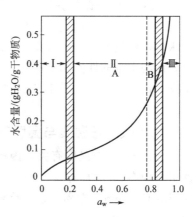

图 2-11 低水分含量范围的水分吸附等温线（温度 20℃）

2.3.4.2 水分吸附等温线的区间特性

如图 2-11 所示，为了深入了解水分活度与水分含量的关系，将低水分含量范围的水分吸附等温线分为Ⅰ、Ⅱ、Ⅲ三个区间。当加入水时，因回吸作用试样的组成从区间Ⅰ（干燥的）移至区间Ⅲ（高水分），水的物理性质发生变化。下面分述每个区间水的主要特性。

Ⅰ区间：Ⅰ区间中的水是食品中吸附最牢固和最不容易流动的水。食品中水分子与非水组分中的羧基和氨基等离子基团以水-离子或水-偶极相互作用而牢固结合，可简单看做食品固体的一部分。它在−40℃时不结冰，不具有溶解溶质的能力，它的量不足以产生对食品固形物的增塑效应。在Ⅰ区间的高水分末端（区间Ⅰ和区间Ⅱ的分界线附近）位置的这部分水相当于食品的"单分子层水（BET）"含量。"单分子层水"含量可看成是在干物质可接近的强极性基团周围形成 1 个单分子层所需水的近似量。区间Ⅰ的水仅占高水分食品中总水量的很小一部分，一般为 $0 \sim 0.07 \mathrm{g/g}$ 干物质。a_w 也最低，一般在 $0 \sim 0.25$ 之间。

Ⅱ区间：Ⅱ区间的水占据固形物表面第一层的剩余位置和亲水基团（如羧基和氨基等）周围的另外几层位置，形成多分子层结合水，主要靠水-水和水-溶质的氢键与邻近的分子缔合，同时也包括直径<1μm 的毛细管中的水。区间Ⅱ的 a_w 在 $0.25 \sim 0.8$ 之间，相当于物料含水量在 0.079 至 $(0.33 \sim 0.49)\mathrm{g/g}$ 干物质，最高为 $20 \mathrm{g/g}$ 干物质。这部分水的流动性比体相水稍差，蒸发焓比纯水大，大部分在−40℃时不结冰。在区间Ⅱ的高水分末端（区间Ⅱ和区间Ⅲ的分界线附近）的水开始有溶解作用，并且具有增塑剂和促进基质溶胀的作用，引起体系中反应物流动，加速大多数反应的速率。在高水分食品材料中，Ⅰ区和Ⅱ区的水通常占总水量的 5% 以下。

Ⅲ区间：Ⅲ区间增加的水是食品中结合最不牢固和最容易流动的水，实际上就是体相水。区间Ⅲ的 a_w 在 $0.8 \sim 0.99$ 之间，物料含水量最低为 $0.14 \sim 0.33 \mathrm{g/g}$ 干物质，最高为 $20 \mathrm{g/g}$ 干物质。在凝胶和细胞体系中，因为体相水以物理方式被截留，所以宏观流动性受到阻碍。它与稀盐溶液中水的性质相似，这是因为加入Ⅲ区的水分子被Ⅰ区和Ⅱ区的水分子隔离了溶质分子影响的结果。从区间Ⅲ增加或被除去的水，既可以结冰也可以作为溶剂，有利于化学反应的进行和微生物的生长，其蒸发焓基本上与纯水相同。在高水分食品材料中，Ⅲ区的水通常占总水量的 95% 以上。

尽管在 MSI 图中可以划分为三个区间，但还不能准确地确定区间的分界线。除了化合水外，MSI 图中每一个区间内和区间与区间之间的水均能发生交换。通过回吸作用向干燥食品增加水时，虽然能够稍微改变原来所含水的性质，如产生溶胀和溶解作用，但当区间Ⅱ增加水时，区间Ⅰ水的性质几乎保持不变。同样，当区间Ⅲ增加水时，区间Ⅱ水的性质也几乎保持不变。由此说明，食品中结合得最不牢固的那部分水与食品的稳定性有更为密切的关系。

2.3.4.3 水分吸附等温线与温度的关系

由于水分活度 a_w 与温度有关，因此 MSI 也与温度有关。如图 2-12 所示，MSI 的图形随温度的上升向高 a_w 方向迁移。在任何指定的水分含量，食品的 a_w 随温度的提高而提高，并与 Clausius-Clapeyron 方程一致，符合食品中所发生的各种变化的规律。

2.3.4.4 滞后现象

采用向干燥食品样品中添加水（回吸作用）的方法绘制的水分吸附等温线和按解吸过程

绘制的等温线并不相互重叠，回吸等温线和解吸等温线的这种不重叠性称为滞后现象，如图 2-13 所示。

许多食品的水分吸附等温线都表现出滞后现象。一般来说，当 a_w 值一定时，解吸过程中食品的水分含量大于回吸过程中的水分含量。由于食品种类和组成成分的不同，滞后作用的大小、曲线的形状和滞后曲线的起始点和终止点都不相同。

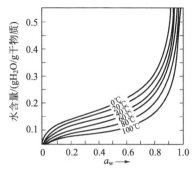

图 2-12　马铃薯在不同温度下的水分吸附等温线

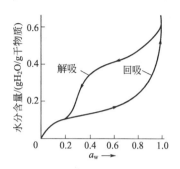

图 2-13　一种食品的 MSI 滞后现象示意图

造成滞后现象产生的原因主要有：①解吸过程中一些水分与非水溶液成分作用而无法放出水分；②不规则形状产生毛细管现象的部位，欲填满或抽空水分需不同的蒸汽压（要抽出需 $p_内 > p_外$，要填满则需 $p_外 > p_内$）；③解吸作用时，因组织改变，当再吸水时无法紧密结合水，由此导致回吸相同水分含量时处于较高的 a_w，也就是说，在给定的水分含量时，回吸的样品比解吸的样品有更高的 a_w 值；④温度、解吸的速度和程度及食品类型等都影响滞后环的形状。

如图 2-14(a) 所示，对于高糖、高果胶食品，如空气干燥的苹果片，滞后现象主要出现在单分子层水区域，当 a_w 超过 0.65 时就不存在滞后现象。如图 2-14(b) 所示，对于高蛋白质食品，如冷冻干燥的熟猪肉，在 a_w 低于 0.85 开始出现适度的滞后现象，并一直延伸至等温线的其余部分，直至 $a_w = 0$。回吸等温线和解吸等温线都保留 S 形特征。如图 2-14(c) 所示，对于高淀粉质食品，如冷冻干燥的大米，存在一个较大的滞后环现象，最高程度的滞后现象出现在 $a_w = 0.90$。

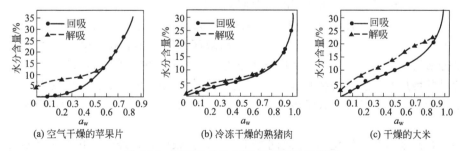

图 2-14　不同食品的 MSI 滞后现象示意图

2.3.5　水分活度与食品稳定性

食品储藏稳定性与水分活度之间有着密切的联系，用水分活度比用水分含量能更好地反映食品的稳定性。

2.3.5.1　水分活度与微生物生命活动的关系

食品中各种微生物的生长繁殖，取决于其水分活度而不是水分含量。当水分活度低于某种微生物生长所需的最低水分活度时，这种微生物就不能生长。当水分活度高于微生物发育所必需的最低 a_w 值时，微生物即可导致食品变质。不同的微生物在食品中繁殖时，都有它最适宜的水分活度范围，细菌最敏感，其次是酵母和霉菌。一般情况下，$a_w < 0.90$ 时，细菌不能生长；$a_w < 0.87$ 时，大多数酵母受到抑制；$a_w < 0.80$ 时，大多数霉菌不能生长，但也有例外变化情况。在水分活度 a_w 低于 0.5 后，几乎所有的微生物都不能生长。微生物发育与水分活度的关系如表 2-9 所示。

表 2-9　微生物发育时必需的水分活度

微　生　物	发育所必需的最低 a_w	微　生　物	发育所必需的最低 a_w
普通细菌	0.90	嗜盐细菌	≤0.75
普通酵母	0.87	耐干性酵母（细菌）	0.65
普通霉菌	0.80	耐渗透压性酵母	0.61

水分活度在 0.91 以上时，食品的微生物变质以细菌为主。水分活度降至 0.91 以下时，就可以抑制一般细菌的生长。当在食品中加入食盐、糖后，水分活度下降，一般细菌不能生长，但嗜盐细菌却能生长。水分活度在 0.9 以下时，食品的微生物变质主要由酵母和霉菌所引起。重要的食品中有害微生物生长的最低水分活度是 0.86～0.97，所以，真空包装的水产和畜产加工制品，流通标准规定其水分活度要低于 0.94。

2.3.5.2　水分活度与食品劣变化学反应的关系

（1）水分活度对酶促反应的影响

水分在酶促反应中起着溶解基质和增加基质流动性等作用，当食品 a_w 值增加时，毛细管的凝聚作用开始，毛细管微孔充满了水，导致基质溶解于水，酶促反应速率增大。食品中水分活度 a_w 极低时，酶促反应极慢，甚至于几乎停止。在食品 a_w 为 0.3 以下时，食品中淀粉酶、酚氧化酶、过氧化酶等受到极大的抑制，但脂肪酶在 a_w 为 0.05～0.1 时仍能保持其活性。

（2）水分活度与生物化学反应的关系

图 2-15 显示了在 25～45℃温度范围内几类重要反应的速率与 a_w 的关系。为了便于比较，在图 2-15(f) 中还加上一条典型的水分吸附等温线。

图 2-15(a，d，e) 分别显示，在中等至较高 a_w 值时，微生物的生长曲线、美拉德 (Maillard) 反应和维生素 B_1 降解反应都表现出最高反应速率。在中等至高水分含量食品中，当水分活度继续增加时，有时反应速率下降，这可能是由于水作为反应产物的抑制作用和水含量的增加对反应物的稀释作用。氨基酸的最大损失发生在水分活度为 0.65～0.70 时，高于或低于此值氨基酸损失都较小，中湿食品的水分活度为 0.6～0.8，最容易发生非酶褐变。

图 2-15(c) 表示脂类氧化和 a_w 之间的相互关系。很明显，经受氧化的试样过分干燥会导致稳定性低于最佳稳定性。从极低的 a_w 值开始，脂类的氧化速率随着水分的增加而降低，直到 a_w 值接近等温线 [图 2-15(f)] 区间Ⅰ与Ⅱ的边界（即达到 BET 单层值）时，脂类的氧化速率达到最低；而进一步增加水就使氧化速率增加直到 a_w 值接近区间Ⅱ与Ⅲ的边界；再进一步增加水将会引起氧化速率降低（图中未表示）。图中还显示，维生素 C 降解反应属一级化学反应，在低水分活度下，维生素 C 比较稳定，随着水分活度的增加，维生素 C 降解迅速增加。

综上所述，食品化学反应的最大反应速率一般发生在具有中等水分含量（a_w＝0.7～0.9）的食品中，而最小反应速率一般首先出现在水分吸附等温线区域 I 与 II 之间的边界（a_w＝0.2～0.3）附近，当进一步降低 a_w 时，除氧化反应外，其他反应的反应速率全都保持在最小值。

由此可见，降低食品的 a_w，可以延缓酶促褐变和非酶褐变的进行，减少食品营养成分的破坏，抑制水溶性色素的分解。但 a_w 过低，食品过分干燥，则容易发生氧化和非酶褐变。要使食品具有较高的稳定性，最好是将 a_w 保持在结合水范围内。因为结合水是食品中的蛋白质、糖类等活性基团以化学键与水分子结合而形成的，将水分活度保持在结合水范围内既能防止氧对活性基团的作用，也能阻止蛋白质、糖类等物质间的相互作用，从而使褐变难以发生，同时又不会使食品丧失吸水性和复原性。食品的一些重要化学反应，如脂类的氧化、美拉德反应、维生素的分解等，在 a_w 为 0.7～0.9 时，其反应速率达

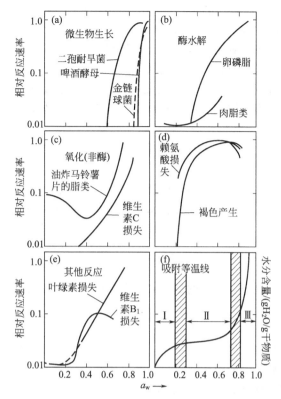

图 2-15　几类重要反应的速率与 a_w 的关系

到最大，此时食品变质主要受化学变化的影响。当食品的含水量增大使 a_w＞0.9 时，食品中的各种化学反应速率大都呈下降趋势，此时食品变质主要受微生物和酶作用的影响。许多生鲜食品的水分活度都在 0.90 以上，在微生物繁殖的水分活度范围之内，所以生鲜食品是一种易腐食品。

（3）水分活度对食品质构的影响

a_w 值除了影响微生物生长和化学反应外，对干燥和半干食品的质构也有重要影响。例如，控制适当低的 a_w，可以保持饼干、爆米花和马铃薯片的脆性，避免颗粒状蔗糖、乳粉和速溶咖啡的结块和防止糖果的黏结。对于干燥食品，0.35～0.5 是不使产品期望性质造成损失所允许的最高 a_w 范围。对于软质构食品，则需要保持较高的水分活度才能避免不期望的变硬。

2.3.5.3　降低水分活度提高食品稳定性的机理

水分活度的概念实质上表示了水被束缚的能力，水分活度值较小时，大部分水被束缚，化学反应物和微生物得不到它。因此，降低水分活度，将 a_w 保持在结合水范围内，能抑制食品的化学变化和微生物的生长繁殖，提高食品稳定性。其主要机理如下。

ⅰ. 降低食品的水分活度，使食品中结合水和体相水的比例发生变化，结合水的比例增加，体相水的比例减少。结合水不能作为反应物的溶剂，而体相水的减少使食品中许多可能发生的化学反应、酶促反应受到抑制。

ⅱ. 降低食品的水分活度，导致体相水的比例减少，将使很多属于离子反应的化学反应受到抑制。因为发生离子反应的条件是反应物必须首先进行离子化或水合作用，离子化或水合作用的条件必须是有足够的体相水才能进行。

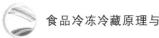

ⅲ．降低水分活度，减少参加反应的体相水的数量，使得很多必须有水分子参加才能进行的化学反应（如水解反应）和生物化学反应的速率变慢。

ⅳ．对于许多以酶为催化剂的酶促反应，水不仅是一种反应物，还是载送底物向酶扩散的输送介质，并且通过水化促使酶和底物活化。当 a_w 值低于 0.8 时，大多数酶的活力就受到抑制；若 a_w 值降到 0.25～0.30 的范围，食品中的淀粉酶、多酚氧化酶和过氧化物酶将受到强烈地抑制或丧失其活力（但脂肪酶例外，水分活度在 0.05～0.1 时仍能保持其活性）。

ⅴ．降低水分活度将抑制食品中微生物的生长繁殖，提高食品的稳定性。因为微生物的生长繁殖都要求有一定最低限度的 a_w，当水分活度低于 0.50 时，绝大多数微生物就无法生长。

基于上述机理，可通过冷冻干燥、空气干燥等方法除去食品中的水分，或者通过冻结的方法束缚食品中的体相水，使体相水减少或固化，降低食品的水分活度，从而抑制化学变化和微生物的生长繁殖，提高食品稳定性，达到储藏食品的目的。

2.3.6 单分子层水值的计算

单分子层水的概念来源于 Brunauer、Emett 及 Teller(BET) 在 1938 年提出的单分子层吸附理论。固体表面吸附一层气体分子后，由于气体本身的范德华引力，还可以继续发生多分子层吸附。由于第一层吸附是气体分子和固体表面的直接作用，从第二层起的以后各层是被吸附气体同各种分子之间的相互作用，因此它们吸附的本质是不同的，第一层的吸附热和以后各层的吸附热也不一样。利用布仑奥尔（Brunauer）等人提出的 BET 方程可以计算出食品的 BET 单分子层水值。

$$\frac{a_w}{m(1-a_w)}=\frac{1}{m_1c}+\frac{c-1}{m_1c}a_w \tag{2-95}$$

式中　a_w——水分活度；

m——水分含量，gH_2O/g 干物质；

m_1——BET 单层值；

c——常数。

根据式(2-95)，以 $a_w/[m(1-a_w)]$ 对 a_w 作图，显然是一条直线，称为 BET 直线。图 2-16 是天然马铃薯的 BET 直线。在 $a_w>0.35$ 时，线性关系开始变差。

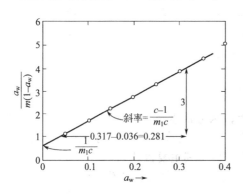

图 2-16 马铃薯淀粉的 BET 图

(回吸温度为 20℃)

可按下述方法计算 BET 单分子层值。

单分子层值(m_1)=1/[(截距)+斜率]

根据图 2-16，查得截距为 0.6，斜率为 10.7，可得

$$m_1=\frac{1}{0.6+10.7}=0.088(gH_2O/g\ 干物质)$$

在此特定的例子中，BET 单层值对应的 a_w 为 0.2。

如前所述，最小反应速率一般首先出现在等温线的区间Ⅰ与Ⅱ之间的边界（a_w 为 0.2～0.3）附近，当进一步降低 a_w 时，除了脂类的氧化反应外，其他反应速率全部保持在最小值，

这时的水分含量是单分子层水分含量。因此，用食品的单分子层水值可以准确地预测干燥产品最大稳定性时的含水量。

2.3.7　食品中水分活度的测量方法

目前测量水分活度的方法有平衡相对湿度法、直接法和间接法三大类。平衡相对湿度法主要测量较易获得的平衡相对湿度（ERH）值，再利用 a_w 和 ERH 的百分比关系可方便地得到所需的水分活度值。直接测量法是一种根据水分活度的定义用 U 形压力计测量其压力的方法（又称 VPM 法）。间接测量法是通过把压力值转换成各种物理量（如电阻、电容、电位等）的测量来实现的。

① 直接测量法　根据测量依数性质，直接测量水蒸气的压力 p_w，根据

$$a_w = \frac{p_w}{p_w^*}$$

求得 a_w。

② 冰点测定法　水分活度与环境平衡相对湿度（ERH）和拉乌尔定律的关系如下式所示，即食品的水分活度等于环境平衡相对湿度除以 100

$$a_w = \frac{p_w}{p_w^*} = \frac{ERH}{100} = x = \frac{n_1}{n_1 + n_2} \tag{2-96}$$

式中　x——溶剂（水）的摩尔分数；

n_1——溶剂的摩尔数；

n_2——溶质的摩尔数。

n_2 可通过测定样品的冰点并且利用下式进行计算

$$n_2 = \frac{G\Delta T_f}{1000 K_f} \tag{2-97}$$

式中　G——样品中溶剂的质量，g；

ΔT_f——冰点下降的温度，℃；

K_f——水的摩尔冰点下降常数，$K_f = 1.86$。

根据上述关系，可先测定样品的冰点降低和水分含量，再按式(2-96)和式(2-97)计算 a_w。在低温下测量冰点而计算高温时的 a_w 值所引起的误差是很小的（$< 0.001 a_w/℃$）。

对于 $a_w > 0.85$ 的液态食品，可用下式计算近似值

$$\ln a_w = 9.6934 \times 10^{-3}(T_0 - T_f) + 4.761 \times 10^{-6}(T_0 - T_f)^2 \tag{2-98}$$

③ 相对湿度传感器测定法　在恒定温度下，把已知水分含量的样品放在一个小的密闭室内，使其达到平衡，然后使用任何一种电子技术或湿度技术测量样品和环境大气平衡的 ERH，即可得到 a_w。

④ 恒定相对湿度平衡室法　在恒定温度下，把样品放在一个小的密闭室内，使用适当的饱和盐溶液，使密闭室内样品的环境空气保持在恒定的相对湿度下，让样品达到平衡，然后测定样品的水分含量。

⑤ 水分活度测量仪测定样品的 a_w　这类测量仪大多属间接测量法，是通过将压力值转换成电阻、电容、电位等各种物理量的测量来实现的。它们的共同特点是测量迅速、精度较高，并能自动记录。如瑞士产的 Novasina 水分活度测量仪（电阻传感式）、美国产的 Brady Array 水分活度测量仪（半导体传感式）、芬兰产的 Vaisala 水分活度测量仪（湿敏电容式）和中国无锡江宁机械厂生产的 SJN5021 水分活度测定仪（电阻湿敏元件）等。

2.4　食品原料的玻璃态转化

根据热力学观点，水存在着三种稳定状态：液态、固态和气态。一般来说，水在固态

时，是以稳定的结晶态存在的。但在某些特定条件下降温使液态转变为固态时，会出现两种不同的状态——晶态和非晶态（非晶态的英文为 non-crystalline，或者 amorphous，是"无定形"的意思）。所谓无定形态是指物质所处的一种非平衡、非结晶状态。当饱和条件占优势并且溶质保持非结晶时，此时形成的固体就是无定形态。非结晶材料主要有金属、无机物和有机物三大类，人们习惯将融化物质在冷却过程中不发生结晶的无机物质称为玻璃，所以又将无机物质非晶态和其他非晶态统称为玻璃态。

复杂的食品与其他生物大分子（聚合物）往往是以无定形态存在的。在食品冻结和冻藏加工过程中，食品中的水溶性成分容易形成镶嵌着冰晶的"玻璃态"，因此，有必要了解食品原料的玻璃态转化现象及产生的机理。

2.4.1　基本概念

表观黏度大于 10^{12} Pa·s（水的黏度的 10^{15} 倍）的物质称为固体。自然界中固体主要有两种存在形式：晶体和玻璃体（也称非晶体）。物质中质点（原子、离子或分子及其基团）呈有序排列或具有格子构造特征的称为晶体。物质中质点不作规则排列或只具有"近程有序"，但不具有晶体的"远程有序"的结构特征的称为玻璃体。晶体和玻璃体在宏观上都呈现出固体的特征，具有确定的体积和形状，并对改变体积和形状有阻力。两者的本质区别在于其内部微观质点的排列有无周期性重复，在玻璃态固体材料中，原子、离子或分子的排列是无规则的。如图 2-17 所示，从微观角度上看，玻璃态物质的 X 射线散射曲线介于晶体曲线与液体曲线之间，并与液体曲线更相似，玻璃态和液态同属"近程有序，远程无序"的结构，只不过玻璃体比液体"近程有序"程度要高。但玻璃态固体不像液体那样会流动，却像晶体那样能够保持自己的形状。

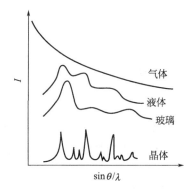

图 2-17　气体、液体、玻璃和
晶体的 X 射线散射曲线示意图

θ—散射角；λ—X 射线波长；I—散射线强度

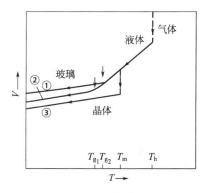

图 2-18　两种固化途径

①和②是到达非结晶固态的途径，冷却速率①＞②；③是到达结晶态的途径

液体固化可以通过两种途径实现。图 2-18 分别表示了这两条完全不同的固化途径。一是在冷却速率足够低的情况下不连续地固化成晶体，即结晶作用。结晶发生在凝固点（或熔点）温度 T_m，液体向晶体的转化可由晶态固体的体积突然收缩，即 $V(T)$ 的不连续来表明，这是经常采用的到达固态的路径。二是在足够高的冷却速率下连续地固化成非晶体（玻璃体），即玻璃化作用。此时液体遵循另一条途径到达固相，即经过 T_m 时并不发生相变，液相一直保持到较低的温度 T_g。这种发生在玻璃态转化温度 T_g 附近的液态向玻璃态的转化过程，并不存在体积的不连续性，而代之以 $V(T)$ 曲线的斜率的减小。几乎所有凝聚态物质，包括水和含水溶液都普遍具有玻璃态的形成能力。

由于玻璃态转变是一个非平衡的动力过程，所以玻璃态的形成主要取决于动力学因素，即冷却速率的大小。只要冷却速率"足够快"，且达到"足够低"的温度，几乎所有材料包括水和含水溶液在内的所有凝聚态物质都能从液体过冷到玻璃态固体。这里，"足够低"是指必须冷却到 $T<T_g$，"足够快"是指冷却过程迅速通过 $T_g<T<T_m$ 结晶区而不至于发生晶化。实现"足够快"是可能的，因为结晶需要时间，即首先要形成晶化核心（成核过程），然后沿着晶核和液相的界面向外生长（晶核生长过程）。如果在形成临界晶核所需时间之前，温度能够降到低于 T_g，或者说，冷却速率快于结晶的成核速率和晶体长大速率时，那么过冷液体最终将固化成玻璃体。

　　如图 2-18 所示，当冷却速率①＞②时，有 $T_{g2}>T_{g1}$，即玻璃态转化温度 T_g 随冷却速率的增快而升高。同样地，加热时玻璃态转化温度 T_g 随加热速率的增快而升高。由此可见，玻璃态转化的动力学特征，不仅表现在非晶态固体的形成取决于"足够快"的冷却速率，而且还表现在玻璃态转化温度本身随冷却速率的变化而变化。因此，玻璃态转化温度是一个既与热力学有关又与动力学有关的参数。

2.4.2　玻璃态转化的条件

2.4.2.1　玻璃态转化的热力学条件

　　物质的液态是在凝固温度 T_m 以上的一种高能量状态，随着温度的下降，根据能量释放的大小不同，可以有三种冷却过程。

　　① 结晶化　物质中的质点进行有序排列，释放出结晶潜热，系统在凝固过程中始终处于热力学平衡的能量最低状态，属于热力学稳定状态。

　　② 玻璃化　物质中质点的重新排列不能达到有序化程度，固态结构仍具有"远程无序"的结构特点，系统在凝固过程中，始终处于热力学介稳状态。

　　③ 分相　物质质点的迁移使系统发生组分偏聚，从而形成互不混溶并且组成不同的两个玻璃相，并不再保持结构的统计均匀性。分相使系统的能量有所下降，但仍处于热力学介稳状态。

　　根据系统的特征和热力学条件的变化，物质在冷却过程中可能经历上述其中的一个过程，也可能不同程度地同时发生上述其中的各个过程。

　　从热力学观点分析，玻璃态物质处于热力学介稳状态，总是具有降低内能、向晶态转化的趋势。在一定条件下，通过结晶或分相放出能量，使系统处于低能量、更加稳定的状态。一般认为，如果一个系统的玻璃态和结晶态的内能差值不大时，结晶驱动力较小，能量上属于介稳的玻璃态能在低温条件下长时间稳定存在。但是，某些物质材料其玻璃态和结晶态的内能虽然差值很小，而它们的结晶能力却存在较大差别，因此仅凭内能或生成热的差值等热力学数据，难以判断形成玻璃态的倾向。

2.4.2.2　玻璃态转化的动力学条件

　　液态物质在冷却过程中，可能在低于凝固点的某一温度下发生结晶过程，也可能由于过冷转化为玻璃态。不同液态物质降温冷却而形成玻璃态的过程差别非常大。有的物质很容易形成晶体，必须在较快的冷却速率条件下才能获得玻璃态；而有一些物质并不是很容易析出晶体，在降温过程中随着黏度逐渐增大最终固化形成玻璃。如果冷却速率足够快，几乎各类材料都有可能形成玻璃态。玻璃态转化过程本质上是一个抑制结晶发生的过程，它在很大程度上取决于冷却速率。因此，需要从动力学角度研究具有不同元素组成的各类材料，究竟要以多快冷却速率冷却，才能避免结晶而最终形成玻璃态。玻璃态形成的动力学理论包括以下几个主要的研究结果。

(1) 塔曼研究成果

塔曼（Tamman）认为，物质的结晶过程取决于与冷却过程的过冷度 ΔT（$\Delta T = T_m - T$，T_m 为凝固点）有关的晶核形成速率 I_v 和晶体生长速率 U。如图 2-19 所示，在阴影部分温度范围内，系统具有一定的晶核形成速率和晶体生长速率，容易析出晶体，被认为是最容易结晶的温度区域。阴影部分的温度范围越大，说明在这一较宽的温度范围内，系统倾向于析出晶体，此时系统的成玻璃性较差，必须以较快的冷却速率通过这一温度范围才有可能形成玻璃态。在阴影部分以外温度区域，或只有成核速率，或只有晶体生长速率，因此不可能形成大量的结晶。如图 2-19(a) 所示，如果晶核形成速率和晶体生长速率的极大值所在的温度范围很靠近，阴影部分的温度范围越大，物质越容易结晶，而不易形成玻璃态；反之，如图 2-19(b) 所示，物质不容易结晶，而易形成玻璃态。

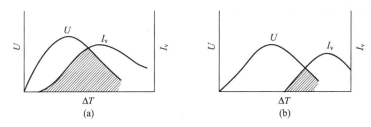

图 2-19　晶核形成和晶体生长速率

物质在冷却降温过程中其结晶过程是由两个相互竞争的因素所控制的。一方面，温度低于凝固温度时，晶体与液体之间的自由能差值随温度下降而增大，结晶趋势随温度降低而增加；另一方面，物质的黏度却随温度下降而不断增大，质点重排的难度增加，从而降低了结晶趋势。这两个因素的综合影响解释了图 2-19 中为什么阴影部分温度范围内物质容易结晶而在阴影部分以外温度区域难以形成大量的结晶的原因。因此，决定物质最终是否形成玻璃态的冷却速率，实际上与过冷度、物质黏度、晶核形成速率、晶体生长速率均有关。

(2) 乌尔曼研究成果

乌尔曼（Uhlmann）认为，判断一种物质能否形成玻璃态，就是确定必须以多大的冷却速率冷却，才能使其中的结晶量控制在某一可以检测到的晶体最小体积以下。按照仪器可以检测到的晶体浓度，当玻璃中混乱分布的微小晶粒的体积分数（晶体体积分数 V^β / V＝晶体体积/玻璃总体积）为 10^{-6} 时，所对应的冷却速率应视为玻璃形成的最低冷却速率或称临界冷却速率。

根据相变动力学理论，可以用下式（详见 2.6 节的推导）估计防止结晶所必须达到的冷却速率

$$V^\beta / V = (\pi/3) I_v U^3 t^4 \tag{2-99}$$

式中　V^β——析出晶体体积；

　　　V——熔体体积；

　　　I_v——晶核形成速率（单位时间、单位体积内形成的晶核数）；

　　　U——晶体生长速率（单位时间单位固液界面上的晶体扩展体积）；

　　　t——时间。

对于没有任何外加因素影响的均匀成核状态，在晶体体积分数 (V^β / V) 趋近 10^{-6} 时所必须达到的冷却速率，可以通过如图 2-20 中所示的 3T（transformation temperature time）曲线估算。3T 曲线是根据式(2-99)计算得到的，其绘制过程如下：①首先设定物质中的允

许晶体体积分数为 10^{-6}；⑪计算一系列与图中各过冷度对应温度的晶核形成速率 I_v 和晶体生长速率 u（详见水和溶液的结晶理论部分）；⑫把计算得到的 I_v 和 u 代入式（2-99）求出晶体体积分数为 10^{-6} 时对应的时间 t；⑬以过冷度为纵坐标，以晶体体积分数为 10^{-6} 所需时间 t 为横坐标作图，图中曲线的每一点代表该过冷度下系统析出体积分数为 10^{-6} 所需时间 t。

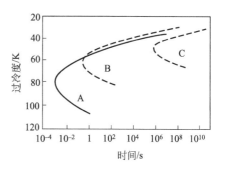

图 2-20　晶体体积分数为 10^{-6} 时
不同凝固点物质的 3T 曲线
A—$T_m = 356.6K$；B—$T_m = 316.6K$；
C—$T_m = 276.6K$

如图 2-20 所示，随着过冷度的增加（温度降低），一方面，结晶驱动力加大，晶核形成速率增加；另一方面，黏度增大，原子的迁移速率降低，晶体生长速率下降。这两个因素的综合作用，使曲线出现一个最快结晶速率，在曲线上形成一个极值拐点。图中所有曲线随过冷度的增加都有一个极值拐点，极值拐点对应的时间为最短结晶时间。在曲线凸面以内的区域，物质在对应过冷度的冷却速率下将形成晶体；而曲线凸面以外区域则是形成玻璃体区域。曲线上各点的斜率即为对应各个过冷度的临界冷却速率。曲线上的顶点为整个冷却过程所需要的最大冷却速率，可粗略估计为

$$\left(\frac{dT}{dt}\right)_m \approx \frac{\Delta T_n}{\tau_n} \tag{2-100}$$

式中　ΔT_n——过冷度，$\Delta T_n = T_m - T_n$；

T_n，τ_n——3T 曲线顶部之点的温度和时间。

由式（2-100）可知，最大冷却速率与达到 10^{-6} 晶体体积分数所需时间 τ_n 成反比，系统达到设定晶体体积分数所需时间 τ_n 越短，最大冷却速率越大，则形成玻璃体越困难，析出晶体越容易。

图 2-20 还显示，对于不同凝固点的物质，曲线的位置不同，要达到同样的晶体体积分数，最大冷却速率也不同。图中三个系统 A、B 和 C，系统 C 达到 10^{-6} 晶体体积分数所需时间最长，对应的最大冷却速率最低，相对容易形成玻璃态。因此，3T 曲线可以用于比较不同物质形成玻璃态的能力。

（3）T_g/T_m 参数

物体从凝固点温度 T_m 冷却至玻璃态转化温度 T_g 时，物体系统凝固，玻璃态结构才趋于稳定。为了防止在冷却过程中出现结晶现象，一般希望 T_m 和 T_g 温度比较接近。因此，可以用 T_g/T_m 参数表征玻璃态转化的动力学条件，T_g/T_m 参数越大，系统越容易形成玻璃态。

2.4.2.3　玻璃态转化的结晶化学条件

判断一个物质系统在冷却过程中是否最终能形成玻璃态，还可以按是否能使系统的黏度大幅度增加来衡量。符合能使黏度大幅度增加这一要求的化合物，容易形成玻璃态，这样的化合物具有以下特征。

① 键强　键强理论认为，物质结晶时质点需重新调整位置，为此，必须破坏原有的化学键，建立新键。如果化学键较强，则不易被破坏，质点难于重新排列析出晶体，容易形成玻璃态；反之，化学键较弱，则容易断裂，质点易于重排析晶，形成玻璃态困难。

② 键型　化学键的特性是决定物质结构的主要因素，也是影响玻璃态结构能否形成的主要因素。一般而言，具有极性共价键和半金属共价键的元素才能形成玻璃态。

2.4.3 食品小分子的玻璃态

在玻璃态转化过程中，物质的体积、黏度、比热容、分子流动性、介电性质以及各种力学性能都会发生变化。如图 2-21 所示，以小分子纯物质（单分子液体）为例解释玻璃态转化现象。为便于比较，图中用实线表示结晶平衡态，用虚线表示玻璃化非平衡态。

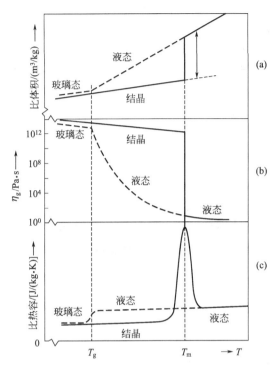

图 2-21　小分子纯物质的玻璃态转化及其与结晶/熔化转化的比较

（a）比体积与温度（T）的关系；（b）表观黏度（η_{g}）与温度（T）的关系

（c）比热容与温度（T）的关系（在温度升高时正向表示吸热变化）

2.4.3.1 玻璃态转化时比体积的变化

图 2-21(a) 的实线显示了结晶变化过程，整个体系处于热力学平衡状态，为此，必须保证小分子纯物质（单分子液体）被缓慢冷却。随着温度的缓慢降低，比体积（$1/\rho$）逐渐降低，当温度达到凝固点 T_{m} 时，由于体系处于平衡状态，物质发生结晶作用，导致比体积骤然下降。在结晶状态时，随着温度的降低，比体积继续下降，此时下降的程度比液态时要小。如图 2-21(a) 虚线所示，当冷却进行得足够快，体系处于亚平衡状态，可能不会产生结晶作用，比体积保持下降趋势，但不是骤然下降，一直降至接近晶体比体积的数值，在对应温度 T_{g}（玻璃态转化温度）下，形成了玻璃态。此时，比体积曲线呈现转折，比体积大小接近并略大于晶体比体积。这部分略为高出的数值表征了分子平动和

转动的程度大小，说明此时玻璃态分子的自由运动与晶体接近，几乎为零。

2.4.3.2 玻璃态转化时表观黏度的变化

因为分子运动的数量与表观黏度呈负相关，所以通过表观黏度变化可反映出玻璃态转化过程中的分子流动性。如图 2-21(b) 实线所示，当液态物质缓慢冷却时，物质发生结晶作用，表观黏度将有一个突变跃升过程。如图 2-21(b) 虚线所示，如果冷却进行得很快，从液态（分子可自由移动）到 T_{g} 状态（分子移动受到束缚）的玻璃态转化时，虽然表观黏度随着温度降低而迅速增加，但并不是一个突变的过程。当温度达到 T_{g} 时，黏度 η_{g}（以 $\lg$ 形式给出）曲线发生转折。例如，当温度由 T_{g} 变为 $T_{\mathrm{g}}+10\mathrm{K}$ 时，玻璃态液体的表观黏度降低300 倍。而对于大多数纯液体温度在凝固点以上时，温度变化 10K，液体黏度仅变化 1.2～2 倍。

2.4.3.3 玻璃态转化时比热容的变化

图 2-21(c) 给出体系焓变的一阶导数曲线。如图 2-21(c) 实线所示，当液态物质缓慢冷却发生结晶作用时，在结晶/熔化温度 T_{m} 附近，焓变曲线存在一个吸热峰，这一特征属于

一级相变。如图 2-21(c) 虚线所示，当冷却进行得很快时，在玻璃态转化温度 T_g 处，热熔曲线是连续的，但一阶导数曲线呈现一个台阶，那么二阶导数会出现一个峰，称之为二级相变，这是玻璃态转化的一个重要特征。

因为玻璃态不是一个平衡态，所以玻璃态的形成和消失不是热力学相变。T_g 值也不是一个精确的常数。对于平衡态，晶体在冷却过程中形成。而玻璃态只有在快速冷却即用超过 $10^5 K/s$ 冷却速率对高度流体化液体进行快速冷却过程中才能形成。同样，缓慢加热玻璃态物质，温度超过 T_g 时，将会形成结晶（表现出放热高峰），又称反玻璃化现象。

与凝固点相似，不同纯物质的玻璃态转化温度（T_g）差异很大，但是 T_g/T_m 差别不是很大，如表 2-10 所示。

表 2-10　各种纯物质的熔点（T_m）和玻璃态转化温度（T_g）
以及最大冻结浓缩溶液的特殊玻璃化参数（T_g' 和 W_w'）

物 质 名 称	分子质量/Da	干 燥 体 系			冷冻浓缩体系	
		T_m/℃	T_g/℃	T_g/T_m[1]	T_g'/℃	W_w'
水	18	0	−137	0.50	—	—
甘油	92	18	−93	0.62	−65	—
果糖	180	125	7	0.70	−42	0.14
葡萄糖	342	158	31	0.71	−43	0.16
蔗糖	342	192	70	0.74	−33	0.17
麦芽糖	342		87		−32	0.17
乳糖	342	214	101	0.77	−28	0.15
麦芽己糖	991	—	134	—	−14	—
明胶	10^6	25[2]	—	—	−12	—
淀粉[3]	$>10^7$	255[2]	122	0.8	−6	0.26

① 热力学温度。

② 微晶区的熔点。

③ 经过糊化处理。

2.4.4　食品聚合物的玻璃态

2.4.4.1　食品聚合物的存在状态及分子运动模式

食品材料的分子与人工合成聚合物的分子间有着最基本、最普遍的相似性，食品和食品材料是典型的聚合物系统。随着温度由低到高，无定形食品聚合物经历玻璃态、橡胶态、黏流态三个不同的状态。

玻璃态是指既像固体一样具有一定的形状和体积，又像液体一样分子间排列只是"近程有序"，因此它是非晶态或无定形态。橡胶态是指大分子聚合物转变成柔软而具有弹性的固体（此时还未融化）时的状态，分子具有相当的形变，它也是一种无定形态。在受到外力作用时表现出很大形变，外力解除后形变可以恢复。根据链段运动状态的不同，橡胶态的转变过程又可细分为三个区域：①玻璃态转变区；②橡胶态平台区；③橡胶态流动区。黏流态是指大分子聚合物链段和整个分子链均能自由运动，表现出类似一般液体的黏性流动的状态。

不同的存在状态各自表现出不同的分子运动模式，分述如下（图 2-22）。

① 玻璃态　当 $T < T_g$ 时，大分子聚合物的分子热运动能量很低，只有较小的运动单元，如侧基、支链和链节能够在小尺度的空间（即自由体积很小）运动，而分子链和链段均处于被冻结状态，形变很小，类似于坚硬的玻璃，因此称为玻璃态。

② 玻璃态转变区　当 $T = T_g$ 时，分子热运动能量增加，链段运动开始被激发，玻璃态

开始逐渐转变到橡胶态，此时大分子聚合物处于玻璃态转变区域。玻璃态转变发生在一个温度区间内而不是在某一个特定的单一温度处。发生玻璃态转变时，食品体系不放出潜热，不发生一级相变，宏观上表现为一系列物理和化学性质的急剧变化，如食品体系的比体积、比热容、膨胀系数、导热系数、折光指数、黏度、自由体积、介电常数、红外吸收谱线和核磁共振吸收谱线宽度等都发生突变或不连续变化。

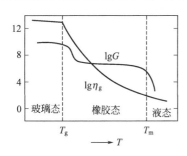

图 2-22　大分子聚合物体系温度与
流变性质的关系

G—弹性剪切模量，Pa；η_a—表观黏度，Pa·s

③ 橡胶态平台区　当 $T_g < T < T_m$ 时，分子的热运动能量足以使链段自由运动，但由于邻近分子链之间存在较强的局部性的相互作用，整个分子链的运动仍受到很大抑制，此时，聚合物柔软而具有弹性，黏度约为 10^7 Pa·s，处于橡胶态平台区。橡胶态平台区的宽度取决于聚合物的分子量，分子量越大，该区域的温度范围越宽。

④ 橡胶态流动区　当 $T = T_m$ 时，分子热运动能量可使大分子聚合物整个分子链开始滑动，此时的橡胶态开始向黏流态转变，除了具有弹性外，出现了明显的无定形流动性，此时大分子聚合物处于橡胶态流动区。

⑤ 黏流态　当 $T > T_m$ 时，不仅大分子聚合物链段能自由运动，整个分子链都可以运动，出现类似一般流体的黏性流动，大分子聚合物处于黏流态。

2.4.4.2　食品聚合物在玻璃态转化时流变性质的变化

随着温度由低到高，无定形食品聚合物在经历玻璃态、橡胶态和黏流态三个不同状态时，由于分子运动模式发生变化，其流变性质也发生变化。图 2-22 表示了食品聚合物体系在玻璃态转化时弹性模量和黏度等流变性质的变化情况。

（1）食品聚合物在玻璃态转化时弹性模量 G 的变化

在 $T < T_g$ 温度范围内，食品聚合物处于玻璃态，其主链几乎是无法移动的。在 T_g 和 T_m 温度之间，食品聚合物链段虽然能够自由运动，但体系并不是一种高黏度液体，而是一种黏弹性体，即橡胶态。微晶区在高分子柔性分子链之间起到交联的作用，使得该物质具有一定的坚实度和一定的弹性模量。因此在"玻璃态—橡胶态—液态"转化时，弹性模量 G 发生了明显变化。

图 2-23 更加详细地描述了具有部分结晶的食品聚合物在玻璃态转化过程中的弹性模量变化情况。随着温度的升高，食品聚合物经历了五个黏弹性变化区域：① 为 $T < T_g$，食品聚合物处于玻璃态；⑪ 为 $T = T_g$，此时发生玻璃态转化，进入玻璃态转变区域，弹性模量大约降低三个数量级，如图 2-22 所示；⑪ 和 ⑭ 分别为橡胶态平台区和橡胶态流动区，温度范围为 $T_g < T < T_m$；⑮ 为黏性液态流动区，$T > T_g$。

（2）食品聚合物在玻璃态转化时表观黏度 η 的变化

图 2-22 给出了食品聚合物在玻璃态转化时表观黏度 η 的变化。随着温度的升高，在 $T = T_g$ 处发生玻璃态向橡胶态转化时，表观黏度 η 明显下降。微晶在 T_m 处熔化，而体系的表观黏度在微晶熔化时没有突变。在高于 T_m 时，体系形成黏性液体。

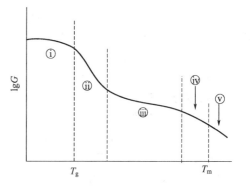

图 2-23　食品聚合物的弹性模量在
玻璃化过程中的变化

对于聚合物体系的三个不同温度区域，黏度 η 和温度 T 之间的关系，有着不同的关系式。

ⅰ. 对于聚合物的橡胶态区域，一般采用 WLF（Williams-Landel-Ferry）方程来描述黏度 η 和温度 T 之间的关系

$$\lg \frac{\eta}{\eta_g} = \frac{-c_1(T-T_g)}{c_2+(T-T_g)} \tag{2-101}$$

式中 η——在温度 $T(\mathrm{K})$ 时的物质黏度；

η_g——在温度 $T_g(\mathrm{K})$ 时的物质黏度；

c_1,c_2——由物质所决定的常数，与温度无关。

对于许多合成的、纯的无稀释完全无定形聚合物，它们的平均值（有时称为"通用的"）分别为 17.44 和 51.6。这些常数值随水分含量和物质种类而显著地变化，因此，适合于食品的数值往往与此平均值有明显的差别。如果希望常数与方程能达到合理的一致，就必须采用所研究的食品体系的特定常数。

图 2-22 的 η_g 曲线就是根据常数 $c_1=17.44$、$c_2=51.6$ 和 $T_m-T_g=90\mathrm{K}$ 以及式（2-101）绘制出来的。由图可知，当温度超过 $T_g+10\mathrm{K}$ 时，黏度下降约 6.7×10^2 倍，下降十分迅速。

ⅱ. 对于聚合物的玻璃态和液态区域，一般采用 Arrhenius（阿累尼乌斯）方程来描述黏度 η 和温度 T 之间的关系

$$\eta = \eta_0 \exp\left(\frac{-E_a}{RT}\right) \tag{2-102}$$

式中 η——黏度；

η_0——温度为 T_0 时的黏度；

E_a——活化能；

R——理想气体常数；

T——热力学温度。

式（2-102）适用于玻璃态及 $T_g+100\mathrm{K}$ 以上温度（大多数情况下属液态）范围内。

玻璃态可以看做是凝固了的过冷液体，其黏度很大，$\eta>10^{12}\sim10^{14}\,\mathrm{Pa\cdot s}$。一般将 $\eta>10^{12}\,\mathrm{Pa\cdot s}$ 作为玻璃态转化的判断标志；而 $\eta=10^{14}\,\mathrm{Pa\cdot s}$ 所对应的温度即为玻璃态转化温度 T_g。由于玻璃态区黏度极大，因此分子运动速率非常低（几乎为 0），分子不可能进行有规则的排列而形成晶体。

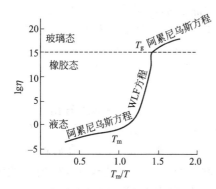

图 2-24　在玻璃态转化时食品聚合物的黏度 $[\eta_g(\mathrm{Pa\cdot s})]$ 与温度比（T_m/T）的关系

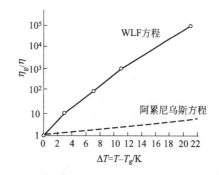

图 2-25　WLF 方程与阿累尼乌斯方程的差异

WLF 方程，$c_1=17.44$、$c_2=51.6$；

阿累尼乌斯方程中，$Q_{10}=2$

综上所述，阿累尼乌斯方程适用于玻璃态及 $T_g+100\mathrm{K}$ 以上温度范围，WLF 方程适用于橡胶态，两个方程的适用范围如图 2-24 所示。

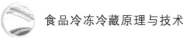

2.4.4.3 玻璃态与橡胶态的显著差别

玻璃态与橡胶态存在显著的差别。

ⅰ. 玻璃态的黏度≥10^{12}Pa·s，橡胶态的黏度约为 10^3Pa·s，这是由两种状态下聚合物链运动的差别引起的。

ⅱ. 自由体积是指分子已占体积以外的体积。玻璃态的自由体积很小，自由体积分数为 0.02～0.113，而橡胶态的自由体积却由于热膨胀系数的增大而显著增大。由于橡胶态的自由体积较大，使较大的分子也能发生移动，分子扩散速率随之增大，反应速率加快；由于玻璃态的自由体积很小，受扩散控制的反应速率十分缓慢，几乎为 0。

ⅲ. 玻璃态和橡胶态的黏度-温度关系表达式不同，分别采用阿累尼乌斯方程和 WLF 方程进行定量描述，如图 2-24 所示。

图 2-25 说明了 WLF 方程和阿累尼乌斯方程所描述的反应速率的差异。根据 WLF 方程，取 $c_1=17.44$，$c_2=51.6$，$\Delta T=0$K、3K、7K、11K、21K，计算对应温度的黏度比为 1、10、10^2、10^3 和 10^5。计算表明，当溶液处于比玻璃态转化温度高 21℃ 的橡胶态时，反应速率为玻璃态的 10^5 倍。可见，如果在玻璃态下冰晶的生长速率为 1mm/10^3 年，那么，在橡胶态下，冰晶的生长速率为 1mm/3.6d。因此，在橡胶态下冰晶生长的速率是很快的，极易造成食品质量的下降。反之，如果将食品保存在玻璃态下，避免了结晶作用，可使食品在较长的储藏时间内处于稳定状态。

2.4.4.4 食品聚合物凝固点温度（T_m）和玻璃态转化温度（T_g）与水的质量分数（w_w）的关系

图 2-26 给出了糊化马铃薯淀粉的凝固点温度（T_m）和玻璃态转化温度（T_g）与水的质量分数（w_w）的关系。

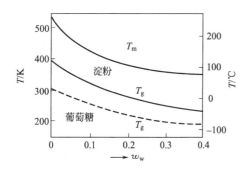

图 2-26 糊化马铃薯淀粉的凝固点温度（T_m）
和玻璃态转化温度（T_g）与水的
质量分数（w_w）的关系

在含水量极低时的数值是外推得到的，
虚线表示葡萄糖的 T_g 曲线

ⅰ. 水作为一种增塑剂，对玻璃态转化温度影响很大。食品含水量越大，凝固点温度 T_m 和玻璃态转化温度 T_g 越低，玻璃化的实现也越困难。

ⅱ. 对于纯物质及其与水的混合物，T_g/T_m 值为 0.8～0.5，见表 2-10。对于形成微晶区的高分子-水体系，T_g/T_m 值小于其干体系。例如，含水 30% 糊化淀粉的 T_g/T_m 值为 0.7，而干淀粉的 T_g/T_m 值为 0.8。通常，T_g 温度低于熔点温度（T_m）100k 左右。

ⅲ. 从图 2-26 中不难看出，高分子聚合物的 T_g 值比其构成单元的 T_g 值大约高 75K，这主要是由于分子流动性的差异性导致的。一般，高分子聚合物的 T_g 随着聚合度 n 的增大而增大。但是当 $n\approx20$ 时，这种增大趋于平稳。在相同水分含量的食品中，天然淀粉具有较高的 T_g 值。

2.4.5 食品混合物的玻璃态

一般情况下，食品混合物都含有水分，因为：①无论是天然的还是人造的食品混合物，均含有水分；ⅱ在均匀混合时食品组分需要先用水溶解；ⅲ从混合物中彻底除去水分是不可能的。由于混合物含有水分，且水具有增塑剂作用，因此，食品中水分含量越低，其玻璃态转化温度越高。图 2-26 给出水与淀粉混合物 T_g 和 T_m 值随水分含量变化的关系。在这种情况下，溶剂（水）起增塑剂作用。随着水分含量的增大，T_g 和 T_m 均大大降低，即 T_g 会随着固体物质的增加而升高。类似地，如图 2-27 所示，脱脂乳粉的 T_g 随水分含量的增大而下降。所以，添加水会引起 T_g 的急剧下降。

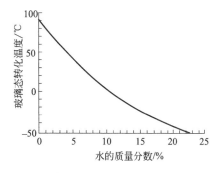

图 2-27　脱脂乳粉中水的质量分数与玻璃态转化温度的关系

在葡萄糖、淀粉高分子单体中均可发现，在一定温度下，由于水分子比葡萄糖、淀粉分子小，因此更易移动，黏度随着水分含量的增大而明显下降。一种高分子和一种小分子的混合物，例如淀粉和葡萄糖，由于葡萄糖分子比淀粉分子小许多，易于移动，能起增塑剂作用。对于低水分含量混合物，葡萄糖也可以起增塑剂作用，即在相同水/淀粉比例条件下，含葡萄糖体系比不含葡萄糖体系其表观黏度降低。

大多数食品处于玻璃态时都含有多种物质。玻璃态实际上是一种含有各种成分的非结晶固体溶液。混合物不同物质在不同温度下发生结晶，这个结晶作用又会导致相分离。一般情况下，一些成分会阻止另一些成分结晶；而且，冷却降温时，混合物体系的黏度大大增大，足以阻止结晶成分的扩散作用。因此，与纯物质体系相比，混合物的结晶作用更容易受到阻碍，更容易形成玻璃态，特别是含有高分子聚合物（淀粉、蛋白质）的混合物，更是如此。

混合物体系的 T_g 值是不确定的，也是难以确定的。因为体系处于非平衡态，T_g 不是平衡参数，其大小取决于物质体系所经受的温度历程。为了从已知纯物质数据中推算出混合物体系的 T_g 值，可用以下简易公式估算

$$\frac{1}{T_g} \approx \sum \frac{w_i}{T_{g,i}} \tag{2-103}$$

式(2-103) 把混合物中各组分 i 的质量分数 w_i 和玻璃态转化温度 $T_{g,i}$ 与混合物的 T_g 联系起来，它较好地描述了马铃薯淀粉中含水量与 T_g 值之间的关系，但对其他二元混合体系的拟合效果较差。

2.4.6　食品玻璃态转化的路径

玻璃态转化是一个非平衡的动力过程，玻璃态的形成主要取决于冷却速率和溶液浓度，各种溶液在不同的冷却条件以及不同的初始浓度下，最终可能得到两种不同的玻璃态转化结果：或者是形成部分结晶的玻璃态，或者是形成完全的玻璃态。根据乌尔曼研究成果，当玻璃态物质的晶体体积分数 $\varphi > 10^{-6}$ 时，称为部分结晶的玻璃态转化，是食品加工的常见情形；当玻璃态物质的晶体体积分数 $\varphi < 10^{-6}$ 时，称为完全的整体玻璃态转化，是食品和生物材料玻璃化低温保存所追求的理想状态。

为方便讨论，引入状态图的概念。状态图就是描述不同含水量的食品在不同温度下所处的物理状态。相图仅适合于平衡条件，而状态图包含平衡状态的数据以及非平衡和亚平衡状态的数据。状态图是补充的相图。由于干燥、部分干燥或冷冻食品不存在热力学平衡状态，因此，状态图比相图更有用。

2.4.6.1　完全的整体玻璃态转化

完全的整体玻璃态是指整个样品都形成玻璃态，即整体玻璃态或完全玻璃态。完全的整体玻璃态转化避免了细胞内外结晶以及由此引起的各种损伤，是食品材料玻璃化低温保存所

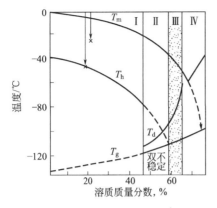

图 2-28 一典型的低温保护剂水溶液状态图

应追求的理想状态。图 2-28 给出了完全的整体玻璃态转化过程中冷却速率与溶质质量分数之间的关系。

图 2-28 为一典型的低温保护剂水溶液的状态图。状态图中给出了熔融温度 T_m、均相成核温度 T_h、玻璃态转化温度 T_g 和反玻璃态转化温度 T_d 等。按照不同的溶质质量分数，将状态图分成四个区域，各自的玻璃态转化特性详述如下。

区域 I：此区域的溶质质量分数较低，如果冷却速率不是很快，一般不能测到玻璃态转化温度 T_g。当溶液过冷到 T_m 以下某个温度时，由于不纯物质的存在引起异相成核（一般 T_{het} 在 T_m 以下 5～20℃）或者过冷到 T_h 导致均相成核，均不可避免地产生冻结。所以对于一般的冷却方法，在这一浓度区域实现玻璃化是不可能的。除非采用超快速的冷却方法，使冷却速率达到 10^8℃/s 的数量级。

区域 II：此区域的溶质质量分数较高，采用一般热分析技术观察不到均相成核的结晶放热。在这一区域中，以通常快速冷却技术所能达到的冷却速率，就可以使小样品被冷却到 T_g 以下温度，从而实现玻璃化，此时可观察到，样品保持透明而不发生白化（结晶）。在快速冷却条件下获得的玻璃体中，不可避免地形成大量细小的晶核，这些细小的晶核在快速冷却过程中受到抑制，不能进一步生长成宏观尺寸。一旦加热复温或者在 T_g 附近长时间保温退火，这些晶核可能长大，使玻璃态变成晶态，发生反玻璃化转变。因此在这一浓度区域形成的玻璃态，不仅在热力学上是不稳定的，而且其玻璃态转化温度 $T_g < T_h$，所以通常称这一区域为"双不稳定"的。这一区域终止于 T_h 的延长线与 T_g 线交点。

区域 III：在这一溶质质量分数区域，开始时 T_h 等于 T_g，然后低于 T_g。冷却过程中不会发生任何冻结，因此能够使体积较大的样品在慢速冷却的条件下也能实现完全玻璃化。T_h 线与 T_g 线交点处对应的溶液溶质质量分数，可作为实现完全玻璃化的最低溶质质量分数 c_v。在这一区域 T_d 曲线并未终止于 c_v，在加热复温时仍会发生反玻璃化结晶，这可能是冷却时异相成核的结果。由于这时的冰晶量很少，因此完全有可能通过提高加热速率，抑制冰晶生长，从而完全避免反玻璃化。

区域 IV：此区域的溶质质量分数极高，甚至慢速加热时，反玻璃化曲线 T_d 也消失了。所有的成核过程都被防止，系统完全是稳定的，但由于浓度太高，对生物系统产生毒性，所以对体积较大的生物系统玻璃化低温保存来说，有实际意义的区域是 III，特别是溶质质量分数相对较低的临界处 c_v。

对于给定的聚合物体系，温度下降至凝固点时难以形成晶核，只有在具有过冷度的体系中才能形成晶核并继续成长。如果冷冻速率极高，温度下降极快，水分子在低温下热运动的能量和速率降低，扩散入晶核的速率很慢；降温时体系的黏度遵循 WLF 方程呈指数上升，黏度的迅速增大进一步抑制了水分子向晶核的迁移；聚合物的玻璃态转化是一个松弛过程，降温速率加快会使 T_g 升高，玻璃态体系进一步抑制冰晶的生长，因此，体系会在几乎不出现冰晶的情况下，即在与聚合物初始溶液浓度相等的状态达到玻璃态转化温度，并随着冷冻降温的继续而实现体系的完全玻璃态转化。可见，在冷冻速率足够快的条件下，可以最大限度地降低体系的冰晶含量，体系可在远离平衡的状态下实现完全的整体玻璃态转化。但这种冷冻条件实际上是很难达到的。

水在常温下的黏度很小，0℃时 $\eta = 1.79 \times 10^{-3} \text{Pa·s}$。要实现水的完全的整体玻璃态转化，水的黏度就要提高到玻璃态转化黏度（10^{14}Pa·s），其相应的转化温度 T_g 要降至 $-134℃$ 左右。实际上，水在冷却过程中，当 $T < 0$ 时，会出现晶核生成和晶体生长。只有在水的颗粒很小、冷却速率极高时，才可能把结晶率 x 降到很小，从而最大限度地实现整体玻璃态转化。对于直径为 $1\mu m$ 的纯水滴，这一冷却速率要求高达 10^7K/s。实现完全的整体玻璃态转化所需的冷却速率被称为临界冷却速率 v_{cc}。

提高水溶液的浓度，能大大地降低其玻璃化的临界冷却速率 v_{cc}。对于质量分数为 45% 的乙二醇溶液和质量分数为 45% 的甘油溶液，实现完全的整体玻璃态转化（$x < 10^{-6}$）的临界冷却速率 v_{cc} 分别为 $6.1 \times 10^3 \text{K/min}$ 和 $8.1 \times 10^3 \text{K/min}$；如结晶率允许提高到 $x = 0.5\%$，它们的临界冷却速率 v_{cc} 分别为 354K/min 和 475K/min。

2.4.6.2 部分结晶的玻璃态转化

对于有一定体积和质量的溶液来说，在一般的冷却速率下，溶液不可能一下子达到玻璃态转化温度，而总是沿着液固平衡线生成部分冰晶。在此过程中，未冻溶液的溶质质量分数会逐渐升高。当溶质质量分数达到玻璃态转化温度所对应的溶质质量分数时，剩余部分的液体就会被玻璃化。这个过程被称为部分结晶的玻璃态转化。

图 2-29 给出了在恒压下以溶质质量分数为横坐标、以温度为纵坐标的二元体系状态图。图中的玻璃化相变曲线（T_g）和一条从低共熔点延长至 T_g 的曲线代表着介稳状态，它们是标准相图的重要补充。如图 2-29 所示，初始溶质质量分数为 A 的溶液，由于溶质质量分数不是很高，过冷到某一点（图中的 * 点）时，将开始析出冰晶而冻结，这一点的位置，取决于异相成核剂的作用以

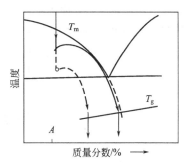

图 2-29 部分结晶的玻璃化示意图

及冷却速率。随着冰晶的析出，释放结晶潜热，使溶液局部温度升高，体系分成两相，即结晶相和溶液相。如果继续以较慢的速率冷却，溶液将沿着液固平衡线（实线）不断析出冰晶。随着冰晶的析出，冰晶周围的未冻溶液溶质质量分数不断增高。如果冷却速率较快，溶液将过冷到更低的温度开始结晶，而且热量的排出率高于结晶潜热的释放，溶液结晶将沿着图中虚线所表示的方向进行，一直到玻璃态转化温度 T_g，结晶结束，而未冻溶液玻璃化，最终形成镶嵌着冰晶的玻璃体。这就是部分结晶的玻璃态转化。

在食品冻结过程中，当温度下降达到一定的过冷度后，首先在细胞外析出冰晶，从而引起胞外溶液溶质质量分数增高，由于细胞膜的阻隔，胞内溶质质量分数并不立即随之增高，这就破坏了细胞内外原有的热力学平衡而产生化学势差。如图 2-30 所示，温度继续下降可产生两种结果：如果冷却速率很慢，细胞有足够的时间通过脱水皱缩，以提高胞内溶液的溶质质量分数，从而使细胞内避免了进一步过冷，并与细胞外已部分冻结的溶液保持化学势平衡；如果冷却很快，胞内水来不及向胞外渗透，因此胞内溶液进一步过冷结晶，最终冷却到成核温度时，只能通过结晶，

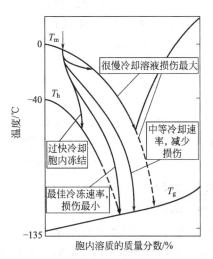

图 2-30 不同冷却速率到达玻璃化的路径

即胞内冻结而达到平衡。过慢冷却是质量迁移起主要作用的过程，水分由胞内大量渗出，细胞剧烈收缩，但无胞内冰产生，细胞长时间处于高溶质质量分数的溶液中，引起"溶液效应"损伤；过快冷却是传热起主要作用的过程，水分来不及渗出胞外，形成大量胞内冰，引起"胞内冰"损伤。由于上述两个因素的综合影响，必然存在某个冷却速率，使细胞由于皱缩和胞内成核结晶引起的损伤减至最低限度。这一冷却速率应是足够慢的从而防止产生胞内冰，而又是足够快的不致引起胞内高溶质质量分数溶液损伤的冷却速率，也称"最佳冷却速率"。在最佳冷却速率条件下，通过细胞外的冻结使细胞内溶液达到玻璃化程度，是"二步冻结法"的基本思想。当然，即使是在最佳冷却速率条件下，由于胞外冰引起的电解质溶质质量分数过高和冰晶的存在，仍然无法避免产生对细胞膜的机械损伤。胞外冰使细胞所处的未冻溶液份额减少，可能是慢速冷却冻结细胞损伤的主要原因。

2.4.6.3　最大冻结浓缩溶液玻璃态转化温度 T_g'

在"食品聚合物科学"理论中，根据食品材料含水量的多少，玻璃态转化温度有两种定义：对于低水分食品（LMF，水的质量分数小于 20%），其玻璃态转化温度一般大于 0℃，称为 T_g。对于高水分或中等水分食品（HMF、IMF，水的质量分数大于 20%），由于大多数需冻结保存的食品含水量和体积均较大以及热传导的原因，降温速率不可能很高，因此难以实现完全的整体玻璃态转化，此时，玻璃态转化温度指的是最大冻结浓缩溶液发生玻璃态转化时的温度，定义为 T_g'。由于上述原因，T_g' 更加令人关注。

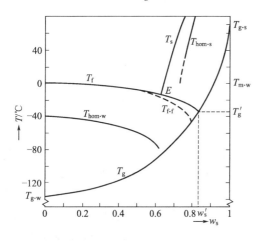

图 2-31　蔗糖-水体系状态图

w_s—蔗糖质量分数；T_f—水的冷冻温度曲线；T_s—蔗糖溶解温度曲线；T_g—玻璃态转化温度曲线；T_{hom}—均相成核温度曲线；$T_{f\cdot f}$—水的快速冷却曲线；T_g'—特殊玻璃化温度；$T_{g\cdot s}$—蔗糖玻璃化温度；$T_{g\cdot w}$—水的玻璃化温度；$T_{m\cdot w}$—水的凝固点温度

图 2-31 是蔗糖-水体系状态图。蔗糖溶液于室温下冷却，当温度达到 T_f（融化平衡曲线或水的冷冻曲线）时，水开始结晶出来。随着冰晶的不断析出，未冻结相溶质的质量分数不断提高，冰点逐渐降低，其组成变化沿着 T_f 曲线进行，直到食品温度达到共晶温度或低共熔点 T_E，食品中的非水组分也开始结晶，形成共晶物，冻结浓缩也就终止，这就是最大冻结浓缩过程。由于大多数食品的组成相当复杂，其共晶温度低于初始冻结温度，如果冷却速率较快，蔗糖溶液随温度降低可维持较长时间的黏稠液体过饱和状态，而黏度又未显著增加，这即是所谓的橡胶态。体系仍沿着 T_f 曲线变化，但是此时 T_f 曲线不是一条平衡状态曲线，在某一阶段，蔗糖的均相成核曲线会与之交叉。但由于继续降低温度，未冻结相的高浓度溶质的黏度开始显著增加，限制了溶质晶核的分子移动与水分的扩散，阻碍蔗糖的成核作用，则食品体系将从未冻结的橡胶态转变成玻璃态。由于水分子比蔗糖分子具有更大的流动性，水的冻结会继续进行。当冷冻浓缩达到与 T_g 曲线交点时，不会继续发生冻结，结晶结束，未冻溶液形成玻璃态，最终形成镶嵌着冰晶的玻璃体，这就是部分结晶的玻璃态转化。由于冷冻浓缩沿着 T_f 曲线进行，此时所对应的玻璃态转化温度是最大冻结浓缩溶液发生玻璃态转化时的温度，也称为特殊玻璃态转化温度，用 T_g' 表示。T_g' 表示了最大冻结浓缩体系中的玻璃化特征。相应水的质量分数通常写作 w_w'（$w_w' = 1 -$

w_s'），称为残余水分含量，即降温也不被冻结的水分含量。T_g' 和 w_w' 不是热力学常数，也不是固定常数，它们的大小在一定程度上取决于体系的形成过程。玻璃态下的未冻结的水不是按化学键方式和非水组分处于"结合"状态，而是其分子被束缚在具有极高黏度的玻璃态下，它的扩散性为零。这种水分不具有反应活性，使整个食品体系以不具有反应活性的非结晶性固体形式存在。

由图可知，随着溶质浓度增大，均相成核温度 T_{hom} 值逐渐减小，并越来越低于纯水的 T_{hom} 值（－40℃）。据经验估计，$T_{hom} \approx -40 - 2\Delta T(℃)$，$\Delta T$ 是由于溶质导致的冰点下降值。显然，不经冷冻不可能将溶液温度降至低于 T_g，除非高浓度蔗糖（在共熔点以上）经快速冷却或快速干燥可以做到。$T_{f \cdot f}$ 曲线表示了快速冷却过程。该曲线表明，快速冷却到达 T_g 曲线时，表观 T_g' 和 w_s' 值会减小。但是此时体系的物理状态并不是稳定的，一部分水还会慢慢冻结直到达到"真正"的 w_s'。

图 2-32 给出了各种生物体系的冻结曲线。图中显示，当冷冻至一定浓度时，体系曲线骤然下降，接近 $w_s = 0.8$ 时，曲线几乎变成了垂直直线，固形物含量基本保持不变，几乎不会再出现冰结晶现象，此时可推测体系处于玻璃态。图 2-33 给出了一些食品的水分冻结率的实例。一般来讲，食品的最初的冰点降低越小，被冻结的水分就越多。对于牛肉和面包而言，温度高于－30℃时，曲线转为垂直，这表明温度达到了 T_g'。

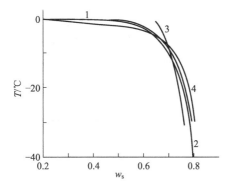

图 2-32　各种生物体系的冻结曲线
T—温度；w_s—固形物含量；1—人血液；
2—酵母细胞；3—胶原蛋白；4——肌肉组织

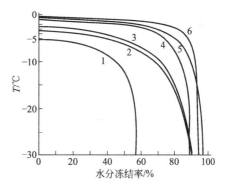

图 2-33　一些食品冻结温度与水分冻结率的关系
1—面包；2—冰淇淋；3—樱桃；4—牛肉；
5—草莓；6—蛋清

2.4.7　食品材料的 T_g' 值

食品的组成十分复杂，是由水、溶质和不溶于水的固形物组成的一个多元的非均匀分布的系统。此系统可能存在着许多大小不同的无定形非晶态区域，每个区域的玻璃态转化温度不尽相同，所以，要准确测定食品系统的玻璃态转化温度是困难的。玻璃态转化温度的测量可采用 DSC 方法（详见第 3 章），这里介绍借助于食品各组分的 T_g' 值通过加权处理确定食品系统 T_g' 值的估算方法。特别需要指出的是，要想精确地获得食品混合物的玻璃态转化温度，最好的办法是直接测量而不是利用方程或公式去推导计算。

（1）用加权平均法计算 T_g'

此法适用于多元均匀的混合溶液系统。如，橘子汁的主要成分是蔗糖、果糖和葡萄糖，其质量分数比是 2：1：1，T_g' 分别是－32℃、－42℃和－43℃。按加权平均法计算：

$$T_g' = \frac{-32 \times 2 + (-42) \times 1 + (-43) \times 1}{2 + 1 + 1} = -37.25\ (℃)$$

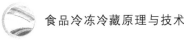

采用 DSC 方法多次测量橘子汁的 T'_g 最后的统计值为 (-37.5 ± 1.0)℃。可见，加权平均法的计算结果与 DSC 法测量值比较接近。

（2）利用 Gordon-Taylor 方程计算 T'_g

用 Gordon-Taylor 方程计算 T_g 值适用于二元溶液系统

$$T_g = \frac{w_1 T_{g1} + k w_2 T_{g2}}{w_1 + k w_2}$$

式中　w_1——组分 1 的质量分数；

　　　w_2——组分 2 的质量分数；

　　　T_{g1}——组分 1 的玻璃态转化温度；

　　　T_{g2}——组分 2 的玻璃态转化温度；

　　　k——实验常数。

Couchman 和 Karasz 对此方程进行了改进，定义

$$k = \frac{\Delta c_{p2}}{\Delta c_{p1}}$$

式中　Δc_{p2}——组分 1 在 T_{g1} 和 T_{g2} 时的比定压热容变化；

　　　Δc_{p1}——组分 2 在 T_{g1} 和 T_{g2} 时的比定压热容变化。

（3）食品材料的 T'_g 值

T_g 强烈依赖于溶质种类和水分含量，而 T'_g 主要依赖于溶质种类。T'_g 还会随着产品的来源、预处理、冻结速率的不同而变化；在非均质（相）食品中，T'_g 还会随着部位的不同而异。表 2-10 给出了一些纯物质的最大冻结浓缩溶液玻璃态转化温度 T'_g。表 2-11 给出了一些食品的 T'_g 值。

表 2-11　一些食品的 T'_g 值

食品名称	T'_g/℃	食品名称	T'_g/℃
橘子汁	-37.5 ± 1.0	花椰菜(冻茎)	-25
菠萝汁	-37	菜豆(冻)	-2.5
梨汁、苹果汁	-40	青豆	-27
桃	-36	菠菜	-17
香蕉	-35	冰淇淋	$-37\sim-33$
苹果	$-42\sim-41$	干酪	-24
甜玉米	$-15\sim-8$	鳕鱼肌肉	-11.7 ± 0.6
鲜马铃薯	-12	牛肌肉	-12.0 ± 0.3

如表 2-11 所示，蔬菜、肉、鱼肉和乳制品的 T'_g 一般高于果汁和水果的 T'_g 值，所以冷藏或冻藏时，前 4 类食品的稳定性就相对高于果汁和水果。但是，在动物食品中，即使在冻藏的温度下，动物食品的脂类仍具有高不稳定性；由于大部分脂肪和肌纤维蛋白质同时存在，因此，在低温下并不能完全被玻璃态物质保护。

食品中的水分含量和溶质种类显著地影响食品的 T_g。一般而言，每增加 1% 的水，T_g 降低 5~10℃。如冻干草莓的水分含量为 0 时，T_g 为 60℃；当水分含量增加到 3% 时，T_g 已降至 0℃；当水分含量为 10% 时，T_g 为 -25℃；当水分含量为 30% 时，T_g 降至 -65℃。食品的 T_g 随着溶质相对分子质量的增加而成比例增高，但是当溶质相对分子质量大于 3000 时，T_g 就不再依赖其相对分子质量。不同种类的淀粉，支链淀粉分子侧链越短，且数量越多，T_g 也相应越低，如小麦支链淀粉与大米支链淀粉相比时，小麦支链淀粉的侧链数量多而且短，所以，在相近的水分含量时，其 T_g 也比大米淀粉的 T_g 小。食品中蛋白质的 T_g 都相对较高，不会对食品的加工及储藏过程产生影响。

2.4.8　食品材料的玻璃化保存

（1）冷冻速率对食品玻璃化保存的影响

图 2-30 给出了不同冷冻速率到达玻璃化的路径。在极低的冷冻速率下，体系玻璃态转化的路径是沿着液固平衡线 T_m 不断析出冰晶直至低共熔点，再沿图中虚线所示到达 T_g 线，这就是最大冻结浓缩溶液玻璃态转化路径。在极高的冷冻速率下，体系玻璃态转化的路径是不沿着液固平衡线 T_m 而远离平衡态，在几乎不出现冰晶的情况下，即在与聚合物溶液初始浓度几乎相等的状态下达到玻璃态转化温度，并随着冷冻降温的继续而实现体系的完全玻璃态转化，这就是完全的整体玻璃态转化路径。上述两种玻璃态转化的路径是假设在两个极端的冷冻速率条件下描述的，实际操作中是难以实现的。但从上述的分析中可以看出，提高冷冻速率有利于体系结晶的减少，而所需的玻璃态储藏温度却要降低。所以，实际生产中采用的冷冻速率介于两者之间，即采用图 2-30 中的中等冷冻速率或最佳冷冻速率，此时，虽然体系也形成冰晶，但由于冷冻速率高于最大冻结浓缩溶液玻璃态转化相对应的冷冻速率，在相同温度下体系的冰晶量就会低于最大冻结浓缩溶液玻璃态转化时的冰晶含量，所需的玻璃态储藏温度也介于上述两种极端情况之间，这种情况也属于部分结晶的玻璃态转化。

对于含水量较高的食品，只能借助于部分结晶的玻璃态转化方法实现食品的保存。但由于部分结晶的同时存在着浓缩现象，又将导致冷冻食品的未冻结部分的不稳定。例如，蔗糖溶液的 T_g' 约为 $-45℃$，葡萄糖溶液和麦芽糖溶液的 T_g' 约为 $-50\sim-40℃$，而现在商业冷冻食品的储藏温度 T 通常为 $-18℃$，由于储藏温度高于 T_g'，意味着被浓缩的部分仍处于无定形态或橡胶态，溶质分子链仍能自由运动，扩散系数比较大，各种溶质分子的反应速率较快，体系处于不稳定状态，这就是碳水化合物型速冻制品在冻藏时仍会发生褐变现象的主要原因之一。褐变作用不仅影响冷冻食品的外观，而且其风味与营养价值也降低。

对于速冻食品，由于快速通过最大冰晶生成的温度区域，冰晶的生成量较少，体系没有达到最大冻结浓缩状态，导致大量的未冻溶液在 T_g' 处玻璃化。在较高的储藏温度（$-18℃$）、较大的温度波动或较长的储藏时间下，未冻结水仍会出现冰晶体结构，再结晶速率增大，出现所谓的反玻璃化现象（对应的温度称为反玻璃态转化温度），并且随着储藏时间的延长，冰晶体会不断长大，直至食品体系达到最大冷冻浓缩状态为止。冰晶体的再次出现、长大，会破坏细胞的结构，从而导致冻结食品品质下降，货架寿命缩短。为了达到最大冻结浓缩状态，可以采用慢速冻结，但慢速冻结又会形成大冰晶，给食品细胞组织带来更大的机械损伤。因此，一方面要最大限度地达到冻结浓缩状态以提高体系的 T_g' 值，另一方面又要尽量减少反玻璃化现象的发生。因此，冷冻食品的玻璃化保存，要尽量在低于 T_g 或 T_g' 的温度储存，达到最大的储藏稳定性，即使储藏温度难以低于 T_g 或 T_g'，也应尽量减小储藏温度 T 与 T_g 或 T_g' 的差值。只要保持食品的温度在 T_g' 以下，体系的组成基本固定不变，即体系保持了物理稳定性，例如不会发生结晶作用。虽然一些化学反应仍可能发生，但由于玻璃态的高黏度和低温条件使得反应进行得很慢，因此，在 T_g' 温度下储存食品，具有高度的稳定性。

（2）添加剂对食品玻璃化保存的影响

对于给定的食品体系，玻璃态转化时冷冻速率越高，产品冰晶含量越低，无定形区的 T_g 越低，所需的玻璃态保藏温度越低。一般说来，理想的食品应具有较低的冰晶含量，同时应在通常所能提供的冷藏温度下保持玻璃态。而要做到这一点，如前所述，可通过改变冷冻速率来改善玻璃态保藏质量，但仅此是有限的，还必须考虑结合其他途径来进一步改善食品保藏质量，例如使用添加剂等。

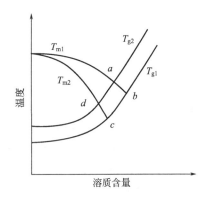

图 2-34　添加剂对体系热力学
状态图的影响

如图 2-34 所示，使用添加剂的目的是改变食品体系的热力学状态图，从而调整 (T'_g, w'_w) 的位置，以使得冷冻过程中玻璃态转化点由理想的温度和无定形区组成。通常使用的添加剂可分为两种：一种称为冷冻稳定剂，它的使用可以改变体系的 T_g 曲线，使食品玻璃态转化温度升高（$T_{g2} > T_{g1}$），体系在较高的温度下保持玻璃态而稳定。如果冷冻稳定剂的加入不影响水的冰点下降曲线，由于 T_{g1} 变成了 T_{g2}，体系的最大冻结浓缩点就会由 b 点变化到 a 点，也就是说，玻璃态保藏温度会因冷冻稳定剂的加入而上升，从而降低对冷冻冷藏条件的要求。另一种称为冷冻保护剂，具有较低的 T'_g 和高持水性，它的使用会改变体系水的冰点下降曲线（$T_{m2} < T_{m1}$），在相同的总水分含量的情况下，降低体系的水分活度，体系的水蒸气分压下降，冰点进一步降低。由于加入冷冻保护剂，体系中水的冰点下降曲线由 T_{m1} 变化到 T_{m2}，体系的最大冻结浓缩点就会由 b 点变化到 c 点。也就是说，冷冻保护剂的加入会增加玻璃态保藏时体系中处于无定形区的水分含量，使得体系玻璃态转化时冰晶含量降低，形成理想的柔软冻结质构。冷冻稳定剂是一类具有高 T'_g 和低持水性的食品配料，冷冻保护剂是一类具有高持水性和低 T'_g 的物质，常见的有蔗糖、山梨醇和海藻糖等。无论是冷冻稳定剂或是冷冻保护剂，它们对食品玻璃态保藏质量的作用结果是双重的，稳定剂可提高 T'_g，但持水能力差；保护剂可提高持水能力，但会降低 T'_g。还有一些物质既具有较高 T'_g，又有较好的持水性，这类添加剂的使用可以同时提高食品的玻璃态转化温度和降低水的冰点，使最大冻结浓缩点由 b 点变化到 d 点。也就是说，既提高了玻璃态保藏温度，又减少了冰晶的含量，使食品的玻璃态保藏质量提高。

例如，通过加入一定种类和数量的多糖稳定剂或多元醇等高分子质量物质，增加未冻结相的黏度，降低分子的移动性，可提高食品的 T'_g，增加其低温储藏稳定性。冰淇淋的 T'_g 约为 $-37 \sim -33℃$，而其商业储藏温度一般在 $-18℃$ 左右。冰淇淋在 $-18℃$ 储藏时处于无定形态或橡胶态，储藏一定时间后，冰淇淋出现反玻璃化现象，生成大量粗大冰晶，使冰淇淋质地变粗糙，甚至出现塌陷等品质恶化现象。如加入多糖稳定剂如刺槐豆胶、瓜尔豆胶、黄原胶、羧甲基纤维素或卡拉胶等，将会提高未冻结相的黏度和 T'_g 值，控制冰淇淋体系中冰晶的生长速率和冰晶的大小，从而提高冰淇淋的质量和货架寿命。

2.5　分子流动性与食品稳定性和加工工艺

分子流动性与食品中由扩散限制的变化的速度有着因果关系，食品大多数物理变化和一些化学变化的速度是由分子流动性所决定的。由于分子流动性主要由食品玻璃态转化温度 T_g、$T_m - T_g$ 的数值和在 WLF 区 $T_m - T_g$ 的位置所表征，因此，分子流动性研究方法和玻璃态转化研究方法本质上是一样的，两者相互补充和密切相关。

2.5.1　分子流动性与食品稳定性

2.5.1.1　分子流动性与扩散限制反应

分子流动性也称分子移动性，是分子的旋转移动和平动转动的总度量（在本节中讨论食品稳定性时不涉及分子的振动），用 M_m 表示。

根据化学反应理论，化学反应速率由三个因素控制：①一个反应要发生，首先反应物必须能相互接触；Ⅱ反应物相遇后在单位时间内碰撞的次数；Ⅲ两个适当定向的反应物发生碰撞时有效能量必须超过活化能才能导致反应的发生。这三个控制因素分别由扩散系数（因子）D、碰撞频率因子 A、反应的活化能 E_a 来表征。如果 D 对反应的限制性大于 A 和 E_a，那么就是扩散限制反应。对于由扩散限制的反应，显然 A 和 E_a 不一定是限制速度的。由扩散限制的反应一般具有低活化能（8～25kJ/mol），而大多数快速反应（低活化能 E_a 和高频率因子 A）是扩散限制的。在室温下，由扩散限制的双分子反应的速率常数为 10^{10}～10^{11} $(mol/L)^{-1}s^{-1}$。另外，在一般条件下不是扩散限制的反应，在水分活度或体系温度降低时，也可能使其成为扩散限制反应，这是因为水分降低使食品体系的黏度增加或是温度降低减少了分子的运动性。

用分子流动性预测由扩散限制的反应速率时很有用，但用来预测那些不受扩散限制的反应和变化是不合适的，如微生物的生长。因此，确定怎样的变化属于"由扩散限制"是重要的。大多数食品都是以亚稳态或非平衡状态存在的，其中大多数物理变化和一部分化学变化是由扩散限制的，而更多的化学变化则被化学反应性所控制。表 2-12 给出了在含无定形区的产品中由扩散限制的变化。

表 2-12　由分子流动性质决定的一些食品性质和特征（在含无定形区的产品中由扩散限制的变化）

干燥或半干食品	冷冻食品
流动性质和黏性	水分迁移（冰结晶，在包装中形成冰）
结晶和重结晶	乳糖结晶（在冷冻甜食中的"多沙"）
巧克力糖霜	酶活力
食品在干燥中碎裂	在冷冻干燥第一阶段（升华）无定形相结构的塌陷
干燥和中等水分食品的质构	收缩（泡沫状冷冻甜食部分塌陷）
在冷冻干燥第二阶段（解吸）结构的塌陷	
以胶囊化方式包埋在固体、无定形基质中的挥发性物质的逃逸	
酶活力	
美拉德反应	
淀粉的糊化	
由淀粉老化而引起的焙烤食品的变陈	
焙烤食品在冷却时的碎裂	
微生物孢子的热失活	

2.5.1.2　分子流动性与温度的关系

图 2-35 描述了物质的性质和物质的温度（包括范围 T_m～T_g）之间的定性关系。在 T_m 和 T_g 之间，分子流动性和由扩散限制的食品性质与温度有着异常的相依性。对于食品，这个温度范围（T_m～T_g）可能大至 100℃，也可能小至 10℃。在此温度范围内，含有无定形区的许多产品的 M_m 和黏弹性质显示了对温度异常大的相依性，大多数分子的流动性在 T_m 时是很强的，而在 T_g 或低于 T_g 时是被抑制的，产品的稠度被称为"似橡胶的"和"似玻璃的"。图中的自由体积是指未被分子占据的空间，可以想像为分子振动、转动和移动所需要的"活动余地"。当温度下降时，自由体积减小，使移动和转动（M_m）变得更加困难。

分子流动性 M_m 和那些强烈地取决于 M_m 的食品性质（大多数物理性质和一些化学性质）对温度的依赖性在 T_m～T_g 区远大于在高于或低于此温度区时的依赖性。在 T_m～T_g 区许多物理变化的速度较严密地符合 WLF 方程和其他类似的方程，而与 Arrhenius（阿累尼乌斯）方程符合的程度相对较差。由于化学反应对 M_m 的依赖性随反应物的类型会有显著的

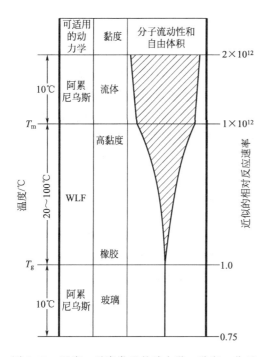

图 2-35 温度、适当类型的动力学、黏度、分子流动性、自由体积和依赖于扩散的变化的相对速率之间相互关系的图示

变化，因此，WLF 和 Arrhenius 方程都不能在 $T_m \sim T_g$ 区应用于所有的化学反应。

在讨论 WLF 区（$T_m \sim T_g$）由扩散限制的食品稳定性时，必须关注 $T \sim T_g$ 和 T_m / T_g 这两项指标：①$T_m \sim T_g$ 区的温度范围约为 $10 \sim 100$℃，它的变化取决于产品的组成；②在 $T_m \sim T_g$ 区，产品的稳定性取决于产品的温度 T，即反比于 $\Delta T = T - T_g$；③在确定的 T_g 和恒定的固体含量，T_m / T_g 的变化反比于 M_m；④T_m / T_g 高度依赖于溶质的种类；⑤如果 T_m / T_g 相同，在一个指定的产品温度，固体含量的增加导致 M_m 的降低和产品稳定性的提高。

2.5.1.3 食品稳定性的定性描述

图 2-36 是温度-组成状态图，图中显示了不同产品的稳定性区域。如图所示，从不存在冰结晶时的 T_g 曲线和存在冰结晶时的 T_g' 区导出参考线，在此线（区）以下区域，物理性质和由扩散限制的化学性质一般是十分稳定的。在此线（区）以上和在 T_m^L 和 T_m^S 交叉曲线以下区域，物理变化往往符合 WLF 动力学，分子流动性和由扩散限制的食品性质与温度有着异常的相依性。当产品的条件在 WLF 区向上或向左移动时，产品稳定性大大下降。这种情况随产品温度的提高或水分含量的提高而出现。在 T_m^L 和 T_m^S 交叉曲线以上区域，分子流动性和由扩散限制的食品性质是较不稳定的，并且随着向图的左上角移动，变得更不稳定。

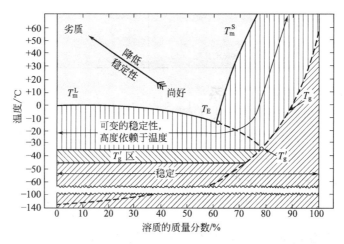

图 2-36 由扩散决定的食品性质的稳定性的二元体系状态图

因此，在低于 T_g 或 T_g' 保藏食品时，能提高由扩散限制的食品性质的稳定性。当保藏温度不能实现低于 T_g 或 T_g' 时，应尽可能地使其不要超过 T_g 或 T_g' 太多，以最大限度地保持食品的稳定性。

2.5.2　分子流动性与食品加工工艺过程

2.5.2.1　冷冻工艺过程

　　冷冻被认为是保藏大多数食品的一个好方法，其作用主要在于低温情况下微生物的繁殖被抑制、一些化学反应的速率常数降低，但与水从液态转化为固态的冰无关。食品的低温冻藏虽然可以提高一些食品的稳定性，但对于具有细胞结构的食品和食品凝胶，将会出现两个非常不利的后果：①水转化为冰后，其体积会相应增加 9%，体积的膨胀会产生局部压力，使具有细胞组织结构的食品受到机械性损伤，造成解冻后汁液的流失，或者使得细胞内的酶与细胞外的底物接触，导致不良反应的发生；ⅱ冷冻浓缩效应。由于在所采用的商业冻藏温度下，食品中仍然存在非冻结相，在非冻结相中非水组分的浓度提高，最终引起食品体系的理化性质如非冻结相的 pH 值、可滴定酸度、离子强度、黏度、冰点、表面和界面张力、氧化还原电位等发生改变。此外，还将形成低共熔混合物，溶液中有氧和二氧化碳逸出，水的结构和水与溶质间的相互作用也剧烈改变，同时，大分子更紧密地聚集在一起，使之相互作用的可能性增大。因此，冷冻给食品体系化学反应带来的影响有相反的两个方面：①降低温度总是降低反应速率；ⅱ冷冻浓缩有时会提高反应速率。因此，在冰点以下反应速率既不能很好地符合 Arrhenius 关系，也不能很好地符合 WLF 关系，有时甚至偏差很大。

　　如图 2-37 所示，假设对一个复杂食品进行缓慢冷冻，其不稳定路径为 ABCDE，稳定路径为 ABCDET'$_g$F。由于冷冻速率非常缓慢，使得过程沿着食品固-液平衡线进行，实现最大冻结浓缩溶液发生过程。从图 2-37 的 A 开始，除去显热使食品降温至 B。由于晶核的形成是困难的，需要进一步除去热量，使食品过冷并在 C 开始形成晶核。晶核形成后晶体随即长大，在释放结晶潜热的同时温度升高至 D。进一步除去热量导致有更多的冰形成，非冷冻相浓缩，食品的冰点下降，过程沿着 D 至 T_E 的路线进行。对于被研究的复杂食品，T_E 是具有最高低共熔点的溶质的 $T_{E,max}$

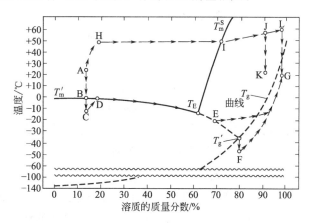

图 2-37　显示二元体系冷冻（不稳定顺序 ABCDE，稳定顺序 ABCDET'$_g$F）、干燥（不稳定顺序 AHIJK，稳定顺序 AHIJLG）和冷冻干燥（不稳定顺序 ABCDEG，稳定顺序 ABCDE T'$_g$FG）可能经过的途径

（在此温度溶解度最小的溶质达到饱和）。在复杂的冷冻食品中，溶质很少在它们的低共熔点或低于此温度时结晶。

　　设想低共熔混合物确实没有形成，冰的进一步形成导致许多溶质的介稳稳定过饱和（一个无定形液体相）和未冷冻相的组成沿着 T_E 至 E 的途径变化。E 点是推荐的大多数冷冻食品的保藏温度（−20℃）。一般来说，E 点高于大多数食品的玻璃态转化温度，因此，此温度下的 M_m 较强，取决于扩散的食品物理和化学性质也较不稳定，并且高度依赖于温度。由于 WLF 方程没有考虑冷却期间的冷冻-浓缩效应和温热期间的熔化-稀释效应，因此，不应期望与 WLF 动力学完全一致。

　　如果继续冷却至低于 E 点，有更多的冰形成和进一步冷冻浓缩，使未冷冻部分的组成从相

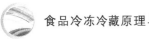

当于 E 点变化至相当于 T_g' 点。在 T_g'，大多数过饱和未冷冻相转变成包含冰结晶的玻璃态。如上节所述，T_g' 是一个准恒定的 T_g，它仅适用于在最大冻结浓缩条件下的未冷冻相。T_g' 主要取决于食品体系的溶质组成，其次是食品的起始水分含量，而 T_g 同时强烈地取决于溶质组成和水分含量。由于在测定 T_g' 时很少实现最大冻结浓缩条件，因此，观察到的 T_g' 并不完全是恒定的。进一步冷却不会导致进一步的冷冻浓缩，仅仅是除去显热和朝着 F 点的方向改变食品的温度。低于 T_g'，分子流动性 M_m 大大地降低，由扩散限制的性质通常是非常稳定的。

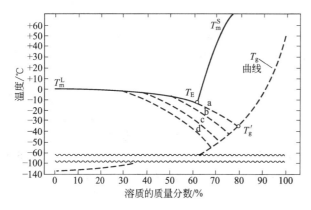

图 2-38 提高冷冻速率（速率 a＜b＜c＜d）对 T_g 影响的二元体系状态图

当最高冷冻浓缩出现时即为 T_m^L-T_E 曲线

尽管商业上食品冷冻速率较慢，但仍然未必能够实现最大冻结浓缩条件。如图 2-38 所示，不同的冷冻速率会影响温度-组成关系，其 T_g' 也不同，所以目前建议将 T_g' 看做是一个温度区域而不是一个特定的温度。此区域的下边界取决于冷冻速率和保藏的时间与温度，商业上此边界（起始 T_g）或许不低于 T_g'－10℃。

在食品冷冻过程中，可以通过下列措施提高食品的由扩散限制的稳定性：一是将保藏温度降低至接近或低于 T_g'；二是在产品中加入相对分子质量较大的溶质以提高 T_g'。由于第二个措施增加了产品保藏在低于 T_g' 的概率和降低了在产品温度高于 T_g' 时的 M_m，因此是有利的。一般情况下，通过加入水溶性大分子溶质（大分子能有效地降低 M_m 和提高 T_g'，水具有相反的效应）和降低 w_g'（在 T_g' 时与溶质结合的未冷冻水含量，加入单体物质可提高 w_g'），可降低分子流动性，提高食品稳定性。

2.5.2.2 真空冷冻干燥工艺过程

如图 2-37 所示，真空冷冻干燥的不稳定路径为 ABCDEG，稳定路径为 ABCDE T_g' FG。真空冷冻干燥的预冻阶段相当接近于缓慢冷冻的途径 ABCDE。如果在升华阶段（冷冻干燥第一阶段）温度不允许降至低于 E，途径 EG 或许是一条典型的途径。EG 途径的前期部分包括升华阶段，在这期间由于冰结晶的存在使产品不会出现塌陷。在沿着 E 至 G 途径的一些点，冰结晶完全升华后，解吸阶段（冷冻干燥第二阶段）开始，这种现象可能出现在产品通过玻璃化相变曲线之前。由于提供结构支持的冰已经升华而不存在，而且当 $T>T_g$ 时 M_m 较大足以消除物料刚硬，在解吸阶段出现塌陷是可能的。产品的塌陷造成产品的多孔性减少（较慢地干燥）和较差的复水性能，它使产品不能达到最佳质量水平。为了防止塌陷，必须按路径 ABCDEFG 进行冷冻干燥操作。

2.5.2.3 空气干燥工艺过程

如图 2-37 所示，干燥的不稳定路径为 AHIJK，稳定路径为 AHIJLG，这两个实现路径的区别在于干燥的后期。从 A 点开始，空气干燥能提高产品的温度和除去水分，使产品很快具有与 H 点（空气湿泡温度）相称的性质。进一步除去水分使产品达到和通过 I 点，即溶质的饱和点。当继续干燥到 J 点，产品的温度达到空气的干泡温度。如果在 J 点终止干燥和产品冷却至 K 点，则产品在玻璃态转化曲线之上，M_m 较强，由扩散限制的性质的稳定性较差，而且强烈地依赖于温度（WLF 动力学）。如果干燥继续从 J 点到 L 点，然后冷却至 G

点，则产品在玻璃态转化曲线之下，M_m 被大大地抑制，由扩散限制的性质是稳定的，并且微弱地依赖于温度。因此，要提高干燥食品的稳定性，必须延长干燥后期时间，使干燥路径按 AHIJLG 进行。

2.5.3 水分活度、分子流动性和玻璃态转化温度在预测食品稳定性方面的比较

水分活度（a_w）、分子流动性（M_m）和玻璃态转化温度（T_g）方法是研究食品稳定性的三个互补的方法，既密切相关又各有侧重。水分活度方法主要是研究食品中水的有效性（可利用性），如水作为溶剂的能力；分子流动性方法主要是研究食品的微观黏度和化学组分的扩散能力，它也取决于水的性质；玻璃态转化温度是从食品的物理特性的变化来评估食品稳定性的方法。

2.5.3.1 a_w 和 T_g 的比较

水分活度 a_w 与水在食品中的状态有关，它与化学反应的关系较复杂；而玻璃态转化理论主要考虑食品中基质的状态（基质与食品中的水分有关），看它是处于玻璃态还是橡胶态，从而决定化学反应速率，玻璃态转化理论比水分活度方法更直观、更简单。

玻璃态转化理论与水分活度方法的实质是相同的。实际上，玻璃态转化温度 T_g 与水分活度间也存在着线性关系

$$T_g = T_g^0 + (-92℃ - T_g^0) a_w$$

式中　T_g^0——水的质量分数为零时食品的玻璃态转化温度。

此关系式适用于含糖的非晶态食品及其材料。

2.5.3.2 a_w 和 M_m 的比较

在估计由扩散限制的性质，像冷冻食品的物理性质、冷冻干燥的最佳条件和包括结晶作用、胶凝作用和淀粉老化等物理变化时，M_m 方法明显地更为有效，a_w 指标在预测冷冻食品物理或化学性质上是无用的。在估计食品保藏在接近室温时导致的结块、黏结和脆性等物理变化时，M_m 方法和 a_w 方法有大致相同的效果。在估计不含冰的食品中微生物生长和非扩散限制的化学反应速率（例如高活化能反应和在较低黏度介质中的反应）时，M_m 方法的实用性明显的较差和不可靠，而 a_w 方法更有效。

2.5.3.3 T_g 和 M_m 的比较

T_g 与由扩散限制的食品性质的稳定性有着重要的关系，大多数食品具有玻璃态转化温度 T_g 或范围。在生物体系中，溶质很少在冷却或干燥时结晶，所以常以无定形区和玻璃态存在。可以从 M_m 和 T_g 的关系估计这类物质的扩散限制性质的稳定性。在食品保藏温度低于 T_g 时，M_m 显著降低，所有由扩散限制的变化，包括许多变质反应，都会受到很好的限制。在 $T_m \sim T_g$ 温度范围内，随着温度下降，M_m 减小而黏度提高。一般说来，食品在此范围内的稳定性也依赖温度，并与 $T - T_g$ 成反比。

在未能快速、正确和经济地测定食品的 M_m 和 T_g 之前，M_m 方法尚不能在实用性上达到或超过 a_w 方法的水平，但食品体系的玻璃态转化温度是预测食品储藏稳定性的一种新思路、新方法。如何将玻璃化转变温度、水分含量、水分活度等重要临界参数和现有的技术手段综合考虑，并应用于对各类食品的加工和储藏过程的优化，是今后研究的重点之一。

2.6　水和溶液的结晶理论

相变过程是物质从一个相转变为另一个相的过程。狭义上的相变仅限于同组成的两固相

之间的结构变化，即限于单元系统，如晶型转变 α↔β。但从广义上讲，S↔L、L↔G、S↔G（S 表示固相、L 表示液相、G 表示气相）都是相变；多组分系统中的反应，如 A（结构 X）—B（结构 Y）+C（结构 Z）以及玻璃中的分相等过程都属于相变。

相变可以根据热力学特征和相变机理等特点进行分类。根据热力学，当外界的温度、压力等条件变化时，系统向自由能减少的方向变化。从一个相变为另一个相的温度称为临界温度。从热力学特征上划分，将在临界温度时自由能的一次导数 $\left[\left(\frac{\partial G}{\partial T}\right)_p、\left(\frac{\partial G}{\partial p}\right)_T\right]$ 不连续的一类相变称为一级相变。S↔L 相变属于一级相变，与自由能的一次导数有关的性质有体积 V 和熵 S。将在临界温度时自由能一次导数连续而二次导数 $\left[\left(\frac{\partial^2 G}{\partial p^2}\right)_T、\left(\frac{\partial^2 G}{\partial T^2}\right)_p、\left(\frac{\partial^2 G}{\partial p\partial T}\right)\right]$ 不连续的一类相变称为二级相变。二次导数的不连续性表现在比热容 c_p、可压缩性 κ 和热膨胀系数 α 在相变点有突然的变化。从相变的机理上划分，可将相变分为成核与生长机理、Spinodal 分解机理等类型。

从动力学的观点来看，物质在冷却过程中，最终固化形成晶体或是玻璃体，是晶体的成核和生长速率与温度下降速率之间竞争的结果。溶液的结晶由两个过程组成，一是晶核形成过程，即成核作用；另一是晶体生长过程。这两个过程都是由吉布斯自由能驱动，与过冷度有密切关系。溶液中冰晶的成核过程主要由热力学条件决定，而冰晶的生长过程主要由动力学条件决定。

成核与生长的相变机理是最普通的和最重要的机理，已经成功地用于许多材料的相变动力学的研究中，绝大多数的相变，包括一般的液-固相变、气-液相变以及大多数的液-液、固-固相变都属于这种机理。成核与生长的相变理论认为，新相的核以一种特有的速率先形成（成核作用），接着这个新相便以更快的速率生长（晶体生长过程）。这里较详细地介绍固相从液相中通过成核与生长机理来完成相变的全过程。

2.6.1 成核作用

成核作用就是形成晶核的作用。从液相中形成结晶，首先需要形成晶核。晶核（nucleus，也称晶芽）是指从过饱和母液中最初析出并达到某个临界大小，从而得以继续成长的结晶相微粒。当水处于过冷态（亚稳态）时，可能形成晶核。根据形成晶核因素的不同分为均相成核作用和非均相成核作用。

如果晶核是在已达到过饱和或过冷的液相中自发地产生的，这一过程称为均相成核作用。均相成核在均匀的介质中进行，在一个体系内各处的成核概率均相等；由于热起伏（或热涨落）可能使原子或分子一时聚集成为新相的集团（又称为新相的胚芽），若胚芽大于临界尺寸时就成为晶核。对于均相成核，要求有较大的过冷度。如果晶核是借助于非结晶相外来杂质的诱导而产生的，则称为非均相成核作用，又称异相成核。非均相成核时，水在尘埃、异相杂质、容器表面及其他异相表面等处形成晶核，其所要求的过冷度比均相成核要小得多。实际上，除了体积很小的纯洁液体会产生均相成核以外，大多数体积较大的液体内总是发生非均相成核，只要温度比 0℃稍低几度就能形成非均相晶核。此外，晶体还可以由体系中已经存在或外加的晶体诱导而产生，这种成核作用称为二次成核作用。成核作用类型如图 2-39 所示。

无论是均相成核或是非均相成核，成核过程只能在温度低于凝固点温度 T_m 的条件下才能产生。均相成核温度 T_{hom} 又比非均相成核温度 T_{het} 低。因此，$T_{hom} < T_{het} < T_m$。一般，T_{het} 比 T_m 低 5～7K。一些物质的凝固点温度、均相成核温度以及溶质质量分数的关系如图

2-40 所示。

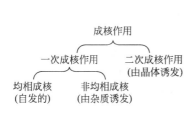

图 2-39　成核作用的类型

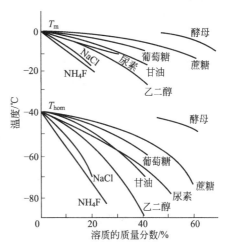

图 2-40　一些物质的凝固点温度（T_m）、均相成核温度（T_{hom}）和溶质质量分数的关系

非均相成核和二次成核的共同点是，它们都是由成核促进剂所诱发的；所不同的仅是在于：非均相成核作用中的成核促进剂是非结晶物质，例如溶液中的非晶质尘埃以及容器壁等，而二次成核作用中的成核促进剂是晶体。但是，它们本质上都是溶质分子在外来物的固体表面上形成吸附层的作用。

2.6.1.1　均相成核

根据热力学观点，物体冷却到相变温度，就会发生相变而形成新相。但实际上，当冷却到相变温度时，系统内并不自发产生相变，而要到更低一点温度时才会发生相变产生新相。这段在理论上应发生相变而实际上不能发生相变的温度区间称为亚稳区。对液体冷却而言，亚稳区温度区间是（$T_m - \Delta T$）～T_m，ΔT 是过冷度。在亚稳区内，旧相能以亚稳态存在。当一个新相刚形成时，不论是与液相同组成或是不同组成的新相，都是以微小晶胚的形式出现，由于其太小，因此其溶解度高于平面状态的溶解度，在相平衡温度下，这些微小晶胚会因为未达饱和而重新溶解。因此，要产生新相，必须要经过这段亚稳区。那么，当微小晶胚达到多大尺寸，才能成为一个稳定的晶核而继续长大不会消失呢？处于过冷状态的液体，由于热运动引起组成和结构上的起伏，部分质点按新相结构排列形成新相的核胚，造成系统的体积自由能 ΔG_v 的减少；而与此同时，新生核胚与液相之间形成界面，又造成系统的界面自由能 ΔG_s 的增加。对整个系统而言，自由能的变化 ΔG_r 是这两部分变化之和，即 $\Delta G_r = \Delta G_v + \Delta G_s$。显然，当热运动引起的起伏小，颗粒的尺寸太小时，界面面积对体积的比例大，系统的自由能反而增加（$\Delta G_r > 0$），新相就会因溶解度太大而重新溶入母相。只有当 ΔG_r 为负值时，所析出的结晶相才不会解离消失，才有可能继续增长。根据热力学计算，若所产生的结晶相为球形微粒，其半径为 r，则 ΔG_r 为 r 的函数，ΔG_r 随 r 变化的曲线如图 2-41所示。该曲线在 r 为某个确定的 r^* 值处有一峰值，显然，只有当 $r \geqslant r^*$ 时，才能满足 $\Delta G_r \leqslant 0$。这就意味着只有使核胚的尺寸超过某一临界值（$r \geqslant r^*$）时，核胚才有可能成为稳定的晶核，继续长大，因为它的长大可导致体系自由能的降低，使得继续成长成为可能。所以 r^* 是稳定晶核粒径的下限值，称为晶核的临界尺寸；粒径为 r^* 的晶核则称为临界晶核。r^* 的值除了与物质的种类和环境温度有关外，还取决于溶液过饱和度的大小，过饱和度越大，r^* 的值就越小。

根据热力学原理，在等温等压的条件下，自发过程是按吉布斯自由能减少的方向进行的。在达到临界尺寸 r^* 之前，$r < r^*$，$\Delta G_r > 0$，此时结晶相微粒的增大将导致体系总自由能的增高。这意味着在此阶段中，结晶相微粒需要吸收能量才能得以生长，直到其粒径达到某一临界值为止。所以，临界晶核的形成是需要一定能量的，这一能量 ΔG_r^* 称为核化势垒（或称临界自由能）。那么，如何获得核化势垒呢？从微观上看，在一个体系中的各个局部范围内，它们单位体积的能量实际上是高低不一的，而且还随着时间此起彼伏地在平均值上下波动，当某一局部范围内的能量由高变低时，此部分多余的能量就可供作核化势垒。核化势垒的大小将随着晶核临界尺寸的不同而变化，从而又与溶液的过饱和度密切相关。如图 2-42 所示，过饱和度越高，晶核的临界半径 r^* 越小，其所需要的核化势垒便越少，相应地成核的概率则越大，从而成核速率（单位时间内所形成晶核的总体积）也越高。所以，过饱和仅是溶液结晶的必要前提，而要使结晶作用得以实现，亦即晶核自发形成，还必须使溶液的过饱和度达到某个临界值才行。

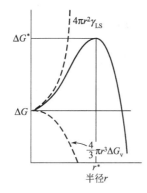

图 2-41　球形核胚自由能随半径的变化

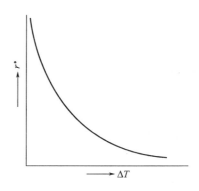

图 2-42　晶核临界半径（r^*）与
过冷度（ΔT）的关系

现在，推导分析晶核临界尺寸、核化势垒和均相成核速率。假定在恒温恒压下，从过冷液体中形成的新相呈球形，则系统自由能的变化可写成

$$\Delta G_r = \frac{4}{3}\pi r^3 \Delta G_v + 4\pi r^2 \gamma_{LS} \tag{2-104}$$

式中　r——球形核胚半径；

γ_{LS}——界面能；

ΔG_v——新旧两相单位体积的自由能变化。

如图 2-41 所示，虚线表示体积自由能和界面自由能的变化情况，实线表示体积自由能和界面自由能两项之和。显然，式（2-104）中的右边第一项为负值，右边第二项为正值。对颗粒很小的新相区，由于界面对体积的比例大，所以第二项占优，ΔG_r 为正值；对颗粒较大的新相区，第一项占优，ΔG_r 为负值。因此，对应于 ΔG_r 的最大值，必定存在一个如前所述的临界半径 r^*。临界半径可以由 ΔG_r 对 r 微分，并对其求极值得到

$$\frac{\mathrm{d}(\Delta G_r)}{\mathrm{d}r} = \frac{12}{3}\pi r^2 \Delta G_v + 8\pi r \gamma_{LS} = 0 \tag{2-105}$$

$$r^* = -\frac{2\gamma_{LS}}{\Delta G_v} \tag{2-106}$$

式（2-106）定量地描述了晶核的临界尺寸。通常，将 $r < r^*$ 的核胚称为亚临界核胚，

$r=r^*$ 的晶核称之为临界晶核，$r>r^*$ 的晶核称为稳定的晶核。只有形成临界晶核 r^*，才有可能长大成为稳定的晶核。

当形成稳定晶核时，系统自由能在变化过程中要经历极大值，这个最大值就是核化势垒或临界自由能。将式(2-106)代入式(2-104)求得核化势垒（临界自由能）ΔG_r^*。

$$\Delta G_r^* = -\frac{16\pi\gamma_{LS}^3}{3(\Delta G_v)^2} \tag{2-107}$$

根据统计热力学原理，当大小不同的核胚和液体中的原子建立平衡时，由于热起伏，单位体积中具有半径为 r^* 的核胚数目 n_r^* 符合玻耳兹曼分布

$$n_r^* = n\exp\left(\frac{-\Delta G_r^*}{kT}\right) \tag{2-108}$$

式中　n——单位体积总的原子数目；

　　　k——玻耳兹曼常数。

成核过程是液体中一个个原子加到临界晶核上的过程，因此，成核速率 I 取决于单位体积液体中临界晶核数目 n_r^* 和原子加到晶核上的速率 g，而 g 值正比于原子的振动频率 ν_0 并和原子从液相中迁移到晶核界面必须克服的扩散势垒 ΔG_a 有关。成核速率受两方面因素控制，随着过冷度增大，一方面，晶核临界半径及核化势垒 ΔG_r^* 减少，所需能量起伏小，成核驱动力大，易于形成稳定晶核；另一方面，质点可动性却降低，从液相转移到固相的概率降低，不利于晶核形成。受核化势垒影响的成核概率与 $\exp[-\Delta G_r^*/(kT)]$ 成正比，而受扩散势垒影响的成核概率则与 $\exp[-\Delta G_a/(kT)]$ 成正比。综合这两方面因素，均相成核速率 I 可以写为

$$I = n_r^*g = a_0\nu_0 n\exp[-(\Delta G_a + \Delta G_r^*)/(kT)] = a_0\nu_0 n\exp\left[-(\Delta G_a + \frac{16\pi\gamma_{LS}^3}{3(\Delta G_v)^2})/(kT)\right] \tag{2-109}$$

由于原子从液相中迁移到晶核的过程就是扩散过程，因此可用扩散系数代入式(2-109)

$$I = k_0 D_n\exp\left[-\frac{16\pi\gamma_{LS}^3}{3(\Delta G_v)^2kT}\right] \tag{2-110}$$

图 2-43 表示均相成核速率随温度的变化。I 随 ΔT 的增加而变大，直至最大值；继续冷却时，成核速率降低，这是由于在过冷度很大时，液体黏度值 η 也变大，扩散活化能增大，使扩散过程变缓，此时 $\exp[-\Delta G_a/(KT)]$ 项将占优势，使得 $I\propto D$。

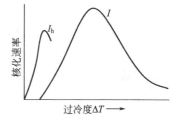

图 2-43　均相成核速率 I、非均相成核速率 I_h 与过冷度 ΔT 的关系

2.6.1.2　非均相成核

由均相成核理论可知，晶核在亚稳态液相中各处的成核概率是相同的，同时需要克服相当大的表面自由能位垒，需要相当大的过冷度（或过饱和度）才能成核。例如，均相成核理论预言，水蒸气中冰晶的成核，其临界过冷度为 40℃。但是，由于在亚稳态液相中总是含有微量杂质和各种外表面，进行相变的物质可在这些杂质或各种外表面上成核，以减少由于系统表面自由能增加所造成的阻碍。因此，成核所需要的过冷度（或过饱和度）远小于均相成核理论所预言的数值。正是由于在亚稳态液相中存在着微量杂质和各种外表面等不均匀因素，有效地降低了成核时的表面自由能位垒，晶核也就优先在这些不均匀处形成，这就是所谓的非均相成核和二次成核。凡是能有效降低成核位垒、促进成核的物质统称为成核促进剂。

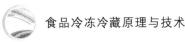

与均相成核时的情况相似，非均相成核或二次成核也都需要一定的成核能 ΔG_h^*，后者的大小则随着固相外来物的不同而异。与相同条件下均相成核的成核能 ΔG_r^* 相比，若 $\Delta G_h^* = \Delta G_r^*$，表明晶核与固相外来物之间完全没有亲和力，因而不发生非均相成核或二次成核。若 $\Delta G_h^* = 0$，这意味着固相外来物与所结晶的物质乃是同一种晶体的情况，此时两者间完全亲和，因而在体系中必然优先成核。一般情况下，$\Delta G_r^* > \Delta G_h^* > 0$，且固相外来物与所结晶物质两者的内部结构越接近，$\Delta G_h^*$ 就越小，即越容易发生二次成核或非均相成核。在人工强制结晶操作时，一般在溶液中加入一定的晶种，即加入与欲结晶物质相同的晶体或结构相近似的非同种晶体作为晶种，以诱发和促使二次成核，从而避免了均相成核和非均相成核的发生。

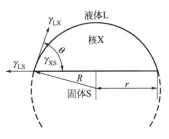

图 2-44　液体-固体界面非均态成核时界面能的关系

实际上，大多数相变是采取非均相成核的方式，即成核过程在异相的容器界面、不溶性杂质颗粒上、内部气泡壁和介质表面等处进行。现在，推导分析非均相晶核的临界尺寸、核化势垒和成核速率。如图 2-44 所示的新相核，是在和液体相接触的固体界面上生成的，这种促进核化的固体表面是通过与核的润湿作用使核化的势垒减小的。假设晶核为一球冠，其曲率半径为 R，核在固体界面上的半径为 r，液体-核（LX）、核-固体（XS）和液体-固体（LS）三者的界面能分别为 γ_{LX}、γ_{XS} 和 γ_{LS}，液体-核界面的面积为 A_{LX}，则核化所形成的新界面的自由能变化为

$$\Delta G_s = \gamma_{LX} A_{LX} + \pi r^2 (\gamma_{XS} - \gamma_{LS}) \tag{2-111}$$

当形成新界面 LX 和 XS 的同时，原先存在的液固界面 LS 减少了 πr^2。假如 $\gamma_{LS} > \gamma_{XS}$，则 ΔG_s 小于 $\gamma_{LS} A_{LX}$，说明在固体表面上形成晶核所增加的总界面能小于均相成核所增加的能量。

图 2-44 中接触角 θ 和界面能的关系为

$$\cos\theta = \frac{\gamma_{LS} - \gamma_{XS}}{\gamma_{LX}} \tag{2-112}$$

将式（2-112）代入式（2-111）得到

$$\Delta G_s = \gamma_{LX} A_{LX} - \pi r^2 \gamma_{LX} \cos\theta \tag{2-113}$$

图 2-44 中假设的球冠形晶核的体积为

$$V = \pi R^2 \left(\frac{2 - 3\cos\theta + \cos^2\theta}{3} \right) \tag{2-114}$$

晶核的表面积为

$$A_{LX} = 2\pi R^2 (1 - \cos\theta) \tag{2-115}$$

接触面的半径为

$$r = R\sin\theta \tag{2-116}$$

对非均相晶核形成时系统自由能变化 ΔG_h 的计算如同式（2-104）一样 $\Delta G_h = \Delta G_s + \Delta G_v$，则

$$\Delta G_h = \gamma_{LX} A_{LX} - \pi r^2 \gamma_{LS} \cos\theta + V\Delta G_v \tag{2-117}$$

将式（2-114）、式（2-115）代入式（2-117）并对 R 求极值，得出非均相晶核的临界半径为

$$R^* = \frac{-2\gamma_{LX}}{\Delta G_v}$$

将上式代入式（2-117），求得核化势垒

$$\Delta G_{\mathrm{h}}^* = \frac{16\pi\gamma_{\mathrm{LX}}^2}{3(\Delta G_{\mathrm{v}})^2}\left[\frac{(2+\cos\theta)(1-\cos\theta)^2}{4}\right] \tag{2-118}$$

令
$$f(\theta) = \frac{(2+\cos\theta)(1-\cos\theta)^2}{4}$$

则
$$\Delta G_{\mathrm{h}}^* = \Delta G_{\mathrm{r}}^* f(\theta) \tag{2-119}$$

比较式(2-118)和式(2-107)可见，非均相核化势垒等于均相核化势垒乘上一个系数 $f(\theta)$。当接触角 $\theta=0$（指在有液相存在时，固体被晶体完全润湿），$\cos\theta=1$，$f(\theta)=0$，则 $\Delta G_{\mathrm{h}}^*=0$；当 $\theta=90°$，$\cos\theta=0$，$f(\theta)=1/2$，则 $\Delta G_{\mathrm{h}}^*=\Delta G_{\mathrm{r}}^*/2$；当 $\theta=180°$，$\cos\theta=-1$，$f(\theta)=1$，式(2-119)变为式(2-107)，此时，晶体完全不润湿固体，即异相表面对成核不起作用。$f(\theta)$ 称作非均相核化的形状因子。

显然，接触角越小的非均相成核促进剂，对成核越有利。$f(\theta)=0$、$\Delta G_{\mathrm{h}}^*=0$ 状态的物理意义是：当成核促进剂与析出的晶核有相同或相似的原子排列时将提供成核最有利的条件，原子可以通过"附生"而形成晶核，而无需克服核化势垒。

非均相成核速率 I_{h} 可以表示为

$$I_{\mathrm{h}} = N_{\mathrm{s}}\nu_0\exp\left(-\frac{\Delta G_{\mathrm{a}}}{kT}\right)\exp\left(\frac{-\Delta G_{\mathrm{h}}^*}{kT}\right) \tag{2-120}$$

式中　N_{s}——接触固体的单位面积上的原子数。

均相成核速率和非均相成核速率两者的比较见图 2-43。

2.6.2　晶体生长过程

根据热力学理论，如果系统处于平衡态，则系统的吉布斯自由能为最小，系统中的平衡相称为稳定相；如果系统处于亚稳态，此时系统中的相为亚稳相。由于系统有从非平衡态过渡到平衡态的趋势，所以亚稳相也有过渡到稳定相的趋势。但是，这个转变能否实现以及如何实现？这不是平衡态理论所能解释的问题，它属于相变动力学的范畴。晶体生长就是旧相（亚稳相）不断转变成新相（稳定相）的动力学过程，或者说就是晶核不断形成、形成的晶核不断长大的过程。伴随这一过程而发生的则是系统的吉布斯自由能降低。

在晶体生长过程中，一些分子或离子等可结合到晶体表面，也可从晶体表面脱离，这两个过程的综合结果决定了晶体的生长速率。晶体生长速率差别很大，晶体的形状取决于不同晶面的相对生长速率。晶体生长速率的单位有多种表示方法，对于一定晶面的生长速率可用 kg/(m²·s)（质量基准）表示，也可用线性生长速率（L_{c}，m/s）（体积基准）表示。晶体相的总生长速率还可用 $\mathrm{d}x/\mathrm{d}t$ 表示，这里 x 是 t 时结晶相的体积分数。

稳定晶核形成后，在一定的温度和过饱和度条件下，进入晶体生长过程，其速率与原子或分子加到晶核上的速率及液体-固体的界面状态有关。图 2-45 是一致熔融化合物（液-固同组分）的晶体-液体界面上质点排列的示意图，晶体生长类似于扩散过程，其生长速率取决于原子从液相中向液-固界面上扩散和反方向扩散之差。如图 2-46 所示，界面的液相侧原子自由能表示为 ΔG_{L}，晶体侧原子自由能表示为 ΔG_{c}，两者之差值为 $V\Delta G_{\mathrm{v}}$。显然，从液相侧到晶体侧和从晶体侧到液相侧，原子迁移所需克服的势垒高度是不同的。原子要从液相向晶相跃迁需要越过扩散势垒 ΔG_{a}，原子要从晶相向液相迁移除了需要越过扩散势垒 ΔG_{a} 之外，还要克服液相侧原子和晶体侧原子的自由能之差 $V\Delta G_{\mathrm{v}}$。

原子从液相向晶相迁移的速率等于界面的原子数目 S 乘以跃迁频率 ν_0，即

$$\frac{\mathrm{d}n_{L\to C}}{\mathrm{d}t} = S\nu_0\exp\left(-\frac{\Delta G_{\mathrm{a}}}{kT}\right) \tag{2-121}$$

而从晶相向液相反向迁移的速率为

$$\frac{\mathrm{d}n_{C\to L}}{\mathrm{d}t}=S\nu_0\exp\left(-\frac{\Delta G_\mathrm{a}-V\Delta G_\mathrm{v}}{kT}\right) \tag{2-122}$$

因此，从液相到晶相迁移的净速率为

$$\frac{\mathrm{d}n}{\mathrm{d}t}=\left(\frac{\mathrm{d}n_{L\to C}}{\mathrm{d}t}-\frac{\mathrm{d}n_{C\to L}}{\mathrm{d}t}\right)=S\nu_0\exp\left(-\frac{\Delta G_\mathrm{a}}{kT}\right)\left[1-\exp\left(-\frac{\nu\Delta G_\mathrm{v}}{kT}\right)\right] \tag{2-123}$$

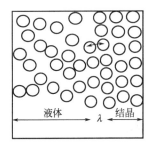

图 2-45　晶体-液体界面的质点排列示意图

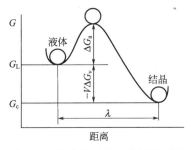

图 2-46　从液相迁移一个原子到固相时的自由能变化图

定义晶体线性生长速率 U 等于单位时间内净迁移的原子数目除以界面原子数 S，再乘以原子间距 λ，即得到

$$U=\frac{\mathrm{d}n}{\mathrm{d}t}\times\frac{\lambda}{S}=\lambda\nu_0\exp\left(-\frac{\Delta G_\mathrm{a}}{kT}\right)\left[1-\exp\left(-\frac{V\Delta G_\mathrm{v}}{kT}\right)\right] \tag{2-124}$$

对晶体生长速率 U 随过冷度的变化可以分为两种情况进行讨论。

① 当过冷度 ΔT 较小时，$V\Delta G_\mathrm{v}$ 是一个较小的负值，$\exp\left(\dfrac{V\Delta G_\mathrm{v}}{kT}\right)$ 项可以展开为幂级数 $\mathrm{e}^x=1+x+x^2/2!+\cdots$，取二级近似，则

$$\exp\left(\frac{V\Delta G_\mathrm{v}}{kT}\right)=1+\frac{V\Delta G_\mathrm{v}}{kT} \tag{2-125}$$

和

$$1-\exp\left(\frac{V\Delta G_\mathrm{v}}{kT}\right)=-\frac{V\Delta G_\mathrm{v}}{kT} \tag{2-126}$$

即在较小过冷度条件下，晶体线性生长速率为

$$U=\lambda\nu_0\left(-\frac{V\Delta G_\mathrm{v}}{kT}\right)\exp\left(-\frac{V\Delta G_\mathrm{a}}{kT}\right) \tag{2-127}$$

因为在熔点时，$\Delta G_\mathrm{v}=\Delta H_\mathrm{f}-T_\mathrm{m}\Delta S=0$，$\Delta H_\mathrm{f}=T_\mathrm{m}\Delta S$，所以，体积自由能变化可写为 $\Delta G_\mathrm{v}=\Delta S(T_\mathrm{m}-T)=\Delta S\Delta T$，代入式(2-127) 得

$$U=\lambda\nu_0\left(\frac{-V\Delta S\Delta T}{kT}\right)\exp\left(-\frac{\Delta G_\mathrm{a}}{kT}\right) \tag{2-128}$$

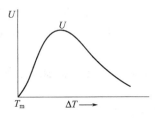

图 2-47　晶体生长速率 U 随温度的变化

式(2-128) 表示当 ΔT 很小时，U 值正比于 ΔT，随着过冷度增加，晶体生长速率加快。

ⅱ 当过冷度 ΔT 较大时，从液相迁移到晶相的体积自由能差 ΔG_v 变大，并且作为晶体生长推动力的项 $\left[1-\exp\left(-\dfrac{V\Delta G_\mathrm{v}}{kT}\right)\right]$ 趋近于 1，此时，式(2-124)可以近似地简化成为

$$U=\lambda\nu_0\exp\left(-\frac{\Delta G_\mathrm{a}}{kT}\right) \tag{2-129}$$

即 $U \propto D$，此种条件下晶体生长速率完全受原子通过界面的扩散速率的控制。因此，在较大过冷度条件下，生长速率按 $e^{-1/T}$ 指数地变化。U 值随温度变化的情况如图 2-47 所示。

2.6.3　相变的总速率

相变（L→S 或相Ⅰ→相Ⅱ）的总速率是由成核与晶体生长两方面的速率决定的。

假定成核速率与 t 无关，即恒速成核，则在时间 $d\tau$ 内形成新相颗粒的数目为

$$N_\tau = IV^L d\tau \tag{2-130}$$

式中　V^L——残留的液体的体积。

假定晶粒是球形的，系统经过 τ 时间后开始晶体生长，单颗晶粒在时间 t 内长成的体积是

$$V_\tau^S = \frac{4}{3}\pi U^3 (t-\tau)^3 \tag{2-131}$$

根据式（2-130）和式（2-131），可以写出整个系统的结晶体积与时间的关系为

$$dV^S = N_\tau V_\tau^S = \frac{4}{3}\pi V^L I U^3 (t-\tau)^3 dt$$

在结晶初期，晶粒很小，所以 $V^L \approx V$，上式可以写为

$$dV^S = \frac{4}{3}\pi V I U^3 (t-\tau)^3 dt \tag{2-132}$$

若将 V 作为 1，x 是 t 时结晶相的体积分数，则 $dV^S = dx$，则总的结晶速率可以用 dx/dt 来表示。考虑到质点之间的碰撞因素和母液因晶相析出而减少的因素，式（2-132）中乘以因子 $(1-x)$，得到

$$dx = (1-x)\frac{4}{3}\pi I U^3 (t-\tau)^3 dt \tag{2-133}$$

假定 I、U 与 t 无关，即恒速成核恒速生长，且 $t \gg \tau$，则积分得

$$x = 1 - \exp\left(-\frac{\pi}{3}IU^3 t^4\right) \tag{2-134}$$

式（2-134）就是由阿弗拉米推导出的著名的 JMA（Johnson-Mehl-Avrami）式。如不考虑 $(1-x)$ 因子的修正，式（2-133）积分后得到式（2-99）

$$\frac{V^\beta}{V} = \left(\frac{\pi}{3}\right)I_v U^3 t^4$$

式中　V^β——析出晶体体积；

　　　I_v——晶核形成速率（单位时间、单位体积内形成的晶核数）；

　　　U——晶体生长速率（单位时间单位固液界面上的晶体扩展体积）；

　　　t——时间。

如果 I、U 与 t 有关，则式（2-134）可以写成以下的通式

$$x = 1 - \exp(-kt^n) \tag{2-135}$$

式中　n——阿弗拉米指数；

　　　k——速率常数。

对于 I 与 U 不随时间而变的，即所谓恒速成核恒速生长的动力学，如式（2-134）所示，$n=4$；对于 I 随 t 而下降的动力学，$n=3\sim4$；而对于 I 随 t 而增大的，$n>4$。上述方程已经被广泛用于研究成核-生长过程的等温相变动力学。图 2-48 是根据 JMA 公式作出的不同 n 值曲线。对于较高的 n 值，x-t 曲线均呈现 S 形，在其中心点处，具有最高的结晶速率。

JMA 公式反映出总的结晶速率与 I、U 的乘积有关，因此，只有当 I 和 U 都有可观的量值时，总的结晶速率才会有可观的量值，反映在 I 与 U 对 ΔT 的曲线上两者应该有较大的重叠，如图 2-49 所示。

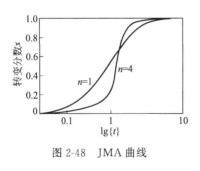

图 2-48　JMA 曲线

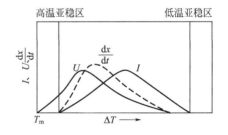

图 2-49　总的结晶速率与 I、U 之间的关系

2.6.4　冰晶对食品材料微观结构的影响

如图 2-49 所示，当温度 T 降低而使过冷度 ΔT 增大时，成核速率 I 先快速升高；而到一定温度后，若过冷度再增加，成核速率 I 反而快速降低，即溶液的成核速率 I 与过冷度的关系有着峰值的情况。同样地，溶液中冰晶生长速率 U 与过冷度的关系也存在着峰值的情况。

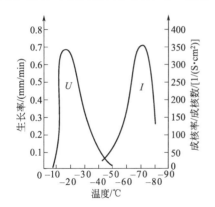

图 2-50　50%PVP 水溶液的二维冰晶径向生长速率和成核速率随温度的关系

因此，溶液结晶的成核速率 I 和生长速率 U 都是和溶液的过冷度密切相关的。溶液的降温速率却是由外界冷却状况、材料的导热性、热容量等因素所决定的。如图 2-50 所示，一般说来，如降温速率很快，成核率 I 很大，而生长率 U 很低，此时形成数量多的细小的冰晶；如降温速率很慢，成核率 I 很小，生长率 U 高，此时形成数量少的粗大冰晶。

在冻结过程中，食品组织材料微观结构将发生重大变化，这一变化的程度主要取决于冰晶生长的位置，而这又取决于冻结速率和食品组织的水渗透率。一方面，在慢速冻结、过冷度较小的情况下，冰晶在细胞外形成，即细胞处于富含冰的基质中。由于细胞外冰晶增多，胞外溶液浓度升高，细胞内外的渗透压差增大，细胞内的水分不断穿过细胞膜向外渗透，以至细胞收缩，过分脱水。如果水的渗透率很高，细胞壁可能被撕裂和折损。在解冻过程中又会发生滴漏。另一方面，在快速冻结、过冷度较大的情况下，热量传递过程比水分渗透过程快，细胞内的水来不及渗透出来而被过冷形成胞内冰晶。这样，细胞内外均形成数量多而体积小的冰晶。细胞内冰晶的形成以及在融化过程中冰晶的再结晶也是造成细胞破裂、食品品质下降的原因。

为了降低冰晶生长速率，可以加入一些被称为增稠剂的食品添加剂，利用这些增稠剂的吸附水分的作用，改善食品的物理性质、增加食品的黏稠性、赋予食品以柔滑适口性。在冰淇淋中，添加剂作为稳定剂，能阻止冻结和融化过程中在冰淇淋内的冰晶生长，防止油水相分离，提高膨胀率，减慢融化，从而使冰淇淋具有柔软、疏松和细腻的形态。用作稳定剂的大分子物质有瓜尔豆胶、角豆胶、黄原胶（又称汉生胶）、明胶、琼胶等。它们能使冰晶生长速率降至原先的几分之一直至几十分之一。

2.7　食品货架寿命的预测

食品货架寿命可以通过两种普通的方法来预测，一种方法是按照化学动力学原理精心设计试验，确定食品品质指标与温度的关系。另一种方法是把食品置于某种特别恶劣的条件下储藏，然后每隔一定时间进行品质检验，共进行多次，一般采用感官评定的方法检验品质。最后，将试验结果外推（合理的推测）得到正常储藏条件下的货架寿命。虽然前者开始时的成本较高，但它有可能得到更精确的结果。

2.7.1　应用动力学模型预测食品货架寿命

2.7.1.1　反应级数与食品品质函数

（1）反应级数

通常的反应式如 $N_2 + 3H_2 \longrightarrow 2NH_3$，仅表示反应物和产物之间的计量关系，称为反应计量式。实际反应时，反应物分子经过碰撞作用直接转化为产物分子，这种反应称为基元反应，否则称为非基元反应。非基元反应的反应物分子需要经历若干个基元反应步骤才能变成产物分子，这些基元反应步骤的集合称为反应机理。

化学反应的速率方程是表示反应速率与浓度等参数之间的关系，或表示浓度等参数与时间关系的方程。对于不同的反应，其速率与浓度之间的关系不同。对于基元反应，实验证明，恒温下的反应速率（r）与各反应物浓度的幂乘积（c，带有相应的指数）成正比，其中各浓度的方次为反应式中各相应组分的分子个数。例如

$$A + B \longrightarrow C,则有 r_1 = k_1 c_A c_B \tag{2-136}$$

$$3A + 2B \longrightarrow C,则有 r_2 = k_2 c_A^3 c_B^2 \tag{2-137}$$

基元反应的这个规律称为质量作用定律。这一规律只适用于基元反应，对于非基元反应，只有分解为若干基元反应时才能逐个应用这个规律。

在化学反应的速率方程中，各物质浓度项的方次的代数和称为该反应的级数，用 n 表示。如式(2-136)中，$n=1+1=2$；式(2-137)中，$n=3+2=5$。n 的数值若为5，则表示该反应为5级反应。基元反应的速率方程都具有简单的整数级数，如零级、一级、二级或三级等。但非基元反应的级数可以是整数也可以是分数，可以是零或正数，也可以是负数。

通过浓度与时间的依赖关系，可以确定反应的级数和反应速率。反应速率通常以浓度的变化给出，如表示为 dc/dt 或 $-dc/dt$。根据浓度的单位，速率的单位可以表示为 $mol/(L \cdot s)$（常用）、$mol/(kg \cdot s)$ 或 $mol/(m^3 \cdot s)$。

速率方程中的比例系数 k 称为速率常数，其单位随速率方程的不同而异。对于一个给定的反应，在温度一定时，k 为常数；温度改变，或使用催化剂时，k 会发生相应变化。

在动力学中，将反应物浓度消耗掉一半对应的时间称为反应的半衰期，用 $t_{1/2}$ 表示。

根据反应级数定义，零级反应是指反应速率与反应物浓度的零次方成正比，即与浓度无关的反应。常见的零级反应有表面催化反应和酶催化反应。零级反应的主要特征为：①零级反应的半衰期与初始物浓度成正比；与反应速率常数 k_0 成反比；②以 c 对 t 作图，可得一直线，其斜率即为 $-k_0$。

一级反应是指反应速率与反应物浓度的一次方成正比的反应。如 A→B 或 A→C+D 的类型。一般来说，高温下微生物的死亡和酶的钝化都遵从一级反应动力学。一级反应的主要特征为：①一级反应半衰期是一个常数，它与反应物的初始浓度无关；②以反应物浓度的对

数对时间 t 作图，呈一条直线，其斜率为 $-k_1$（用自然对数表示）。

二级反应是指反应速率与反应物浓度的二次方成正比的反应。反应速率方程中浓度项的方次之和等于 2。类型有 A＋B→C 和 2A→C。食品中的许多反应均是二级反应。二级反应的主要特征为：①二级反应半衰期与起始浓度的一次方成反比，即反应物起始浓度越大，半衰期越小；⑪以反应物浓度的倒数对时间 t 作图，呈一条直线，其斜率为 $-k_2$。

三级反应是指反应速率与反应物浓度的三次方（或三种浓度的乘积）成正比的反应。三级反应数量较少，这里不做详细介绍。各级反应的特征可见表 2-13。

表 2-13 各级反应特征表（表中 a 为反应物起始浓度）

级数	反应式	速率公式	积分式	半衰期
零级	A→产物	$-\dfrac{dc_A}{dt}=k_0$	$c_A=a-k_0t$	$\dfrac{a}{2k_0}$
一级	A→产物	$-\dfrac{dc_A}{dt}=k_1c_A$	$\ln c_A=\ln a-k_1t$	$\dfrac{\ln 2}{k_1}$
二级	A＋B→产物	$-\dfrac{dc_A}{dt}=k_2c_A^2$	$\dfrac{1}{c_A}=\dfrac{1}{a}+k_2t$	$\dfrac{1}{k_2a}$
三级	A＋B＋C→产物	$-\dfrac{dc_A}{dt}=k_3c_Ac_Bc_c$	$\dfrac{1}{c_A^2}=\dfrac{1}{a^2}+2k_3t$	$\dfrac{3}{2k_3a^2}$

（2）反应级数的确定

如前所述，反应速率方程一般可表示为如下的微分形式

$$-\frac{dc_A}{dt}=kc_A^\alpha c_B^\beta$$

一旦实验测定了 c_A-t 的关系，则问题转化为如何确定反应级数 α、β 和速率常数 k。确定反应级数和速率常数的方法有以下几种。

① 积分法　积分法又称为尝试法，积分法就是利用速率方程的积分式（表 2-13 中的第三列）确定反应级数的方法，即通过实验得到多个不同时刻的浓度或转化率参数值，代入不同反应级数的积分式中，求出速率常数 k 的数值。若某一级数下不同实验数据求出的 k 均为一常数，则反应的级数为该反应的级数，即其中真正呈直线的那条曲线所对应的反应级数就是该反应的级数。实际应用时，通常从一级向 n 级逐级尝试。当然，可能没有任何一条这样的直线，这时可判断该反应的级数为分数或该反应的速率方程较复杂。

② 微分法　微分法是利用速率方程的微分式确定反应级数的方法。

设计一个简单反应：A→产物

微分式为

$$r=-\frac{dc}{dt}=kc^n \tag{2-138}$$

取对数后得

$$\lg r=\lg\left(-\frac{dc}{dt}\right)=\lg k+n\lg c \tag{2-139}$$

先根据实验数据将 c 对 t 作图，然后在不同的浓度点上求取线的斜率 r，再以 $\lg r$ 对 $\lg c$ 作图，若所设方程正确，则应为一条直线，该直线的斜率 n 即为反应级数。

③ 半衰期（$t_{1/2}$）法　半衰期法是利用半衰期与浓度的关系确定反应级数的方法。

若反应物的起始浓度相同，则

$$t_{1/2}=A\frac{1}{a^{n-1}} \tag{2-140}$$

式中　A——常数；

　　n——反应级数，$n \neq 1$；

如以不同的起始浓度 a 和 a' 做实验，则

$$\frac{t_{1/2}}{t_{1/2}'} = \left(\frac{a'}{a}\right)^{n-1} \quad \text{或} \quad n = 1 + \frac{\lg \dfrac{t_{1/2}}{t_{1/2}'}}{\lg \dfrac{a'}{a}} \tag{2-141}$$

这样有两组数据就可以求出 n。如有大量数据也可以用作图法，或将式 $t_{1/2} = A\dfrac{1}{a^{n-1}}$ 取对数 $\lg t_{1/2} = (1-n)\lg a + \lg A$，以 $\lg t_{1/2}$ 对 $\lg a$ 作图从斜率求出 n。

（3）食品品质函数

大多数食品的质量损失可以用期望的品质指标 A（如营养素或特征风味）的损失或不期望的品质指标 B（如异味或退色）的形成来表示。A 的损失速率和 B 的形成速率可用下列方程式表示

$$-\frac{\mathrm{d}[A]}{\mathrm{d}t} = k[A]^n \tag{2-142}$$

$$-\frac{\mathrm{d}[B]}{\mathrm{d}t} = k'[B]^{n'} \tag{2-143}$$

式中　k，k'——反应速率常数；

　　n，n'——反应级数。

式（2-142）和式（2-143）都可以写成以下形式

$$F(A) = kt \tag{2-144}$$

A 或 B 经过适当转换后可以表示为时间 t 的线性函数。$F(A)$ 被称为食品的品质函数，它的不同反应级数的表达式见表 2-14。

表 2-14　不同反应级数的食品品质函数表达式

反应级数	0	1	$n(n = 2, 3 \cdots)$
品质函数 $F(A)$	$A_0 - A$	$\ln(A_0/A)$	$(A^{1-n} - A_0^{1-n})/(n-1)$
直线关系	$A - t$	$\ln A - t$	$1/A^{n-1} - t$
该直线的斜率	$-k$	$-k$	$(n-1)k$

食品品质的变化如果是由某种化学反应或微生物生长引起的，则食品该品质的变化大多遵循 0 级（如冷冻食品的整体品质，美拉德褐变）或一级模式（如维生素损失，氧化引起的退色，微生物生长和失活）。对于 0 级模式，采用线性坐标系描述品质随时间的变化时，可得到一条直线（图 2-51）；对于一级模式，当采用半对数坐标系描述品质随时间的变化时，也得到一条直线（图 2-52）；对于二级模式，$1/A$ 或 $1/B$ 对时间作图也是一条直线。因此，可采用根据少数的几个测定值进行线性拟合的方法求得上述级数，从而求得式（2-144）各参数的值，然后通过外推求出货架寿命终端 T_s 时的品质值 A_s 或（B_s），也可计算出品质达到任一特定值时的储藏时间，当然，同样也可计算出任一储藏时间 t 时的品质值。值得指出的是，当反应进行的程度不够高时（如低于 50%），0 级和一级动力学在拟合性上差异不明显，如图 2-51 所示。另外，若货架寿命终端出现在反应程度未达到 20% 时，两种模式中的任何一种都适用。因此在确定合适的表观反应级数和品质参数时应充分考虑上述情况。

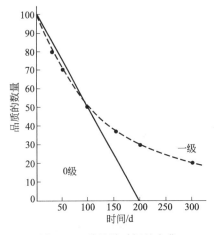

图 2-51 质量随时间的变化

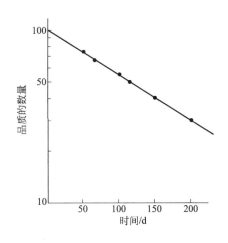

图 2-52 品质损失随时间变化的一级反应半对数图

2.7.1.2 阿累尼乌斯方程

温度对储藏过程中的食品质量影响很大，它不仅影响食品中的各种化学变化和生物学变化的速率，而且还影响食品的稳定性和卫生安全性，简而言之，温度影响食品在储藏过程中的质量变化。

范特霍夫（1984）通过大量实验总结出如下规律：

$$k_{T+10}/k_T = \gamma = 2 \sim 4$$

即温度每升高 10K，速率常数 k 约变为原来的 2～4 倍，这个规律称为范特霍夫规则。

阿累尼乌斯（Arrhenius）在范特霍夫研究的基础上，总结了大量实验数据，提出了阿累尼乌斯公式，描述反应速率常数 k 与温度 T 之间的关系。

$$k = k_A e^{-\frac{E_A}{RT}}$$

式中　k——反应速率常数；

　　　k_A——指前因子，与温度无关；

　　　E_A——活化能；

　　　T——热力学温度；

　　　R——气体常数，$R = 8.314\text{J}/(\text{mol} \cdot \text{K})$。

将上式应用到食品的营养保留中，可以写成

$$k = k_0 \exp\left(-\frac{E_A}{RT}\right) \tag{2-145}$$

式中　k——营养素损失速率常数；

　　　k_0——指前因子。

阿累尼乌斯公式还可以表示为

$$\ln k = \left(\frac{-E_A}{RT}\right) + \ln K_A \tag{2-146}$$

由（2-146）可见，$\ln k$ 与 $1/T$ 呈线性关系，活化能（E_A）可由直线的斜率 $-E_A/R$ 求出，截距为 $\ln K_A$。

Arrhenius 方程不仅能说明温度对反应速率的影响，而且能表明温度、活化能两者与反应速率的关系，经推导可得

$$\ln Q_{10} = \frac{10E_A}{RT(T+10)} \tag{2-147}$$

将 $R=8.314\mathrm{J/(mol \cdot K)}$ 代入将 ln 变成 lg 可得

$$\lg Q_{10} = \frac{2.77E_{A}}{T(T+10)} \tag{2-148}$$

即在一定温度下，活化能 E_A 越大，Q_{10} 越大。

分子之间相互作用的前提是必须接触，由气体分子运动论可知分子每时每刻都在不停地运动，虽然其碰撞频率很高，但并不是每次碰撞都发生反应，只有少数具有足够能量进行反应的分子（称为活化分子）之间的碰撞才能发生反应。一般分子（称为非活化分子）可通过分子间碰撞即热活化或光、电活化等方式吸收能量而变为活化分子。活化分子具有的能量与全部反应物分子平均能量之间的差值就是活化能 E_A。活化能 E_A 是一个重要的动力学参数，由于在阿累尼乌斯公式中 E_A 处于指数上，所以它的大小对反应速率的影响很大。

在求得不同温度下的反应速率常数 k 后，用 $\ln k$ 对热力学温度的倒数 $1/T$ 作图可得到一条斜率为 $-E_A/R$ 的直线。在某些情况下，如果在食品中存在两个反应速率和活化能不同的关键反应，那么，有可能在某一临界温度 T_c 以上时其中的一个反应占优势，而在此温度以下时另一个反应占优势，如图 2-53 所示。Arrhenius 关系式的主要价值在于：可以在高温（低 $1/T$）下收集数据，然后用外推方法求得在较低温度下的货架寿命，如图 2-54 所示。

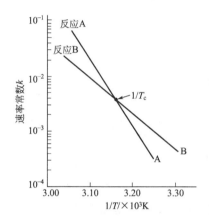

图 2-53　两个反应的速率常数对热力学温度倒数的 Arrhenius 曲线在 T_c 处相交

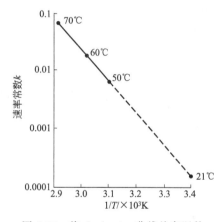

图 2-54　将 Arrhenius 曲线从高温外推至低温来预测货架寿命

2.7.1.3　简单的货架寿命作图法

由品质函数方程式 (2-144) 可知，对一定的变质程度 $[F(A)]$，速率常数 (k) 反比于达到一定品质损失程度的时间 (t)，即速率常数 (k) 越大，食品变质时间 (t) 越短，这个规律一直持续到品质变化到不可接受的时间 t_s，即货架寿命。

如图 2-55(a) 所示，$\lg t_s$ 对 $1/T$ 作图得到一条直线，而且，如果仅需考虑一个小的温度范围，那么，根据大多数食品数据绘制的 $\lg t_s$-T 图也是一条直线 [图 2-55(b)]。这种货架寿命图线的方程为

$$t_s = t_{so} \mathrm{e}^{-bT} \tag{2-149}$$

式中　t_s——热力学温度 T 下货架寿命；

　　　t_{so}——y 轴截距处的货架寿命；

　　　b——货架寿命曲线的斜率。

通常，用温度相差 10℃ 时两个货架寿命的比值 Q_{10} 来表示温度的影响程度，Q_{10} 即为当食品的温度增加 10℃ 时货架寿命 t_s 的改变量。用 Q_{10} 法描述货架寿命与用式 (2-149) 的货架

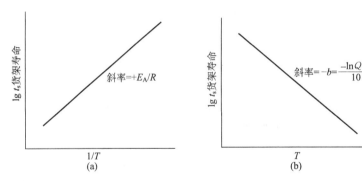

图 2-55 货架寿命的对数随绝对温度的倒数（a）和温度（b）变化的曲线

寿命作图法是等同的。上述各动力学参数间的关系可用下式表示

$$Q_{10} = \frac{t_s(T)}{t_s(T+10)} = \exp(10b) = \exp\left[\frac{E_A 10}{RT(T+10)}\right] \qquad (2\text{-}150)$$

简单的货架寿命作图法和 Q_{10} 法仅仅在一个相对较窄的温度范围内有效，而在大的温度范围得到的 Q_{10} 通常是不精确的。从式（2-150）可看出，Q_{10} 随温度的变化而变化，对于活化能较大的反应，这种反应的温度敏感性更高，因此，Q_{10} 依赖于活化能 E_A 和温度 T，实际的货架期曲线可根据不同的 Q_{10} 画出多条直线。表 2-15 是温度 T 和 E_A 对 Q_{10} 的影响和具有不同 Q_{10} 和 E_A 的重要食品反应。

表 2-15 温度 T 和 E_A 对 Q_{10} 的影响

E_A/(kJ/mol)	Q_{10}(5℃)	Q_{10}(20℃)	Q_{10}(40℃)	典型的食品反应
41.8(10)	1.87	1.76	1.64	由扩散控制的反应,酶反应,水解反应
83.7(20)	3.51	3.10	2.70	脂类氧化,营养素损失
125.5(30)	6.58	5.47	4.45	营养素损失,非酶褐变
209.2(50)	23.1	20.0	12.0	植物细胞破裂

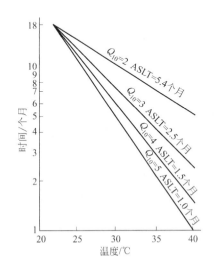

图 2-56 脱水食品的货架寿命曲线
它在 23℃ 时具有期望的 18 个月的货架寿命，
加速货架寿命试验（ASLT）确定
它在 40℃ 时的货架寿命

货架寿命曲线的实际应用见图 2-56。假设期望的食品货架期为 23℃ 下 18 个月，如果采用 40℃ 的加速试验法来预测是否可以达到这样的要求的话，就可以自曲线上找到相应于 18 个月和 23℃ 的点，并由此点作一系列斜率为不同 $-\frac{\ln Q_{10}}{10}$ 的直线，再在这些直线上找 40℃ 时的货架期，其中的一条线就是 40℃ 加速试验法应当达到的货架期。如果 40℃ 下的加速试验表明该食品的货架期可以达到这么长久，那么就可认为在 23℃ 下该食品的货架期可以达到 18 个月。如果按 Q_{10} 为 5 时查找，40℃ 时应达到的货架期为 1 个月；如果按 Q_{10} 为 2 时查找，40℃ 时应达到的货架期为 5.4 个月。Q_{10} 值如何选取，需要小心研究。Labuza 报道了一些食品的 Q_{10} 范围，罐装食品为 1.1～4，脱水食品为 1.5～10，冷冻食品大约为 3～40。由于 Q_{10} 的变化范围比较大，因此用平均 Q_{10} 计算得到的货架寿命并不可靠，只有通过实验测定才能得出最可靠的 Q_{10} 值。

如表 2-16 所示，如果一种产品的 Q_{10} 为 2.5，在 50℃时的货架期为 2 周，那么，估计其在 20℃时货架期为 31 周；如果实际的 Q_{10} 为 3，则在 20℃时的货架期的预测值为 54 周，与 Q_{10} 为 2.5 时相差了 5 个月。因此，在通过外推法来预测低温时的货架寿命时，Q_{10} 的微小偏差也可能引起结果的较大偏差。在 40～50℃范围内，Q_{10} 为 0.5 的差别相当于 E_A 大约 20kJ/mol 的差别（在 80kJ/mol 的范围内）。因此，虽然按上述简单方法预测货架寿命是有效的，但预测的精确度往往是有限的，但当从低温外推时，准确度要高得多。

表 2-16　Q_{10} 对货架寿命的影响

温度/℃	货架寿命/周			
	$Q_{10}=2$	$Q_{10}=2.5$	$Q_{10}=3$	$Q_{10}=5$
50	2	2	2	2
40	4	5	6	10
30	8	12.5	18	50
20	16	31.3	54	250

除温度外，水分含量和水分活度（a_w）也是影响冻结温度以上的品质劣变反应的重要因素。水分含量和水分活度会影响动力学参数（k_A，E_A）和反应物的浓度，在有些情况下甚至还会影响表观反应级数。其他影响食品反应速率的因素有 pH、气体组成、分压以及总压力等。

2.7.2　TTT 方法预测冷冻食品实用储藏期

2.7.2.1　冷冻食品的 TTT(time-temperature tolerance) 概念

冷冻食品的初期品质受原料初始质量、冻结及其前后处理和包装方式即 PPP（product of initial quality, processing method and package, PPP factors）等条件的影响。初期品质优良的产品，经过冻藏、运输、销售等流通环节，最后到达消费者手上时能否保持其优良品质，则主要取决于它经历的温度和时间，即由 TTT 条件决定。TTT 概念揭示了冷冻食品的容许冻藏期与冻藏时间、冻藏温度之间的关系，即冷冻食品在流通过程中的品质变化主要取决于温度，冷冻食品的冻藏温度越低，保持优良品质的时间就越长，容许冻藏期也越长。

冻藏期一般分为实用冻藏期（practical storage life，PSL）和高质量冻藏期（high quality life，HQL）。实用冻藏期指在某一温度下冷冻食品品质降低到以不失去商品价值为限所经历的时间。高质量冻藏期的定义如下：初始高质量的冷冻食品，在某一温度下储藏，并与放在 -40℃温度下储藏的对照品比较，当某一时间感官鉴定小组中 70％的成员能识别出此温度下的冷冻食品与 -40℃储藏的对照品有品质差异时，则该储藏温度下冷冻食品所经历的时间称为高质量冻藏期。

由于冷冻食品流通过程中品温的变动，食品的风味、香味、质地、形状、色泽也发生了变化，在由感官鉴定小组进行品质变化评定的同时，也可根据冷冻食品的种类选择合适的理化指标进行检测，例如测定维生素 C 的含量、叶绿素中脱镁叶绿素的含量、蛋白质变性程度、脂肪氧化酸败程度等。感官鉴定小组成员的鉴定水平决定了感官鉴定的合理性和准确性，实践证明，高水平的感官鉴定结果与理化方法测定的结果是一致的。

根据大量实验研究表明，大多数冷冻食品的品质稳定性随食品温度的降低而呈指数关系增大。把对应于不同储藏温度的实用储藏期所经历的时间标绘在有对数刻度的方格纸上，这些点的连线在 -10～-30℃的实用冷藏温度范围内大致上是呈倾斜的直线形状，称为 TTT 曲线，如图 2-57 所示。

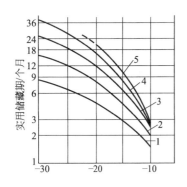

图 2-57 冷冻食品的 TTT 曲线
1—多脂肪鱼（鲑）和炸仔鸡；2—少脂
肪鱼；3—四季豆和汤菜；
4—青豆和草莓；5—木莓

根据 TTT 曲线的斜率可知道温度对于冷冻食品品质稳定性的影响，用温度系数 Q_{10} 表示。Q_{10} 是储藏温度相差 $10℃$ 时品质降低速率的比。冷冻食品的温度系数 Q_{10} 随冷冻食品的种类不同而异，在 $-15 \sim -25℃$ 范围内，其值为 $2 \sim 5$。从 TTT 曲线可看出，储藏温度越低，冷冻食品的品质变化越小，实用储藏期也越长；水产冷冻食品的品质稳定性最差，特别是多脂肪鱼的储藏期最短。但对于大多数冷冻食品来说，放在 $-18℃$ 的储藏温度下可作 1 年的储藏而不失去商品价值。

研究表明，冷冻食品在流通过程中因时间、温度的经历而引起的品质降低量是累积的，而且是不可逆的，但与所经历的顺序无关。例如把相同的冷冻食品分别放在两种场合下进行冻藏：一种是先放在 $-10℃$ 温度下储藏 1 个月，然后放在 $-30℃$ 下储藏 5 个月；另一种是先放在 $-30℃$ 储藏 5 个月，然后放在 $-10℃$ 下储藏 1 个月，这两种场合分别储藏 6 个月后，冷冻食品的品质降低量是相等的。

大多数冷冻食品储藏温度与实用储藏期的关系是符合 TTT 关系的，但也有些例外情况：①由于原料品质不同，同一种食品的储藏温度与实用储藏期的关系存在差异；ⅱ同一食品因加工工序不同，储藏期也会发生变化。ⅲ包装处理后食品的实用储藏期延长。ⅳ非常短时间（30min 左右）高频率的温度变动，会极大地缩短食品的实用储藏期。ⅴ某些食品的保藏期与温度之间并无一定的关系。即使储藏温度变化，储藏期限却几乎不变；或是储藏温度降低，储藏期限反而缩短。例如冷冻的腌制肉，其品温从 $-5℃$ 降低至 $-40℃$ 的范围中，过氧化值、TBA 值、游离脂肪酸含量呈上升趋势，储藏期显著缩短。如果品温下降至 $-40℃$ 以下，则储藏温度降低、实用储藏期延长的 TTT 关系又得到恢复。

2.7.2.2　TTT 的计算方法

冷冻食品从生产者到消费者之间，要经过储藏、配送、运输、销售等环节。在流通过程中，冷冻食品质量下降是累积的，根据 TTT 曲线可以计算出冷冻食品在储运等不同环节中质量累积下降程度和剩余的可冻藏性。

如图 2-58 所示，假设一个冷冻食品在某个储藏温度下实用冷藏期是 A，其初始品质为 100%，经过时间 A 后其品质降低至 0，那么在此温度下该冷冻食品每天的品质下降量为 $B=100/A$，根据这个关系式可绘制品质保持特性曲线 B，在此基础上作出 TTT 线图进行计算。图中，横坐标表示天数，纵坐标表示各种温度下的品质降低率（用百分数表示）。把冷冻食品从生产出来一直到消费者手上所经历的储藏、运输、销售等环节的温度、时间画在图上，这曲线下的面积就是该冷冻食品在流通过程中品质降低的总量。品温变化越大，该曲线下的面积就越大，品质降低的量也越大。

例如，一个冷冻食品生产到消费共经历了 7 个阶段，如表 2-17 所示。用 TTT 的计算方法，根据各个温度下每天的品质降低率与在此温度下所经历的天数相乘，即可算出该冷冻食品各个阶段的品质降低量。刚生产出来时，这个冷冻食品的冷藏性为 100%，从生产者一直到消费者共经历了 $241d$，7 个阶段的品质降低总量为 70.9%，说明该冷冻食品还有 30% 的剩余冷藏性。当品质降低总量超过 100% 时，说明该冷冻食品已失去商品价值，不能再食用。

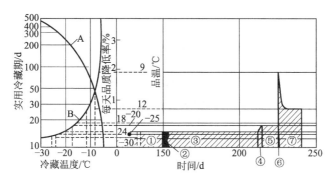

图 2-58　TTT 计算图一例

A—实用冷藏期曲线；B—每天品质降低率曲线；①～⑦见表 2-17

表 2-17　某冷冻食品流通过程中时间、温度经历一例

阶　　段	保管温度（平均）/℃	每天品质降低率/%	保管时间/d	品质降低量/%
①生产者保管中	−30	0.23	150	33.0
②运输中	−25	0.27	2	0.5
③批发商保管中	−24	0.28	60	17.0
④送货中	−20	0.40	1	0.4
⑤零售商保管中	−18	0.48	14	6.8
⑥搬运中	−9	1.90	1/6	0.2
⑦消费者保管中	−12	0.91	14	13.0
合计			241	70.9

注：表中序号与图 2-58 中对应。

用 TTT 计算方法可知道流通过程中某冷冻食品的品质变化，但由于食品腐败变质的原因与多个因素有关，如温度波动使冰晶长大和干耗加剧、光线照射对光敏成分的影响等。这些因素在上述计算中尚未考虑，因此，在某些情况下实际冻藏中发生的品质降低量要比用 TTT 方法得到的计算值更大，即冻藏期小于 TTT 计算值。如，温度升高，冰淇淋会融化或软化；温度降低，它又再变硬。温度如此反复波动，冰淇淋就会产生大的冰结晶，原有滑溜的舌触感，就会变得粗糙，使产品失去商品价值。又如，冻藏室内，当温度波动幅度大而且频繁，冷冻食品内的冰结晶会长大，包装袋内也会发生干耗现象，不仅冷冻食品的质量降低，而且品质发生恶化，比用 TTT 计算所求得的品质降低量更大。再如，放在超市冷藏陈列柜中的冷冻食品，特别是装在塑料袋中的单个冻结制品，由于商场灯光照明的影响，会干燥、变色，与放在相同温度的冷藏库内相比较，其品质劣化程度快，比用 TTT 计算值判定的品质降低量大。

上述虽列举了一些不符合 TTT 计算的例外情况，但对大数冷冻食品来说，品质的降低主要还是取决于流通过程中时间、温度经历所带来影响的累积，因此 TTT 理论及其计算方法在判断冷冻食品在流通领域中的品质变化上仍是非常适用的。

复习思考题

●2-1　什么叫理想溶液？理想溶液的依数性质有哪些？食品冻结过程结晶是一个温度区而不是一个固定的温度点，为什么？

●2-2　什么叫冻结点？食品的冻结率是如何计算出来的？

●2-3　什么叫水分活度？测定食品水分活度的方法有哪几种？现要对罗非鱼肉片进行干燥加工，并测定出其干品水分活性与存储期限的关系，其中测干品的水分活度成为此工作中一个重要环节，试选定合适的测定方法，并为此试验设计一个实验方案。

● 2-4　为什么说水分活度表明了食品储藏的安全条件？

● 2-5　什么叫玻璃态转化温度？什么叫最大浓缩玻璃态转化温度？如何利用相关的仪器设备测定冷冻食品的玻璃态转化温度？

● 2-6　水结晶的先决条件是什么？其必要条件是什么？

● 2-7　什么叫均相成核？用热力学的方法分析均相成核过程中自由能的变化，并阐述临界成核半径与过冷度的关系？怎样产生异相成核？

● 2-8　如何从机理上解释快速冻结和慢速冻结在冰结晶形成和分布上的差异？

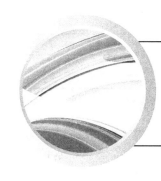

第3章
食品冷冻冷藏的物性学基础

食品物性学是一门研究食品原料的基本物理特性、食品流变、质地、散粒体特性、光学特性、热物理特性以及电学特性的科学。本章主要介绍与食品冷冻冷藏关系密切的食品原料热物理性质与测量方法。关于食品原料热物理性质的数据，收集最全的是美国供热制冷空调工程师协会（ASHRAE）出版的手册。Sweat 等（1995）收集和比较了 400 多篇关于食品材料热物理性质数据的文章，发现食品材料的热物理性质不仅和其成分（如水、蛋白质、脂肪、碳水化合物等）有关，还与其测量方法有关。因此，给出食品原料热物理性质的测量结果时，应讲清实验方法、实验条件（如温度、压力、相对湿度等）、实验材料的尺寸大小、表面情况、孔隙度、纤维方向以及数据的偏差范围及测量精度。

3.1　水和冰的热物理性质

水在食品中占很大比例，在食品冷冻冷藏过程中，大多数情况还伴随着水的相变，因此在讨论食品的热物理性质之前，必需先讨论水和冰的热物理性质。

3.1.1　水和冰的密度 ρ

水和冰的密度分别见表 3-1 和表 3-2。

表 3-1　水的密度 ρ

$T/^\circ\!C$	0	3.98	5	10	20
$\rho/(10^3\,kg/m^3)$	0.99987	1.00000	0.99999	0.99973	0.99823

表 3-2　冰的密度 ρ

$T/^\circ\!C$	0	-25	-50	-75	-100
$\rho/(10^3\,kg/m^3)$	0.917	0.921	0.924	0.927	0.930

从表 3-1 可以看出，在 3.98℃时，水的密度 ρ 最大，$\rho=1.00000\times10^3\,kg/m^3$；在 0℃时，$\rho=0.99987\times10^3\,kg/m^3$。而冰在 0℃时，密度 $\rho=0.917\times10^3\,kg/m^3$，即 0℃时相同质量的冰的体积要比水的体积增大约 9%。

3.1.2　水和冰的体膨胀系数 β

水和冰的体膨胀系数分别见表 3-3、表 3-4。

表 3-3 水的体膨胀系数 β

$T/℃$	0	2	4	6	8
$β/(10^{-6}/K)$	−68.1	−32.7	0.27	31.24	60.41

表 3-4 冰的体膨胀系数 β

$T/℃$	0	−25	−50	−75	−100	−125	−150	−175
$β/(10^{-6}/K)$	57	50	43	38	31	24	17	12

由表 3-3 和表 3-4 数据比较体膨胀系数，在 0℃ 时冰的 $β=57×10^{-6}/K$，水的 $β=−68.1×10^{-6}/K$。这说明温度下降时，冰的体积将收缩（$β>0$），但其收缩率为 $10^{-5} \sim 10^{-6}$，远远低于水结冰产生的体积膨胀。

由于食品原料中水分被冻结时体积会膨胀，而冻结过程又是从表面逐渐向中心发展的，即表面水分首先冻结，当内部水分冻结膨胀时就会受到外界层的阻挡，于是产生很高的内压（称为冻结膨胀压），而使外层破裂或食品内部龟裂，或使细胞组织破坏，细胞质流出，食品品质下降。对于含水量较高的食品，这一现象尤为严重。

3.1.3 水和冰的比定压热容 c_p

水和冰的比定压热容分别见表 3-5 和表 3-6。

表 3-5 水的比定压热容 c_p

$T/℃$	0	10	20	30
$c_p/[kJ/(kg·K)]$	4.2177	4.1922	4.1819	4.1785

表 3-6 冰的比定压热容 c_p

$T/℃$	0	−10	−20	−30	−40	−50
$c_p/[kJ/(kg·K)]$	2.12	2.04	1.96	1.88	1.80	1.73
$T/℃$	−60	−70	−80	−100	−120	−140
$c_p/[kJ/(kg·K)]$	1.65	1.57	1.49	1.34	1.18	1.03

3.1.4 水和冰的热导率 λ

水和冰的热导率分别见表 3-7 和表 3-8。

表 3-7 水的热导率 λ

$T/℃$	0	5	10	15	20	25	30
$λ/[W/(m·K)]$	0.561	0.570	0.579	0.588	0.597	0.606	0.613

表 3-8 冰的热导率 λ

$T/℃$	0	−20	−40	−60	−80	−100	−120
$λ/[W/(m·K)]$	2.24	2.43	2.66	2.91	3.18	3.47	3.81

3.1.5 水和冰的热扩散率 $α$

水和冰的热扩散率分别见表 3-9 和表 3-10。

表 3-9　水的热扩散率 α

$T/℃$	0	10	20	30	40
$\alpha/(10^{-6}\,\mathrm{m^2/s})$	0.133	0.138	0.143	0.147	0.150

表 3-10　冰的热扩散率 α

$T/℃$	0	-25	-50	-75	-100
$\alpha/(10^{-6}\,\mathrm{m^2/s})$	1.15	1.41	1.75	2.21	2.81

水和冰的比定压热容、热导率和热扩散率的比较详见图 3-1。

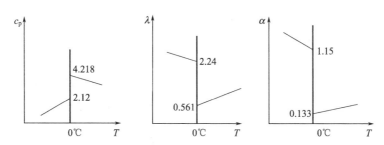

图 3-1　水和冰的比定压热容、热导率和热扩散率的比较

3.1.6　冰的融化热

冰在 0℃的融化热为 344.5kJ/kg 或 6.03kJ/mol。

3.2　食品材料的密度

食品的密度一般难以精确求得，文献中给出的食品密度值大都是近似值，但都遵循叠加规律。Hsiek（1972 年）提出用下式计算食品材料的密度

$$\frac{1}{\rho}=w_{\mathrm{w}}\left(\frac{1}{\rho_{\mathrm{w}}}\right)+w_{\mathrm{s}}\left(\frac{1}{\rho_{\mathrm{s}}}\right)+w_{\mathrm{i}}\left(\frac{1}{\rho_{\mathrm{i}}}\right)=\sum_{j}\frac{w_j}{\rho_j} \tag{3-1}$$

式中　ρ_{w}，ρ_{s}，ρ_{i}——未冻水、固体成分和冰的密度；

　　　　w_{w}，w_{s}，w_{i}——未冻水、固体成分和冰的质量分数；

　　　　j——食品系统中第 j 种组成。

图 3-2 给出了草莓密度随温度变化的情况。图中显示，草莓密度在初始冻结温度和 $-10℃$之间对温度的依赖性很强，当草莓从初始冻结温度降低到 $-40℃$时，其密度从 1050kg/m³降到 960kg/m³。图 3-3 给出了玉米棒各组成部分密度随温度的变化情况。

在冻结过程中由于冰的形成，冰的质量分数增大，食品的密度往往减小。有关实验表明，与常温下的密度相比，胡萝卜、包菜等在 $-20℃$的密度约减少 2.7%，在 $-60℃$约减少 3.3%。所以，在工程计算中，对冻结过程中冰的质量分数是必需关注的，实际上，冰的质量分数的多少不仅对食品的密度值有影响，而且与其他热物理性质也相关。

未冻结水和冰的质量分数可按第 2 章提供的方法计算，这里只介绍简易计算公式。冰的质量分数与食品的初始冻结温度和最终冻结温度的关系可由下式表示

$$w_{\mathrm{i}}=1-\frac{T_2}{T_6} \tag{3-2}$$

式中　w_{i}——冰的质量分数；

　　　　T_2——初始冻结温度；

T_6——最终冻结温度。

由式(3-2) 显而易见，若 $T_2 = T_6$，则 $w_i = 0$，在共晶点温度下，$w_i = 1$。

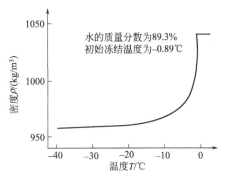

图 3-2　草莓密度随温度的变化

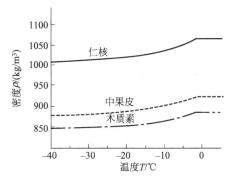

图 3-3　玉米棒各组成部分密度随温度的变化

要精确计算冻结过程中从食品中冻结的水量较为复杂，也可按下式简化计算

$$w_i = \frac{1.105}{1 + 0.31/\lg[T + (1 - T_2)]} \qquad (3\text{-}3)$$

若初始冻结温度 $T_2 = 1℃$，则式(3-3) 可简化为

$$w_i = \frac{1.105}{1 + 0.31/\lg T} \qquad (3\text{-}4)$$

表 3-11 给出了不同食品冰的质量分数与温度的关系。

表 3-11　不同食品冰的质量分数与温度的关系

食品	含水量/%	冰的质量分数(与初始含水量之比)/%					−30℃时,未冻结水质量分数(与初始水量之比)/%
		−5℃	−10℃	−15℃	−20℃	−30℃	
瘦羊肉	74	74	82	85	87	88	12
鱼	83.5	80	87	89	91	92	8
鱼	80.5	77	84	87	89	91	9
鱼	79	89	84.5	—	89	90	10
鸡蛋	74	85	89	91	92	93	7
蛋白质	86.5	87	91	93	94	94	6
果汁	88	72	85	90	93	96	(3)
桃子	84	—	83	—	92	95	5
樱桃	83	—	70	—	86	92	8
青豆	76	64	80	86	89	92	7
菠菜	90	88	93	95	96	97	(2)

由于食品的空隙度 ε 对食品密度有明显影响，Mannapanpperuma 和 Singh(1990) 建议用下式对式(3-1) 进行修正

$$\frac{1}{\rho} = \frac{1}{1 - \varepsilon} \sum_j \frac{w_j}{\rho_j} \qquad (3\text{-}5)$$

3.3　食品材料的比热容

3.3.1　食品材料表观比热容的计算模型

3.3.1.1　未冻结食品比热容的计算模型

在冻结温度以上，预测食品的焓值要比预测比热容相对容易。由于食品材料比热容具有

叠加性，知道了食品的组分和每种组分的比热容，未冻结食品的比热容可以由下式决定

$$c_U = \sum c_i w_i \tag{3-6}$$

式中　c_U——未冻结食品的比热容，kJ/(kg·K)；

　　　c_i——食品系统中第 i 种组分的比热容，kJ/(kg·K)；

　　　w_i——食品系统中第 i 种组分的质量分数，%。

3.3.1.2　冻结食品比热容的计算模型

式(3-6) 在没有相变的温度范围内是有效的。如果发生了相变（如冻结过程），必须考虑相变过程中的潜热，因此引入"表观比热容"来表征。实际上食品冻结并不在一个恒定的温度下进行，当温度低于其初始冻结温度后，食品开始结冰，冰点开始下降，一直要降到很低的温度。在其初始冻结温度以下的一段温度范围内，相变是逐渐进行，结冰是不断增加的。相变过程的比热容用"表观比热容" c_{pa} 来表示。

$$c_{pa} = \left(\frac{\partial H}{\partial T}\right)_p$$

式中　H——食品材料的焓，其相变潜热已被计入表观比热容 c_{pa} 中。

对于含水量较高的食品，其初始冻结温度为 $-1 \sim -3\,℃$，而主要相变区在其以下 $4 \sim 10\mathrm{K}$，但要完全冻结则要降到很低的温度。如新鲜的牛肉即使冷却到 $-62\,℃$，橘汁冷却到 $-95\,℃$，其中仍有部分水未冻结。

如图 3-4 所示，Heldman(1982) 给出了欧洲甜樱桃表观比热容与温度的关系。樱桃中水的质量分数为 77%，初始冻结温度为 $-2.61\,℃$。在初始冻结温度以下区域，表观比热容的剧烈变化，实际上反映了食品中的水分不断冻结释放大量潜热。

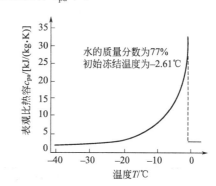

图 3-4　欧洲甜樱桃的表观比热容与温度的关系

下面介绍几个计算冻结食品表观比热容的模型。

(1) Schwartzberg(1976) 模型

Schwartzberg(1976) 使用以下模型对食品表观比热容进行了预测

$$c_F = c_U + (w_A - w_{WZ})(c_W - c_I) + (1 - w_{WZ})\frac{M_W}{M_S}\left[\frac{RT_p^2}{(T_p - T)^2} - 0.8(c_W - c_I)\right] \tag{3-7}$$

式中　c_F——冻结食品比热容，kJ/(kg·K)；

　　　c_U——未冻结食品比热容，kJ/(kg·K)；

　　　w_A——不可冻结水的质量分数；

　　　w_{WZ}——在初始冻结温度下食品中水的质量分数；

　　　c_W——食品中水的比热容，kJ/(kg·K)；

　　　c_I——食品中冰的比热容，kJ/(kg·K)；

　　　M_W——食品中水的摩尔质量；

　　　M_S——食品中固溶性成分的摩尔质量；

　　　T_p——纯水的初始冻结温度，K。

(2) Chen(1985) 模型

Chen(1985) 提出如下模型计算食品表观比热容

$$\frac{c_F}{\Psi} = 0.37 + 0.37 w_s + w_s \frac{R M_W T_p^2}{M_S (T - T_p)^2} \tag{3-8}$$

$$\frac{c_U}{\Psi} = 1 - 0.55 w_s - 0.15 w_s^3 \qquad (3\text{-}9)$$

式中　Ψ——换算系数，$\Psi = 4184 \text{J/cal}$；

　　　w_s——食品中固溶性成分的质量分数。

Schwartzberg（1976）和 Chen（1985）根据由以上模型获得的鳕鱼表比热容预测值与 Riedel（1956）获得的实验值进行了比较，结果如表 3-12 所示，预测值与实验值比较吻合。

表 3-12　鳕鱼表观比热容和比熵的预测值与实验值比较

温度/℃	表观比热容/[kJ/(kg·k)]			比熵/(kJ/kg)		
	实验值	预测值(1)	预测值(2)	实验值	预测值(1)	预测值(2)
−40	1.8	2.3	1.9	0	0	0
−30	2.0	2.4	2.0	19.2	23.3	19.6
−20	2.5	2.7	2.3	42.1	48.5	41.6
−18	2.7	2.8	2.5	47.5	54.1	45.9
−16	2.9	3.0	2.6	53.2	60.0	51.0
−14	3.2	3.2	2.9	59.3	66.3	56.6
−12	3.6	3.6	3.3	66.0	73.3	62.8
−10	4.1	4.3	4.0	73.6	81.3	69.7
−8	5.3	5.5	5.3	82.9	91.3	79.3
−6	7.7	8.1	8.0	95.5	105.1	92.3
−4	15.3	15.6	15.9	116.7	129.1	114.6
−2	67.4	55.9	58.2	176.4	189.3	174.6
−1	108.6	217.4	227.5	302.4	304.3	289.3
0	4.1	3.8	3.8	330.2		326.3
10	3.7	3.8	3.8	366.9		363.8
20	3.7	3.8	3.8	403.8		401.3

注：实验值由 Riedel（1956）获得；预测值（1）由 Schwartzberg（1976）提供；预测值（2）由 Chen（1985）提供。

（3）Mannapperuma 和 Singh（1990）模型

Mannapperuma 和 Singh（1990）建立了以下模型预测食品表观比热容

$$c_I = c_{I0} + c_{I1} T \qquad (3\text{-}10)$$

$$c_U = c_B w_B + c_W w_W \qquad (3\text{-}11)$$

$$c_F = (1 - w_{WZ}) c_B + w_{WZ}(c_{I0} + c_{I1} T) + (w_{WZ} - w_A)\left[\frac{F'(L_0 + L_1 T)^2}{RT^2(F' - F_p')} + L_1\right]\frac{F_z' - F_p'}{F' - F_p'} + w_A L_1$$

$$(3\text{-}12)$$

式中　c_{I0}，c_{I1}——式(3-10) 的拟合系数；

　　　c_B——食品中固体材料的比热容，kJ/(kg·K)；

　　　w_B——食品中固体材料的质量分数；

　　　w_W——食品中水的质量分数；

F_p'，F_z'，F'——对应于纯水冻结温度 T_p、食品初始冻结温度 T_z、食品温度 T 的函数值；

　　　L_0，L_1——潜热随温度线性变化的拟合方程的系数，详见第 2 章食品冻结过程中未冻结水质量分数的计算办法。

3.3.2　食品材料比热容的经验公式

3.3.2.1　高于初始冻结温度的情况

食品材料的比热容和含水量有着明显的关系，因此，通常以水的质量分数 w 为变量，

拟合为一般形式

$$c_p = c_1 + c_2 w \tag{3-13}$$

式中　c_1、c_2——经验公式的常数。

高于初始冻结温度时食品比热容的经验公式

$$c_p = 0.837 + 3.349w \quad \text{（Siebel，1892）} \tag{3-14}$$

$$c_p = 1.200 + 2.990w \quad \text{（Backstrom 和 Emblik，1965）} \tag{3-15}$$

$$c_p = 1.381 + 2.930w \quad \text{（Fikiin，1974）} \tag{3-16}$$

$$c_p = 1.400 + 3.220w \quad \text{（Sharma 和 Thompson，1973）} \tag{3-17}$$

$$c_p = 1.382 + 2.805w \quad \text{（Dominguez，1974）} \tag{3-18}$$

$$c_p = 1.256 + 2.931w \quad \text{（Comini，1974）} \tag{3-19}$$

$$c_p = 1.470 + 2.720w \quad \text{（Lamb，1976）} \tag{3-20}$$

$$c_p = 1.672 + 2.508w \quad \text{（Riedel，1956）} \tag{3-21}$$

式中，c_p 的单位都是 kJ/(kg·K)；w 是食品材料中水的质量分数。

Sweat(1995) 综合了大量实验数据，并将它们画在图上，如图 3-5 所示。由图可以看出，对于含水量较高的食品材料，实测数据很一致，说明其比热容基本上可由含水量所确定；但对于含水量较低的食品材料，实测数据很分散，说明其比热容受到其他组分的强烈影响。

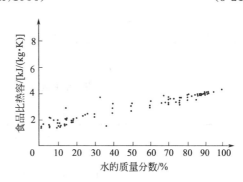

图 3-5　一些食品材料的冻结前比热容与含水量的实测数据分布

对于食品组分已知的食品，可以各主要组分的质量分数 w_i 为变量，拟合高于初始冻结温度比热容的经验公式

Leninger 和 Beverloo(1975)

$$c_p = (0.5w_f + 0.3w_s + w_w)4.180 \tag{3-22}$$

Van Beek(1976)

$$c_p = \sum (c_{pi} w_i) \tag{3-23}$$

Heldman 和 Singh(1981)

$$c_p = 4.18w_w + 1.549w_p + 1.424w_c + 1.675w_f + 0.837w_a \tag{3-24}$$

Choi 和 Okos(1983)

$$c_p = 4.180w_w + 1.711w_p + 1.574w_c + 1.928w_f + 0.908w_a \tag{3-25}$$

式中　$w_w, w_p, w_c, w_f, w_a, w_s$——食品中水分、蛋白质、碳水化合物、脂肪、灰分含量和固体材料的质量分数；

w_i——第 i 种组分的质量分数；

c_{pi}——第 i 种组分的比热容。

Choi 和 Okos(1986) 提出了以下包含 n 种组分的食品比热容计算公式

$$c_p = \sum_{i=1}^{n} w_i c_{pi} \tag{3-26}$$

Choi 和 Okos(1986) 给出了食品主要组分比热容的经验公式（公式中温度 T 为摄氏度）

$$c_{pwater} = 4081.7 - 5.3062T + 0.99516T^2 \quad （-40 \sim 0℃） \tag{3-27}$$

$$c_{pwater} = 4176.2 - 0.0909T + 5.4731 \times 10^{-3} T^2 \quad （0 \sim 150℃） \tag{3-28}$$

$$c_{\text{pCHO}} = 1548.8 + 1.9625T - 5.9399 \times 10^{-3}T^2 \quad (-40 \sim 150℃) \tag{3-29}$$

$$c_{\text{pprotein}} = 2008.2 + 1.2089T - 1.3129 \times 10^{-3}T^2 \quad (-40 \sim 150℃) \tag{3-30}$$

$$c_{\text{pfat}} = 1984.2 + 1.4373T - 4.8008 \times 10^{-3}T^2 \quad (-40 \sim 150℃) \tag{3-31}$$

$$c_{\text{pash}} = 1092.6 + 1.8896T - 3.6817 \times 10^{-3}T^2 \quad (-40 \sim 150℃) \tag{3-32}$$

$$c_{\text{pice}} = 2062.3 + 6.0769T \tag{3-33}$$

湿空气的比热容可以表示为空气相对湿度 RH 的函数

$$c_{\text{pmoist mair}} = c_{\text{pdryair}}(1 + 0.837\text{RH}) \tag{3-34}$$

例 3-1 计算大米 20℃的比热容，相关组分的质量分数见表 3-13。

表 3-13 大米的近似组成

组　　分	质量分数 w_i/%	组　　分	质量分数 w_i/%
水	8.5	脂肪	0.7
碳水化合物	75.3	灰分	1.4
蛋白质	14.1		

解 根据 Choi 和 Okos(1986) 给出的食品主要组分比热容的经验公式，20℃下每种组分的比热容可以计算出，结果列在表 3-14 中。

表 3-14 20℃下组分比热容的预测

组分	比热容计算公式	公式号	c_{pi}/[J/(kg·℃)]
水	$c_{\text{pwater}} = 4176.2 - 0.0909T + 5.4731 \times 10^{-3}T^2$	3-28	4176.6
碳水化合物	$c_{\text{pCHO}} = 1548.8 + 1.9625T - 5.9399 \times 10^{-3}T^2$	3-29	1585.7
蛋白质	$c_{\text{pprotein}} = 2008.2 + 1.2089T - 1.3129 \times 10^{-3}T^2$	3-30	2031.9
脂肪	$c_{\text{pfat}} = 1984.2 + 1.4373T - 4.8008 \times 10^{-3}T^2$	3-31	2011.0
灰分	$c_{\text{pash}} = 1092.6 + 1.8896T - 3.6817 \times 10^{-3}T^2$	3-32	1128.9

将这些值代入下式，得到稻米的 c_{p}。

$$c_{\text{p}} = \sum_{i=1}^{n} w_i c_{\text{p}i} \tag{3-26}$$

$$c_{\text{p}} = 0.085 \times 4176.6 + 0.753 \times 1585.7 + 0.007 \times 2011 + 0.014 \times 1128.9$$
$$= 1865.4 \ [\text{J/(kg·℃)}]$$

3.3.2.2 低于初始冻结温度的情况

对于低于初始冻结温度的情况，可选用前述的计算模型来预测。如食品中的水分已被全部冻结，也可用 Seibel 建议的公式计算

$$c_{\text{p}} = 0.837 + 1.256w \quad (\text{Seibel,1892}) \tag{3-35}$$

3.3.3 食品材料比热容的粗略估算

假设食品由水和干物质两部分组成，可用下述方法粗略估算比热容。

高于初始冻结温度的食品比热容按下式算出

$$c_{\text{b}} = \frac{c_{\text{w}}w_{\text{n}} + c_{\text{s}}s}{100} \tag{3-36}$$

式中　c_{b}——高于初始冻结温度的食品的比热容，kJ/(kg·K)；

　　　c_{w}——水的比热容，$c_{\text{w}} = 4.19$kJ/(kg·K)；

w_n——食品中水的质量分数，%；

　　c_s——干食品的比热容，$c_s=1.47kJ/(kg \cdot K)$；

　　s——食品中干物质的量，%。

　　在比较精确的比热容计算中，还应考虑水的比热容和干食品的比热容和温度的关系，有时还需要考虑食品中结合水的比热容。

　　干食品中的比热容和温度的关系可由下式算出

$$c_s=1.47+0.0066t \quad kJ/(kg \cdot K) \tag{3-37}$$

　　在计算低于初始冻结温度下的食品的比热容时，需要考虑冻结成冰的水量的影响，因为冰的比热容与水的比热容是不同的，于是，低于冻结点温度下的食品的比热容应按下式计算：

$$c_e=\frac{c_i J+c_w(w_n-J)+c_s s}{100} \tag{3-38}$$

式中　c_e——低于初始冻结温度下食品的比热容，$kJ/(kg \cdot K)$；

　　c_i——冰的比热容，$c_i \approx 2.09kJ/(kg \cdot K)$；

　　J——冻结成冰的水量，%。

　　若在 $c_w(w_n-J)$ 项中，将结合水的比热容考虑在内，那么式（3-38）还可精确一些。

3.4　食品材料的焓值

　　食品的焓值表征了食品含有的热量，它由显热和潜热两部分组成，包括了食品固型物、未冻结水、冻结水的显热和食品水分凝固或熔化潜热。显热与食品的温度有关，而潜热则与食品水分中被冻结水的质量分数有关。

　　对于如水这样的单一组分的物质，冻结相变过程是在某一确定的温度下进行的。因此，只要知道相变潜热（冰的融化热为 334.5kJ/kg）、固相比热容和液相比热容，就可以计算冻结的冷负荷，没有必要计算焓值。

　　对于含有多种组分的食品材料，冻结过程从最高冻结温度（或称初始冻结温度）开始，在较宽的温度范围内不断进行，一般至 -40℃ 才完全冻结（有的个别食品到 -95℃ 还没完全冻结），在此温度范围内不会出现明显的温度平台。对于这样的情况，虽然可以用"表观比热容"表达，但使用并不方便。在冻结相变过程的热计算中除了考虑显热外，还需要考虑相变潜热这个因素，引入焓的概念可简化计算，所以常用焓值直接表达。

　　在传热计算中，只需考察食品冻结过程中焓值的相对变化，因此，可设食品材料在某一温度下的焓值为零。通常，设 -40℃ 时食品材料的焓值为零。若已知食品原始含水量、冻前比热容、冻后比热容以及到某一温度时未冻水的质量分数或冻结水的质量分数（食品材料中未冻水的质量分数的计算方法详见第 2 章），那么就能计算出该温度下食品的焓值。

3.4.1　预测冻结食品焓值的计算模型

　　Heldman 和 Singh(1981)、Levy(1979) 和 Larkin 等（1983）建立了冻结食品焓值的预测模型。Heldman 于 1982 年预测了甜樱桃的焓值，如图 3-6 所示，虽然在初始冻结温度附近焓值的预测值比实验值略高，但是和实验值还是比较吻合的。

　　由食品冻结温度下降与水的摩尔分数的关系可以估计食品中冰和未冻结水的质量分数，根据这一方法，几个研究者提出了预测冻结食品焓值的计算模型。

　　（1）Schwartzberg(1976) 模型

$$h_F = (T - T_D) \left[c_U + (w_A - w_{WZ})(c_W - c_I) + (1 - x_{WZ}) \frac{M_W}{M_S} \left\{ \frac{R T_p^2}{(T - T_p)^2} - 0.8(c_W - c_I) \right\} \right]$$

$$(3-39)$$

式中　T_D——焓值相对变化的基准温度（233.15K）；

　　　h_F——冻结食品的焓值，kJ/kg。

其他符号意义同前。

（2）Chen(1985) 模型

Chen 提出两个等式来估计高于初始冻结温度和低于初始冻结温度的食品的焓值

$$\frac{h_F}{\Psi} = (T - T_D) \left[0.37 + 0.37 w_s + w_s \frac{R M_W T_p^2}{M_S (T - T_p)(T_D - T_p)} \right] \qquad (3-40)$$

$$\frac{h_U}{\Psi} = h_Z + (T - T_Z)(1 - 0.55 w_s - 0.15 w_s^3) \qquad (3-41)$$

式中　h_F——冻结食品的焓值，kJ/kg；

　　　h_U——未冻结食品的焓值，kJ/kg；

　　　h_Z——食品在初始冻结温度时的焓值，kJ/kg；

　　　T_Z——食品初始冻结温度，K；

　　　Ψ——转换系数（4184J/cal）。

由 Schwartzberg(1976) 模型和 Chen(1985) 模型分别计算出的焓值与 Riedel(1956) 提供的实验值进行比较，两者吻合得比较好。

（3）Mannapperuma 和 Singh(1989) 模型

$$h_U = h_{FZ} + (c_W w_W + c_B w_B)(T - T_Z) \qquad (3-42)$$

$$h_F = (1 - w_{WZ}) c_B (T - T_D) + w_{WZ} \left[c_{I0}(T - T_D) + \frac{1}{2} c_{I1}(T^2 - T_D^2) \right]$$

$$+ \left[(w_{WZ} - w_A) \frac{F_Z' - F_P'}{F' - F_P'} + w_A \right] (L_0 + L_1 T)$$

$$- \left[(w_{WZ} - w_A) \frac{F_Z' - F_P'}{F_D' - F_P'} + w_A \right] (L_0 + L_1 T_D) \qquad (3-43)$$

式中　h_{FZ}——在初始冻结温度下的冻结食品的焓值，kJ/kg；

　　　F_D'——对应焓值相对变化基准温度 T_D 的函数值，详见第 2 章。

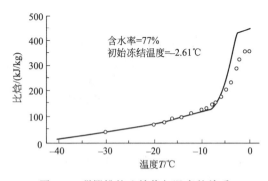

图 3-6　甜樱桃的比焓值与温度的关系

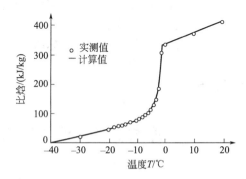

图 3-7　鳕鱼的比焓值与温度的关系

图 3-7 显示了由 Mannapperuma(1990) 给出的鳕鱼比焓值与温度的关系，并与 Riedel(1956) 提供的实验值进行比较。图中表明，在靠近初始冻结温度附近，焓值发生了很大的变化。

3.4.2　图表法查焓值

表 3-15 给出一些食品材料的比焓值。

表 3-15　−30～30℃温度区内一些食品的焓值/(kJ/kg)

食品	含水量/%	0～30℃温度区内的比热容/[kJ/(kg·K)]	温度/℃									
			−30	−20	−15	−10	−5	0	5	10	20	30
羊肉	74	3.52	19.2	41.5	54.4	72.0	104.3	298.5	314.8	332.9	368.4	402.2
猪肉(含肥量8%)	70	3.43	19.2	40.6	53.6	70.8	100.9	281.4	298.5	316.1	351.3	385.2
鳖鱼	80.3	3.68	20.1	41.9	56.1	74.1	105.1	322.8	341.2	360.1	381.1	434.2
鲱鱼	63.8	3.35	20.1	42.3	56.1	73.2	101.3	278.4	296.4	314.4	348.8	382.7
蛋白质	86.5	3.80	18.4	38.5	50.2	64.5	87.1	351.3	370.5	389.4	427.1	365.5
蛋黄	50	3.10	18.4	38.9	50.7	64.9	84.6	228.2	246.2	268.0	303.5	334.1
鸡蛋(整)	74	3.68	18.4	38.9	52.3	66.2	85.8	308.1	328.2	349.2	386.9	441.3
87%的肥黄油	16	—	16.8	35.2	45.6	58.2	74.9	139.4	157.8	179.6	227.8	263.8
肥猪肉	自由	—	14.8	31.1	40.6	51.9	64.5	82.5	107.6	125.2	152.0	195.1
桃汁	89	3.89	16.8	38.5	55.7	75.4	118.9	356.7	376.8	400.7	437.5	429
干豆类	75.8	3.56	17.6	43.5	60.7	86.7	114.9	312.3	330.3	347.1	384.4	390.2
菠菜	90.2	3.89	16.8	33.1	48.6	62.8	88.8	362.6	386.9	402.2	444.2	485.7
莓果	89.3	3.94	16.8	38.9	53.6	72.9	109.3	363.8	384.1	401.1	440.0	482.7

Riedel 和 Dickerson 绘制了牛肉、水果汁和蔬菜汁的比焓值与含水量的关系线图，如图 3-8、图 3-9 所示。这些线图取 −40℃食品材料比焓值为 0。

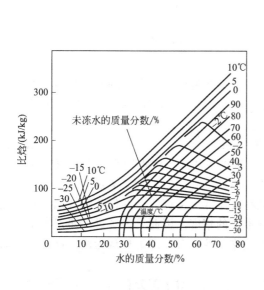

图 3-8　牛肉的比焓值图

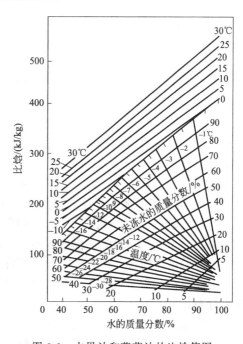

图 3-9　水果汁和蔬菜汁的比焓值图

对于含水量很高的食品，当温度稍低于 0℃时，就有部分水被冻结，未冻水质量分数很快降低。以水的质量分数为 90% 的食品为例，当温度降到 −3℃时，其中已有多于 60% 的水被冻结；而对于水的质量分数为 60% 的食品，只有温度降至 −6～−7℃ 才开始冻结；而到 −20℃ 左右，才能使其中约 60% 的水被冻结。因此，食品原料的焓值主要与食品水分中被冻结水的质量分数有关。

3.4.3 焓值经验公式的拟合

由于食品材料中未冻结水的质量分数与温度有关，因此，食品焓值可近似地看做是温度的函数。理论上求解食品在某一温度下的焓值必须在合适的温度区间中分段积分。积分方法求解食品热焓并不实用，可采用数理统计方法寻找和优选精确反映食品热焓与温度相关关系的经验公式。

以牛肉等各种禽类为例，将文献提供的热焓（h）-温度（T）数据录入统计分析软件工作表，生成热焓与温度的关系曲线如图 3-10 所示。

从图 3-10 不难看出，在较低的温度区间，热焓的变化较缓慢；在略低于牛肉等各种禽类初始冻结点的温度区间，热焓的变化较大；而在高于牛肉等各种禽类初始冻结点的温度区间，热焓与温度呈线性关系。显然，要想精确地用一个经验公式来反映整个实用温度区间的相关关系是不可能的，因此采用分段拟合方法。图 3-10 直观地告诉我们，对于牛肉等各种禽类，大致可分为两个温度区间，在低温度区间，曲线为非线性的生长型曲线；在高温度区间，曲线近似为直线。

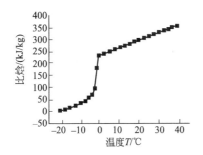

图 3-10　牛肉等各种禽类的热焓与温度的相关曲线

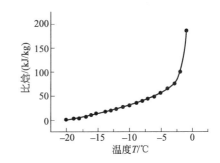

图 3-11　牛肉等各种禽类在 −20～−1℃ 时
h-T 拟合情况

对于非线性曲线拟合，利用统计分析软件为提供的多种生长型曲线的相关表达式及相应的曲线图样，通过与图 3-11 中曲线部分的比较和筛选，选用 ExpGrow2 指数生长型曲线作为非线性拟合的相关表达式

$$h = h_0 + a_1 e^{(T-T_0)/b_1} + a_2 e^{(T-T_0)/b_2} \tag{3-44}$$

图 3-11 给出了牛肉等各种禽类在 −20～−1℃ 温度下的热焓散点图和拟合曲线，可以看出拟合的精度较高。在 0～40℃ 的温度区间，图 3-10 显示牛肉等各种禽类热焓与温度呈现强线性相关。对于 −1～0℃ 的小温度区间，无论是将其与低温度区间合并作非线性曲线拟合或是将其与高温度区间合并作线性拟合，都将影响拟合的精度。因此，为了进一步提高拟合的精度，以满足对工程实用要求，将该温度区间单独作线性拟合，即近似认为两温度间的热焓为线性分布。

其他常见食品的热焓与温度的相关关系与牛肉相类似，对于部分食品，分两段拟合，其精度较高，如水果糖浆浆果等。按上述分段拟合的处理办法对 19 种常见食品的热焓-温度数据进行拟合，各温度区间拟合的结果及最大相对误差详见表 3-16。

表 3-16　各种常见食品热焓分段拟合公式及参数

食品名称	拟合公式：$h=h_0+a_1e^{(t-t_0)/b_1}+a_2e^{(t-t_0)/b_2}$						适用范围/℃	拟合公式：$h=a+bT$		适用范围/℃	拟合公式：$h=a+bT$		适用范围/℃	最大相对误差
	h_0	t_0	a_1	a_2	b_1	b_2		a	b		a	b		
牛肉等各种禽类	−22.40363	−4.69502	81.87093	0.22728	12.02695	0.61004	−18≤T<−1	232.5	46.5	−1≤T≤0	232.46969	3.22871	0<T≤40	4.9904%
羊肉	−18.95869	−3.78454	0.83044	84.41788	0.59377	11.16774	−18≤T<−1	224.2	44.4	−1≤T≤0	224.25854	3.14317	0<T≤40	−5.0437%
猪肉	−19.46229	−3.89447	0.66715	81.59832	0.59757	11.56614	−18≤T<−1	212	41.9	−1≤T≤0	211.94983	3.03483	0<T≤40	−4.28873%
肉类副产品	−19.55178	−4.10792	90.77255	0.6325	10.70934	0.61071	−18≤T<−1	261.5	57	−1≤T≤0	261.3453	3.50408	0<T≤40	5.12332%
去骨牛肉	−18.73932	−4.00841	0.65464	86.9984	0.60033	10.85258	−18≤T<−1	243	48.6	−1≤T≤0	243.07596	3.31937	0<T≤40	−5.74655%
少脂鱼	−13.59867	−3.60034	0.21274	96.86022	0.42542	8.8409	−18≤T<−1	266	53.6	−1≤T≤0	266.21603	3.51883	0<T≤40	8.05508%
多脂鱼	−20.1673	−4.07653	0.5892	90.00243	0.59804	11.03489	−18≤T<−1	249.3	49.4	−1≤T≤0	249.52787	3.41044	0<T≤40	−6.48767%
鱼片	−19.31003	−4.1386	0.57741	94.96856	0.59231	10.33912	−18≤T<−1	282	57	−1≤T≤0	281.98676	3.65664	0<T≤40	−5.40173%
冷却鸡蛋	−107.30545	−16.4606	114.65609	0.03111	53.80395	2.13522	−18≤T<−4	768.2	180.1	−4<T≤−3	237.42981	3.15539	−3<T≤40	−1.62392%
冻蛋	−23.69597	−11.50037	42.23785	0.00059	15.60013	0.89947	−18≤T<−1	237.6	109	−1≤T≤0	237.46585	3.15402	0<T≤40	−5.25517%
蛋黄	−24.87244	−11.59914	44.5286	0.00065	15.23456	0.90731	−18≤T<−1	264.4	122.4	−1≤T≤0	264.23846	3.43508	0<T≤40	−4.99969%
纯牛奶	−21.04267	−3.34556	4.65622	97.13681	0.80522	11.32876	−18≤T<−1	319.3	134.9	−1≤T≤0	318.97456	3.98017	0<T≤40	−4.90505%
奶油	−32.8335	−2.88097	1.88684	82.06365	0.65129	18.73623	−18≤T<−1				92.31013	4.27292	−1<T≤40	4.10987%
奶油冰淇淋	−2454.66887	−21.97524	0.0806	2446.46813	2.64414	633.43218	−18≤T<−2				227.90371	3.35439	−2<T≤40	−4.06458%
牛奶冰淇淋	−1872.84392	−20.05255	0.33056	1870.78133	2.90805	502.98583	−18≤T<−2				236.83232	3.39206	−2<T≤40	7.48537%
葡萄杏子樱桃	−62.57608	−6.38771	14.51876	135.57002	1.74538	17.60766	−18≤T<−3	282	26.4	−3<T≤−2	236.54544	3.55734	−2<T≤40	−0.99461%
水果其他浆果	−46.12501	−6.99172	102.37063	2.82765	16.54275	1.33594	−18≤T<−2	325.2	57	−2<T≤−1	271.94632	3.77113	−1<T≤40	−3.00222%
水果糖浆浆果	−191.72611	−9.01956	242.41947	5.42278	46.32539	2.11204	−18≤T<−2				247.45799	3.55521	−2<T≤40	−1.38954%
加糖的浆果	−764.18757	−29.28551	722.74842	0.08708	169.87649	3.60298	−18≤T<−4				182.78993	3.13908	−4<T≤40	−2.85027%

从表 3-16 可以看出，除了个别情况拟合的最大相对误差达到 $7\% \sim 8\%$，大部分食品拟合的精度较好，最大相对误差大多出现在非线性部分的低温度区间，而线性部分拟合的精度很好，其相关系数均在 0.999 以上，大多数情况的相关系数在 0.99999 以上。

3.5 食品材料的热导率

3.5.1 食品材料热导率的计算模型

食品材料结构是影响食品热导率的主要因素，具有纤维形态的食品，传热方向与食品纤维平行时的热导率显著不同于传热方向与食品纤维垂直时的热导率。食品的孔隙率是影响食品热导率的又一主要因素，冻结过程可能会很大程度上改变食品的孔隙率。因此，在食品冻结过程中对热导率变化的预测变得更加复杂。

（1）Maxwell-Euken 模型

Jason、Long(1955) 和 Lentz(1961) 利用 Maxwell-Euken 模型来预测食品冻结过程中热导率的变化。考虑到食品系统由连续相和扩散相组成，用以下公式预测热导率

$$\lambda = \lambda_c \left[\frac{(3-\zeta) - 2\zeta V_d}{(3-\zeta) + \zeta V_d} \right] \tag{3-45}$$

$$\zeta = 1 - \frac{\lambda_d}{\lambda_c} \tag{3-46}$$

式中　λ_d——扩散相热导率；

　　　λ_c——连续相热导率；

　　　V_d——扩散相的容积。

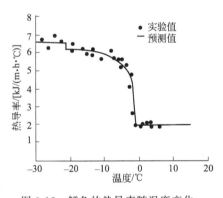

图 3-12　鳕鱼的热导率随温度变化

对于未冻结的食品，食品固体被认为是扩散相，水被认为是连续相。Jason 和 long(1955) 用分段（二阶段）模型来估计热导率，在第一阶段考虑冰分散在水中，第二阶段假设食品固体部分分散在冰-水混合物中。鳕鱼的热导率的预测值与实验值比较见图 3-12。

由于 0℃ 冰的热导率为 $2.24W/(m \cdot K)$，远大于 0℃ 水的热导率 $0.567W/(m \cdot K)$，所以冻结食品的热导率也远高于未冻食品。

（2）Kopelman(1966) 模型

Kopelman(1966) 提出了更加全面地处理食品热导率的计算模型，分别用三种不同的模型来描述均质食品、纤维食品和分层食品的热导率。

对于均质食品系统

$$\lambda = \lambda_c \left[\frac{1 - \zeta V_d^{2/3}}{1 - \zeta V_d^{2/3}(1 - \zeta V_d^{1/3})} \right] \tag{3-47}$$

对于纤维食品系统

$$\lambda_P = \lambda_c(1 - \zeta V_d) \tag{3-48}$$

$$\lambda_\perp = \lambda_c \left[\frac{\zeta - V_d^{1/2}}{\zeta - V_d^{1/2}(1 - V_d^{1/2})} \right] \tag{3-49}$$

式中　λ_P——热流方向与纤维长度方向平行时的热导率；

　　　$\lambda_\perp$——热流方向与纤维长度方向垂直时的热导率。

对于分层食品系统

$$\lambda_P = \lambda_c(1 - \zeta V_d) \tag{3-50}$$

$$\lambda_\perp = \lambda_c\left[\frac{\zeta - 1}{\zeta - 1 + \zeta V_d}\right] \tag{3-51}$$

式中　λ_P——热流方向与两组分界面平行时的热导率；

　　　$\lambda_\perp$——热流方向与两组分界面垂直时的热导率。

Heldman 和 Gorby(1975) 利用 Kopelman 模型预测冷冻食品的热导率，Kopelman 预测模型的计算结果如图 3-13 所示。图中显示了牛肉的传热方向平行于纤维和垂直于纤维时热导率的变化，与实验数据非常吻合。

Heldman 和 Singh(1986) 采用 Thompson 等（1983）提供的玉米棒实验数据预测玉米棒各组成部分的热导率，如图 3-14 所示。与图 3-13 所示显示的一样，在接近初始冻结温度的小温度范围内，热导率的变化很大。

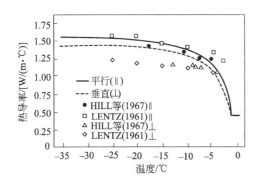

图 3-13　冻结牛肉的热导率
（Heldmant 和 Gorby，1975）

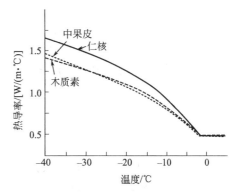

图 3-14　玉米棒各组成部分热
导率随温度的变化

（3）叠加模型

叠加模型主要思想是将食品中各组分的热导率、密度和质量分数对食品热导率的贡献率进行叠加。叠加模型分为平行模型和垂直模型两种。

① 平行（并联）模型　在平行模型中，假设食品组分的分布排列与热流方向平行，由 n 组分组成的食品材料有效热导率 λ_{pa} 可以利用各种组分 i 的体积分数 φ_i 和热导率 λ_i，代入以下公式计算得出

$$\lambda_{pa} = \sum_{i=1}^{n} \lambda_i \varphi_i \tag{3-52}$$

如果食品材料由三种成分（水、固体和空气）组成，有效热导率可以由以下公式计算得出

$$\lambda_{pa} = \lambda_w \varphi_w + \lambda_s \varphi_s + \lambda_a \varphi_a \tag{3-53}$$

式中　$\varphi_w, \varphi_s, \varphi_a$——水分、固体物质、空气的体积分数；

　　　$\lambda_w, \lambda_s, \lambda_a$——水分、固体物质、空气的热导率。

② 垂直（串联）模型　在垂直模型中，假设食品组分的分布排列与热流方向垂直，由 n 组分组成的食品材料有效热导率 λ_{se} 可以利用各种组分 i 的体积分数 φ_i 和热导率 λ_i，代入以下公式计算得出

$$\frac{1}{\lambda_{se}} = \sum_{i=1}^{n} \frac{\varphi_i}{\lambda_i} \tag{3-54}$$

如果食品材料由三种成分（水，固体物质和空气）组成，有效热导率可以通过以下公式计算出

$$\frac{1}{\lambda_{se}} = \frac{\varphi_w}{\lambda_w} + \frac{\varphi_s}{\lambda_s} + \frac{\varphi_a}{\lambda_a} \tag{3-55}$$

Miles 等、Mannapperuma 和 Singh 曾利用下述的叠加模型来预测几种食品的热导率。

$$\lambda = \rho \sum \lambda_i \frac{w_i}{\rho_i} \tag{3-56}$$

式中，下标 i 表示食品中的第 i 种组分。

首先利用前述公式来预测食品的密度，然后将密度值代入式(3-56)，这样处理，实际上是将在冻结过程中引起的食品空隙度变化因素并入了这个模型中。

Choi 和 Okos(1984) 提出根据各组分的体积分数和热导率计算食品材料热导率的方法

$$\lambda = \rho \sum_i \lambda_i \frac{\varphi_i}{\rho_i} \tag{3-57}$$

式中 $\quad \varphi_i，\rho_i，\lambda_i$——各组分的体积分数、密度和热导率，在计算过程中未冻水和已冻冰作为两个组分处理。

各组分的体积分数 φ_i 由下式计算

$$\varphi_i = \frac{\dfrac{w_i}{\rho_i}}{\displaystyle\sum_{i=1}^{n}\left(\dfrac{w_i}{\rho_i}\right)} \tag{3-58}$$

式中 $\quad \varphi_i$——第 i 种组分的体积分数；

$\qquad w_i$——第 i 种组分的质量分数；

$\qquad \rho_i$——第 i 种组分的密度。

Choi 和 Okos(1986) 给出了纯水、碳水化合物（CHO）、蛋白质、脂肪、灰分和冰的热导率计算公式，适用的温度范围在 0～90℃之间。

$$\lambda_{water} = 0.57109 + 1.7625 \times 10^{-3} T - 6.7036 \times 10^{-6} T^2 \tag{3-59}$$

$$\lambda_{CHO} = 0.20141 + 1.3874 \times 10^{-3} T - 4.3312 \times 10^{-6} T^2 \tag{3-60}$$

$$\lambda_{protein} = 0.17881 + 1.1958 \times 10^{-3} T - 2.7178 \times 10^{-6} T^2 \tag{3-61}$$

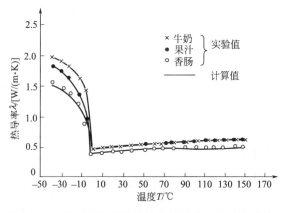

图 3-15　牛奶、果汁、香肠热导率计算值和实验值比较

$$\lambda_{fat}=0.18071-2.7604\times10^{-3}T-1.7749\times10^{-7}T^2 \tag{3-62}$$

$$\lambda_{ash}=0.32961+1.4011\times10^{-3}T-2.9069\times10^{-6}T^2 \tag{3-63}$$

$$\lambda_{ice}=2.2196-6.2489\times10^{-3}T+1.0154\times10^{-4}T^2 \tag{3-64}$$

式中　λ——食品组分热导率，W/(m·℃)；

　　　T——食品温度，℃。

Rahman(1995) 根据 Luikov 的数据拟合给出不同温度下湿空气的热导率。

$$\lambda_{air}=0.0076+7.58\times10^{-4}T+0.0156RH \tag{3-65}$$

式中　RH——是从 0～1 之间变化的相对湿度，公式适用的温度范围在 20～60℃ 之间。

图 3-15 显示了牛奶、果汁和香肠热导率的预测值与实验值。如图所示，预测值与实验值十分吻合。

例 3-2　某水果各组分的质量分数及其密度由表 3-17 中给出，采用平行、垂直模型决定水果在 25℃ 下的热导率。

表 3-17　水果的组分和 25℃ 下食品组分的密度

组分	质量分数/%	密度/(kg/m³)	组分	质量分数/%	密度/(kg/m³)
水	22.5	995.7	脂肪	0.5	917.15
碳水化合物	72.9	1592.9	灰分	1.9	2418.2
蛋白质	2.2	1319.6			

解　为了利用预测模型来计算水果的热导率，要求给出 25℃ 下食品各组分的热导率。可以用等式(3-59)～式(3-63) 来计算，计算结果如表 3-18 所示。

表 3-18　25℃ 下各组分的热导率

组　分	热　导　率　公　式	公式号	$\lambda_i/[W/(m\cdot K)]$
水	$\lambda_{water}=0.57109+1.7625\times10^{-3}T-6.7036\times10^{-6}T^2$	3-59	0.610
碳水化合物	$\lambda_{CHO}=0.20141+1.3874\times10^{-3}T-4.3312\times10^{-6}T^2$	3-60	0.233
蛋白质	$\lambda_{protein}=0.17881+1.1958\times10^{-3}T-2.7178\times10^{-6}T^2$	3-61	0.207
脂肪	$\lambda_{fat}=0.18071-2.7604\times10^{-3}T-1.7749\times10^{-7}T^2$	3-62	0.112
灰分	$\lambda_{ash}=0.32961+1.4011\times10^{-3}T-2.9069\times10^{-6}T^2$	3-63	0.363

根据题目给出的水果各组分数据，计算出每种组分的比体积

组分 i 的比体积＝组分 i 的质量分数/组分 i 的密度

然后，将每种组分的比体积相加得到总的比体积为 7.14×10^{-4} m³。各组分体积分数的计算可以利用各组分的比体积除以总的比体积。每一种组分的比体积和体积分数在表 3-19 中给出。

表 3-19　水果各组分的比体积和体积分数

组分	比体积/(m³/kg)	组分的体积分数 φ_i	组分	比体积/(m³/kg)	组分的体积分数 φ_i
水	2.26×10^{-4}	0.320	脂肪	5.45×10^{-6}	0.0076
碳水化合物	4.58×10^{-4}	0.640	灰分	7.86×10^{-6}	0.011
蛋白质	1.67×10^{-5}	0.023			

ⅰ.利用平行模型

$$\lambda_{pa}=\sum_{i=1}^{n}\lambda_i\varphi_i$$

$$\lambda_{pa} = 0.61 \times 0.32 + 0.233 \times 0.64 + 0.207 \times 0.023 + 0.112 \times 0.0076 + 0.363 \times 0.011$$
$$= 0.353 [W/(m \cdot K)]$$

ⅱ. 利用垂直模型

$$\frac{1}{\lambda_{se}} = \sum_{i=1}^{n} \frac{\varphi_i}{\lambda_i}$$

$$\frac{1}{\lambda_{se}} = \sum_{i=1}^{n} \frac{\varphi_i}{\lambda_i} = \frac{0.32}{0.61} + \frac{0.64}{0.233} + \frac{0.0076}{0.112} + \frac{0.011}{0.363} = 3.48 \ (m \cdot K/W)$$

$$\lambda_{se} = \frac{1}{3.48} = 0.287 \ [W/(m \cdot K)]$$

3.5.2 食品材料热导率的经验计算公式

3.5.2.1 高于初始冻结温度的情况

食品材料的热导率和含水量有着明显的关系，通常也以水的质量分数 w 为变量，拟合为一般形式

$$\lambda = c_1 + c_2 w \tag{3-66}$$

如果不清楚食品材料的详细组分，只知道水的质量分数 w，可选用下述计算公式

$$\lambda = 0.46 (肉)(Sweat, 1975)$$

$$\lambda = 0.50 (肉)(Backstrom, 1965)$$

$$\lambda = 0.18 (脂肪)(Backstrom, 1965)$$

$$\lambda = 0.26 + 0.34w (Backstrom, 1965) \tag{3-67}$$

$$\lambda = 0.056 + 0.567w (Bowman, 1970) \tag{3-68}$$

$$\lambda = 0.081 + 0.568w (Bowman, 1970) \tag{3-69}$$

$$\lambda = 0.564 + 0.0858w (高粱)(Sharma \text{ 和 } Thompson, 1973) \tag{3-70}$$

$$\lambda = 0.26 + 0.33w (Comini, 1974) \tag{3-71}$$

$$\lambda = 0.148 + 0.493w (水果和蔬菜)(Sweat, 1974) \tag{3-72}$$

$$\lambda = 0.0324 + 0.329w (鱼)(Annamma \text{ and } Rao, 1974) \tag{3-73}$$

$$\lambda = 0.096 + 0.34w (碎肉)(Sorenfors, 1974) \tag{3-74}$$

$$\lambda = 0.080 + 0.52w (鱼和肉)(Sweat, 1975) \tag{3-75}$$

上述公式中 λ 的单位都是 $W/(m \cdot K)$；w 是食品材料中水的质量分数。上述关系并不适用于多孔的疏松的食品，因为多孔性食品的热导率与孔隙率有很大关系，有时影响比含水量的影响还大。

如果清楚掌握食品中各组分的质量分数，可采用如下近似公式计算热导率。

Dominguez 等（1974）提出

$$\lambda \approx 0.60w_w + 0.20w_p + 0.245w_c + 0.18w_f \tag{3-76}$$

Choi 和 Okos(1983) 提出

$$\lambda \approx 0.61w_w + 0.20w_p + 0.205w_c + 0.175w_f + 0.135w_a \tag{3-77}$$

Sweat(1995) 提出

$$\lambda \approx 0.58w_w + 0.155w_p + 0.25w_c + 0.16w_f + 0.135w_a \tag{3-78}$$

式中　w_w，w_p，w_c，w_f，w_a——食品中水分、蛋白质、碳水化合物、脂肪和灰分含量的质量分数。

由于蛋白质和碳水化合物的 λ 值与它们的化学、物理状态有关，因此上述计算式之间的偏差仍很大。

3.5.2.2 低于初始冻结温度的情况

冻结过程中，食品的密度、孔隙率等会发生明显的变化，这些物性参数对热导率产生很大的影响。热导率还与食品原料的纤维方向有关，因此，要预测冻结食品的热导率是非常困难的。

低于初始冻结温度的食品热导率计算可选用前述的预测模型进行估计。

3.5.3 食品材料热导率的粗略估算

与比热容和密度不同，食品材料热导率不遵循叠加定律。如果采用叠加原理计算食品材料热导率，那么计算结果与实验值之差达 20%～30%。当无法计算食品材料热导率时，必须进行实测，在表 3-20 中引列了一些食品材料热导率的实验数据。

表 3-20　一些食品材料热导率的实验数据

品　名	温度/℃	含水量/%	λ/[W/(m·K)]	实验者
苹果汁	20	87	0.599	Ricdel
	80		0.531	
	20	70	0.504	
	80		0.564	
	20	35	0.389	
	80		0.435	
苹果	8	—	0.418	Gane
干苹果	23	41.6	0.219	Sweat
干杏	23	43.6	0.375	Sweat
草莓酱	20	41.0	0.338	Sweat
牛肉脂肪	35	0	0.190	Poppendick
	35	20	0.230	
瘦牛肉(垂直纤维方向)	3	75	0.506	Lentz
	−15		1.42	
全奶(3%脂肪)巧克力蛋糕	3	6	0.215	Lentz
猪肉脂肪	−15		0.218	
蛋黄(32.7%脂肪,16.75%蛋白质)	31	50.6	0.421	Poppendick
全奶(3%脂肪)	28	90	0.580	Leidenfrost
巧克力蛋糕	23	31.9	0.105	Sweat

在初始冻结温度以下，食品材料热导率与温度的关系比较密切（表 3-21），因为冰的热导率比水的热导率大 4 倍。如某食品在 0℃ 时的热导率是 2.21～2.33W/(m·K)，在 −120℃ 温度下，热导率数值便增大至 3.84W/(m·K)。

冰的热导率与温度的关系可由下式算出

$$\lambda_{ice} = 1.9(1 + 0.005T) \quad kcal/(m·h·℃) \tag{3-79}$$

也可利用下式对食品低于初始冻结温度下的热导率进行近似计算

$$\lambda_e = \lambda_0 + w_I \Delta\lambda \tag{3-80}$$

式中 λ_e——低于初始冻结温度下的热导率，W/(m·K)；

λ_0——在初始冻结温度下的热导率，W/(m·K)；

w_I——冻结水的质量分数，%；

$\Delta\lambda$——在温度变化 1℃ 的情况下的热导率的变化，W/(m·K)；对于含水量达 70%～80% 的食品，$\Delta\lambda$ 约为 0.92～1.16W/(m·K)。

表 3-21 一些食品材料热导率 λ 与温度的关系/[W/(m·K)]

食品	温度/℃			含量/%		备注
	0	−10	−20	水分	脂肪	
脂肪	0.21	0.21	0.21	6	93	$\rho=700\text{kg/m}^3$
猪肉	0.29	0.46	0.29	9	89	
羊肉	0.29	0.46	0.55	70～80	—	$\rho=800\text{kg/m}^3$
豆类	0.67	1.09	1.14	70～80	—	
葡菓	0.50	1.07	1.17	74	3.4	热流垂直于纤维
羊肉	0.50	1.36	1.44	75	0.9	热流平行于纤维

3.6 食品材料的热扩散率

食品材料的热扩散率是涉及热导率 λ、密度 ρ 和比热容 c_p 的一个比值，可以表述为

$$\alpha = \frac{\lambda}{\rho c_p} \tag{3-81}$$

式中 α——食品材料的热扩散率，m^2/s。

如果热导率、密度和比热容已知，可以计算出热扩散率。

食品材料的热扩散率强烈地依赖于食品中的水分含量。下面给出几个估算食品材料的热扩散率的经验模型。

ⅰ. Dickerson(1969) 模型

$$a = 0.088 \times 10^{-6} + (a_w - 0.088 \times 10^{-6}) w_w \tag{3-82}$$

ⅱ. Marten(1980) 模型

$$a = 0.057363 w_w + 0.00028(T+273) \times 10^{-6} \tag{3-83}$$

式中 a_w——食品中水的热扩散率；

w_w——食品中水的质量分数。

ⅲ. Choi 和 Okos(1986) 提出，对液体食品使用以下模型

$$a = \sum a_i \varphi_i \tag{3-84}$$

式中 a_i——食品中 i 组分的热扩散率；

φ_i——食品中 i 组分的体积分数。

φ_i 用下式计算

$$\varphi_i = \frac{w_i/\rho_i}{\sum(w_i/\rho_i)} \tag{3-85}$$

式中 w_i——食品中 i 组分的质量分数；

ρ_i——食品中 i 组分的密度。

食品材料的热力学特性主要取决于食品组分、温度和水分含量，这种依赖性通常不能忽略，必须考虑。

3.7　食品材料热物理性质的测量

3.7.1　黏度测定

在食品加工过程中，往往需要对食品的黏度变化进行测定和控制。实用的黏度测定方法有毛细管法和回转黏度测定法，但这两种方法测定范围都较窄（$50\sim500\text{mPa}\cdot\text{s}$），而且毛细管容易堵塞，造成使用上的不便。利用食品传热特性测定黏度就可以解决上述问题。这里介绍一种无损伤连续测定黏度的细棒加热黏度计。

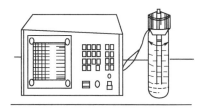

图 3-16　细棒加热黏度计

细棒加热黏度计的原理是以热力学性质为基础。如图 3-16 所示，该黏度计是在温度为 θ_∞ 的流体中垂直插入两根平行固定的细棒，细棒直径为 d。对细棒直径方向的自由对流传热，有傅里叶传热方程式

$$\frac{\mathrm{d}\theta}{\mathrm{d}t}=\alpha\left(\mathbf{\nabla}^2\theta+\frac{1}{\lambda}W\right) \tag{3-86}$$

式中　θ——温度，℃；

$\quad\quad t$——时间，s；

$\quad\quad \lambda$——热导率，$\text{W}/(\text{m}\cdot\text{K})$；

$\quad\quad \alpha$——传热系数，$\text{W}/(\text{m}^2\cdot\text{K})$；

$\quad\quad W$——发热量，J/m^3。

将式（3-86）变为柱坐标系，则

$$\mathbf{\nabla}^2=\frac{\mathrm{d}^2}{\mathrm{d}r^2}+\frac{1}{r}\cdot\frac{\mathrm{d}}{\mathrm{d}r} \tag{3-87}$$

当边界条件为 $-\lambda\left(\dfrac{\mathrm{d}\theta}{\mathrm{d}r}\right)_{r=\frac{d}{2}}=\alpha(\theta-\theta_\infty)$，$\left(\dfrac{\mathrm{d}\theta}{\mathrm{d}r}\right)_{r=0}=0$ 时，式（3-87）的恒定解，即细棒表面传热系数如下式所示

$$\alpha=\frac{Wd}{4(\theta-\theta_\text{w})} \tag{3-88}$$

式中　r——细棒半径方向距离，m；

$\quad\quad \theta$——细棒表面温度，℃；

$\quad\quad \theta_\infty$——流体温度，℃；

$\quad\quad \theta_\text{w}$——细棒断面方向平均温度，℃。

由被加温的流体内的密度差所引起的自由对流热传导，用下式表示

$$Nu=f(Gr,Pr) \tag{3-89}$$

式中　Nu——努塞尔特数（Nusselt number）；

$\quad\quad Gr$——格拉晓夫数（Grashof number）；

$\quad\quad Pr$——普朗特数（Prandtl number）。

在垂直加热细棒系统中，Pr 数的范围较小时，式（3-89）可近似表达为

$$Nu=C_1Gr^{C_2} \tag{3-90}$$

式中　C_1，C_2——常数；

$\quad\quad Nu$——$Nu=ad/\lambda$。

$$Gr = \frac{d^3 g \beta (\theta - \theta_\infty)}{\nu^2} \quad (3-91)$$

式中　g——重力加速度，m/s^2；

　　　β——体积膨胀率；

　　　ν——运动黏度，m^2/s。

从式(3-88)～式(3-91)中消去 α，则有

$$\nu_f^2 = d^3 g \beta_f \left[\frac{3}{2}(\theta_w - \theta_\infty)\right]^{1+\frac{1}{c_2}} \left[\frac{c_1 \pi l \lambda_f}{R_0 i^2 (1 + a_w \theta_w)}\right]^{\frac{1}{c_2}} \quad (3-92)$$

式中　d，g，l——常数；

　　　R_0——0℃时的阻抗，Ω；

　　　l——细棒长度；

　　　a_w——阻抗温度系数，$1/K$；

　　　i——电流，A；

　　　f——膜温度为 $[\theta_\infty + (\theta_w - \theta_\infty)/2]$ 时的物性值。

β 与 λ 是温度的函数，因此表示运动黏度的关系式可以近似如下

$$\nu_f = f(\theta_w, \theta_\infty, i) \quad (3-93)$$

温度为 θ_∞ 的流体中，以电流 i 通电加热细棒时，细棒温度 θ_w 为

$$\theta_w = \frac{\dfrac{u}{iR_0} - 1}{a_w}$$

式中　u——电压，V。

3.7.2　比热容测定方法

常用的比热容测量方法有用热量计进行定压的热混合法和护热板法。

（1）混合法

其原理是把已知质量和温度的样品，投入盛有已知比热容、温度和质量的液体热量计中，在绝热状态下测定混合物料的平衡温度，再由以上已知量计算试样的比热容。一种真空套式热量计如图 3-17 所示。使用混合法时，热量计的热损失和搅拌热的渗入是产生测量误差的主要因素，测定时必须注意减少这些因素的影响。

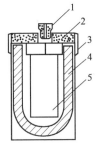

图 3-17　真空套式热量计

1—塞；2—隔热材料；3—盖；

4—真空夹套；5—试样容器

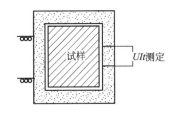

图 3-18　护热板法比热容
测定装置

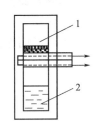

图 3-19　混合法测比热容的热量计

1—樱桃果肉；2—水

（2）护热板法

护热板法测定原理如图 3-18 所示。测定时将试样放入电热护板框中，同时给护热板框

和试样加热，使试样料处在无热损失的理想状态，即护热板和试样温度始终保持一致。

设在 t 时间内供给样品的能量为 Q，试样温度升高为 T，则

$$Q = 0.24IUt = cm\Delta T$$

$$c = \frac{0.24IUt}{m\Delta T} \tag{3-94}$$

式中　I——电流；

$\quad\quad U$——电压；

$\quad\quad t$——时间；

$\quad\quad m$——试样质量；

$\quad\Delta T$——温度变化；

$\quad\quad c$——比热容。

测定比热容的常规方法还有比较热量计、绝热箱式热量计等。比热容的测定不一定要使用专用的热量计，可以根据需要从上述原理出发设计简单实用的热量计。例如，Parker 等人为测定樱桃果肉、种子的比热容，利用两个保温容器设计制成如图 3-19 所示的热量计，用混合法测定比热容。

3.7.3　热导率的测量

测量食品材料的热导率要比测量比热容困难得多，因为热导率不仅和食品材料的组分、颗粒大小等因素有关，还与材料的均匀性有关。由于稳态方法测量热导率需要较长的平衡时间，食品材料在此期间会产生水分的迁移而引起热导率的变化，因此，一般用于测量工程材料的热导率的标准方法如平板法、同心球法等稳态方法不能很好地适用于食品材料。

目前认为测量食品材料热导率较好的方法是探针法。Sweat（1995 年）介绍的探针，外径为 0.66mm，长为 39mm，其中的加热丝直径为 0.077mm，长度和探针接近，加热丝的材料是康铜，其电阻值随温度变化很小，而且不易折断。测温度用的镍铬-康铜热电偶，直径为 0.051mm，置于探针长度方向的中间位置。

被测食品材料原处于某一均匀温度，当探针插进后，加热丝提供一定的热量，热电偶不断测量温度变化。经一段过渡期后，温度 T 和时间的对数 $\ln t$ 出现线性关系。根据此直线的斜率可以求出食品材料的热导率 λ。

$$\lambda = Q\frac{\ln\left[\dfrac{(t_2 - t_0)}{(t_1 - t_0)}\right]}{4\pi(T_2 - T_1)} \tag{3-95}$$

式中　Q——加热功率，W/m。

此法的加热功率水平为 $5\sim30$W/m，测量时间为 $3\sim12$s，采样间隔为 $20\sim50$ms。

3.7.4　差示扫描热量测定与定量差示热分析

3.7.4.1　DSC 的结构与原理

物质在升温或降温的过程中，其结构（如相态）和化学性质发生变化，质量及光、电、磁、热、力等物理性质也发生相应的变化。热分析技术就是在改变温度的条件下测量物质的物理性质与温度的关系的一类技术。利用热分析技术可以检测脂肪、水的结晶温度和融化温度以及结晶数量与融化数量；通过蒸发吸热来检测水的性质；检测蛋白质变性和淀粉凝胶等物理化学变化等。

在热分析技术中，差式扫描量热技术应用得最为广泛，它是样品和参照物同时程序升温

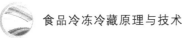

或降温，并且保持两者温度相等的条件下，测定流入或流出样品和参照物的热量差与温度关系的一种技术。

图 3-20 是 DSC 主要组成和结构示意图，大致由温度程序控制系统、测量系统、数据记录处理和显示系统以及样品室四个部分组成。现在的仪器由计算机来控制温度、测量、进样和环境条件并记录、处理和显示数据。

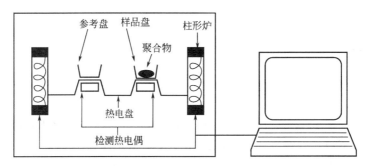

图 3-20   DSC 主要组成和结构示意图

① 温度程序控制系统   控制整个实验过程中温度变化的顺序、变温的起始温度和终止温度、变温速率、恒温温度及恒温时间等。

② 测量系统   将样品的某种物理量转换成电信号，进行放大，用来进一步处理和记录。

③ 数据记录处理和显示系统   把所测的物理量随温度和时间的变化记录下来，并进行各种处理和计算，再显示和输出到相应设备。

④ 样品室   样品室除了提供样品本身放置的容器、样品容器的支撑装置、进样装置等外，还可以提供样品室内各种实验环境控制系统、环境温度控制系统、压力控制系统等。

根据测量方法的不同，DSC 分功率补偿型 DSC 和热流型 DSC 两种类型。图 3-21 是功率补偿型 DSC。其主要特点是分别用独立的加热器和传感器来测量和控制样品和参照物的温度差，对流入或流出样品和参照物的热量进行补偿使之相等。它所测量的参数是两个加热器输入功率之差 $d(\Delta Q)/dt$ 或 dH/dt。整个仪器由两个控制系统进行控制。其中一个控制温度，使样品和参照物在预定的速率下升温或降温。另一个用于补偿样品和参照物之间所产生的温差，通过功率补偿使样品和参照物的温度保持相同，这样就可以从补偿的功率直接求热流率，即

$$\Delta W = (dQ_S - dQ_R)/dt = dH/dt \tag{3-96}$$

式中 ΔW——所补偿的功率；

  Q_S——样品的热量；

  Q_R——参照物的热量；

dH/dt——单位时间内的焓变，即热流率，mJ/s。

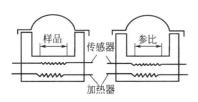

图 3-21   功率补偿型 DSC 示意图

热流型 DSC 是将样品和热惰性参比物一起承受同样的温度变化，在温度变化的时间范围内连续测量样品和参比物的温度差，再根据温度差计算出热流。

3.7.4.2   DSC 的数据及其分析方法

（1）典型 DSC 曲线分析

DSC 曲线是直接记录热流量随时间和温度变化的曲线。根据物理学定义，热流量与温度差的比值称为比热容。如图 3-22 所示，在对样品和参照物加热的初始阶段，热流量没有变化，或者比热容没有变化，表明加热过程中物质结构并

没有发生变化。当对样品和参照物继续加热时，热流量曲线突然下降，样品从环境中吸热，表明其结构发生一定程度的变化（图 3-23）。当再继续加热时，样品出现了放热峰（图 3-24），随后又出现了吸热峰（图 3-25）。

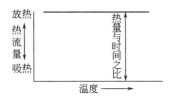

图 3-22　某样品加热初始阶段的 DSC 曲线

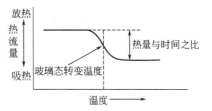

图 3-23　某样品出现吸热现象

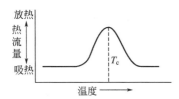

图 3-24　某样品出现放热现象
T_c—结晶温度

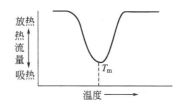

图 3-25　某样品再次出现吸热现象
T_m—融解温度

图 3-26 是描述上述全过程的一个典型的 DSC 曲线。图 3-23 所对应的吸热现象称为该样品的玻璃态转变，对应的温度称为玻璃态转变温度 T_g。这种转变在热力学中称为二次相变，它不涉及潜热量的吸收或释放，仅提高了样品的比热容。二次相变（温度达到玻璃态转变温度 T_g）发生前后样品物性发生较大的变化，比体积和比热容增大，弹性模量和黏度下降，弹性增加。从微观上看，这种变化反映了分子链段运动与空间自由体积间的关系。当温度低于 T_g 时自由体积收缩，链段失去了回转空间而被"冻结"，样品像玻璃一样坚硬。当样品继续被加热至图 3-24 时，样品中的分子已经获得足够的能量，

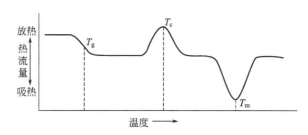

图 3-26　加热中样品热流量的变化全过程

它们可以在较大的范围内活动。由于在给定温度下每个体系总是处在趋向于达到最小自由能的状态，因此这些分子按一定结构排列，释放出潜热，形成晶体。当温度达到图 3-25 所对应的值时，分子获得的能量已经大于维持其有序结构的能量，分子在更大的范围内运动，样品在宏观上出现融化和流动现象。对于后两个放热和吸热所对应的转变在热力学上称为一次相变。

（2）物性参数检测

物性参数检测包括转变温度的确定，热焓、比热容、熵及结晶数量的测定等。

① 转变温度的确定　利用 DSC 检测的转变温度中，主要有玻璃态转变温度 T_g、结晶温度 T_c 和熔解温度 T_m。如图 3-27 所示，由于结晶和熔解都有明显的放热峰和吸热峰，因此，一般是将结晶或熔解发生前后的基线连接起来作为基线，将起始边的切线与基线的交叉点处的温度即外推始点的 T_e 作为转变温度；也有将转变峰温（T_p）作为转变温度。

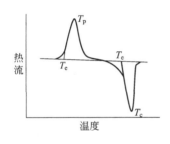

图 3-27 由 DSC 确定转变温度

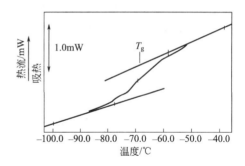

图 3-28 玻璃化转变起始和结束温度的确定

确定玻璃态转变温度 T_g，目前有几种方法，即取转变开始、中间或结束时所对应的温度。由于玻璃态转变是在一定范围内完成的，因此其转变温度不十分一致。图 3-23 是常见的确定方法之一，取转变斜线的中点对应的温度 T_g。对于转变不明显的斜线，一般采用延长变化前后基线的切线等辅助方法确定 T_g（图 3-28）。

由于食品材料玻璃态转变过程所对应的温度范围取决于分子量，也与成分的个体数量和个体特性差异有关，其玻璃态转变温度相互差异较大，因此，在给出玻璃态转变温度测量值时，应确切地给出材料检测前的热历史、DSC 升温或降温速率以及恒温时间等实验条件，否则数据失去价值。

② 热熔的测定 根据熔的定义，熔 $H = E + pV$，这里 E 是系统的内能；p、V 分别为系统的压力和体积。DSC 测量的热熔，确切地说是熔变，即样品发生热转变前后的 ΔH。对于压力不变的过程，ΔH 等于变化过程所吸收的热量 Q。要比较不同物质的转变熔，还需要将 ΔH 归一化，即将样品发生转变时吸收或放出的热量除以样品的摩尔数，求出 1mol 样品分子发生转变的熔变。由于 DSC 曲线是热流量随时间变化的曲线，因此该曲线与基线所构成的峰面积与样品热转变时吸收或放出的热量成正比。根据已知相变熔的标准物质的样品量（物质的量）和实测标准样品 DSC 的相变峰的面积，就可以确定峰面积与热熔的比例系数。这样，只要确定了峰面积和样品的物质的量，就能确定未知转变熔样品的转变熔。峰面积的确定如图 3-29 所示，借助 DSC 数据处理程序软件，可以较准确地计算出峰面积。

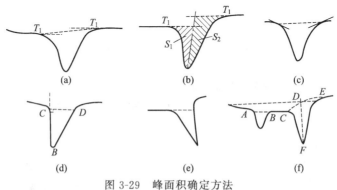

图 3-29 峰面积确定方法

（a）～（f）为常见 DSC 曲线形状与面积分隔方法

③ 比热容的测定 在 DSC 中，样品处在线性的程序温度控制之下，流入样品的热流速率是连续测定的，并且所测定的热流速率 dQ/dt 是与样品的瞬间比热容成正比，因此热流

速率可用下列方程式表示

$$dQ/dt = mc_p(dT/dt) \tag{3-97}$$

式中　Q——热量；

　　　m——样品质量；

　　　c_p——样品的比热容。

样品比热容的具体测定方法如下：先用两个空样品池在较低的温度（T_1）下恒温记录一段基线，然后转入程序升温，接着在一较高温度（T_2）下恒温，由此得到从温度 T_1 到 T_2 的空载曲线或基线，T_1 到 T_2 即是需要测量的范围；然后在相同条件下使用同样的样品池依次测定已知比热容的标准样品和待测样品的 DSC 的曲线，测得结果如图 3-30 所示。

样品在任一温度下的比热容 c_p 可通过下列方程式求出

$$c_p'/c_p = m'y/my' \tag{3-98}$$

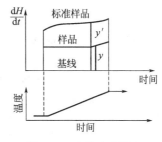

图 3-30　比热容的测定

式中　c_p'——标准样品的比热容；

　　　m'——标准样品的质量；

　　　y'——标准样品的 DSC 曲线与基线的 y 轴量程差；

　　　c_p——待测样品的比热容；

　　　m——待测样品的质量；

　　　y——待测样品的 DSC 曲线与基线的 y 轴量程差。

④ 熵的测定　根据熵的定义，$S = K\ln\Omega$。这里 K 是波尔兹曼常数；Ω 是系统内粒子分布的可能方式的数目。如果系统有一组固定的能态，且分子在这些能态的分布发生一个可逆变化，则必然有热量被系统吸收或释放。以熔融过程为例，根据热力学第二定律，对于等温、等压和不做非体积功的可逆过程，其吉布斯函数变为

$$\Delta G = \Delta H - T\Delta S \tag{3-99}$$

且 $\Delta G = 0$，因此，过程的熵

$$\Delta S = \Delta H/T \tag{3-100}$$

用 DSC 测得 ΔH 及 T 后，就可按上式计算熔融过程的熔融熵 ΔS。该方法也可以用于其他可逆过程。

⑤ 结晶数量的测定　许多食品材料都包含有一定量的结晶体和玻璃体，二者比例大小与食品物性相关。在储藏与加工过程中，二者的比例也不断变化，因此掌握食品材料中的结晶体比例是非常重要的。

利用 DSC 曲线，分别计算出熔解峰面积 A_m 和结晶峰面积 A_c

$$A_m = \frac{H_m T}{tm} \tag{3-101}$$

$$A_c = \frac{H_c T}{tm} \tag{3-102}$$

式中　H_m——单位时间和单位质量的熔解吸热量；

　　　H_c——单位时间和单位质量的结晶放热量；

　　　T——温度；

　　　t——时间；

　　　m——质量。

将上述面积除以升温速率，得每克样品吸收和释放的热量，再乘以试验样品真实质量，得到该样品材料总的吸热量 $H_{m,total}$ 和总的放热量 $H_{c,total}$。二者之差与单位质量的样品结晶时释放出来的热量之比为加热温度未达到图 3-24 所示结晶转变前所具有的结晶数量 m_c，即

$$m_c = \frac{(H_{m,total} - H_{c,total})}{H_c'}$$ (3-103)

式中 H_c'——单位质量的样品结晶时释放出来的热量。

（3）影响测量结果的一些因素

差式扫描量热法的影响因素与具体的仪器类型有关。一般来说，影响 DSC 测量结果的主要因素大致有下列几方面：实验条件，如起始和终止温度、升温速率、恒温时间等，样品特性，如样品用量、固体样品的粒度、装填情况，溶液样品的缓冲液类型、浓度及热历史等，参照物特性、参照物用量、参照物的热历史等。

① 实验条件的影响　影响 DSC 测量结果的实验条件主要是升温速率，升温速率可能影响 DSC 的测量分辨率。对于某种蛋白质溶液样品，升温速率高于某个值时，某个热变性峰根本无法分辨；而当升温速率低于某个值后，就可以分辨出这个峰。升温速率还可能影响峰温和峰形。事实上，改变升温速率也是获得有关样品的某些重要参量的重要手段。

② 样品特性的影响

ⅰ. 样品量。一般来说，样品量太少，仪器灵敏度不足以测出所得到的峰；样品量过多，又会使样品内部传热变慢，使峰形展宽，分辨率下降。因此要求在得到足够强的信号的前提下，样品量要尽量少一点，且用量要恒定，保证结果的重复性。

ⅱ. 固体样品的几何形状。样品的几何形状如厚度、与样品盘的接触面积等会影响热阻，对测量结果也有明显影响。为获得比较精确的结果，要增大样品盘的接触面积，减少样品的厚度，并采用较慢的升温速率。样品池和池座要接触良好，样品池不干净或样品池底不平整，会影响测量结果。

ⅲ. 样品池在样品座上的位置。样品池在样品座上的位置会影响热阻的大小，应该尽量标准化。

ⅳ. 固体样品的粒度。样品粒度太大，热阻变大，样品熔融温度和熔融热焓偏低；但粒度太小，由于晶体结构的破坏和结晶度的下降，也会影响测量结果。带静电的粉末样品，由于静电引力使粉末聚集，也会影响熔融热焓。总的来说，粒度的影响比较复杂，有时难以得到合理解释。

ⅴ. 样品的热历史。许多材料往往由于热历史的不同而产生不同的晶型和相态，对 DSC 测定结果也会有较大的影响。

ⅵ. 溶液样品中溶剂或稀释剂的选择。溶液或稀释剂对样品的相变温度和热焓也有影响，特别是蛋白质等样品在升温过程中有时会发生聚沉的现象，而聚沉产生的放热峰往往会与热变性吸热峰发生重叠，并使得一些热变性的可逆性无法观察到，影响测定结果。选择合适的缓冲系统有可能避免聚沉。

复习思考题

● 3-1　食品在冷冻冷藏过程中哪些物性参数会发生变化？如何变化？对冻结过程会产生怎样的影响？

● 3-2　食品原料的比热容是如何估算出来的？

● 3-3　食品原料比焓的物理意义是什么？如何确定食品原料比焓值？

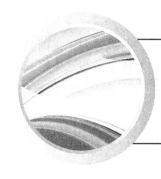

第4章
食品冷冻冷藏的传热学基础

4.1 食品冷却的传热方式

冷却与冷藏是食品保鲜的常用方法之一。冷却是冷藏的必要前处理，是一个短时的换热降温过程。冷却与冻结的主要区别是，冷却的最终温度在冰点以上。冷藏是冷却后的食品在冷藏温度（常在0℃以上）下保持食品不变质的一个储藏方法。对于果蔬食品的冷藏，应该使其生命的代谢过程尽量缓慢进行，延迟其成熟期的到来，保持其新鲜度。对于动物性食品的冷藏，应该降低食品中微生物的繁殖能力和自身的生化反应速率，可作为暂时储藏或作为冻结与冻藏的前处理。

4.1.1 传热基本方式

食品冷却中采用的基本传热方式有三种：导热、对流和热辐射。在实际生产中，大多数情况是以一种为主、其他为辅的传热方式。

4.1.1.1 导热

物体各部分之间不发生相对位移时，依靠分子、原子及自由电子等微观粒子的热运动而产生的热量传递称为导热（或称热传导）。因此，导热是温度不同的各部分物质由于直接接触而就地传递热能的过程，这种现象永远和物体中温度分布的不均匀性联系在一起。导热现象遵循傅里叶定律，它确定了热传导过程所传递的热量与温度分布不均匀性之间的联系，即在各向同性的均匀介质中，任意一点处的热流密度矢量与该处的温度梯度成正比。

导热主要发生在食品的内部、包装材料以及用固体材料作为冷却介质的冷加工中。食品冷却时，表面温度首先下降，并与内部各部位之间形成了温度梯度，在此温度梯度的作用下，食品中的热量逐渐从其内部以导热的方式传向表面。根据傅里叶导热定律，单位面积上的传热量的大小与垂直该平面上的温度梯度成正比。引入比例常数后得到食品内部的导热方程为

$$Q = -\lambda A \frac{\partial T}{\partial x} \tag{4-1}$$

式中　　Q——通过截面 A 上的热流量，W；

　　　　λ——食品的热导率，W/(m·K)；

　　　　A——垂直于导热方向的截面积，m^2；

　　　　$\frac{\partial T}{\partial x}$——导热方向上的温度梯度，K/m。

4.1.1.2 对流

对流是指由于流体的宏观运动，从而流体各部分之间发生相对位移、冷热流体相互渗混所引起的热量传递过程。对流仅能发生在流体中，由于流体中的分子同时进行着不规则的热运动，因而对流必然伴随有导热现象。在流体中的换热通常是由对流和传导的相互作用引起的，这个总过程简称为对流换热。

对流主要发生在以气体或液体作为冷却介质的冷加工和冷藏中。采用气体或液体作为冷却介质时，食品表面的热量主要由对流换热方式带走。固体与流体接触面的对流换热量可以用牛顿冷却定律表示

$$Q = \alpha A \Delta T \qquad (4\text{-}2)$$

式中　Q——对流换热热流量，即单位时间内通过放热面的换热量，W；

　　　α——对流表面传热系数，W/(m² · K)；

　　　A——与冷却介质接触的食品表面积，m²；

　　　ΔT——食品表面与冷却介质间的温度差，K。

由于与冷却介质接触的食品表面积 A 通常为常量，冷却介质温度由制冷系统决定，因此，由式(4-2)可知，对流换热热流量主要与对流表面传热系数有关。对流表面传热系数取决于冷却介质种类、物性、流动状态以及食品表面状况等许多因素，表 4-1 是常见几种冷却方式下的对流表面传热系数。

表 4-1　几种冷却方式下的对流表面传热系数

冷　却　方　式	$\alpha/[\text{W}/(\text{m}^2 \cdot \text{K})]$	冷　却　方　式	$\alpha/[\text{W}/(\text{m}^2 \cdot \text{K})]$
空气自然对流或微弱通风的库房	3～10	水自然对流	200～1000
空气流速小于 1.0m/s	17～23	液氮喷淋	1000～2000
空气流速大于 1.0m/s	29～34	液氮浸渍	5000

4.1.1.3 热辐射

物体通过电磁波来传递能量的方式称为辐射。由于热的原因而发出辐射能的现象称为热辐射。自然界中各个物体都发出热辐射，同时又吸收其他物体发出的热辐射，这种辐射和吸收的综合过程称为辐射换热。

热辐射主要发生在仅有自然对流或流速较小的冷加工和冷藏中。根据斯忒藩-玻耳兹曼定律，黑体的辐射力与热力学温度的四次方成正比。经过推导，在热平衡条件下，辐射换热的基本方程为

$$Q_{1\text{-}2} = \varepsilon_s A_1 F_{1\text{-}2} \sigma (T_1^4 - T_2^4) \qquad (4\text{-}3)$$

式中　$Q_{1\text{-}2}$——食品与冷却排管或冷却板间的辐射热流量，W；

　　　ε_s——系统发射率，亦称系统黑度；

　　　A_1——食品表面面积，m²；

　　　$F_{1\text{-}2}$——食品表面对冷却排管表面的形状因数，与辐射换热物体的形状、尺寸以及食品与冷却排管间的相对位置有关；

　　　σ——斯忒藩-玻耳兹曼常量，亦称黑体辐射常数，取 5.669×10⁻⁸ W/(m² · K⁴)；

　　　T_1，T_2——食品表面和冷却排管表面温度，K。

系统黑度 ε_s 与两个辐射表面发射率（即黑度）及形状因数有关，在食品工程中，几种简单情况下的系统黑度如下。

ⅰ. 对于任意位置的两个表面之间的辐射换热

$$\varepsilon_s = \frac{1}{\left[1 + F_{1\text{-}2}\left(\dfrac{1}{\varepsilon_1} - 1\right) + F_{2\text{-}1}\left(\dfrac{1}{\varepsilon_2} - 1\right)\right]} \tag{4-4}$$

ⅱ. 对于两个大平行板之间的辐射换热,其形状因数 $F_{1\text{-}2} = F_{2\text{-}1} = 1$,由式(4-4) 得

$$\varepsilon_s = \frac{1}{\left(\dfrac{1}{\varepsilon_1} + \dfrac{1}{\varepsilon_2} - 1\right)} \tag{4-5}$$

ⅲ. 对于一个凸表面 1 置于一个密闭空腔 2 中的辐射换热,形状因数 $F_{1\text{-}2} = 1$,$F_{2\text{-}1} < 1$,又根据形状因数的相对性 $F_{1\text{-}2}A_1 = F_{2\text{-}1}A_2$,式(4-4) 得

$$\varepsilon_a = \frac{1}{\left[\dfrac{1}{\varepsilon_1} + \dfrac{A_1}{A_2}\left(\dfrac{1}{\varepsilon_2} - 1\right)\right]} \tag{4-6}$$

式中　ε_1,ε_2——食品表面和冷却排管表面的发射率(黑度),部分材料表面的发射率(黑度)见表 4-2;

$\quad\quad\quad$ $F_{2\text{-}1}$——冷却排管表面对食品表面的形状因数。

$\quad\quad\quad$ A_2——冷却排管表面积,m^2。

ⅳ. 如果凸表面 A_1 与空腔内表面 A_2 相差很小,即 $A_1/A_2 = 1$,由式(4-6) 可知,系统发射率(黑度)可按大平行平板计算。

ⅴ. 如果凸表面 A_1 比空腔内表面 A_2 小很多,即 $A_1/A_2 \approx 0$,式(4-6) 变为 $\varepsilon_s = \varepsilon_1$。

ⅵ. 如果两表面的发射率(黑度)都比较大($\geqslant 0.8$)时,系统发射率(黑度)近似为 $\varepsilon_s = \varepsilon_1\varepsilon_2$。

在空气自然对流环境下,用冷却排管冷却食品时,冷却排管与食品表面间的辐射换热是不能忽略的。

表 4-2　部分材料表面的发射率(黑度)

材　　料	温度/℃	发射率(黑度)(emissivity)ε	材　　料	温度/℃	发射率(黑度)(emissivity)ε
冷表面上的霜		0.98	抛光不锈钢	20	0.24
肉		0.86~0.92	铝(光亮)	170	0.04
木	32	0.96	砖	20	0.93
玻璃	90	0.94	木材	45	0.82~0.93
纸	95	0.92			

4.1.2　食品冷却计算中常用的两个准则数

4.1.2.1　毕渥数Bi(Biot modulus)

假设一块厚度为 $2L$ 的平板状食品,初始温度为 T_0,突然将它置于温度为 T_∞ 的流体中进行冷却,对流表面传热系数为 α,食品的热导率为 λ。由于食品内部导热热阻 L/λ 与对流换热热阻 $1/\alpha$ 的相对大小的不同,平板状食品温度场的变化将出现如图 4-1 所示的三种情形:图 4-1(a) 当 $1/\alpha \ll L/\lambda(Bi \to \infty)$ 时,对流换热热阻 $1/\alpha$ 几乎可以忽略,冷却开始时平板状食品表面温度立即降至 T_∞。随着时间的推移,食品内部各点的温度逐渐下降而趋近于 T_∞;图 4-1(b) 当 $L/\lambda \ll 1/\alpha(Bi \to 0)$ 时,食品内部导热热阻 L/λ 几乎可以忽略,任一时刻食品中各点的温度接近均匀,随着时间的推移,食品温度整体下降,逐渐趋近于 T_∞;图 4-1(c) 当 L/λ 与 $1/\alpha$ 数值比较接近 ($0 < Bi < \infty$) 时,不同时刻食品温度分布介于上述两种极端情况之间。

由此可见,平板状食品非稳态导热温度场的变化主要取决于食品内部导热热阻 L/λ 与

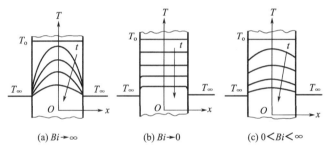

图 4-1 大平板状食品在不同毕渥数时的温度分布

对流换热热阻 $1/\alpha$ 的相对大小，引入表征上述两个热阻比值的无量纲数 Bi，并称 Bi 为毕渥数

$$Bi = \frac{L/\lambda}{1/\alpha} = \frac{\alpha L}{\lambda} \tag{4-7}$$

式中　α——对流表面传热系数，$W/(m^2 \cdot K)$；

　　　λ——食品内部热导率，$W/(m \cdot K)$；

　　　L——食品的特征尺寸，m。

对于大平板状食品，L 为其厚度的一半；对于长圆柱状和球状食品，L 为半径。

当食品表面突然冷却时，食品内部的温度变化取决于两个因素：一是食品表面与周围环境的换热条件，换热条件越强烈，热量进入食品表面越迅速；二是食品内部的导热条件，食品内部导热热阻越小，为传递一定的热量所需的温度梯度也越小。食品冷却中，哪一个因素对换热影响更大，用毕渥数衡量。

传热学已经证明，当毕渥数 $Bi < 0.1$ 时，食品内的温度分布与空间坐标无关，只是时间的函数，即 $T = f(t)$，这时内部导热热阻可以忽略；当 $Bi > 40$ 时，表面对流换热热阻可以忽略，这时可用冷却介质温度代替食品表面温度；当 $0.1 < Bi < 40$ 时，内部导热热阻与表面对流换热热阻均需考虑，食品内的温度分布是空间坐标和时间变量的函数，即

$$T = f(x, y, z, t)。$$

4.1.2.2 傅里叶数 F_o（Fourier modulus）

傅里叶数的物理意义可以理解为两个时间间隔相除所得的无量纲时间，即 $F_o = t : L^2/a$。分子 t 是从边界上开始发生热扰动的时刻起到所计算的时刻为止的时间间隔；分母 L^2/a 可以视为使边界上发生的有限大小的热扰动穿过一定厚度的固体层扩散到 L^2 的面积上所需的时间。傅里叶数反映了导热速率与固体中热能储备速率之比，用于非稳态传热分析。显然，在非稳态导热中，傅里叶数越大，热扰动就越深入地传播到物体内部，因而物体内部各点的温度越接近于周围介质的温度。

$$F_o = \frac{at}{L^2} \tag{4-8}$$

$$a = \frac{\lambda}{\rho c} \tag{4-9}$$

式中　a——食品的热扩散率，m^2/s；

　　　t——食品冷却时间，s；

　　　L——食品的特征尺寸，m；

　　　λ——食品内部热导率，$W/(m \cdot K)$；

　　　ρ——食品的密度，kg/m^3；

c——食品的比热容，J/(kg·K)。

4.2　食品冷却过程的传热计算

4.2.1　毕渥数小于 0.1 时的冷却问题

由式 $Bi=\alpha L/\lambda$ 可知，当食品热导率 λ 相当大，或者食品原料几何尺寸 L 很小，或者表面对流换热系数 α 极低，或者上述情况同时出现，毕渥数 Bi 会很小。此时，食品内部的导热热阻远小于食品表面的换热热阻，食品内部的温度分布趋于一致，近似认为食品内部的温度 T 仅是时间 t 的一元函数而与空间坐标无关，这种忽略食品内部导热热阻的简化方法称为集总参数法。通常，当毕渥数 $Bi<0.1$ 时，采用集总参数法求解温度响应误差不大。

设食品的体积为 V，密度为 ρ，表面积为 A，比热容为 c，冷却介质的温度为 T_∞，食品与冷却介质的对流表面传热系数为 α，在食品物性参数均保持不变的情况下，由于食品内部的导热热阻可忽略，温度与空间坐标无关，非稳态导热微分方程对空间坐标的导数项均为 0，导热问题的偏微分方程形式转化为常微分方程形式，有

$$\rho cV \mathrm{d}T=-\alpha A(T-T_\infty)\mathrm{d}t \tag{4-10}$$

设食品具有均匀的初始温度 T_0，则在任意时刻食品内的温度 T 为

$$\frac{T-T_\infty}{T_0-T_\infty}=\mathrm{e}^{-\frac{\alpha A}{\rho cV}t} \tag{4-11}$$

式(4-11) 指数可做如下变化

$$\frac{\alpha A}{\rho cV}t=\frac{\alpha V}{\lambda A}\frac{\lambda A^2}{\rho cV^2}t=\frac{\alpha(V/A)}{\lambda}\frac{\alpha t}{(V/A)^2}=(Bi_v)(F_{ov}) \tag{4-12}$$

$$\frac{T-T_\infty}{T_0-T_\infty}=\mathrm{e}^{-(Bi_v)(F_{ov})} \tag{4-13}$$

式中，下标 v 表示毕渥数和傅里叶数中的特征尺寸为 V/F。

例 4-1　用 $T_\infty=0℃$ 的空气冷却扇贝柱，扇贝柱的含水率为 80%，初温 $T_0=25℃$，冷却终了的温度为 $T=3℃$，扇贝柱可以看做是直径 $R=1mm$、高 $h=2mm$ 的圆柱体，密度 $\rho=926kg/m^3$，求以自然对流方式冷却扇贝柱所需要的冷却时间。

解　① 计算扇贝柱的比热容：$c=(1.2+2.99\times0.80)kJ/(kg·K)=3.59kJ/(kg·K)$；热导率为：$\lambda=(0.148+0.493\times0.80)W/(m·K)=0.542W/(m·K)$；

查表 4-1 取自然对流表面传热系数为 $10W/(m^2·K)$。

② 估算扇贝柱冷却时的毕渥数 Bi 为

$$Bi=\frac{\alpha R}{\lambda}=\frac{10\times0.001}{0.542}=0.0185<0.1$$

因此，可以采用集总参数法求冷却时间

$$\frac{T-T_\infty}{T_0-T_\infty}=\mathrm{e}^{-\frac{\alpha A}{\rho cV}t}$$

$$\frac{T-T_\infty}{T_0-T_\infty}=\frac{3-0}{25-0}=\frac{3}{25}$$

$$t=\frac{\rho cV}{\alpha A}\ln\frac{3}{25}=-\frac{926\times3.59\times10^3\times\pi\times0.001^2\times0.002}{10\times(2\times\pi\times0.001\times0.002+2\times\pi\times0.001^2)}\ln\frac{3}{25}=234.9(s)=3.9(min)$$

例 4-2　用 $T_\infty=0℃$ 的空气冷却 $20cm\times10cm\times1cm$ 的猪排，其初始温度为 25℃，密度

为 $1050 kg/m^3$，热导率为 $0.505 W/(m \cdot K)$，含水率为 76%，空气表面自然对流传热系数为 $10 W/(m^2 \cdot K)$，求 1h 后猪排的温度。

解 猪排的比热容：$c = (1.2 + 2.99 \times 0.76) kJ/(kg \cdot K) = 3.4724 kJ/(kg \cdot K)$；

毕渥数 Bi 为
$$Bi = \frac{\alpha\delta}{\lambda} = \frac{10 \times 0.005}{0.505} = 0.099 < 0.1$$

因此，可以采用集总参数法求解
$$\frac{T - T_\infty}{T_o - T_\infty} = e^{-\frac{\alpha A}{\rho c V}t}$$

$$\frac{V}{A} = \frac{0.2 \times 0.1 \times 0.01}{2(0.2 \times 0.1 + 0.2 \times 0.01 + 0.1 \times 0.01)} = \frac{1}{230}$$

$$\frac{T - T_\infty}{T_o - T_\infty} = \frac{T - 0}{25 - 0} = e^{-\frac{\alpha A}{\rho c V}t} = \exp\left(-\frac{10 \times 230 \times 3600}{3472.4 \times 1050}\right)$$

求得 1h 后猪排温度为：$T = 2.58℃$。

4.2.2 大平板状食品冷却过程的传热计算

4.2.2.1 大平板状食品一维非稳态热传导的分析解法

若导热体内的温度分布在空间上只是一个空间坐标的函数，但随时间而变化，则称该导

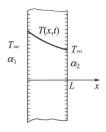

图 4-2 大平板的初始条件和边界条件

热现象为一维非稳态热传导。虽然它包含的自变量数目与二维稳态导热时相同，但由于温度分布随时间变化的性质和特点与它随空间位置而变化的情形不同，因此，非稳态热传导问题的求解与稳态问题相比，会变得更复杂、更困难。这里介绍采用分离变量法给出大平板状物体一维非稳态热传导的分析解法。

一块大平板，$0 \leqslant x \leqslant L$，其初始温度分布为 $F(x)$；当时间 $t > 0$ 时，$x = 0$ 及 $x = L$ 处的边界面与周围流体进行对流换热，如图 4-2 所示。假定流体温度为 T_∞，两边界面上的对流传热系数分别为 α_1 和 α_2。在这种初始和边界条件下，平板中将发生一维非稳态热传导，温度分布为 $T(x, t)$。该导热问题的数学描述为

$$\frac{\partial^2 T}{\partial x^2} = \frac{1}{a} \frac{\partial T}{\partial t} \tag{4-14a}$$

$$x = 0 \qquad -\lambda \frac{\partial T}{\partial x} + \alpha_1 T = \alpha_1 T_\infty \tag{4-14b}$$

$$x = L \qquad \lambda \frac{\partial T}{\partial x} + \alpha_2 T = \alpha_2 T_\infty \tag{4-14c}$$

$$t = 0 \qquad T = F(x) \tag{4-14d}$$

式中　a——大平板的热扩散率，m^2/s；

　　t——大平板冷却时间，s；

　　x——大平板厚度方向坐标，$x = 0$ 为食品中心对称平面；

　　T——大平板冷却中某一时刻的温度，℃；

　　T_∞——冷却介质温度，℃；

　　α_1，α_2——大平板两表面对流表面传热系数，$W/(m^2 \cdot K)$；

　　L——大平板的厚度，m；

　　λ——大平板的热导率，$W/(m \cdot K)$。

显然，该平板在其他边界条件下的热传导问题是很容易描述的，它们只是上述问题在系

数 λ_1、λ_2、α_1、α_2 其中一个为零的特殊情况。所有边界条件，共可得到 9 种不同的组合。

采用分离变量法求解上述定解问题。分离变量法所能求解的问题的基本形式是线性的，且只能含一个非齐次边值条件，在式(4-14)中，式(4-14d)是一个非均匀的初始条件，不易转化；而边界条件式(4-14b、c)中，流体温度 T_∞ 为常数，采用以它为基准的过余温度，很容易使此二式齐次化。为此，取

$$\theta(x,t) = T(x,t) - T_\infty \tag{4-15}$$

则式(4-14)变为

$$\frac{\partial^2 \theta}{\partial x^2} = \left(\frac{1}{a}\right)\frac{\partial \theta}{\partial t} \tag{4-16a}$$

$x=0$ 时

$$-\lambda\frac{\partial \theta}{\partial x} + \alpha_1 \theta = 0 \tag{4-16b}$$

$x=L$ 时

$$\lambda\frac{\partial \theta}{\partial x} + \alpha_2 \theta = 0 \tag{4-16c}$$

$t=0$ 时

$$\theta = F(x) - T_\infty = F^*(x) \tag{4-16d}$$

式(4-16)中只含有一个非齐次初始条件，可以用分离变量法求解。令

$$\theta(x,t) = X(x)\Gamma(t) \tag{4-17}$$

将式(4-17)代入式(4-16a)，得

$$\frac{1}{X(x)}\frac{\mathrm{d}^2 X(x)}{\mathrm{d}x^2} = \frac{1}{a\Gamma(t)}\frac{\mathrm{d}\Gamma(t)}{\mathrm{d}t} \tag{4-18}$$

式(4-18)中，等式左边只是空间变量 x 的函数，等式右边只是时间变量 t 的函数。要使式(4-18)时时、处处成立，其条件必然是两边都等于某一个常数（称为分离常数）。该分离常数的选取应导致相应的特征值问题，以确定其特征值。对于非稳态问题，分离常数的选取还应符合温度随时间变化的特征，使问题的解适应问题的物理含义。针对式(4-18)的结构特点和式(4-16b、c)的非周期性，该分离常数只能是负实数，例如取为 $-\beta^2$，则由式(4-18)可以得到两个常微分方程。将式(4-17)代入式(4-16b、c)，可得关于函数 $X(x)$ 常微分方程的两个边界条件。于是，经变量分离后可得

$$\frac{\mathrm{d}\Gamma(t)}{\mathrm{d}t} + a\beta^2 \Gamma(t) = 0 \tag{4-19}$$

$$\frac{\mathrm{d}^2 X(x)}{\mathrm{d}x^2} + \beta^2 X(x) = 0 \tag{4-20a}$$

$x=0$ 时

$$-\frac{\mathrm{d}X}{\mathrm{d}x} + H_1 X = 0 \tag{4-20b}$$

$x=L$ 时

$$\frac{\mathrm{d}X}{\mathrm{d}x} + H_2 X = 0 \tag{4-20c}$$

$$H_1 = \frac{\alpha_1}{\lambda} \quad H_2 = \frac{\alpha_2}{\lambda}$$

式(4-19)的解为

$$\Gamma(t) = \mathrm{e}^{-a\beta^2 t} \tag{4-21}$$

将式(4-21)代入式(4-17)，得

$$\theta(x,t) = X(x)\mathrm{e}^{-a\beta^2 t} \tag{4-22}$$

可见，关于时间变量 t 的分离函数 $\Gamma(t) = \mathrm{e}^{-a\beta^2 t}$ 反映着平板温度随时间变化的特征，分离常数包含在指数中，它必须取为负实数 $-\beta^2$。如果将分离常数取为正实数，只要 $X(x)$ 不为零，$\theta(x,t)$ 之值将随 t 的增长而趋于无穷大，这显然不符合平板温度变化的实际过程。

如果将分离常数取为复数，则平板温度随时间的变化表现为某种振荡性质，这与边界条件的非周期性质不符，也是不可取的。

由式(4-20)描述的问题，就是式(4-16)所示问题的一个特征值问题，不同边界条件下对应的特征函数 $X(\beta_i,x)$、特征值 β_i 及模 $N(\beta_i)$ 可以查表得到（详见有关传热学书籍）。对于现在讨论的问题，根据式(4-20b、c)给出的边界条件，查得

$$X(\beta_i,x)=\beta_i\cos(\beta_ix)+H_1\sin(\beta_ix) \tag{4-23a}$$

$$\frac{1}{N^2(\beta_i)}=2\left[(\beta_i^2+H_1^2)(L+\frac{H_2}{\beta_i^2+H_1^2})+H_1\right]^{-1} \tag{4-23b}$$

特征值 β_i 是下面方程的正根

$$\tan(\beta_iL)=\beta_i(H_1+H_2)/(\beta_i^2-H_1H_2) \tag{4-23c}$$

将式(4-23a)、式(4-21)一起代入式(4-17)，可得问题式(4-16)的基本解

$$\theta_i=c_iX(\beta_i,x)\Gamma(\beta_i,t)=c_i\left[\beta_i\cos(\beta_ix)+H_1\sin(\beta_ix)\right]e^{-\alpha\beta_i^2t} \tag{4-24}$$

将上述基本解迭加起来，得到导热问题式(4-16)的形式解

$$\theta(x,t)=\sum_{i=1}^{\infty}c_iX(\beta_i,x)\Gamma(\beta_i,t)=\sum_{i=1}^{\infty}c_i\left[\beta_i\cos(\beta_ix)+H_1\sin(\beta_ix)\right]e^{-\alpha\beta_i^2t} \tag{4-25}$$

利用初始条件式(4-16d)和特征函数的正交性确定常数 c_i

$$c_i=\frac{1}{N^2(\beta_i)}\int_0^LF^*(x)X(\beta_i,x)\mathrm{d}x$$

$$=\frac{1}{N^2(\beta_i)}\int_0^LF^*(x)\left[\beta_i\cos(\beta_ix)+H_1\sin(\beta_ix)\right]\mathrm{d}x \tag{4-26}$$

式中 $\frac{1}{N^2(\beta_i)}$ 之表达式如式(4-23b)所示。再将式(4-26)代入式(4-25)，得到问题式(4-16)的最终解为

$$\theta(x,t)=\sum_{i=1}^{\infty}e^{-\alpha\beta_i^2t}\frac{1}{N^2(\beta_i)}\left[\beta_i\cos(\beta_ix)+H_1\sin(\beta_ix)\right]\times$$

$$\int_0^L\left[F(x)-T_\infty\right]\left[\beta_i\cos(\beta_ix)+H_1\sin(\beta_ix)\right]\mathrm{d}x \tag{4-27}$$

对于各种可能的齐次边界条件，大平板中一维非稳态热传导问题的解可统一表示为

$$\theta(x,t)=\sum_{i=1}^{\infty}e^{-\alpha\beta_i^2t}\frac{1}{N^2(\beta_i)}X(\beta_i,x)\int_0^LF^*(x)X(\beta_i,x)\mathrm{d}x \tag{4-28}$$

其中，特征函数 $X(\beta_i,x)$、特征根 β_i 及模 $N(\beta_i)$ 根据所给定的齐次边界条件查表选取。

通常情况下，平板是两边被对称加热或冷却的，这时常将坐标原点置于对称面上，求解区域变为 $-L\leqslant x\leqslant L$，平板厚度为 $2L$。平板中心面处：$\frac{\partial T}{\partial x}=0$，这相当于一个绝热面。所以，平板（$-L\leqslant x\leqslant L$）在这种情形下的解与同样初始温度下厚度为 L 的平板一边被绝热、另一边被单面加热（或冷却）时的解相同，即厚度为 $2L$ 的平板可转换成厚度为 L 的平板计算。对于各种齐次边界条件（前述问题的边界条件可作上述转换），其特征值方程可概括为下面两种一般形式

$$\mu\tan\mu=c \quad 和 \quad \mu\cot\mu=-c \tag{4-29}$$

式中 μ —— $\mu=\beta L$。

式(4-29)中两个方程的前六个根可从有关文献中查取。

对于大平板两边被对称加热或冷却的情形，也可做如下描述。一块大平板 $0\leqslant x\leqslant L$，初

始温度为 $F(x)$；当时间 $t>0$ 时，$x=0$ 处边界维持绝热，而 $x=L$ 处边界与温度为 T_∞ 的环境进行对流换热，传热系数为 α。下面讨论当时间 $t>0$ 时平板中温度分布 $T(x,t)$ 的表达式。

大平板中一维非稳态导热问题的解由式（4-28）给出，该问题中的边界条件对应的特征函数及模如下

$$X(\beta_i,x)=\cos(\beta_i x)$$

$$\frac{1}{N^2(\beta_i)}=2\,\frac{\beta_i^2+H^2}{L(\beta_i^2+H^2)+H} \tag{4-30a}$$

特征值 β_i 是下面方程的正根

$$\beta_i\tan(\beta_i L)=H \text{ 或 } \mu_i\cot\mu_i=Bi \tag{4-30b}$$

式中，$\mu_i=\beta_i L$，$Bi=HL=\dfrac{\alpha L}{\lambda}$。

将式（4-30）及 $F^*(x)=F(x)-T_\infty$ 代入式（4-28），得到所求导热问题的解为

$$T(x,t)-T_\infty=2\sum_{i=1}^{\infty}\mathrm{e}^{-a\beta_i^2 t}\,\frac{\beta_i^2+H^2}{L(\beta_i^2+H^2)+H}\cos(\beta_i x)\int_0^L\left[F(x)-T_\infty\right]\cos(\beta_i x)\mathrm{d}x \tag{4-31a}$$

当初始温度均匀且等于 T_0 时，$F(x)=T_0$，上式演化为

$$\begin{aligned}
\frac{\theta}{\theta_0}=\frac{T(x,t)-T_\infty}{T_0-T_\infty}&=2\sum_{i=1}^{\infty}\mathrm{e}^{-a\beta_i^2 t}\,\frac{\beta_i^2+H^2}{L(\beta_i^2+H^2)+H}\,\frac{\sin(\beta_i L)}{\beta_i}\cos(\beta_i x)\\
&=2\sum_{i=1}^{\infty}\mathrm{e}^{-\mu_i^2 F_0}\,\frac{\sin\mu_i}{\mu_i+\sin\mu_i\cos\mu_i}\cos(\frac{\mu_i x}{L})\\
&=2\sum_{i=1}^{\infty}\mathrm{e}^{-\frac{\mu_i^2}{L^2}at}\,\frac{\sin\mu_i}{\mu_i+\sin\mu_i\cos\mu_i}\cos(\beta_i x)
\end{aligned} \tag{4-31b}$$

4.2.2.2　大平板状食品冷却时间的计算

（1）食品内部的温度变化

① $0.1<Bi<40$ 的情况　图 4-3 是厚度为 δ 的大平板状食品，其初始温度为常数，在 $t>0$ 时置于温度为 T_∞ 的冷却介质中进行对流换热，由于平板两侧属于对称冷却，因此，在 $x=0$ 处的中心面为对称绝热面，在 $x=\pm\delta/2$ 处为对称换热面。

其导热微分方程是

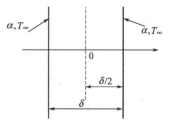

$$\frac{\partial T}{\partial t}=a\,\frac{\partial^2 T}{\partial x^2} \tag{4-32}$$

图 4-3　大平板对流换热简图

边界条件：$x=0$，$\dfrac{\partial T}{\partial x}=0$；$x=\pm\dfrac{\delta}{2}$　$-\lambda\dfrac{\partial T}{\partial x}=a(T-T_\infty)$

初始条件：$t=0$ 时，$T=T_0$

引入过余温度 $\theta=T-T_\infty$，$\theta_0=T_0-T_\infty$，使式（4-32）变为

$$\frac{\partial\theta}{\partial t}=a\,\frac{\partial^2\theta}{\partial x^2} \tag{4-33}$$

边界条件：$x=0$，$\dfrac{\partial\theta}{\partial x}=0$；$x=\dfrac{\delta}{2}$，$-\lambda\dfrac{\partial\theta}{\partial x}=a\theta$

初始条件：$t=0$ 时，$\theta=\theta_0$

显然，该问题的解是式(4-31b)，将 $L=\dfrac{\delta}{2}$ 代入式(4-31b) 得

$$\frac{\theta}{\theta_0}=\frac{T-T_\infty}{T_0-T_\infty}=\sum_{i=1}^{\infty}\frac{2\sin\mu_i}{\mu_i+\sin\mu_i\cos\mu_i}\cos(\beta_i x)\mathrm{e}^{-\frac{\mu_i^2}{(\delta/2)^2}at}\tag{4-34}$$

式中 $\mu_i=\beta_i\left(\dfrac{\delta}{2}\right)$，$\beta_i$ 为特征值，是曲线 $y=\tan\beta\left(\dfrac{\delta}{2}\right)$ 和 $y=\dfrac{Bi}{\beta\left(\dfrac{\delta}{2}\right)}$ 交点上的值，由于 $y=\tan\beta\left(\dfrac{\delta}{2}\right)$ 是以 π 为周期的函数，因此，交点将有无穷多个，如图 4-4 所示。

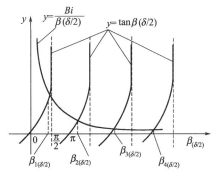

图 4-4　决定特征方程式根的图解曲线

$$\mu_i\tan\mu_i=Bi\tag{4-35}$$

由于式(4-34) 是一个衰减很快的无穷级数，取第一项作为其近似值，有

$$T-T_\infty=(T_0-T_\infty)\frac{2\sin\mu}{\mu+\sin\mu\cos\mu}\cos(\beta x)\mathrm{e}^{-\frac{\mu^2}{(\delta/2)^2}at}\tag{4-36}$$

式中，μ 为超越方程 (4-36) 的根，可查表 4-3 获得。

表 4-3　超越方程式 $\mu\tan\mu=Bi$ 的第一个根

Bi	μ	Bi	μ	Bi	μ
0	0	3.0	1.1925	15.0	1.4729
0.001	0.0316	4.0	1.2646	20.0	1.4961
0.01	0.0998	5.0	1.3138	30.0	1.5202
0.1	0.3111	6.0	1.3496	40.0	1.5325
0.5	0.6533	7.0	1.3766	50.0	1.5400
1.0	0.8603	8.0	1.3978	60.0	1.5451
1.5	0.9882	9.0	1.4149	100.0	1.5552
2.0	1.0769	10.0	1.4289	∞	1.5708

② $Bi>40$ 的情况　如果毕渥数 $Bi>40$，这时食品表面的温度近似等于冷却介质的温度。式(4-32)中的边界条件由第三类边界条件转变为第一类边界条件，即 $x=\delta/2$ 时，$T=T_\infty$。式(4-36) 简化为

$$T-T_\infty=(T_0-T_\infty)\frac{4}{\pi}\cos\left[\frac{\pi}{2(\delta/2)}x\right]\mathrm{e}^{-\frac{(\pi/2)^2}{(\delta/2)^2}at}\tag{4-37}$$

(2) 冷却时间的计算

食品冷却计算中，往往需要知道冷却至某一温度所用的时间，对此问题，需要指明衡量温度的标准，目前常用食品平均温度和食品中心温度分别作为衡量指标。

① 用食品平均温度作为衡量指标来计算冷却时间　食品的平均温度可由式(4-37)求积分获得

$$\overline{T}=\frac{1}{(\delta/2)-0}\int_0^{\frac{\delta}{2}}T(x)\mathrm{d}x$$

积分后平均温度为

$$\overline{T}-T_\infty=(T_0-T_\infty)\frac{2\sin^2\mu}{\mu(\mu+\sin\mu\cos\mu)}e^{-\frac{\mu^2}{(\delta/2)^2}at} \tag{4-38}$$

令

$$\phi=\frac{2\sin^2\mu}{\mu(\mu+\sin\mu\cos\mu)}$$

由式(4-38) 得冷却时间 t

$$t=2.3\frac{1}{a}\frac{(\delta/2)^2}{\mu^2}\left(\lg\frac{T_0-T_\infty}{\overline{T}-T_\infty}+\lg\phi\right) \tag{4-39}$$

当 $0<Bi<30$ 时

$$t=0.2185\frac{\rho c}{\lambda}\delta\left(\delta+\frac{5.12\lambda}{a}\right)\left(\lg\frac{T_0-T_\infty}{\overline{T}-T_\infty}+\lg\phi\right) \tag{4-40}$$

当 $Bi\leqslant8$ 时，$\phi\approx1$ 时、式(4-40) 简化为

$$t=0.2185\frac{\rho c}{\lambda}\delta\left(\delta+\frac{5.12\lambda}{a}\right)\left(\lg\frac{T_0-T_\infty}{\overline{T}-T_\infty}\right) \tag{4-41}$$

② 用食品中心温度作为衡量指标来计算冷却时间　由式(4-41) 可知，只要令 $x=0$，即得中心温度的表达式

$$\frac{T^*-T_\infty}{T_0-T_\infty}=\phi e^{-\frac{\mu^2}{(\delta/2)^2}at} \tag{4-42}$$

式中　T^*——食品的中心温度，℃。

经简化整理后得冷却时间的表达式

$$t=0.23\frac{\rho c}{\lambda}\delta\left(\delta+4.8\frac{\lambda}{a}\right)\lg\frac{T_0-T_\infty}{T^*-T_\infty}+0.0253\frac{\rho c}{\lambda}\delta^2\frac{\delta+4.8\frac{\lambda}{a}}{\delta+2.6\frac{\lambda}{a}} \tag{4-43}$$

当 $Bi>40$ 时，由式(4-43) 可得其中心温度（$x=0$）的表达式为

$$\frac{T^*-T_\infty}{T_0-T_\infty}=\frac{4}{\pi}e^{-(\frac{\pi}{\delta})^2at}$$

整理后 t 的表达式为

$$t=2.3\frac{1}{a}\left(\frac{\delta}{\pi}\right)^2\left(\lg\frac{T_0-T_\infty}{T^*-T_\infty}+\lg\frac{4}{\pi}\right) \tag{4-44}$$

例 4-3　用 $T_\infty=-3℃$ 的空气冷却猪胴体，猪肉的初始温度 $T_0=25℃$，冷却终了的平均温度 $\overline{T}=3℃$。猪胴体可近似作为 $\delta=12cm$ 的大平板，含水率为 76%，密度 $\rho=1050$ kg/m³，热导率 $\lambda=0.505W/(m\cdot K)$。试求空气自然对流和强制对流下以及 $Bi>40$ 情况下猪胴体的冷却时间。

解　① 由式(3-15) 得，$c=(1.2+2.99\times0.76)=3.472kJ/(kg\cdot K)$

由表 4-1 得，空气自然对流和大于 1m/s 时强制对流表面传热系数分别为 $\alpha_1=10W/(m^2\cdot K)$ 和 $\alpha_2=30W/(m^2\cdot K)$。

② 空气自然对流时，由以上条件得

$$Bi=\frac{\alpha_1\delta}{\lambda}=\frac{10\times0.06}{0.505}=1.18<8$$

由式(4-41) 求得冷却时间为

$$t=0.2185\frac{\rho c}{\lambda}\delta\left(\delta+\frac{5.12\lambda}{a}\right)\lg\frac{T_0-T_\infty}{T-T_\infty}$$

$$=0.2185\times\frac{1050\times3472}{0.505}\times0.12\times\left(0.12+\frac{5.12\times0.505}{10}\right)\times\lg\frac{25+3}{3+3}$$

$$=47938\text{（s）}=13.32\text{（h）}$$

③ 空气强制对流时，由已知条件得

$$Bi=\frac{\alpha_2\delta}{\lambda}=\frac{30\times0.06}{0.505}=3.56<8$$

由式(4-41) 可得冷却时间

$$t=0.2185\frac{\rho c}{\lambda}\delta\left(\delta+\frac{5.12\lambda}{a}\right)\lg\frac{T_0-T_\infty}{T-T_\infty}$$

$$=0.2185\times\frac{1050\times3472}{0.505}\times0.12\times\left(0.12+\frac{5.12\times0.505}{30}\right)\times\lg\frac{25+3}{3+3}$$

$$=26086\text{（s）}=7.25\text{（h）}$$

④ $Bi>40$ 的情况　对于猪胴体厚度不变条件下，对流表面传热系数应该满足下式

$$\alpha>\frac{Bi\lambda}{\delta/2}=\frac{40\times0.505}{0.06}=336.7\left[\text{W/(m}^2\cdot\text{K)}\right]$$

由表 4-3 可知，$Bi=40$ 时，$\mu=1.5325$，根据式(4-39) 得

$$t=2.3\times\frac{1050\times3472}{0.505}\times\left(\frac{0.12}{\pi}\right)^2\times\left(\lg\frac{25+3}{3+3}+\lg0.8296\right)$$

$$=14241\text{（s）}=3.96\text{（h）}$$

例 4-4　若上题中猪肉冷却结束时的中心温度为 3℃，其他条件均不变，试分别计算空气自然对流和强制对流时的冷却时间。

解　① 空气自然对流时，$Bi=\frac{\alpha_1\delta}{\lambda}=\frac{10\times0.06}{0.505}=1.18<8$

猪肉的冷却时间可由式(4-43) 求得

$$t=0.23\frac{\rho c}{\lambda}\delta\left(\delta+\frac{4.8\lambda}{a}\right)\lg\frac{T_0-T_\infty}{T^*-T_\infty}+0.0253\frac{\rho c}{\lambda}\delta^2\frac{\delta+4.8\dfrac{\lambda}{\alpha}}{\delta+2.6\dfrac{\lambda}{\alpha}}$$

$$=0.23\times\frac{1050\times3472}{0.505}\times0.12\times\left(0.12+\frac{4.8\times0.505}{10}\right)\times\lg\frac{28}{6}+$$

$$0.0253\times\frac{1050\times3472}{0.505}\times0.12^2\times\frac{0.12+\dfrac{4.8\times0.505}{10}}{0.12+\dfrac{2.6\times0.505}{10}}=52099\text{（s）}=14.47\text{（h）}$$

② 空气强制对流时，冷却时间为

$$t=0.23\frac{\rho c}{\lambda}\delta\left(\delta+\frac{4.8\lambda}{a}\right)\lg\frac{T_0-T_\infty}{T^*-T_\infty}+0.0253\frac{\rho c}{\lambda}\delta^2\frac{\delta+4.8\dfrac{\lambda}{\alpha}}{\delta+2.6\dfrac{\lambda}{\alpha}}$$

$$=0.23\times\frac{1050\times3472}{0.505}\times0.12\times\left(0.12+\frac{4.8\times0.505}{30}\right)\times\lg\frac{28}{6}+$$

$$0.0253\times\frac{1050\times3472}{0.505}\times0.12^2\times\frac{0.12+\dfrac{4.8\times0.505}{30}}{0.12+\dfrac{2.6\times0.505}{30}}=29990\text{（s）}=8.33\text{（h）}$$

4.2.3 长圆柱状食品冷却过程的传热计算

4.2.3.1 长圆柱状食品一维非稳态热传导的分析解法

在半径为 b 的实心长圆柱体内发生径向一维非稳态热传导时，温度呈轴对称分布，是 r 和 t 的函数，$T = T(r, t)$，它满足下面的导热微分方程

$$\frac{\partial^2 T}{\partial r^2} + \frac{1}{r}\frac{\partial T}{\partial r} = \frac{1}{a}\frac{\partial T}{\partial t} \tag{4-45a}$$

与大平板时的情形相同，求解方程式（4-45a）需要两个关于 r 方向的边界条件，一个时间条件。显然，其中一个边界条件应是轴线位置上的自然边界条件，即

$$r = 0 \text{ 处} \qquad\qquad T \text{ 之值有界} \tag{4-45b}$$

另一个 $r = b$ 处的边界条件，可以是三类边界条件中的任何一种。设为第三类边界条件，即该边界与环境流体进行对流换热，流体温度为 T_∞，传热系数为 α，则可表示为

$$r = b \text{ 处} \qquad\qquad \lambda\frac{\partial T}{\partial r} + \alpha T = \alpha T_\infty \tag{4-45c}$$

初始条件为轴对称温度分布，即

$$t = 0 \text{ 时} \qquad\qquad T = F(r) \tag{4-45d}$$

由式（4-45）所描述的定解问题的求解过程与大平板问题（4-14）的求解过程基本相同。首先，仍然采用以 T_∞ 为基准的过余温度

$$\theta(r, t) = T(r, t) - T_\infty \tag{4-46}$$

则边界条件式（4-45c）将被齐次化，且问题（4-45）被变为

$$\frac{\partial^2 \theta}{\partial r^2} + \frac{1}{r}\frac{\partial \theta}{\partial r} = \frac{1}{\alpha}\frac{\partial \theta}{\partial t} \tag{4-47a}$$

$$r = 0 \qquad\qquad \theta \text{ 为有界值} \tag{4-47b}$$

$$r = b \qquad\qquad \frac{\partial \theta}{\partial r} + H\theta = 0 \tag{4-47c}$$

$$t = 0 \qquad \theta = F(r) - T_\infty = F^*(r) \tag{4-47d}$$

沿用分离变量法对上式进行求解。令

$$\theta(r, t) = R(r)\Gamma(t) \tag{4-48}$$

将式（4-48）代入方程式（4-47a），则它被转化为两个常微分方程，其中，关于时间函数 $\Gamma(t)$ 的常微分方程及其解仍分别为式（4-19）与式（4-21），而关于空间变量函数 $R(r)$ 的常微分方程为

$$\frac{d^2 R}{dr^2} + \frac{1}{r}\frac{dR}{dr} + \beta^2 R = 0 \tag{4-49a}$$

不难发现，式（4-49a）所示的方程是零阶贝塞尔方程。将式（4-46）分别代入边界条件式（4-47b、c），可以导出方程（4-49a）所应满足的两个边界条件为

$$r = 0 \qquad\qquad R \text{ 为有界值} \tag{4-49b}$$

$$r = b \qquad\qquad \frac{dR}{dr} + HR = 0 \tag{4-49c}$$

式（4-49）是原问题式（4-47）的特征值问题。现在对此特征值问题进行求解。

方程（4-49a）的一般解为

$$R(r) = c_1 J_0(\beta r) + c_2 Y_0(\beta r) \tag{4-50}$$

由于当 $r \to 0$ 时，$Y_0(\beta r) \to \infty$，故可确定式（4-50）中的系数 $c_2 = 0$，式（4-50）变为

$$R(r) = c_1 J_0(\beta r) \tag{4-51}$$

将式(4-51) 代入边界条件式(4-49c)，可得

$$\beta J_0'(\beta r) + H J_0(\beta r) = 0 \tag{4-52}$$

式(4-52) 的根 β_i，$i = 1,2,3,\cdots$，即为特征值，对应函数 $J_0(\beta_i r)$ 为特征函数。将 $J_0(\beta_i r)$ 代入式(4-51)，再与式(4-21) 一起代入式(4-48)，得

$$\theta_i = c_i J_0(\beta_i r) e^{-a\beta_i^2 t} \tag{4-53}$$

上式所示 θ_i 是方程式 (4-47a) 的基本解。将所有基本解叠加，得到该方程的如下形式解

$$\theta(r,t) = \sum_{i=1}^{\infty} c_i J_0(\beta_i r) e^{-a\beta_i^2 t} \tag{4-54}$$

根据初始条件和利用贝塞尔函数带权正交的性质，求得

$$c_i = \frac{1}{N^2(\beta_i)} \int_0^b r F^*(r) J_0(\beta_i r) dr \tag{4-55}$$

式中，$N(\beta_i)$ 称为特征函数 $J_0(\beta_i r)$ 的模或范数，且有

$$N^2(\beta_i) = \int_0^b r J_0^2(\beta_i r) dr = \frac{1}{2} b^2 J_0^2(\beta_i b) \frac{H^2 + \beta_i^2}{\beta_i^2}$$

将式(4-55) 代入式(4-54)，得问题的最终解为

$$\theta(r,t) = \sum_{i=1}^{\infty} e^{-a\beta_i^2 t} \frac{1}{N^2(\beta_i)} J_0(\beta_i r) \int_0^b r F^*(r) J_0(\beta_i r) dr \tag{4-56}$$

对于 $r = b$ 处的各种可能的齐次边界条件，问题的最终解的一般形式可概括为

$$\theta(r,t) = \sum_{i=1}^{\infty} e^{-a\beta_i^2 t} \frac{1}{N^2(\beta_i)} R(\beta_i, r) \int_0^b r F(r) R(\beta_i, r) dr \tag{4-57}$$

式(4-57) 中的特征函数 $R(\beta_i, r)$、特征值 β_i、模 $N(\beta_i)$，可根据给定的 $r = b$ 处的齐次边界条件，由有关传热学书籍中查到。将式(4-57) 与式(4-28) 作对比，可见两者在形式上是相同的，只是特征函数、特征值及模的具体结构和表达式不同而已。

一种常见的情形是圆柱体初始温度均匀且为 T_0，则 $F^*(r) = T_0 - T_\infty$，代入式(4-56)，利用特征方程式(4-54)，并经运算后得到解为

$$\begin{aligned}
\frac{\theta}{\theta_0} &= \frac{T(r,t) - T_\infty}{T_0 - T_\infty} = \frac{2}{b} \sum_{i=1}^{\infty} e^{-a\beta_i^2 t} \frac{\beta_i H J_1(\beta_i b)}{(\beta_i^2 + H^2) J_0^2(\beta_i b)} J_0(\beta_i r) \\
&= \frac{2}{b} \sum_{i=1}^{\infty} e^{-a\beta_i^2 t} \frac{H}{(\beta_i^2 + H^2) J_0^2(\beta_i b)} J_0(\beta_i r) \\
&= \frac{2}{b} \sum_{i=1}^{\infty} e^{-\beta_i^2 at} \frac{\dfrac{a}{\lambda}}{\left[\beta_i^2 + \left(\dfrac{a}{\lambda}\right)^2\right] J_0^2(\beta_i b)} J_0(\beta_i r)
\end{aligned} \tag{4-58}$$

4.2.3.2 长圆柱状食品冷却时间的计算

(1) 食品内部的温度变化

长圆柱状食品，$0 \leqslant r \leqslant R$，初始温度为常数 T_0，当时间 $t > 0$ 时，$r = R$ 处的边界以对流方式向温度为 T_∞ 的冷却介质中放热，假设温度分布只与径向坐标和时间有关，引入过余温度 $\theta = T - T_\infty$，$\theta_0 = T_0 - T_\infty$，其导热微分方程为

$$\frac{\partial \theta}{\partial t} = a\left(\frac{\partial^2 \theta}{\partial r^2} + \frac{1}{r} \frac{\partial \theta}{\partial r}\right) \tag{4-59}$$

边界条件 $\qquad\qquad\qquad r = R$ 时，$-\lambda \dfrac{\partial \theta}{\partial r} = a\theta$

$$r=0 \text{ 时},温度为有限值$$

初始条件　　　　　　　　　$t=0 \text{ 时},\theta=\theta_0$

用分离变量法求解式(4-59)的步骤与求解大平板状导热方程基本一样,最后得过余温度与径向坐标和时间的表达式,如式(4-58)(将半径 b 改写成 R)所示,即

$$\frac{\theta}{\theta_0}=\frac{2}{R}\sum_{i=1}^{\infty}e^{-\beta_i^2 \alpha t}\frac{\dfrac{a}{\lambda}}{\left[\beta_i^2+\left(\dfrac{a}{\lambda}\right)^2\right]J_0{}^2(\beta_i R)}J_0(\beta_i r) \tag{4-60}$$

式中　β_i——空间变量函数的特征值。

β_i 由下列方程给出,令 $\mu_i=\beta_i R$,则

$$\mu_i J_1(\mu_i)=Bi J_0(\mu_i) \tag{4-61}$$

式中　$J_0(\beta_i R)$——第一类零阶贝塞尔函数;

$J_1(\beta_i R)$——第一类一阶贝塞尔函数。

对上式无穷级数取第一项作为其近似值,

$$\frac{\theta}{\theta_0}=2e^{-(\frac{\mu}{R})^2 \alpha t}\frac{Bi J_0(\beta r)}{(\mu^2+Bi^2)J_0(\mu)} \tag{4-62}$$

(2)冷却时间的计算

① 用长圆柱状食品的平均温度计算冷却时间　长圆柱状食品平均温度 $\overline{T}$ 为

$$\overline{T}=\frac{1}{\pi R^2}\int_o^R 2\pi r T(r,t)\mathrm{d}r \tag{4-63}$$

根据贝塞尔函数的对称性质以及特征方程式(4-61)

$$\mu_i J_1(\mu_i)=Bi J_0(\mu_i)$$

得到长圆柱状食品的平均温度表达式为

$$\frac{\overline{T}-T_\infty}{T_0-T_\infty}=\frac{4Bi^2}{\mu^2(\mu^2+Bi^2)}e^{-(\frac{\mu}{R})^2 \alpha t} \tag{4-64}$$

表 4-4 是针对无穷级数式(4-60)取第一项作为计算值时,特征方程式(4-61)的解。利用这个表,我们就可以根据不同的毕渥数 Bi,查出相对应的 μ 值,再利用式(4-64)计算出长圆柱状食品的平均冷却温度。

表 4-4　超越方程 $\mu J_1(\mu)=Bi J_0(\mu)$ 的第一个根

Bi	μ	Bi	μ	Bi	μ
0	0	4.0	1.9081	20.0	2.2880
0.01	0.1412	5.0	1.9898	30.0	2.3261
0.1	0.4417	6.0	2.0490	40.0	2.3455
0.5	0.9408	7.0	2.0937	50.0	2.3572
1.0	1.2558	8.0	2.1286	60.0	2.3651
1.5	1.4569	9.0	2.1566	80.0	2.3750
2.0	1.5994	10.0	2.1795	100.0	2.3809
3.0	1.7887	15.0	2.2509	∞	2.4048

令 $\phi=\dfrac{4Bi^2}{\mu^2(\mu^2+Bi^2)}$,从式(4-64)可得

$$t=2.3\frac{1}{a}\frac{R^2}{\mu^2}\left(\lg\frac{T_0-T_\infty}{\overline{T}-T_\infty}+\lg\phi\right) \tag{4-65}$$

经简化与整理后得

$$t = 0.3565 \frac{\rho c}{\lambda} R \left(R + \frac{3.16\lambda}{a} \right) \left(\lg \frac{T_0 - T_\infty}{T - T_\infty} + \lg \phi \right) \tag{4-66}$$

当 $Bi \leqslant 4$ 时，$\phi \approx 1$ 时，式（4-66）变为

$$t = 0.3565 \frac{\rho c}{\lambda} R \left(R + \frac{3.16\lambda}{a} \right) \left(\lg \frac{T_0 - T_\infty}{T - T_\infty} \right) \tag{4-67}$$

② 用长圆柱状食品中心温度计算冷却时间　当 $r = 0$ 时，由式（4-62）可得

$$\frac{\theta}{\theta_0} = 2 e^{-\left(\frac{\mu}{R} \right)^2 at} \frac{Bi}{(\mu^2 + Bi^2) J_0(\mu)} \tag{4-68}$$

经简化与整理后得

$$t = 0.3833 \frac{\rho c}{\lambda} R \left(R + 2.85 \frac{\lambda}{a} \right) \left(\lg \frac{T_0 - T_\infty}{T^* - T_\infty} \right) + 0.0843 \frac{\rho c}{\lambda} R^2 \frac{R + 2.85 \frac{\lambda}{a}}{R + 1.7 \frac{\lambda}{a}} \tag{4-69}$$

例 4-5　用 $T_\infty = -2℃$ 的海水冷却金枪鱼。设金枪鱼长 1m，半径 $R = 0.07m$，鱼的初始温度 $T_0 = 23℃$，冷却结束时鱼的平均温度为 $\overline{T} = 2℃$，金枪鱼含水率为 70%，鱼体密度 $\rho = 1000 kg/m^3$，试计算冷却时间。

解　① 计算所需要的参数

比热容 $c = 1.256 + 2.931 \times 0.7 = 3.3077$ [kJ/(kg·K)]

由式（3-73）得，热导率 $\lambda = (0.080 + 0.52 \times 0.7) W/(m·K) = 0.444 W/(m·K)$

根据表 4-1，设鱼体与冷盐水的对流表面传热系数 $\alpha = 600 W/(m^2·K)$

② 计算毕渥数 Bi

$$Bi = \frac{\alpha R}{\lambda} = \frac{600 \times 0.07}{0.444} = 95 > 4$$

由表 4-4，可知 $\mu = 2.379$，

$$\phi = \frac{4 Bi^2}{\mu^2 (\mu^2 + Bi^2)} = \frac{4 \times 95^2}{2.397^2 (2.397^2 + 95^2)} = 0.70$$

将鱼体看做长圆柱，式（4-66）求得冷却时间为，

$$t = 0.3565 \frac{\rho c}{\lambda} R \left(R + \frac{3.16\lambda}{a} \right) \left(\lg \frac{T_0 - T_\infty}{T - T_\infty} + \lg \phi \right)$$

$$= 0.3565 \times \frac{1000 \times 3.3077 \times 10^3}{0.444} \times 0.07 \times \left(0.07 + \frac{3.16 \times 0.444}{600} \right) \times \left(\lg \frac{23 + 2}{2 + 2} + \lg 0.70 \right)$$

$$= 8620 \text{（s）} = 2.39 \text{（h）}$$

4.2.4　球状食品冷却过程的传热计算

4.2.4.1　球状食品一维非稳态热传导的分析解法

上述关于大平板一维非稳态导热的分离变量解法，可以推广应用于球中径向一维非稳态导热问题。对于半径为 b 的圆球，其径向一维非稳态导热微分方程为

$$\frac{\partial^2 T}{\partial r^2} + \frac{2}{r} \frac{\partial T}{\partial r} = \frac{1}{a} \frac{\partial T}{\partial t} \tag{4-70}$$

温度分布是 r 和 t 的函数，$T = T(r, t)$。式（4-70）可以改写为

$$\frac{\partial^2 (rT)}{\partial r^2} = \frac{1}{a} \frac{\partial (rT)}{\partial t} \tag{4-71}$$

作因变量代换，令

$$U(r,t)=rT(r,t) \tag{4-72}$$

则式（4-71）被转换为

$$\frac{\partial^2 U(r,t)}{\partial r^2}=\frac{1}{a}\frac{\partial U(r,t)}{\partial t} \tag{4-73}$$

方程（4-73）在形式上与大平板问题中的方程式（4-14a）完全一样。实质上，通过变换（4-72），将半径为 b 的球中径向一维非稳态问题转化成了厚度为 b 的大平板中的一维非稳态问题，因而可以引用前述关于大平板问题的求解方法，对于给定的边界和初始条件，先求得 $U(r,t)$，然后再进行逆变换，得到 $T(r,t)=U(r,t)/r$。

求解方程式（4-73），需要两个关于 r 的边界条件及一个时间条件。显然，其中一个边界条件应当是 $r=0$ 处的自然边界条件，即

$$r=0 \text{ 处} \qquad T \text{ 之值有界} \tag{4-74a}$$

另一个在 $r=b$ 处的边界条件，可以是第一类、第二类与第三类边界条件中的任何一种。设为第三类边界条件，即 $r=b$ 处边界与温度为 T_∞ 的周围流体进行对流换热，传热系数为 α，则该边界条件可表示为

$$r=b \text{ 处} \qquad \lambda\frac{\partial T}{\partial r}+\alpha T=\alpha T_\infty \tag{4-74b}$$

初始条件呈球对称分布，可表示为

$$t=0 \text{ 时} \qquad T=F(r) \tag{4-74c}$$

边界条件式（4-74）是非齐次的，显然，采用过余温度 $\theta(r,t)=T(r,t)-T_\infty$ 可使之齐次化，并将由式（4-71）及式（4-74）组成的定解问题变为

$$\frac{\partial^2(r\theta)}{\partial r^2}=\frac{1}{a}\frac{\partial(r\theta)}{\partial t} \tag{4-75a}$$

$$r=0 \qquad \theta \text{ 为有界值} \tag{4-75b}$$

$$r=b \qquad \frac{\partial\theta}{\partial r}+H\theta=0 \tag{4-75c}$$

$$t=0 \qquad \theta=F(r)-T_\infty=F^*(r) \tag{4-75d}$$

采用式（4-74）所示之变换，令

$$U(r,t)=r\theta(r,t)$$

对式（4-75）进行变换，得

$$\frac{\partial^2 U(r,t)}{\partial r^2}=\frac{1}{a}\frac{\partial U(r,t)}{\partial t} \tag{4-76a}$$

$$r=0 \qquad U=0 \tag{4-76b}$$

$$r=b \quad \frac{\partial U}{\partial r}+\left(H-\frac{1}{b}\right)U=\frac{\partial U}{\partial r}+H^*U=0 \tag{4-76c}$$

$$t=0 \qquad U=rF^*(r) \tag{4-76d}$$

变换前、后的求解区域及单值性条件的变化对照，示于图 4-5 上。式（4-75）表示厚度为 b 的大平板中的一维非稳态导热，其解由式（4-76）表示。根据边界条件式（4-76b、c）查得特征函数、模之后，可得

$$U(r,t)=2\sum_{i=1}^{\infty}e^{-a\beta_i^2 t}\frac{\beta_i^2+H^{*2}}{b(\beta_i^2+H^{*2})+H^*}$$

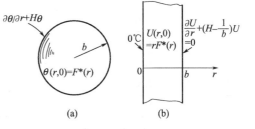

图 4-5　球及变换后大平板的单值性条件

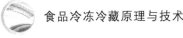

$$\sin(\beta_i r) \int_0^b rF^*(r)\sin(\beta_i r)\,\mathrm{d}r \tag{4-77a}$$

特征值 β_i 是下面方程的正根

$$\beta_i \cot(\beta_i b) = -H^* \text{ 或 } \mu_i \cot\mu_i = 1 - Bi$$

当球的初始温度均匀为 T_0 时，$F^*(r) = T_0 - T_\infty$，则式(4-77a) 演化为

$$\frac{\theta}{\theta_0} = \frac{T(r,t) - T_\infty}{T_0 - T_\infty} = 2\sum_{i=1}^\infty \mathrm{e}^{-a\beta_i^2 t} \frac{Bi\sin\mu_i}{\mu_i - \sin\mu_i\cos\mu_i} \frac{\sin(\mu_i r/b)}{\mu_i r/b}$$

$$= 2\sum_{i=1}^\infty \mathrm{e}^{-(\frac{\mu_i}{b})^2 at} \frac{Bi\sin\mu_i}{\mu_i - \sin\mu_i\cos\mu_i} \frac{\sin(\beta_i r)}{\beta_i r} \tag{4-77b}$$

上两式中，$\mu_i = \beta_i b$，$Bi = Hb = ab/\lambda$。

4.2.4.2　球状食品冷却时间的计算

（1）食品内部的温度变化

初始温度为常数 T_0 的各向同性的球状食品，当 $t > 0$ 时，在 $r = R$ 处边界上以对流换热方式向温度为 T_∞ 的气体或液体冷却介质放热，采用过余温度 $\theta = T - T_\infty$，则球内径向一维非稳态导热微分方程为

$$\frac{\partial\theta}{\partial t} = a\left(\frac{\partial^2\theta}{\partial r^2} + \frac{2}{r}\frac{\partial\theta}{\partial r}\right) \tag{4-78}$$

$r = R$ 时，

$$-\lambda\frac{\partial\theta}{\partial r} = a\theta$$

$t = 0$ 时，

$$\theta = \theta_0$$

此外，$r = 0$ 处的 θ 应保持有界。与求解大平板状食品导热方程相似，从上式可以求得球状食品在冷却过程中某一时刻温度 T 的表达式，如式(4-77b) 所示。将半径 b 改写成 R，并取无穷级数第一项作为其近似值，得

$$\frac{\theta}{\theta_0} = \mathrm{e}^{-(\frac{\mu}{R})^2 at} \frac{2Bi\sin\mu}{\mu - \sin\mu\cos\mu} \frac{\sin(\beta r)}{\beta r} \tag{4-79}$$

（2）冷却时间的计算

① 用平均温度计算冷却时间　由式(4-79) 可得球状食品的质量平均温度表达式

$$\frac{\overline{T} - T_\infty}{T_0 - T_\infty} = \frac{6Bi^2}{\mu^2(\mu^2 + Bi^2 - Bi)}\mathrm{e}^{-(\frac{\mu}{R})^2 at} \tag{4-80}$$

式中，μ 是特征方程 $\dfrac{\mu}{\tan\mu} = -Bi^*$ 的根，$Bi^* = Bi - 1$，其值见表 4-5。

表 4-5　超越方程 $\mu/\tan\mu = -Bi^*$ 的第一个根

Bi^*	μ	Bi^*	μ	Bi^*	μ
−1.0	0	0.5	1.8366	3.0	2.4557
−0.5	1.1658	0.6	1.8798	4.0	2.5704
−0.1	1.5044	0.7	1.9203	5.0	2.6537
0	1.5708	0.8	1.9586	10.0	2.8628
0.1	1.6320	0.9	1.9947	30.0	3.0406
0.2	1.6887	1.0	2.0288	60.0	3.0901
0.3	1.7414	1.5	2.1746	100.0	3.1105
0.4	1.7906	2.0	2.2889	∞	3.1416

令 $\phi=\dfrac{6Bi^2}{\mu^2(\mu^2+Bi^2-Bi)}$，可以得到冷却时间为

$$t=\frac{2.3}{a}\frac{R^2}{\mu^2}\left(\lg\frac{T_0-T_\infty}{T-T_\infty}+\lg\phi\right) \tag{4-81}$$

经简化与整理后得

$$t=0.1955\frac{\rho c}{\lambda}R\left(R+\frac{3.85\lambda}{a}\right)\left(\lg\frac{T_0-T_\infty}{T-T_\infty}+\lg\phi\right) \tag{4-82}$$

当 $Bi\leqslant 4$ 时，$\phi\approx 1$，上式变为

$$t=0.1955\frac{\upsilon c}{\lambda}R\left(R+\frac{3.85\lambda}{a}\right)\left(\lg\frac{T_0-T_\infty}{T-T_\infty}+\lg\phi\right) \tag{4-83}$$

② 用球状食品中心温度计算冷却时间 当 $r\to 0$ 时，由式(4-79)可知，$\sin(\beta r)/\beta r\to 1$，又由于特征方程 $\mu/\tan\mu=1-Bi$，使式(4-79)变为

$$\frac{\theta}{\theta_0}=2\mathrm{e}^{-\left(\frac{\mu}{R}\right)^2at}\frac{\sin\mu-\mu\cos\mu}{\mu-\sin\mu\cos\mu} \tag{4-84}$$

经简化与整理后，得球状食品中心处的冷却时间为

$$t=0.2233\frac{\rho c}{\lambda}R\left(R+3.2\frac{\lambda}{a}\right)\lg\frac{T_0-T_\infty}{T^*-T_\infty}+0.0737\frac{\rho c}{\lambda}R^2\frac{R+3.2\dfrac{\lambda}{a}}{R+2.1\dfrac{\lambda}{a}} \tag{4-85}$$

例 4-6 用 $T_\infty=22℃$，流速为 $1\mathrm{m/s}$ 的空气冷却鸡蛋。鸡蛋含水率为 74%，初始温度 $T_0=25℃$，冷却后的平均温度为 $\overline{T}=23℃$，密度为 $1070\mathrm{kg/m^3}$，比热容 $c=3.53\times 10^3\mathrm{J/}$ $(\mathrm{kg\cdot K})$，鸡蛋近似看做是 $R=0.025\mathrm{m}$ 的球体，与冷却介质的对流表面传热系数为 $20\mathrm{W/}$ $(\mathrm{m^2\cdot K})$，求鸡蛋的冷却时间。

解 热导率 $\lambda=0.148+0.493\times 0.74=0.513\ [\mathrm{W/(m\cdot K)}]$

毕渥数 Bi $Bi=\alpha R/\lambda=20\times 0.025/0.513=0.977<4$

可以用式(4-83)求得冷却所需的时间

$$
\begin{aligned}
t&=0.1955\frac{\rho c}{\lambda}R\left(R+\frac{3.85\lambda}{a}\right)\lg\frac{T_0-T_\infty}{T-T_\infty}\\
&=0.1955\times\frac{1070\times 3530}{0.513}\times 0.025\times\left(0.025+\frac{3.85\times 0.513}{20}\right)\times\lg\frac{25-22}{23-22}\\
&=2124.8(\mathrm{s})=0.59\ (\mathrm{h})
\end{aligned}
$$

4.2.5 用图解法计算食品冷却速率

根据上述的解析式，对大平板、长圆柱和球状食品的冷却问题已经绘制成各种无量纲的图表。图 4-6、图 4-7、图 4-8 分别表示三种形状食品的温度与冷却时间的关系，其纵坐标为过余温度的比值 θ/θ_0，横坐标为傅里叶数 F_o，m 是毕渥数的倒数 $1/Bi$，n 是距离对称中心的相对位置，共有 6 点，$n=0$ 表示食品几何中心对称点，$n=1$ 表示食品表面。

例 4-7 用图解法求解例 4-5 中金枪鱼冷却时间以及距表面 0.03m 处的温度降至 2℃时所需要的时间。

解 计算得 比热容为 $c=3.3077\mathrm{kJ/(kg\cdot K)}$，热导率为 $\lambda=0.444\mathrm{W/(m\cdot K)}$

毕渥数 Bi $Bi=\alpha R/\lambda=600\times 0.07/0.444=95>40$

由于 $Bi>40$，因此可以忽略表面对流换热热阻，即 $m=\lambda/\alpha R=0$。

$$\frac{T-T_\infty}{T_0-T_\infty}=\frac{2-(-2)}{23-(-2)}=0.16$$

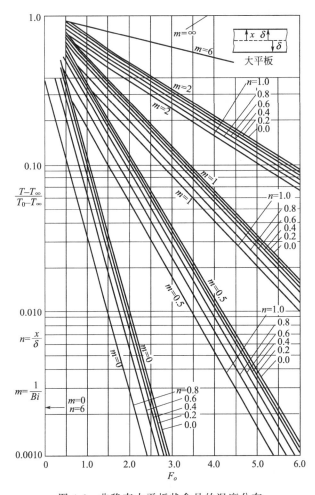

图 4-6 非稳态大平板状食品的温度分布

① 金枪鱼中心处的温度降至 2℃时所需的时间

在图 4-7 中，由 $m=0$ 和 $n=0$ 线与纵坐标 0.16 水平线得交点，过交点作垂线在横坐标上得对应的傅里叶数 F_o。

$$\frac{\alpha t}{R^2}=\frac{\lambda t}{\rho c R^2}=0.4$$

$$t=\frac{0.4\times1000\times3307.7\times0.07^2}{0.444}\text{s}=14601.6\text{s}=4.06\text{h}$$

② 距离金枪鱼表面 0.03m 处的温度降至 2℃时所需的时间　由 $n=r/R=0.03/0.07=0.43$，与上面步骤一样得到傅里叶数 F_o。

$$\frac{\alpha t}{R^2}=\frac{\lambda t}{\rho c R^2}=0.37$$

$$t=\frac{0.37\times1000\times3307.7\times0.07^2}{0.444}\text{s}=13506\text{s}=3.75\text{h}$$

4.2.6　短方柱和短圆柱状食品冷却时间的计算

比较大平板、长圆柱和球状食品的冷却时间表达式，不难看出，它们的区别仅在于系数的不同，因此，可以归纳为一个通用式。

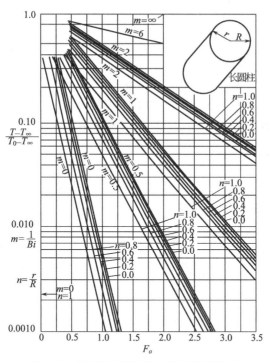

图 4-7　非稳态长圆柱状食品的温度分布

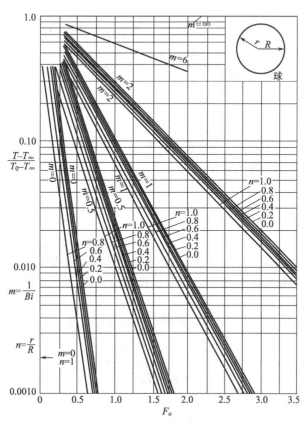

图 4-8　非稳态球状食品的温度分布

$$\lg(T-T_\infty)=-\frac{t}{f}+\lg j(T_0-T_\infty) \tag{4-86}$$

式中　f——时间因子；

　　　j——滞后因子。

在用集总参数法求解毕渥数小于 0.1 的冷却问题时，根据式（4-11）可得，$f=2.3\rho cV/(\alpha A)$，$j=1$。对于大平板、长圆柱和球体的冷却问题，相对应的 f 和 j 已经绘制成图 4-9 和图 4-10，只要知道毕渥数 Bi，即可查出对应的 f 和 j 值。

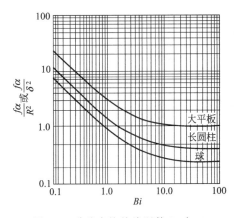

图 4-9　非稳态换热毕渥数 Bi 与 f 因子的关系

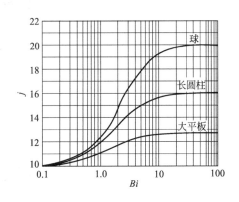

图 4-10　非稳态换热毕渥数 Bi 与 j 因子的关系

在计算短方柱和短圆柱状食品冷却时间时，不能简单地套用上述大平板、长圆柱的冷却计算公式。对于式（4-32）、式（4-59）、式（4-78）的第三类边界条件，以及第一类边界条件中边界温度为定值且初始温度为常数的情况，可采用下述方法计算。

短方柱食品的温度分布

$$\left[\frac{T-T_\infty}{T_0-T_\infty}\right]_C=\left[\frac{T-T_\infty}{T_0-T_\infty}\right]_L\left[\frac{T-T_\infty}{T_0-T_\infty}\right]_W\left[\frac{T-T_\infty}{T_0-T_\infty}\right]_H \tag{4-87}$$

式中，下标 C 表示短方柱；L 表示长度；W 表示宽度；H 表示高度。

式（4-87）说明短方柱食品的温度分布可以看成是分别由长、宽、高为三个特征尺寸的大平板的温度分布乘积。

短圆柱食品的温度分布

$$\left[\frac{T-T_\infty}{T_0-T_\infty}\right]_{SC}=\left[\frac{T-T_\infty}{T_0-T_\infty}\right]_{LC}\left[\frac{T-T_\infty}{T_0-T_\infty}\right]_P \tag{4-88}$$

式中，下标 SC 表示短圆柱；LC 表示长圆柱；P 表示大平板。

式（4-88）说明短圆柱食品的温度分布等于长圆柱和以短圆柱高为大平板特征尺寸的温度分布乘积。

引用上述时间因子 f 和滞后因子 j，使短方柱食品的冷却计算表达式变为

$$\frac{1}{f_C}=\frac{1}{f_L}+\frac{1}{f_W}=\frac{1}{f_H} \tag{4-89}$$
$$j_C=j_L\times j_W\times j_H$$

短圆柱状食品的冷却计算表达式变为

$$\frac{1}{f_{SC}}=\frac{1}{f_{LC}}+\frac{1}{f_P} \tag{4-90}$$
$$j_{SC}=j_{LC}\times j_P$$

式中，f 和 j 可从图 4-9 和图 4-10 中查得。

例 4-8　用 1℃的海水冷却鱼，鱼直径为 0.1m，长 0.4m，密度为 1052kg/m³，比热容 $c=4.02×10^3$ J/(kg·K)，热导率为 0.571W/(m·K)，初始温度为 21℃，与冷却介质的对流表面传热系数为 1500W/(m²·K)，试计算冷却 2h 后鱼的温度。

解　首先计算毕渥数 Bi：

对于长圆柱　$Bi=1500(0.05)/0.571=131$；对于大平板　$Bi=1500(0.2)/0.571=525$

毕渥数 Bi 均大于 40，因此，可忽略表面对流热阻。

从图 4-9 中可知：

对于长圆柱 $Bi=131$ 时，　$(f_{LC})α/R^2=0.4$；对于大平板 $Bi=525$ 时，　$(f_P)α/(δ/2)^2=0.95$

从图 4-10 中可知：

对于长圆柱 $Bi=131$ 时，$j_{LC}=1.6$；对于大平板 $Bi=525$ 时，$j_P=1.275$

由于 $α=λ/(ρc)$，所以

$$f_{LC}=\frac{0.4R^2}{α}=\frac{0.4R^2ρc}{λ}=\frac{0.4×(0.05)^2×1052×4020}{0.571}s=7406s=2.06h$$

$$f_P=\frac{0.95×(0.2)^2×1052×4020}{0.571}s=281442s=78.18h$$

$$\frac{1}{f_{SC}}=\frac{1}{f_{LC}}+\frac{1}{f_P}=0.50, f_{SC}=2$$

$$j_{SC}=j_{LC}·j_P=1.6×1.275=2.04$$

将 $f_{SC}=2$ 和 $j_{SC}=2.04$ 代入式(4-86)得 2h 后的中心温度 T

$$\lg(T-T_∞)=-\frac{t}{f_{SC}}+\lg j_{SC}(T_0-T_∞)$$

$$\lg(T-1)=-\frac{2}{2}+\lg[2.04×(21-1)]$$

解得 $T=13.88℃$

4.2.7　食品几何形状对冷却速率的影响

前面分述了大平板、长圆柱、球、短方柱、短圆柱状食品的冷却问题，显然，食品几何形状对食品温度变化和冷却速率有着显著的影响。下面，分别讨论食品几何形状对内部导热热阻可以忽略（$Bi<0.1$）和表面对流换热热阻可以忽略（$Bi>40$）两类冷却问题的影响。

（1）内部导热热阻可以忽略（$Bi<0.1$）的情形

式(4-11)表明，当采用集总参数法分析时，食品中的过余温度随时间呈指数曲线关系变化。如图 4-11 所示，在过程的开始阶段温度变化很快，随后逐渐减慢。当时间 $t=ρcV/(αA)$ 时，则有 $θ/θ_0=(T-T_∞)/(T_0-T_∞)=e^{-1}=0.368=36.8\%$，即此时食品的过余温度已经达到了初始过余温度值的 36.8%。这个时间称为时间常数。时间常数越小，说明食品对表面流体温度的反应越快，内部温度越趋于一致。对于同一食品及其原料和同一冷却条件下，V/A 越大，则冷却的时间越长。例如，对于厚度为 $2δ$ 的大平板、半径为 R 的长圆柱和球，其体积与表面积之比分别为 $δ$、$R/2$ 及 $R/3$，如果 $δ=R$，则在三种几何形状中，球的冷却速率最快，圆柱次之，平板最慢。

（2）表面对流换热热阻可以忽略（$Bi>40$）的情形

应用分析解及乘积解法可以得出不同几何形状食品中心温度随时间的变化曲线，如图 4-12 所示。图中纵坐标是食品中心处无量纲过余温度 $θ_m/θ_0=(T^*-T_∞)/(T_0-T_∞)$，横坐

标是傅里叶数 F_o，傅里叶数的特征尺寸按如下方法选取：对大平板、正方柱体、立方体各取其厚度的一半；对于圆柱体及球体取其半径。按图中编号顺序从大平板到球，其 V/A 之值依次为 2δ、$\delta/2$、$R/2$、$\delta/3$、$R/3$ 和 $R/3$。当 V/A 之值相同时，食品表面各点到其中心的距离相差越小，冷却速率越大。由图可见，在所比较的六种几何形状中，球的冷却速率仍然最快，而大平板仍然最慢。

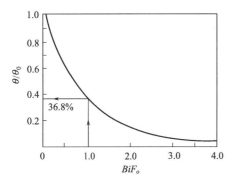

图 4-11　用集总参数法分析过余
温度的变化曲线

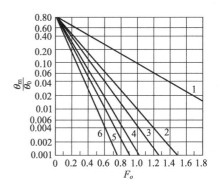

图 4-12　忽略表面对流热阻时
食品中心温度的变化曲线

1—大平板；2—正方形的长柱体；3—长圆柱；
4—立方体；5—长度等于直径的柱体；6—球

4.3　食品冻结过程的传热问题

4.3.1　食品冻结的热负荷

食品在冻结过程中，固化相变是在一个温度范围内逐渐完成的。为简化计算，假设相变固化均在初始冻结温度（冰点）下完成。因此，冻结热负荷主要由下面几部分组成：冰点以上的显热量、冰点上的相变潜热量和冰点以下的显热量等三部分组成。

（1）食品从初始温度降至冰点温度时放出的最热

设单位质量的食品其初始温度为 T_1，冰点温度为 T_2，且 $T_1 > T_2$，在冷却降温时向外放出的热量为 q_1

$$q_1 = c_1(T_1 - T_2) \tag{4-91}$$

式中　c_1——食品温度高于冰点温度时的比热容，计算详见第 3 章。

（2）食品中的水冻结时放出的潜热

水在冰点温度下放出的潜热量为

$$q_2 = f_w w_w h \tag{4-92}$$

式中　w_w——食品最初含水率，即水的质量分数；

　　　f_w——食品中冻结水的份额（计算详见第 2 章），%；

　　　h——水的冻结潜热，一般取 $335 \times 10^3 \text{J/kg}$。

（3）冰点温度以下至最终平均冻结温度放出的显热

$$q_3 = c_2(T_2 - \overline{T}_6) \tag{4-93}$$

式中　c_2——食品温度低于冰点温度时的比热容，是冰、干物质和少量未冻结水的综合值，
　　　　　计算详见第 3 章；

$\overline{T}_6$——食品最终平均冻结温度，其值等于冻结结束后在绝热条件下，食品各点温度达到一致时的温度，℃。

由于食品种类、品种、形状、成分分布等不同，冻结结束时平均温度很难测得，比较简单的方法是取表面温度与中心温度的算术平均值。对于几种简单形状的食品，也可采用下面的方法计算平均冻结温度

对于大平板状食品

$$\overline{T}_6 = \frac{2T_c + T_s}{3} \tag{4-94}$$

对于长圆柱状食品

$$\overline{T}_6 = \frac{T_c + T_s}{2} \tag{4-95}$$

对于球状食品

$$\overline{T}_6 = \frac{2T_c + 3T_s}{5} \tag{4-96}$$

对一般情况，可取

牛半胴体（half carcasses of beef） $\quad \overline{T}_6 = 0.37T_c + 0.56T_s \tag{4-97}$

猪半胴体（half carcasses of pork） $\quad \overline{T}_6 = 0.41T_c + 0.62T_s \tag{4-98}$

式中 T_c——食品热中心温度，℃；

T_s——食品表面温度，℃。

食品冻结中的热负荷除用上式计算外，在工程上应用较多的是利用食品的比焓图表（第3章）计算，即用食品初始温度和最终冻结温度的比焓差表示。

$$q = h_1 - h_6 \tag{4-99}$$

式中 h_1——食品在初始状态下的比焓值，J/kg；

h_6——食品在冻结结束时的比焓值，J/kg。

常见的比焓图表有两种基准，一种是设-20℃时的比焓值为零；另一种是设-40℃或更低温度时的比焓值为零。前者适用于库温在-18～-20℃、冻结食品温度在-15℃左右的比焓值计算。后者适用于低温冷库中食品的比焓值计算。过去我国在冷库设计方面常用前者，而日本、美国和西欧广泛采用后者。

食品在冻结过程中放出的三部分热量是不相等的，食品中的水冻结时放出的潜热量最大，因此，含水量高的食品总热量就大。部分食品冻结时的相关参数见表4-6。

4.3.2 食品冻结过程中的传热系数

食品的表面传热系数不是食品固有的热物性，但它是设计冻结装置必不可少的参数。

在一维情况下，表面传热系数由牛顿冷却定律定义

$$q = \alpha(T_s - T_5) \quad t > 0 \tag{4-100}$$

式中 T_s——食品表面平均温度；

T_5——介质温度；

q——热流密度；

α——表面传热系数。

由式(4-100)可见，表面传热系数是一个比例系数。理论分析和实验研究表明，传热系数表征的是局部现象，它不是一个常量，包含在无量纲准则方程 $Nu\text{-}Re$ 中的 α 值实际上是按面积平均的局部传热系数（Nu 为努谢尔特数，Re 为雷诺数）。从理论上确定 α 值，仅在简单几何形状的食品和流体层流的情况下取得某些成功，大多数情况下，α 值通常由实验测定。

实验确定表面传热系数 α 的方法大致有 3 类：

ⅰ．在给定传热量的情况下，稳态测定食品的表面温度；

ⅱ．在食品冻结过程中测量食品的瞬时温度变化；

ⅲ．测量食品的表面热流。目前，应用最广的是稳态法和瞬态法两种，在瞬态测量温度变化的场合里，可同时考虑传质过程，因为在冻结过程中，食品会先失水。

（1）稳态温度测量

当向某系统输入能量时，如果温度保持恒定，此时，在食品边界上应放热，传热系数可由牛顿冷却定律确定。如果实验条件（冷却介质的速率、温度及能量输入）保持恒定，那么这种实验方法能给出较高精度的 α 值。但是在实验中，上述实验条件往往难以保持恒定，所以，用稳态法只能得到近似的 α 值。

（2）瞬态温度测量

瞬态温度测量的实质是，冻结食品时，在初始环境温度突然变化后，测量食品的温度随时间的变化。

表 4-6　部分食品冻结时的相关参数

序号	食品名称	水的质量分数/%	冻结点/℃	比热容/[kJ/(kg·℃)]		潜热/(kJ/kg)
				高于冻结点时	低于冻结点时	
1	家禽	74	−1.7	3.35	1.80	247.02
2	兔肉	60	−1.7	3.35		
3	猪肉	35~72	−2.2~−1.7	2.01~2.26	1.26~1.34	125.60
4	羊肉	58~70	−2.2~−1.7	2.78~3.16	1.56~1.71	214.20
5	牛奶	87	−2.8	3.77	1.98	288.89
6	鲜蛋	70	−2.2	3.18	1.67	226.09
7	鲜鱼	73	−2~−1	3.43	1.80	242.83
8	火腿	47~54	−2.2~−1.7	2.43~2.67	1.42~1.51	167.47
9	黄油	14~15	−2.2	2.30	1.42	196.78
10	啤酒	89~91	−2	3.77	1.88	301.45
11	菠菜	92.7	−0.9	3.94	2.01	305.64
12	西红柿	94	−0.9	3.98	2.01	309.82
13	青豌豆	74	−1.1	3.31	1.76	247.02
14	萝卜	93.6	−2.2	3.98	2.01	309.82
15	玉米	73.9	−0.8	3.31	1.76	247.02
16	芹菜	94	−1.2	3.98	1.93	314.01
17	胡萝卜	83	−1.7	3.64	1.88	276.33
18	黄瓜	96.4	−0.8	3.22	1.88	280.52
19	苹果	85	−2	3.85	2.09	280.52
20	香蕉	75	−1.7	3.35	1.76	251.21
21	樱桃	82	−4.5	3.64	1.93	276.33
22	葡萄	82	−4	3.60	1.84	272.14
23	柠檬	89	−2.1	3.85	1.93	297.26
24	桃子	86.9	−1.5	3.77	1.93	388.89
25	西瓜	92.1	−1.6	4.06	2.01	301.45
26	牡蛎	80	−2.2	3.52	1.84	267.93
27	洋葱	87.5	−1	3.77	1.93	388.89
28	冰淇淋	67		3.27	1.88	217.71

如前所述，如果导热系数远大于传热系数，$Bi = \alpha L / \lambda < 0.1$，那么食品的温度实际上可认为是均匀的，此时，有下面的能量平衡式成立。

$$Q_C = E_S \tag{4-101}$$

式中　Q_C——食品放出或传入食品的热量；

E_S——冻结过程中食品能量的变化。

$$Q_C = \alpha A(T_s - T_5) \tag{4-102}$$

$$E_S = -\rho V c_p \frac{\mathrm{d}T}{\mathrm{d}t} \tag{4-103}$$

将（4-102）和式（4-103）代入式（4-101）得

$$\alpha A(T_s - T_5) = -\rho V c_p \frac{\mathrm{d}T}{\mathrm{d}t}$$

或

$$\frac{\mathrm{d}T}{\mathrm{d}t} + \frac{\alpha A}{\rho V c_p}(T_s - T_5) = 0 \tag{4-104}$$

令

$$\widetilde{T} = \frac{T - T_5}{T_s - T_5} \qquad \widetilde{t} = \frac{\alpha A t}{\rho V c_p}$$

解式（4-104），得

$$\frac{T - T_5}{T_s - T_5} = \mathrm{e}^{-\frac{\alpha A t}{\rho V c_p}} \qquad \text{或} \qquad \widetilde{T} = \mathrm{e}^{-\widetilde{t}} \tag{4-105}$$

式中　A——食品的表面积；

$\quad\ \rho$——食品的密度；

$\quad\ V$——食品的体积；

$\quad\ c_p$——食品的比热容；

$\quad\ t$——冻结时间。

若将 $\widetilde{T}$ 和 $\widetilde{t}$ 的关系绘制在半对数坐标中，可得一直线，其斜率为 $\dfrac{\alpha A}{\rho V c_p}$，其中只有 α 值是未知值。

如果 $Bi > 0.1$，这种方法给出的结果误差较大，若试样的形状不规则，其特征尺寸 L 可取为 V/A。

（3）空间温度变化测量

如果实验条件不能满足 $Bi < 0.1$，那么，应考虑食品内部温度的变化。

对于一维平板型食品，无量纲偏微分方程可写为

$$\frac{\partial^2 \overline{T}}{\partial x^2} = \frac{1}{a} \frac{\partial \overline{T}}{\partial t} \tag{4-106}$$

式中　a——热扩散率，$a = \dfrac{\lambda}{\rho c_p}$。

方程（4-106）的初始和边界条件是

$$\overline{T} = 1 \qquad t = 0 \qquad -L < x < L \tag{4-107}$$

$$\frac{\partial \overline{T}}{\partial x} = 0 \qquad t > 0 \qquad x = 0 \tag{4-108}$$

$$\frac{\partial \overline{T}}{\partial x} - \alpha \overline{T} = 0 \quad t > 0 \qquad x = \pm L \tag{4-109}$$

如前所述，方程（4-106）的解为

$$\overline{T} = \sum_{n=1}^{\infty} \frac{2H \cos(\beta_n x/L) \sec\beta_n}{H(H+1) + \beta_n^2} \exp\left(-\beta_n^2 \frac{at}{L^2}\right) \tag{4-110}$$

式中，β_n 是下列超越方程的第 n 个根

$$\beta_n \cot\beta_n = H \tag{4-111}$$

式中，$\dfrac{at}{L^2} = F_o$ 为傅里叶数，$H = Bi = \alpha L/\lambda$ 为毕渥数。

对于其他形状的食品，式（4-106）的解也容易从有关文献中找到。

式（4-110）的高次项可忽略不计，那么，

$$\overline{T} = \frac{2H\cos(\beta_1 x/L)\sec\beta_1}{H(H+1)+\beta_1^2}\exp\left(-\beta_1^2\frac{\alpha t}{L^2}\right) \tag{4-112}$$

式中，β_1 为超越方程（4-111）的第一个根。

同理，若将 $\overline{T}$ 和 t 绘制在半对数坐标中可得一直线，其斜率为 $-\beta_1^2\dfrac{\alpha t}{L^2}$。

若食品的冻结时间、热物性和几何形状已知，那么，F_o 已知，所以从所得的斜率中可算出 β_1^2，然后从式（4-111）求出 $H(Bi)$ 值，最后，从 $H(Bi)$ 数中求出传热系数 α 值。

由于实际上食品温度分布是不均匀的，因此用这种方法确定 α 值会产生误差，但这种方法是比较常用的较精确的方法。

4.3.3 食品冻结相变界面扩散速率

食品冻结过程中的瞬态传热问题通常属相变或移动边界问题。求解这类问题有其固有的困难，这是因为当固相与液相的界面处释放潜热时，这个界面是移动的，因此，固-液界面的位置预先不知道，它作为解的一部分在求得解以后才能得到。应注意到，水在冻结过程中，凝固现象发生在某单一的温度下（冻结点温度），而且固相与液相被一个明确的移动界面所分离，但对于溶液，凝固现象发生在一个相当宽的温度范围内，因此，固相和液相被一个两相的移动区（模糊区）所分离。

这类问题的基本特点是：边界面尚待确定，而且是移动的，于是，通常的抛物线热传导方程的求解需在尚待确定的区域内进行。

对于这类问题，精确求解只是限于一些半无限大或无限大区域，而且具有简单边界条件和初始条件的一些理想化情形。当精确解法不适合应用时，可用近似的、半分析的以及数值法求解这类相变问题。其中积分法是一种近似求解一维瞬态相变问题较为直接而简单的方法。

4.3.3.1 移动界面的边界条件

如图 4-13 所示，首先考虑冻结发生在某一冻结点温度下的情形。在这种情况下，固-液两相被一个明确的界面分离。在这个界面上所需满足的基本关系可表示为：

ⅰ. 相邻两相的温度等于同一温度 $T_m(T_f)$，它是给定不变的；

ⅱ. 界面上必须满足能量平衡。

图 4-14 给出了相界面上能量平衡示意图。一般来说，固体的密度与液体的密度是不同的，因此，在实际情况下由于密度的变化将引起液体的一定运动。通常在冻结过程中有些液体将向界面移动（自然对流）。但是，为方便起见，在下面的讨论中，假定 $\rho_S = \rho_L$，并且由于容积的变化引起的对流速率忽略不计。

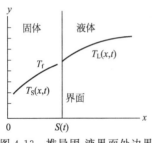

图 4-13 推导固-液界面处边界
条件时所用的符号和坐标

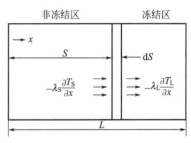

图 4-14 相界面上能量
平衡示意图

固-液界面 $x=S(t)$ 处温度连续的要求可表示为

$$T_{\mathrm{S}}(x,t)=T_{\mathrm{L}}(x,t)=T_{\mathrm{m}}=T_{\mathrm{f}} \qquad x=S(t) \tag{4-113}$$

式中　T_{S}，T_{L}——固相和液相温度。

对于给定的食品，$T_{\mathrm{m}}(T_{\mathrm{f}})$ 为一定值常数。

对于图 4-13 和图 4-14 所示的冻结过程，固-液界面上的能量方程可表示为：通过固相朝 x 负方向的热流密度减去通过液相向 x 负方向的热流密度等于冻结过程中单位界面上释放热量的速率。即

$$-(q_{\mathrm{S}}-q_{\mathrm{L}})=\rho h\frac{\mathrm{d}S(t)}{\mathrm{d}t} \tag{4-114}$$

式中　q_{S}，q_{L}——固、液两相朝 x 正方向的热流密度，$\mathrm{W/m}^2$；

$\quad\quad h$——食品的冻结（凝固）潜热，$\mathrm{J/kg}$；

$\quad\quad \rho$——密度，$\mathrm{kg/m}^2$；

$\quad\quad S(t)$——固-液界面位置，当固-液两相的传热为单纯的热传导时，得

$$q_{\mathrm{S}}=-\lambda_{\mathrm{S}}\frac{\partial T_{\mathrm{S}}}{\partial x},q_{\mathrm{L}}=-\lambda_{\mathrm{L}}\frac{\partial T_{\mathrm{L}}}{\partial x} \tag{4-115}$$

于是，界面能量平衡方程式（4-114）变为以下形式

$$\lambda_{\mathrm{S}}\frac{\partial T_{\mathrm{S}}}{\partial x}-\lambda_{\mathrm{L}}\frac{\partial T_{\mathrm{L}}}{\partial x}=\rho h\frac{\mathrm{d}S(t)}{\mathrm{d}t},\quad x=S(t) \tag{4-116}$$

式中 $\dfrac{\mathrm{d}S(t)}{\mathrm{d}t}$ 即是相界面扩散速率，这样，式（4-116）又可改写为

$$\lambda_{\mathrm{S}}\frac{\partial T_{\mathrm{S}}}{\partial x}-\lambda_{\mathrm{L}}\frac{\partial T_{\mathrm{L}}}{\partial x}=\rho hU_{\mathrm{X}},\qquad x=S(t) \tag{4-117}$$

式（4-114）左边的负号是为了保证热流朝 x 负方向。

4.3.3.2　积分法的基本概念

积分法分析问题的基本步骤可概括如下。

ⅰ. 将热传导微分方程对称为热层的表观厚度 $\delta(t)$ 进行积分，这样可将微分方程中有关空间变量的导数去掉。

热层厚度的定义为：若从实际应用角度看，超过某一厚度就不再存在热流，则将此厚度定义为热层。因此，超过热层 $\delta(t)$，初始温度分布就不再受影响。由此得到的方程称能量积分方程，也称热平衡积分。

ⅱ. 选取某一合适的剖面反映热层内的温度分布。通常选择某一多项式为温度剖面，经验表明，所选多项式高于四次，解的精确度不再明显改进。多项式中的系数可根据实际的边界条件确定，并用热层厚度 $\delta(t)$ 表示。

ⅲ. 将所得的温度剖面代入能量积分方程，在进行简要的运算之后，即可得到关于热层厚度 $\delta(t)$ 以时间为自变量的常微分方程。这个微分方程的解满足特定的初始条件 ［即 $t=0$，$\delta(t)=0$］，并给出 $\delta(t)$，它是时间的函数。

ⅳ. 求得 $\delta(t)$ 后，即可求出温度分布 $T(x,t)$，它是时间和位置的函数。

举以下例子说明上述步骤。

这里讨论一半无限大物体 $x>0$ 的瞬态热传导问题。初始时刻，该半无限大物体有均匀的温度 T_i，在 $t>0$ 时，

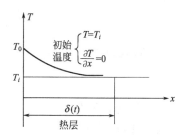

图 4-15　半无限大区域内
热传导过程中热层的定义

边界面维持恒温 T_0，如图 4-15 所示。

这个问题的数学描述可写为

$$\frac{\partial^2 T(x,t)}{\partial x^2} = \frac{1}{a} \frac{\partial T(x,t)}{\partial t} \qquad x > 0, t > 0 \tag{4-118}$$

$$T(x,t) = T_0 \qquad x = 0, t = 0 \tag{4-119}$$

$$T(x,t) = T_i \qquad \sigma = 0, x > 0 \tag{4-120}$$

现在按上述四个步骤用积分法求解上面的问题。

ⅰ. 将式(4-118) 对空间变量从 $x = 0$ 到 $x = \delta(t)$ 进行积分，得

$$\left.\frac{\partial T}{\partial x}\right|_{x=\delta(t)} - \left.\frac{\partial T}{\partial x}\right|_{x=0} = \frac{1}{a}\int_{x=0}^{x=\delta} \frac{\partial T}{\partial t}\mathrm{d}x \tag{4-121}$$

对上式右侧进行积分时，运用积分号下的微分规则，可得

$$\left.\frac{\partial T}{\partial x}\right|_{x=\delta} - \left.\frac{\partial T}{\partial x}\right|_{x=0} = \frac{1}{a}\left[\frac{\mathrm{d}}{\mathrm{d}t}\int_{x=0}^{x=\delta} T(x,t)\mathrm{d}x - T\big|_{X=\delta}\frac{\mathrm{d}\delta}{\mathrm{d}t}\right] \tag{4-122}$$

根据图 4-15 所示的热层的定义，得

$$\left.\frac{\partial T}{\partial x}\right|_{x=\delta} = 0 \quad \text{和} \quad T\big|_{X=\delta} = T_i \tag{4-123}$$

为了便于分析，定义

$$\theta = \int_{x=0}^{x=\delta} T(x,t)\mathrm{d}x \tag{4-124}$$

将式(4-123) 和式(4-124) 代入式(4-127) 得

$$-a\frac{\partial T}{\partial x}\bigg|_{x=0} = \frac{\mathrm{d}}{\mathrm{d}t}(\theta - T_i\delta) \tag{4-125}$$

式(4-125) 称能量积分方程。

ⅱ. 选用下列三次多项式表示 $T(x, t)$

$$T(x,t) = a + bx + cx^2 + dx^2 \qquad 0 \leqslant x \leqslant \delta(t) \tag{4-126}$$

式中，系数 a，b，c，d 一般均为时间的函数，为了用 $\delta(t)$ 表示这四个系数，必须有四个条件，其中三个条件可从 $x = 0$ 的边界条件和热层 $x = \delta(t)$ 边缘处的边界条件求得。

$$T\big|_{x=0} = T_0, T\big|_{x=\delta} = T_i, \frac{\partial T}{\partial x}\bigg|_{x=\delta} = 0 \tag{4-127}$$

第四个边界条件可根据方程式(4-118) 在 $x = 0$ 处的计算以及利用 $x = 0$ 处，$T = T_0 = const$ 推导而得，即 $x = 0$ 处的温度对时间的导数为零，由此可得

$$\frac{\partial^2 T}{\partial x^2}\bigg|_{x=0} = 0 \tag{4-128}$$

将式(4-127)、式(4-128) 用于式(4-126)，得到以下用 $\delta(t)$ 表示的温度分布

$$\frac{T(x,t) - T_i}{T_0 - T_i} = 1 - \frac{3}{2}\frac{x}{\delta} + \frac{1}{2}\left(\frac{x}{\delta}\right)^3 \tag{4-129}$$

ⅲ. 将式(4-129) 代入能量方程 (4-125)，经简单运算后得有关 $\delta(t)$ 的常微分方程

$$4a = \delta\frac{\mathrm{d}\delta}{\mathrm{d}t} \qquad t > 0 \tag{4-130}$$

上式的初始条件 $\qquad\qquad \delta = 0 \qquad\qquad t = 0 \tag{4-131}$

式(4-130) 的解为

$$\delta = \sqrt{8at} \tag{4-132}$$

ⅳ. 求得 δ 后，由式(4-129) 确定温度分布

$$\frac{T(x,t)-T_i}{T_0-T_i}=1-\frac{3}{2}\frac{x}{\delta}+\frac{1}{2}\left(\frac{x}{\delta}\right)^3$$

式中，$\delta=\sqrt{8at}$

4.3.3.3 积分法求解相变问题

以平板冻结举例说明。如图 4-16 所示，温度为 T_i 的液体限制在有限厚度的空间内（$0 \leqslant x \leqslant b$），$T_i > T_m(T_f)$，当时间 $t > 0$ 时，$x = 0$ 的边界上维持恒定的温度 T_0，$T_0 < T_m$，$x = b$ 的边界绝热。冻结从 $x = 0$ 的面开始，固-液相界面向正 x 方向移动。求 $S(t)$ 随时间的变化。

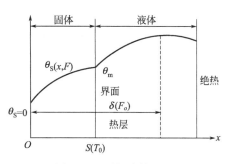

图 4-16 平板冻结过程

对有限厚度平板的冻结问题还没有精确解，用积分法求解。用无量纲形式写出数学方程。

固相内的方程

$$\frac{\partial^2 \theta_S}{\partial X^2}=\frac{\partial \theta_S(X,F_o)}{\partial F_o} \qquad 0<X<S(t) \quad F_o>0 \tag{4-133}$$

$$\theta_S(X,F_o)=0 \quad X=0 \quad F_o>0 \tag{4-134}$$

液相内的方程

$$\frac{\partial^2 \theta_L}{\partial X}=\frac{a_S}{a_L}\frac{\partial \theta_L(X,F_o)}{\partial F_o} \qquad S(F_0)<X<1,F_o>0 \tag{4-135}$$

$$\frac{\partial \theta_L}{\partial X}=0,X=1,F_o>0$$

$$\theta_L=1,F_o=0,0<X<1$$

固-液相界面上

$$\theta_S(X,F_o)=1,\theta(X,F_o)=\theta_m=\theta_f \quad X=S(F_o),F_o>0 \tag{4-136}$$

$$\frac{\partial \theta_S}{\partial X}-\frac{\lambda_L}{\lambda_S}\frac{\partial \theta_L}{\partial X}=\frac{L}{c_{PS}(T_i-T_0)}\frac{dS(F_o)}{dF_o} \qquad X=S(F_o),F_o>0 \tag{4-137}$$

式中，各无量纲的定义为

$$\theta_j=\frac{T_j-T}{T_i-T_0} \quad i=s,L \ \text{或} \ m; \quad X=\frac{x}{b}; \quad S=\frac{s}{b}; \quad F_o=\frac{a_s\tau}{b^2}$$

为求固相内的温度分布，取以下形式

$$\frac{\theta_S}{\theta_m}=\frac{\text{erf}[X/(2\sqrt{F_o})]}{\text{erf}\beta_1} \qquad F_o>0 \tag{4-138}$$

并假定 $$S(F_o)=2\beta_1\sqrt{F_o} \tag{4-139}$$

式中参数 β_1 仍是待定量，显然，解式（4-138）能满足方程式（4-133）及式（4-134）。

下面用积分法求解液相中的温度分布。热层 $\delta(t)$ 表示于图 4-16 中。由于本问题所考虑的区域是有限的，热层概念只对 $\delta(F_o) \leqslant 1$ 才有意义。由热层的定义可知，$X = \delta(t)$ 的边界条件

$$\theta_L(X,F_o)=1 \quad X=\delta(F_o) \tag{4-140}$$

$$\frac{\partial \theta_L}{\partial X}=0 \qquad X=\delta(F_o) \tag{4-141}$$

对式（4-135）从 $X = S(F_o)$ 到 $X = \delta(F_o)$ 进行积分，并利用边界条件式（4-126）及式（4-140）和式（4-141）得

$$\frac{a_L}{a_S}\frac{\partial \theta_L}{\partial X}\Big|_{x=s}+\frac{d\delta}{dF_o}-\theta_m\frac{ds}{dF_o}=\frac{d}{dF_o}\Big[\int_s^\delta \theta_L(X,F_o)d\theta\Big] \tag{4-142}$$

这就是本问题的能量积分方程。

为求解液相的温度分布，设

$$\theta_L(X,F_o)=1-(1-\theta_m)\Big(\frac{\delta-X}{\delta-S}\Big)^n,n\geqslant 2 \tag{4-143}$$

式中 n 为给定的无量纲指数，式(4-143)满足边界条件式(4-136)及式(4-140)和式(4-141)。除此以外，这里假定 $\delta(F_0)$ 与 F_o 的关系为

$$\delta(F_o)=3\beta_2\sqrt{F_o} \tag{4-144}$$

式中 β_2 为待定值。

将式(4-143)代入式(4-142)进行简单运算后，利用式(4-144)，可得

$$\beta_2-\beta_1=\frac{n+1}{2}\Big[-\beta_1+\sqrt{\beta_1^2+\frac{2n}{2n+1}\frac{a_L}{a_S}}\Big] \tag{4-145}$$

最后，将式(4-138)和式(4-143)中的 θ_S 和 θ_L 代入界面条件式(4-137)，在进行简要的运算后，可得到用于求 β_1 值的超越方程

$$\frac{e^{-\beta_1^2}}{erf(\beta_1)}+\frac{\lambda_L}{\lambda_S}\Big(\frac{a_S}{a_L}\Big)^{1/2}\frac{\theta_m-1}{\theta_m}\frac{1}{Z_n}=\frac{\beta_1 L\sqrt{\pi}}{c_{PS}(T_m-T_i)} \tag{4-146}$$

式中

$$Z_n=\frac{n+1}{n\sqrt{\pi}}\Big(-r+\sqrt{r^2+\frac{2n}{n+1}}\Big) \tag{4-147}$$

$$r=\beta_1\Big(\frac{a_S}{a_L}\Big)^{1/2} \tag{4-148}$$

$$\frac{\theta_m-1}{\theta_m}=\frac{T_m-T_i}{T_m-T_0} \tag{4-149}$$

只要从式(4-146)求得 β_1 值，即可由式(4-145)算得 β_2 值。求出 β_1 和 β_2 值之后，固-液界面 $S(F_0)$ 与热层厚度 $\delta(F_0)$ 可分别从式(4-139)和式(4-144)求得。固相和液相中的温度分布可分别从式(4-138)和式(4-143)求出。

必须指出的是，实际上食品中所含的不是纯水，而是溶液，所以冻结过程不是简单的液体冻结成冰。并且，食品中所含的溶液不是单一的组分，而是复杂的组分。试验已验证，即使是两组分的溶液冻结时，会出现两相区（模糊区），一侧是固相温度 T_1，另一侧是液体温度 T_2，分析这类问题时，需求固相区、两相区和液相区的温度分布。此外，这里两个界面位置都是待定的，它们都随时间而变化。

有人建议，在分析这类相变问题时，最好能将能量方程表示成焓形式的方程，焓形式的能量方程为

$$\nabla(\lambda\nabla T)+g=\rho\frac{\partial H}{\partial t} \tag{4-150}$$

式中　H——单位质量物质的焓（即单位质量显热与潜热之和）；

　　　g——内部生热量

　　　λ——热导率。

以这种形式表示的能量方程并不显示出是否存在相变，但是，当把焓值 H 表示为

$$H=f(T) \tag{4-151}$$

时，相变的影响就自动包括在上述能量方程中了，因为 H 中包含了潜热。

如 $\lambda(T)$ 和 $H(T)$ 是温度的光滑函数，也就是说，从固相到液相，或从液相到固相的

过度是渐变的，而不是一个明确的界面，那么，式(4-150) 对三个区都适用，因此，上述两个方程所定义的相变问题等价于求解满足某种特定边界条件与初始条件的非线性传导方程。当 H 为温度的复杂函数的情况下，解的这类问题困难是非常大的。

4.4　食品冻结时间的计算

食品的冻结时间是设计冻结过程的最重要因素之一。因此，在工艺流程设计过程中估算食品的冻结时间是很重要的。本节介绍计算食品冻结时间的多个数学模型。这些模型中包括精确模型、近似模型和经验模型。精确模型建立在理论基础之上，通常由 Fourier 导热微分方程推导得到，并为得到可接受的模型而进行如下简化假设：一维传热（例如无限大平板，圆柱体或球体）和表面换热系数为有限。解这一类精确模型是相当复杂的。经验模型是由实验数据根据回归分析法得到模拟，经验模型受到实验数据条件范围的限制。近似模型是建立在同时考虑理论和经验的基础上的。这些模型首先可以分为两类：①所有的潜热在同一温度下耗散；⑪潜热在一温度范围内耗散。再根据是否以 Fourier 方程为基础，第一类模型又可分为两种：①精确模型；⑪近似模型。第二类模型也分为两种：①近似模型；⑪经验模型。

4.4.1　潜热在同一温度下耗散的精确模型

Carslaw 和 Jaeger 给出了 Neumann 传热方程的修正方程的精确解，即 Carslaw 和 Jaeger(1959 年）模型。在这一模型中，食品的初始温度可以在冻结点之上，且考虑了冻结区和非冻结区密度的区别，但表面换热系数假定为无限。这一模型可以用于计算无限大平板任意时间、任意位置的温度。在计算温度前，要确定某一给定时间的冻结前锋界面的位置

$$X = 2m_1 \sqrt{a_2 t} \tag{4-152}$$

式中　a_2——冻结食品的热扩散率，$\mathrm{m^2/s}$；

$\quad\quad t$——时间，s；

$\quad m_1$——由式(4-153) 定义的参数。

m_1 由下面隐函数求得

$$\frac{\exp(-m_1^2)}{\mathrm{erf}(m_1)} - \frac{\lambda_1 a_2^{1/2}(T_1-T_2)\exp[-m_1^2\rho_2^2 a_2/(\rho_1^2 a_1)]}{\lambda_2 a_1^{1/2} T_2 \mathrm{erfc}[m_1\rho_2 a_2^{1/2}/(\rho_1^2 a_1^{1/2})]} = \frac{m_1 L\pi^{1/2}}{c_2 T_2} \tag{4-153}$$

式中　λ_1——非冻结食品的热导率，$\mathrm{W/(m \cdot \text{℃})}$；

$\quad\lambda_2$——冻结食品的热导系数，$\mathrm{W/(m \cdot \text{℃})}$；

$\quad a_1$——非冻结食品的热扩散率，$\mathrm{m^2/s}$；

$\quad a_2$——冻结食品的热扩散率，$\mathrm{m^2/s}$；

$\quad T_1$——食品的初始温度，℃；

$\quad T_2$——食品的初始冻结温度，℃；

$\quad\rho_1$——非冻结食品的密度，$\mathrm{kg/m^3}$；

$\quad\rho_2$——冻结食品的密度，$\mathrm{kg/m^3}$；

$\quad c_2$——冻结食品的比热容，$\mathrm{J/(kg \cdot \text{℃})}$；

$\quad L$——熔化潜热，$\mathrm{J/kg}$。

用于确定 m_1 的公式(4-153) 中的熔化潜热 L 由纯水的熔化潜热 L_0 与食品中水的质量分数（湿基含湿量 M）相乘后得到。

如果 x 所在位置处于非冻结区域（或温度在冻结点以上），使用式(4-154) 计算；如果

x 所在位置处于冻结区域（或温度在冻结点以下），使用式(4-155) 计算。

$$T_3 = T_1 - \frac{T_1 - T_2}{\mathrm{erfc}[m_1\rho_2 a_2^{1/2}/(\rho_1 a_1^{1/2})]} \times \mathrm{erfc}\left[\frac{x}{2(a_1 t)^{1/2}} + \frac{m_1(\rho_2 - \rho_1)a_2^{1/2}}{\rho_1 a_1^{1/2}}\right] \qquad (4\text{-}154)$$

$$T_4 = \frac{T_2}{\mathrm{erf}\, m_1}\mathrm{erf}\left(\frac{x}{2\sqrt{a_2 t}}\right) \qquad (4\text{-}155)$$

式中　x——无限平板中由表面开始计算的距离，m；

　　　T_3——食品非冻结区的温度，℃；

　　　T_4——食品冻结区的温度，℃。

4.4.2　潜热在同一温度下耗散的近似模型

（1）Plank 模型

食品冻结时间的简化计算方法的基础是普朗克方程。1913 年普朗克在做了一些不完全符合实际的假设的情况下推导出迄今仍公认并引用的计算食品冻结时间的基础方程。

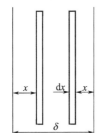

图 4-17　大平板状
食品冻结简图

如图 4-17 所示，厚度为 δ（单位为 m）的无限大平板状食品，置于温度为 T_∞ 的冷却介质中冻结。假设：

ⅰ. 食品冻结前初始温度均匀一致并等于其初始冻结温度；

ⅱ. 冻结过程中，食品的初始冻结温度保持不变；

ⅲ. 热导率等于冻结时的热导率；

ⅳ. 只计算水的相变潜热量，忽略冻结前后放出的显热量；

ⅴ. 冷却介质与食品表面的对流表面传热系数不变；

ⅵ. 食品是各向同性的，其几何形状是简单的规则的（平板状、圆柱状及球状）。

由于对称关系，下面仅考虑一侧的冻结问题。冻结开始后，经过一定时间 t 后，每侧冻结层厚度均达到 x（单位为 m），冻结相和非冻结相的边界位于距食品表面 x 处（图 4-17）。在 $\mathrm{d}t$ 时间间隔内，相变边界又向前移动了 $\mathrm{d}x$。食品放出的潜热量（单位为 J）为

$$\mathrm{d}Q = L\rho A\mathrm{d}x \qquad (4\text{-}156)$$

$$L = 335 \times 10^3 \times w \qquad (4\text{-}157)$$

式中　L——每千克食品冻结潜热，等于纯水的冻结潜热与食品含水率的乘积，J/kg；

　　　w——食品含水率即水的质量分数，%；

　　　ρ——食品的密度，kg/m³；

　　　A——食品一侧的表面积，m²。

这部分热量通过 x(m) 厚的冻结层在食品表面处以对流换热的方式传给冷却介质。根据普朗克的假定，冻结层（相）的比热容为零，对流表面传热系数为常量，所传输的热量又可表示为

$$\mathrm{d}Q = \frac{T_2 - T_5}{\dfrac{1}{\alpha A} + \dfrac{x}{\lambda A}}\mathrm{d}t \qquad (4\text{-}158)$$

式中　α——食品对流表面传热系数，W/(m²·K)；

　　　λ——冻结层的热导率，W/(m·K)；

　　　T_2——食品的初始冻结温度，℃；

　　　T_5——冷却介质的温度，℃。

合并式(4-156)和式（4-158）并在 $0\sim\delta/2$ 间积分，得无限大平板状食品的冻结时间 t 为

$$t=\frac{L\rho}{2(T_2-T_5)}\Big(\frac{\delta}{a}+\frac{\delta^2}{4\lambda}\Big)\tag{4-159}$$

对于直径为 D 的长圆柱状食品和球状食品，用类似的方法可分别获得冻结时间，其表达式分别为

对于长圆柱状　　　$t=\dfrac{L\rho}{4(T_2-T_5)}\Big(\dfrac{D}{a}+\dfrac{D^2}{4\lambda}\Big)\tag{4-160}$

对于球状　　　$t=\dfrac{L\rho}{6(T_2-T_5)}\Big(\dfrac{D}{a}+\dfrac{D^2}{4\lambda}\Big)\tag{4-161}$

上述三个公式表明，对于相同材料的食品，当平板的厚度与柱状、球状的直径相同时，大平板状食品的冻结时间是长圆柱状食品的 2 倍、球状食品的 3 倍。这三个公式可统一表示为

$$t=\frac{L\rho}{T_2-T_5}\Big(\frac{Pd}{\alpha}+\frac{Rd^2}{\lambda}\Big)\tag{4-162}$$

式中　d——食品的特征尺寸，m；

　P，R——食品的形状系数。

对大平板状食品，取 $d=\delta$（厚度）；对长圆柱状食品和球状食品，取 $d=D$（直径）；对于长方形或方形食品，设其三个边长的尺寸分别为 a、b、c，且 $a>b>c$，定义其特征尺寸 $d=c$。

对于大平板状食品，如猪、牛、羊等半胴体　　　$P=1/2$　　　$R=1/8$

对于长圆柱状食品，如对虾、金枪鱼等　　　$P=1/4$　　　$R=1/16$

对于球状食品，如苹果、草莓等　　　$P=1/6$　　　$R=1/24$

对于三维情况，如长方形或方形食品，其形状系数 P 值和 R 值必须由两个参数 β_1 和 β_2 确定。在工业实践中，这两种形状的食品是常见的，尤其是前者。定义 β_1 为长方体次小尺寸与最小尺寸的比，β_2 为长方体最大尺寸与最小尺寸的比。即

$$\beta_1=b/c\qquad\qquad\beta_2=a/c\tag{4-163}$$

长方体状食品的形状系数 P 和 R 由下列式子计算获得

$$P=\frac{\beta_1\beta_2}{2(\beta_1\beta_2+\beta_1+\beta_2)}\tag{4-164}$$

$$R=\frac{Q}{2}\Big[(m-1)(\beta_1-m)(\beta_2-m)\ln\Big(\frac{m}{m-1}\Big)$$
$$-(n-1)(\beta_1-n)(\beta_2-n)\ln\Big(\frac{n}{n-1}\Big)+\frac{1}{72}(2\beta_1+2\beta_2-1)\Big]\tag{4-165}$$

这里　　　$\dfrac{1}{Q}=4\big[(\beta_1-\beta_2)(\beta_1-1)+(\beta_2-1)^2\big]^{1/2}$

$$m=\frac{1}{3}\{\beta_1+\beta_2+1+[(\beta_1-\beta_2)(\beta_1-1)+(\beta_2-1)^2]^{1/2}\}$$

$$n=\frac{1}{3}\{\beta_1+\beta_2+1-[(\beta_1-\beta_2)(\beta_1-1)+(\beta_2-1)^2]^{1/2}\}$$

根据 β_1 和 β_2 值，也可由图 4-18 或表 4-7 查得形状系数 P 和 R 值，再利用式（4-162）计算方形或长方形状食品的冻结时间。

若食品以包装形式冻结，那么冻结时间与包装材料厚度、包装材料的热导率（其值往往很小）以及食品与包装材料之间的空气的厚度等关系密切。在这种情况下，在计算冻结时间时，必须对计算公式进行相应的修正，即冻结时间式（4-162）应改为

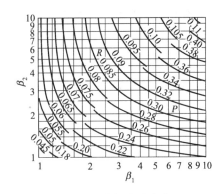

图 4-18 普朗克公式中
的形状系数 P，R 值

$$t = \frac{L\rho}{T_2 - T_5}\left[\frac{Pd^2}{\lambda} + Pd\left(\frac{1}{\alpha} + \frac{\delta_P}{\lambda_P}\right)\right] \quad (4\text{-}166)$$

式中　δ_P——包装材料的厚度，m；

　　　λ_P——包装材料的热导率，W/(m·K)。

从式(4-162)可见，食品冻结时间主要与以下两组参数有关：

ⅰ.冻结食品本身的参数，如 L、ρ、λ、d 等；

ⅱ.冻结过程的参数，如 Δt，$(T_2 - T_5)$、α 等。

对于给定形状和尺寸的食品，传热温差 Δt 和食品对流表面传热系数 α 愈大，冻结时间愈短，但是，当仔细分析冻结时间 t 和不同温差 Δt 值及食品对流表面传热系数 α 值的关系时，不难发现，随 Δt 和 α 值的不断增加，对冻结时间的影响就越来越小，而且，Δt 与 α 值增大都会使冻结食品的成本和能耗增大，所以，在实际中，常需要仔细寻求最佳的 Δt 和 α 值。

由式(4-162)可见，冻结时间 t 为以下两项之和，即

$$t_1 = \frac{RL\rho d^2}{\lambda(T_2 - T_5)}$$

$$t_2 = \frac{PL\rho d}{\alpha(T_2 - T_5)}$$

对于大平板状食品，从 $t_1 = RL\rho d^2/[\lambda(T_2 - T_5)]$ 中可以看出，t_1 与厚度 d^2 成正比，而与食品的热导率 λ 成反比，它实质上表示食品内部热传导（内热阻）对冻结时间的影响，尤其对 d 值较大的冻结食品。从 $t_2 = PL\rho d/[\alpha(T_2 - T_5)]$ 中可见，t_2 与 d 成正比，而与对流表面传热系数 α 成反比，它实质上表示食品表面热对流强度对冻结时间的影响，尤其对 d 值较小的冻结食品。

表 4-7　食品形状系数 P 和 R 值

β_1	β_2	P	R	β_1	β_2	P	R
1.0	1.0	0.1667	0.0417	4.5	1.0	0.2250	0.0580
1.5	1.0	0.1875	0.0491		3.0	0.3215	0.0902
	1.5	0.2143	0.0604		4.5	0.3460	0.0959
2.0	1.0	0.2000	0.0525	5.0	1.0	0.2272	0.0584
	1.5	0.2308	0.0656		2.0	0.2941	0.0827
	2.0	0.2500	0.0719		5.0	0.3570	0.0982
2.5	1.0	0.2083	0.0545	6.0	1.0	0.2308	0.0592
	2.0	0.2632	0.0751		3.0	0.3000	0.0839
	2.5	0.2778	0.0792		4.5	0.3602	0.0990
3.0	1.0	0.2142	0.0558		6.0	0.3750	0.1020
	2.0	0.2727	0.0776	8.0	1.0	0.2353	0.0599
	2.25	0.2812	0.0799		2.0	0.3077	0.0851
	3.0	0.3000	0.0849		4.0	0.3200	0.1012
3.5	1.0	0.2186	0.0567		8.0	0.4000	0.1051
	3.5	0.3181	0.0893	10.0	1.0	0.2381	0.0604
4.0	1.0	0.2222	0.0574		2.0	0.3125	0.0865
	2.0	0.2857	0.0808		5.0	0.3846	0.1037
	3.0	0.3156	0.0887		10.0	0.4167	0.1101
	4.0	0.3333	0.0929	∞	∞	0.5000	0.1250

此外，冻结时间还正比于食品的冻结潜热 L。

例 4-9　将尺寸为 $0.4m \times 0.25m \times 0.05m$ 的羊羔后腿肉放在 $-30℃$ 的对流冻结装置中冻结，已知羊羔肉的质量分数为 65%，初始冻结温度为 $-2.2℃$，冻结后的密度为 1057 kg/m^3，冻结羊羔肉的热导率为 $1.35W/(m \cdot K)$，对流表面传热系数为 $30W/(m^2 \cdot K)$，试用普朗克公式计算所需冻结时间。

解　根据式(4-157)得羊肉的冻结潜热为
$$L = 335 \times 10^3 \times 0.65 J/kg = 217.75 \times 10^3 J/kg$$

由式(4-163)得形状系数为
$$\beta_1 = 0.25/0.05 = 5 \qquad \beta_2 = 0.4/0.05 = 8$$

由表 4-7 可得 $P = 0.38$，$R = 0.1025$。将 P、R 值代入普朗克公式（4-162）得：
$$t = \frac{L\rho}{T_2 - T_5}\left(\frac{Pd}{\alpha} + \frac{Rd^2}{\lambda}\right) = \frac{217.75 \times 10^3 \times 1057}{-2.2 + 30}\left(\frac{0.38 \times 0.05}{30} + \frac{0.05^2 \times 0.1025}{1.35}\right)$$
$$= 6815(s) = 1.89(h)$$

（2）Cleland 和 Earle（1979）模型（普朗克无量纲修正模型）

人们通过大量的理论分析和试验研究，不断地对 Plank 模型进行改进。其中，Cleland 和 Earle（1979 年）在试验研究基础上提出的普朗克无量纲修正式，不但包括了显热量对冻结时间的影响，而且通用性强。其形式如下
$$F_0 = P\left(\frac{1}{Bi_8 Ste_1}\right) + R\left(\frac{1}{Ste_1}\right) \tag{4-167}$$

$$F_0 = \frac{at}{d^2} \tag{4-168}$$

为计算 P 和 R 值，引入三个无量纲量。

普朗克数
$$Pk_1 = \frac{c_1(T_1 - T_2)}{L} \tag{4-169}$$

斯蒂芬数
$$Ste_1 = \frac{c_2(T_2 - T_5)}{L} \tag{4-170}$$

毕渥数
$$Bi_8 = \frac{\alpha d}{\lambda_2} \tag{4-171}$$

式中　a——食品冻结后的热扩散率，m^2/s；

　Pk_1——普朗克数，反映初始冻结温度以上显热量对冻结时间的影响；

　c_1——食品未冻结时的比热容，$J/(kg \cdot K)$；

　T_1——食品初始温度，$℃$；

　T_2——食品初始冻结温度，$℃$；

　α——食品对流表面传热系数，$W/(m^2 \cdot K)$；

　λ_2——冻结层的热导率，$W/(m \cdot K)$；

　c_2——食品冻结后的比热容，$J/(kg \cdot K)$；

　L——食品冻结潜热，J/kg；

　T_5——冷却介质的温度，$℃$。

P 和 R 的无量纲表达式分别如下。

对于大平板状食品
$$P = 0.5072 + 0.2018Pk_1 + Ste_1\left(0.3224Pk_1 + \frac{0.0105}{Bi_8} + 0.0681\right) \tag{4-172}$$

$$R = 0.1684 + Ste_1(0.274Pk_1 + 0.0135) \tag{4-173}$$

对于长圆柱状食品

$$P = 0.3751 + 0.0999 Pk_1 + Ste_1 \left(0.4008 Pk_1 + \frac{0.071}{Bi_8} - 0.5865 \right) \tag{4-174}$$

$$R = 0.0133 + Ste_1 (0.0415 Pk_1 + 0.3957) \tag{4-175}$$

对于球状食品

$$P = 0.1084 + 0.0924 Pk_1 + Ste_1 \left(0.231 Pk_1 + \frac{0.3114}{Bi_8} + 0.6739 \right) \tag{4-176}$$

$$R = 0.0784 + Ste_1 (0.0386 Pk_1 - 0.1694) \tag{4-177}$$

在使用无量纲修正式时，大平板状式(4-172)、式(4-173)的最佳条件是：食品含水率（即质量分数）在 77% 左右，初始温度小于 40℃，冷却介质温度在 −15～−45℃ 之间，食品厚度小于 0.12m，对流表面传热系数在 10～500W/(m²·K) 范围内，此时公式的误差在 ±3% 之间。

对于长圆柱状公式(4-174)、式(4-175) 和球状公式(4-176)、式(4-177)，食品含水率（即质量分数）也要求在 77% 左右，而且在满足下列条件下，长圆柱状和球状公式的误差可分别达到 ±5.2% 和 ±3.8%。

$$0.155 \leqslant Ste_1 \leqslant 0.345$$
$$0.5 \leqslant Bi_8 \leqslant 4.5$$
$$0 \leqslant Pk_1 \leqslant 0.55$$

例 4-10 用 −30℃ 的空气冻结装置冻结厚度为 0.01m 的鳕鱼片，冻结后的密度为 987kg/m³，初始冻结温度为 −2℃，冻后的热导率为 1.46W/(m·K)，与冷却介质的对流表面传热系数为 100W/(m²·K)，试利用普朗克无量纲修正式计算鳕鱼片从初始温度 20℃ 降至初始冻结温度所需的时间。

解 查第 3 章有关表格得：鳕鱼的冻结潜热 $L \approx 265$kJ/kg，冻结前后的比热容分别为 $c_1 = 3.65$kJ/(kg·K) 和 $c_2 = 1.84$kJ/(kg·K)。

计算 Bi、Ste 和 Pk 特征数

$$Bi_8 = \frac{\alpha d}{\lambda_2} = \frac{100(0.01)}{1.46} = 0.6849$$

$$Ste_1 = \frac{c_2 (T_2 - T_5)}{L} = \frac{1.84(-2.2 + 30)}{265} = 0.1930$$

$$Pk_1 = \frac{c_1 (T_1 - T_2)}{L} = \frac{3.65(20 + 2.2)}{265} = 0.3058$$

将以上三个准则数代入式(4-172) 和式(4-173) 得

$$P = 0.3751 + 0.0999 \times 0.3058 + 0.1930 \times \left(0.4008 \times 0.3058 + \frac{0.071}{0.6849} - 0.5865 \right) = 0.3361$$

$$R = 0.133 + 0.1934 \times (0.0415 \times 0.3058 + 0.3957) = 0.0921$$

由式(4-167) 得 $t = \frac{\rho c_2 d^2}{\lambda_2} \left(\frac{P}{Bi_8 Ste_1} + \frac{R}{Ste_1} \right)$

$$= \frac{987 \times 1840 \times (0.01)^2}{1.46} \times \left(\frac{0.3361}{0.6849 \times 0.1930} + \frac{0.0921}{0.1931} \right) = 376(\text{s}) = 0.104(\text{h})$$

(3) Cleland 和 Earle(1982) 模型（普朗克修正模型）

为了使用方便，由式(4-172)～式(4-177) 计算大平板状、长圆柱状和球状食品的形状系数 P 和 R 已经绘制成图 4-19 和图 4-20，根据 Pk 和 Ste 数即可查得 P 值和 R 值。

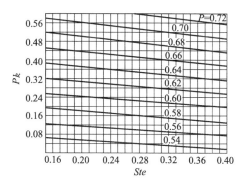

图 4-19　式(4-167)中的系数 P 值

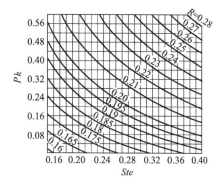

图 4-20　式(4-167)中的系数 R 值

对于方形或长方形食品，定义特征尺寸 $d=c$（c 为最小边长），其当量尺寸定义为

$$EHTD_1 = 1 + W_1 + W_2 \qquad (4\text{-}178)$$

W_1 和 W_2 可从图 4-21 中查得，$EHTD_1=1$ 表示为无限大平板；$EHTD_1=2$ 表示为无限长圆柱；$EHTD_1=3$ 表示为球体。图中横坐标 β 分别代表 β_1 和 β_2，它们由式(4-163)确定。

引入当量尺寸 $EHTD$ 后，Cleland 和 Earle (1982) 又给出了另一个普朗克修正模型

$$t = \frac{d^2}{(EDHD)_a} \left[\frac{P}{Bi_8 Ste_1} + \frac{R}{Ste_1} \right] \qquad (4\text{-}179)$$

例 4-11　已知某鱼片的成分为：水分 73%、蛋白质 25%、脂质 1%、矿物质 1%（均指质量分数）；鱼片长 0.2m、宽 0.1m、厚 0.02m。鱼片的初始温度为 12℃，初始冻结温度为 −2.2℃，冻前比热容为 3.45kJ/(kg·K)，冻后比热容为 1.77kJ/(kg·K)，空气对流表面传热系数为 20 W/(m²·K)，计算在 −20℃ 的鼓风式冻结装置中冻结至 −10℃ 所需的时间 [冰的热导率 2.24W/(m·K)]。

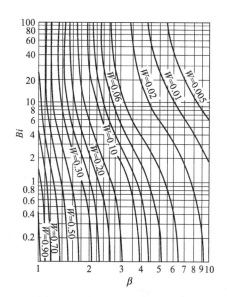

图 4-21　式(4-178)中的 W 值

解　① 根据式(3-6)、式(3-77)得鱼片的初始物理参数

$$\frac{1}{\rho_1} = \frac{0.73}{995.7} + \frac{0.25}{1319.6} + \frac{0.01}{917.15} + \frac{0.01}{2418.2}$$

$$\rho_1 = 1066.5 \text{kg/m}^3$$

$$\lambda_1 = 0.61 \times 0.73 + 0.20 \times 0.25 + 0.175 \times 0.01 + 0.135 \times 0.01 = 0.4984 [\text{W/(m·K)}]$$

② 由第二章式(2-52)、式(2-53)得，在初始冻结温度下未冻结水的摩尔分数和可溶性固体的有效分子量

$$\frac{6003}{8.314} \times \left(\frac{1}{273} - \frac{1}{273-2.2} \right) = \ln x_w \qquad\qquad x_w = 0.9787$$

$$0.9787 = \frac{0.73/18}{0.73/18 + 0.27/M_s} \qquad\qquad M_s = 305.9 \text{kg/mol}$$

③ 冻结终止温度（−10℃）下的未冻结水的摩尔分数和质量分数

$$\frac{6003}{8.314} \times \left(\frac{1}{273} - \frac{1}{273-10} \right) = \ln x_{w,u} \qquad\qquad x_{w,u} = 0.9043$$

$$0.9043 = \frac{w_{w,u}/18}{w_{w,u}/18 + 0.27/305.9} \qquad w_{w,u} = 0.1501$$

④ 计算冻结后的物性参数

$$\rho_2 = 1013.66 \text{kg/m}^3$$

由式(3-77)，得

$$\lambda_2 = 0.61 \times 0.1501 + 2.24 \times 0.5799 + 0.20 \times 0.25 + 0.175 \times 0.01 + 0.135 \times 0.01$$
$$= 1.444 [\text{W/(m·K)}]$$

⑤ 计算 Bi、Ste 和 Pk 特征数

$$Bi_8 = \frac{\alpha d}{\lambda_2} = \frac{22 \times 0.02}{1.631} = 0.27$$

$$Ste_1 = \frac{1.77 \times (-2.2 + 20)}{0.5799 \times 335} = 0.162$$

$$Pk_1 = \frac{3.45 \times (12 + 2.2)}{0.5799 \times 335} = 0.252$$

$$\beta_1 = \frac{0.1}{0.02} = 5$$

$$\beta_2 = \frac{0.2}{0.02} = 10$$

利用 $Pk = 0.252$，$Ste = 0.162$，从图 4-19 和图 4-20 中得 $P = 0.60$，$R = 0.182$，再利用 $\beta_1 = 5$、$Bi_8 = 0.4$ 和 $\beta_2 = 10$、$Bi_8 = 0.4$，从图 4-21 中得 $W_1 = 0.06$ 和 $W_2 = 0.018$。根据式 (4-178) 得

$$ED = 1 + W_1 + W_2 = 1.078$$

将上面数据代入式(4-167) 和式(4-179) 得

$$F_0 = P\left(\frac{1}{Bi_8 Ste_1}\right) + R\left(\frac{1}{Ste_1}\right) = \frac{0.6}{0.27 \times 0.162} + \frac{0.182}{0.162} = 14.351$$

$$t = \frac{1013.66 \times 1770 \times (0.02)^2 \times 14.351}{1.444 \times 1.078} = 6616(\text{s}) = 1.84(\text{h})$$

(4) Mellor（1976）模型

Mellor 修正了 Plank 的模型。Mellor（1976）模型适用于食品初始温度在冻结点以上，冻结终温在冻结点以下的情形。食品的冻结时间由下式计算得到

$$t_1 = [0.5c_1(T_1 - T_2) + L + 0.5c_2(T_2 - T_6)] \times \frac{\rho_2}{T_2 - T_5}\left(P\frac{d}{\alpha} + R\frac{d^2}{\lambda_2}\right) \qquad (4\text{-}180)$$

式中　T_6——食品中心的冻结终了温度，℃；

　　　d——无限大平板的厚度、圆柱或球体的直径或长方体的最小尺度，m；

　　　α——食品对流表面传热系数，$\text{W/(m}^2 \cdot \text{℃)}$；

　　　λ_2——冻结食品的热导率，W/(m·℃)；

这一模型的使用方法与 Plank 模型相同。

(5) 国际制冷学会（1986）模型

国际制冷学会也提出了一个 Plank 模型的修正模型。在这一模型中，假设食品初始温度等于初始冻结温度，用食品中心的初始冻结温度和冻结终了温度的焓差 ΔH_1 代替 Plank 模型的熔化潜热 L，其表达式为

$$t_1 = \frac{\rho_2 \Delta H_1}{T_2 - T_5}\left(P\frac{d}{\alpha} + R\frac{d^2}{\lambda^2}\right) \qquad (4\text{-}181)$$

式中　ΔH_1——食品的熔化潜热以及食品中心初始温度和冻结终温之间的显热之和。

$$\Delta H_1 = L_1 + c_2(T_2 - T_6)$$

式中　　L_1——食品的熔化潜热，J/kg。

4.4.3　潜热在一温度范围内耗散的近似模型

（1）Plank(1963) 模型

1963 年，Plank 考虑了冻结前预冷和冻结后降温的情况以及水的冻结结晶过程发生在一定温度范围内的事实，修正了他的早期冻结时间模型。这一模型仅仅用于无限大平板

$$t_1 = \frac{\rho_3(d/2)^2 \Delta H_2}{(T_2 - T_5)\lambda_3}\left(\frac{1}{Bi_1} + \frac{1}{2}\right)[1 + 0.0053(T_1 - T_2)] + t_2 \tag{4-182}$$

这里

$$t_2 = \frac{1.866(d/2)^2 n_1 \rho_3 c_3}{\lambda_3} \times \left(\lg \frac{T_2 - T_5}{T_6 - T_5} - 0.0913\right)\left(\frac{1}{Bi_1} + \frac{1}{2}\right) \tag{4-183}$$

和

$$c_3 = \frac{\Delta H_3}{-4 - T_6} \tag{4-184}$$

式中　　ρ_3——由 Plank 定义的食品的平均密度；

ΔH_2——初始冻结点和 −12℃ 之间的焓差 $\Delta H_2 = L_1 \omega_{-12} + c_2[T_2 - (-12)]$，J/kg；

λ_3——冻结食品在 −12℃ 的热导率，W/(m·℃)；

Bi_1——Biot 数，$Bi_1 = \alpha d/(2\lambda_3)$；

t_2——由方程（4-183）定义的时间，s；

n_1——取决于 Biot 数的常数，由 Plank 给定，$n_1 = 1.216$；

c_3——−4℃ 和 T_6 之间的平均比热容，J/(kg·℃)；

ΔH_3——−4℃ 和 T_6 之间的焓差 $\Delta H_3 = L_1(w_{-18} - w_{-4}) + c_2(-4 - T_6)$，J/kg。

本模型中的焓差 ΔH_2 是潜热以及食品温度由初始冻结点降到 −12℃ 的显热之和。在初冻结点和 −12℃ 之间食品的熔化潜热由食品的总熔化潜热 L_1 与 −12℃ 时冻结水的质量分数 w_{-12} 的乘积得到。冻结水的质量分数 w_T 由 Schwartzberg 等的方程得到

$$w_T = \frac{\theta}{\theta - 1} \tag{4-185}$$

$$\theta = \frac{T - T_2}{T_0 - T_2} \tag{4-186}$$

根据 Clelan 和 Earle 的建议，对于平行六面体食品的冻结时间，可用由这一模型计算得到的结果除以平行六面体食品的当量传热尺寸（EHTD）。此时，用平行六面体食品的最小尺寸代替 Plank（1963）模型中的无限大平板厚度。EHTD 由 Cleland 和 Earle 给出的方程计算

$$EHTD_1 = 1 + W_1 + W_2 \tag{4-187}$$

$$W_1 = \frac{Bi}{Bi+2} \frac{5}{8\beta_1^3} + \frac{2}{Bi+2} \frac{2}{\beta_1(\beta_1+1)} \tag{4-188}$$

$$W_2 = \frac{Bi}{Bi+2} \frac{5}{8\beta_2^3} + \frac{2}{Bi+2} \frac{2}{\beta_2(\beta_2+1)} \tag{4-189}$$

W_1 和 W_2 分别是由式（4-188）和式（4-189）定义的参数。用于计算 $EHTD_1$ 的 Biot 数是 Bi_1，$Bi_1 = \alpha d/(2\lambda_3)$。

（2）Mott(1964) 模型

Mott 开发了一个程序用于计算食品的冻结时间，主要用到下面三个无量纲变量

$$S = \frac{B+1}{G} \tag{4-190}$$

$$S = \frac{Ad}{2V} \tag{4-191}$$

$$B = \frac{\alpha d}{4\lambda_2} \tag{4-192}$$

$$G = \frac{t_1 \alpha (T_7 - T_5)}{\rho_2 \Delta H_4 (d/2)} \tag{4-193}$$

式中　V——食品的体积，m^3；

ΔH_4——食品初始温度和食品中心冻结终点温度之间的焓差即初始冻结温度以上和以下耗散的显热 $c_1(T_1 - T_2) + c_2(T_2 - T_6)$ 与在冻结过程中耗散的熔化潜热 $L_1 w_1$ 之和，J/kg；

T_7——食品中 60% 的水冻结时的温度，由方程（4-185）和式（4-186）计算得到，℃。

冻结过程中耗散的熔化潜热量由食品的熔化潜热与 w_1 相乘得到，w_1 是在冷却介质温度 T_5 和食品中心终点温度 T_6 时冻结水质量分数的平均值，即 $w_1 = (w_{T5} + w_{T6})/2$。在冷却介质温度和食品中心终点温度时冻结水质量分数由式(4-185) 和式(4-186) 决定。

$$\Delta H_4 = c_1(T_1 - T_2) + L_1 w_1 + c_2(T_2 - T_6)$$

（3）Pham(1985) 模型

Pham(1985) 发展了一种方法用于单独计算平行六面体食品的冻结前预冷时间、冻结相变时间和冻结后降温时间。冻结前预冷和冻结后降温阶段的计算式是根据牛顿冷却定律修正得来的，而冻结相变模型是修正了的 Plank 方程，经重新整理后与冻结前预冷和冻结后降温模型形式相似。为了计算在一定温度范围内潜热的耗散量，引入由 Pham 定义的平均冻结温度，其值低于食品初始冻结点 1.5℃。冻结前预冷时间、冻结相变时间和冻结后降温时间的计算式分别为

$$t_3 = \frac{Q_1}{\alpha A \Delta T_1}\left(1 + \frac{Bi_3}{6}\right) \tag{4-194}$$

$$t_4 = \frac{Q_2}{\alpha A(T_8 - T_5)}\left(1 + \frac{Bi_4}{4}\right) \tag{4-195}$$

$$t_5 = \frac{Q_3}{\alpha A \Delta T_3}\left(1 + \frac{Bi_5}{6}\right) \tag{4-196}$$

式中　Q_1, Q_2, Q_3——冻结前预冷、冻结相变和冻结后降温阶段释放的热量，J；

Bi_3——平均 $Biot$ 数 $[(Bi_4 + Bi_5)/2]$；

Bi_4——由 Pham 定义的冻结食品的 $Biot$ 数；

Bi_5——由 Pham 定义的未冻结食品的 $Biot$ 数；

ΔT_1——食品和空气在冻结前预冷阶段的对数平均温差，℃；

ΔT_3——食品和空气在冻结后降温阶段的对数平均温差，℃。

$$Q_1 = \rho_1 c_1 (T_1 - T_8) V \tag{4-197}$$

$$Q_2 = \rho_2 L V \tag{4-198}$$

$$Q_3 = \rho_2 c_2 (T_8 - T_9) V \tag{4-199}$$

$$\Delta T_1 = \frac{(T_1 - T_5) - (T_8 - T_5)}{\ln[(T_1 - T_5)/(T_8 - T_5)]} \tag{4-200}$$

$$\Delta T_3 = \frac{(T_8 - T_5) - (T_9 - T_5)}{\ln[(T_8 - T_5)/(T_9 - T_5)]} \tag{4-201}$$

$$T_9 = T_6 - \frac{T_6 - T_5}{2 + 4/Bi_4} \tag{4-202}$$

$$Bi_3 = \frac{Bi_4 + Bi_5}{2} \tag{4-203}$$

$$Bi_4 = \frac{\alpha d}{\lambda_2}\left[1 + \left\{(1.5\sqrt{\beta_1} - 1)^{-4} + \left[\left(\frac{1}{\beta_1} + \frac{1}{\beta_2}\right)\left(1 + \frac{4\lambda_2}{\alpha d}\right)\right]^{-4}\right\}^{-0.25}\right] \tag{4-204}$$

$$Bi_5 = \frac{\alpha d}{\lambda_1}\left[1 + \left\{(1.5\sqrt{\beta_1} - 1)^{-4} + \left[\left(\frac{1}{\beta_1} + \frac{1}{\beta_2}\right)\left(1 + \frac{4\lambda_1}{\alpha d}\right)\right]^{-4}\right\}^{-0.25}\right] \tag{4-205}$$

式中 T_9——由 Pham 定义的终点平均温度，℃。

式中的 L 的值是食品的熔化潜热 L_1 和 w_1 的乘积，w_1 由式（4-185）和式（4-186）计算得到。

（4）Pham(1986) 模型

Pham（1986）简化了他以前的模型，并将三个方程合并成为一个方程。在它的简化模型中：①用因子 $(1 + Bi_6/4)$ 计算所有三个阶段；ⅱ引入算术平均温差而不是对数平均温差；ⅲ合并冻结后降温阶段的显热和相变过程耗散的潜热，这种潜热和显热的相加是在平均冻结温度 T_{10} 下释放的。对于长方体，$Biot$ 数是以长度 D 等于两倍的导热路径为基础的。Pham(1986) 模型为

$$t_1 = \frac{V}{\alpha A}\left(\frac{\Delta H_5}{\Delta T_5} + \frac{\Delta H_6}{\Delta T_6}\right)\left(1 + \frac{Bi_6}{4}\right) \tag{4-206}$$

式中 ΔT_5——由 Pham 定义的冻结前预冷阶段的温差，℃；

ΔT_6——由 Pham 定义的冻结后降温阶段的温差，℃；

ΔH_5——由 Pham 定义的冻结相变过程的焓差，J/m^3；

ΔH_6——由 Pham 定义的冻结相变和冻结后降温阶段的焓差，J/m^3；

Bi_6——由 Pham 定义的冻结食品的 $Biot$ 数 $(\alpha D/\lambda_2)$。

$$\Delta H_5 = \rho_1 c_1 (T_1 - T_{10}) \tag{4-207}$$

$$\Delta H_6 = \rho_2 L + \rho_2 c_2 (T_{10} - T_6) \tag{4-208}$$

$$\Delta T_5 = \frac{T_1 + T_{10}}{2} - T_5 \tag{4-209}$$

$$\Delta T_6 = T_{10} - T_5 \tag{4-210}$$

$$T_{10} = 1.8 + 0.263 T_6 + 0.105 T_5 \tag{4-211}$$

$$Bi_6 = \frac{\alpha D}{\lambda_2} \tag{4-212}$$

$$D = 1.46\sqrt{d\beta_1 d} \tag{4-213}$$

式中 T_{10}——由 Pham 定义的平均冻结温度，℃；

D——由 Pham 定义的两倍的平均导热长度，m。

该模型中所用的 L 值计算与 Pham（1985）模型相同。

4.4.4 潜热在一温度范围内耗散的经验模型

（1）Cleland 和 Earle（1979b）模型

对于平行六面体，Cleland 和 Earle 修正了 Plank 模型

$$t_1 = \frac{\Delta H_7}{T_2 - T_5}\left(P_2 \frac{d}{\alpha} + R_2 \frac{d^2}{\lambda_2}\right) \tag{4-214}$$

$$P_2 = P[1.026 + 0.5808 Pk + Ste_2(0.2296 Pk + 0.0182/Bi_8 + 0.00150)] +$$
$$P[0.1136 + Ste_2(5.766 P - 1.242)] \tag{4-215}$$

$$R_2 = R[0.202 + Ste_2(3.410Pk + 0.7336)] + R[0.7344 + Ste_2(49.89R - 2.900)] \tag{4-216}$$

式中　P_2，R_2——Plank 几何参数的修正值，分别由式（4-215）和式（4-216）计算得到；

　　　P，R——Plank 几何参数，分别由式（4-164）和式（4-165）计算得到；

　　　ΔH_7——食品初始冻结温度和食品中心冻结终点温度之间的焓差 $\Delta H_7 = \rho_2 L_1 w_1 + \rho_2 c_2 (T_2 - T_6)$，$J/m^3$；

　　　Ste_2——由 Cleland 和 Earle 定义的 Stefan 数，$Ste_2 = \rho_2 c_2 (T_2 - T_5)/\Delta H_7$；

　　　Bi_8——由 Cleland 和 Earle 定义的冻结食品的 Biot 数，$Bi_8 = \dfrac{ad}{\lambda_2}$；

　　　Pk——由 Cleland 和 Earle 定义的 Plank 数，$Pk = \rho_1 c_1 (T_1 - T_2)/\Delta H_7$。

（2）Cleland 和 Earle（1982a）模型

Cleland 和 Earle 简化了他们的早期模型，考虑到食品的形状，引入了 $EHTD$，冻结时间计算式为

$$t_1 = \frac{\Delta H_7}{(T_2 - T_5)(EHTD_1)}\left(P_3 \frac{d}{\alpha} + R \frac{d^2}{\lambda_2}\right) \tag{4-217}$$

$$P_3 = 0.5[1.026 + 0.508Pk + Ste_2(0.2296Pk + 0.1050)] \tag{4-218}$$

$$R_3 = 0.125[1.202 + Ste_2(3.410Pk + 0.7336)] \tag{4-219}$$

式中　P_3——Plank 几何参数的修正值；

　　　R_3——Plank 几何参数的修正值；

　$EHTD_1$——由式（4-187）～式（4-189）计算得到，式中 Biot 数取 Bi_8。

（3）Hung 和 Thompson（1983）模型

Hung 和 Thompson 也给出了 Plank 模型的修正形式，这一模型的假设条件为：密度与温度无关。用于计算无限大平板的冻结时间。

$$t_1 = \frac{\rho \Delta H_4}{\Delta T_7}\left(P_4 \frac{d}{\alpha} + R_4 \frac{d^2}{\lambda_2}\right) \tag{4-220}$$

式中　　　$\Delta T_7 = (T_2 - T_5) + \dfrac{(T_1 - T_2)^2 c_1/2 - (T_2 - T_6)^2 c_2/2}{\Delta H_4} \tag{4-221}$

由实验结果通过回归分析法得到关于 P_4 和 R_4 的方程。

$$P_4 = 0.7306 - 1.083Pk_2 + Ste_3(15.40U - 15.43 + 0.01329Ste_3/Bi_8) \tag{4-222}$$

$$R_4 = 0.2079 - 0.2656USte_3 \tag{4-223}$$

式中　P_4——Plank 几何参数的修正值；

　　　R_4——Plank 几何参数的修正值；

　　Pk_2——由 Huang 和 Thompson 定义的 Plank 数，$Pk_2 = c_1 (T_1 - T_2)/\Delta H_4$；

　　Ste_3——由 Cleland 和 Earle 定义的 Stefan 数，$Ste_3 = c_2 (T_2 - T_5)/\Delta H_4$；

　　　U——温度比率，$U = \Delta T_7/(T_2 - T_5)$；

　　ΔT_7——由 Huang 和 Thompson 定义的温差，℃。

（4）Cleland 和 Earle（1984b）模型

虽然 Cleland 和 Earle（1979）模型和 Cleland 和 Earle（1982）模型对食品几何形状、显热量等因素进行了考虑，但仍然假设冻结过程是在恒定的初始冻结温度下完成。这与食品材料的实际冻结过程相差较大。Cleland 和 Earle（1984 年）又提出了新的普朗克修正式，它不但具有以上两个修正式的优点，同时包含了冻结过程中相变温度下降对冻结时间的影响。

$$t_1 = \frac{\Delta H_8}{(T_2 - T_5)(EHTD_1)}\left[P_3\frac{d}{\alpha} + R_3\frac{d^2}{\lambda_2}\right]\left[1 - \frac{1.65Ste_2}{\lambda_2}\ln\left(\frac{T_6 - T_5}{-10 - T_5}\right)\right] \tag{4-224}$$

$$P_3 = 0.5 \times [1.026 + 0.5808Pk + Ste_2(0.2296Pk + 0.1050)] \tag{4-225}$$

$$R_3 = 0.125 \times [1.202 + Ste_2(3.41Pk + 0.7336)] \tag{4-226}$$

$$Ste_2 = \rho_2 c_2\frac{(T_2 - T_5)}{\Delta H_7} \qquad Pk = \rho_1 c_1\frac{(T_1 - T_2)}{\Delta H_7}$$

式中　ΔH_8——食品从初始冻结温度 T_2 降至 $-10℃$ 时的比焓差值，J/m^3；

$$\Delta H_8 = \rho_2 L_1 w_1 + \rho_2 c_2[T_2 - (-10)]$$

$EHTD_1$——由式(4-187)～式(4-189)计算得到，式中 Biot 数取 Bi_8。

式(4-224)的适用条件为

$$0.2 < Bi < 20$$
$$0 < Pk < 0.55$$
$$0.15 < Ste < 0.35$$

例 4-12　已知炸薯条的含水率（指质量分数）为 73.72%，未冻结时密度为 1069 kg/m³，冻结后密度为 1012kg/m³，冻前比热容为 3.420kJ/(kg·K)，冻后比热容为 1.870kJ/(kg·K)，初始温度为 15℃，初始冻结温度为 0℃，最终冻结温度为 $-20℃$，从 0℃降至 $-10℃$ 的焓差为 303kJ/kg，从 0℃降至 $-20℃$ 的焓差为 343.24kJ/kg，对流表面传热系数为 120W/(m²·K)，冻结后热导率为 1.0W/(m·K)，求在 $-30℃$ 带式冻结装置中冻结所需要的时间（当量尺寸取 1.79，特征尺寸为 0.01m）。

解　单位容积焓差值：$\Delta H_8 = 303 \times 10^3 \times 1069 J/m^3 = 3.239 \times 10^8 J/m^3$

$$\Delta H_7 = 343.24 \times 10^3 \times 1069 J/m^3 = 3.6692 \times 10^8 J/m^3$$

$$Pk = \rho_1 c_1\frac{(T_1 - T_2)}{\Delta H_7} = 1069 \times 3420\frac{15 - 0}{3.6692 \times 10^8} = 0.1495$$

$$Ste_2 = \rho_2 c_2\frac{(T_2 - T_5)}{\Delta H_7} = 1012 \times 1870\frac{0 - (-30)}{3.6692 \times 10^8} = 0.1547$$

$$P_3 = 0.5 \times [1.026 + 0.5808 \times 0.1495 + 0.1547(0.2296 \times 0.1495 + 0.1050)] = 0.5672$$

$$R_3 = 0.125 \times [1.202 + 0.1547(3.41 \times 0.1495 + 0.7336)] = 0.1743$$

由式(4-224)计算冻结时间

$$t_1 = \frac{3.239 \times 10^8}{[0 - (-30)] \times 1.79}\left[0.5672 \times \frac{0.01}{120} + 0.1743 \times \frac{0.01^2}{1.0}\right]\left[1 - \frac{1.65 \times 0.1547}{1.0}\ln\left(\frac{-20 - (-30)}{-10 - (-30)}\right)\right]$$

$$= 1472(s)$$

4.5　食品冻结和解冻时间的数值计算

4.5.1　大平板状食品冻结和解冻的数学模型

一般食品在冻结过程中，可分为已冻结区、未冻结区和凝固区（两相区）三部分。食品在已冻结区内进行的是单相纯导热过程。在未冻结区（含液相水）内实际的传热过程本应是既有导热又有对流的过程，这种自然对流的原因是由于液相内部各处温度不同（相应的密度不同）造成的。如果液相内部各处温度相差很小，这种自然对流的作用也就很微弱；而固相的导热作用却相对地比较强。在这样的条件下，可把未冻结区的传热过程也视为单相纯导热过程。食品在凝固时释放出凝固潜热，可视为存在着内热源。并且，对于非纯水溶液，处于未冻结区与已冻结区之间的凝固界面不是一个明确的几何面，而是一个有一定宽度的带，这个带是一个从液相到固相运动着的过渡区。在凝固过程中，食品的温度从液相界面上的 $T_f + dT$ 降到固相界面上的 $T_f - dT$。其中，T_f 为一般资料中所提供的冻结点温度，$2dT$ 为凝固温度范围。

4.5.1.1 表观比热容模型

由于食品的相变不是严格地在某一特定温度下发生，而是在它的一个小的温度范围内发生，因此可以把食品的相变潜热看做是在这个小的温度范围内有一个很大的显热容。这样，就能将分区描述的控制方程及界面守恒条件转化成整个区域上适用的单一非线性导热方程，计算出区域上的温度分布，即可确定其两相界面的位置。表观比热容模型只以温度为待求函数，而不引入热焓。在发生相变的一个小温度范围内，必须分别构造比热容和热导率分布。

通常，块状食品做得比较薄，可近似地看做无限大平板。它在冻结过程中的热传递是一个复杂的、不稳定的、变物性的一线瞬态导热问题，其数学模型为

$$\rho c_p \left(\frac{\partial T}{\partial t} \right) = \lambda \left(\frac{\partial^2 T}{\partial x^2} \right)$$

令 $a = \dfrac{\lambda}{\rho c_p}$，则

$$\frac{\partial^2 T}{\partial x^2} = \frac{1}{a} \frac{\partial T}{\partial t} \tag{4-227}$$

式中　t——食品冻结进行的时间；

　　　x——平板状食品厚度方向的坐标；

　　　a——食品热扩散率即导温系数；

　　　λ——食品热导率；

　　　c_p——食品的比定压热容；

　　　ρ——食品的密度。

初始条件
$$T(x,0) = T_0 \tag{4-228}$$

绝热边界条件
$$\frac{\partial T(0,t)}{\partial x} = 0 \tag{4-229}$$

对流边界条件
$$\frac{-\lambda[\partial T(L,t)]}{\partial x} = \alpha[T(L,t) - T_X] \tag{4-230}$$

式中　L——平板状食品厚度的一半；

　　　α——平板状食品侧表面的传热系数；

　　　T_X——环境温度，恒定不变。

4.5.1.2 焓模型

焓法的主要特征是采用热焓和温度一起作为待求函数，在整个区域（包括液相区、固相区和两相区）建立一个统一的能量方程，利用数值解法求得热焓和温度分布，然后确定两相界面。因此，它不需要跟踪界面，而将液相区和固相区分开处理，所以更适用于多维情况。在相变区，只要给出焓与温度的具体关系式 $H = H(T)$，如

$$T = \begin{cases} H/c, & H \leqslant cT_m \\ T_m, & cT_m \leqslant H \leqslant cT_m + h \\ (H - \lambda)/c, & H \geqslant cT_m + h \end{cases}$$

则相变的影响就自动地包含在方程中，因为焓 H 中也包含了相变潜热 h。

对于一维冻结问题，将能量方程写成焓的形式

$$\frac{1}{r^m}\frac{\partial}{\partial r}\left(r^m\lambda\frac{\partial T}{\partial r}\right)=\rho\frac{\partial H}{\partial t} \tag{4-231}$$

对流传热边界条件
$$\lambda\frac{\partial T}{\partial r}=H(T_a-T_s) \tag{4-232}$$

绝热边界条件
$$\lambda\frac{\partial T}{\partial r}=0 \tag{4-233}$$

初始条件
$$T=T_0 \tag{4-234}$$

式中　ρ——密度；

　　T_a——冷却介质温度；

　　T_s——食品表面温度；

　　t——时间；

　　r——几何点位置。

式(4-231)中 $m=0,1$ 和 2 分别对应于直角坐标系、圆柱坐标系和球坐标系。

热焓 H 是温度的单值函数，可用数学表达式分段表示。也可采用文献提供的食品热焓表中数据，并假定两温度间的焓值为线性分布，用线性内插法求取表列相邻两温度之间的某一温度所对应的焓值。

当固相区与液相区的热导率均为常数，相变温度范围 $2\Delta T$ 内热导率呈线性分布时，热导率表示为

$$\lambda=\begin{cases}\lambda_s, & T<T_m-\Delta T\\ \lambda_s+\dfrac{\lambda_1-\lambda_s}{2\Delta T}\left[T-(T_m-\Delta t)\right], & (T_m-\Delta T)\leqslant T\leqslant(T_m+\Delta T)\\ \lambda_1, & T>T_m+\Delta T\end{cases}$$

焓法中的焓值 H 包含了相变潜热，相变的影响就自动地反映在焓法模型中，这样，就将相变问题的分区描述控制方程和界面守恒条件合并为整个区域的统一的能量方程，更适用于其他坐标系和多维情况，应用范围可简单地推广到圆柱状食品和球状食品的冻结时间预测。

由于不需要考虑相变界面守恒方程和精确跟踪相变界面轨迹，相变界面移动的判断就十分简便。

4.5.2　大平板状食品冻结和解冻数学模型的差分格式

4.5.2.1　表观比热容模型的显式差分格式

为了便于说明求解过程，建立一个物理模型。将一块 $2L$ 厚的平板状食品放入温度为 T_x 的介质中冻结，食品的侧表面与介质间的对流传热系数为 α，平板状食品两边的温度分布相对于平板中心是对称的，故便讨论左半平板的情况。如图 4-22 所示。为了建立差分格式，人为地将左半块食品分成 m 层，产生了（$m+1$）个节点，令 b 等于总节点数。

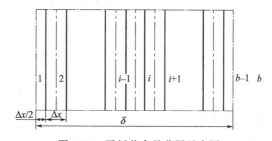

图 4-22　平板状食品分层示意图

根据偏微分方程（4-227），结合初始条件（4-228）和边界条件（4-229）、式（4-230）建立差分格式。对于未冻结区、已冻结区的单相纯导热过程，各节点差分格式如下。

$i=1$（对流边界节点）

$$T_1^{n+1}=2f(T_2^n+Bi\times T_x)+(1-2Bi\times f-2f)T_1^n \tag{4-235}$$

$1<i<b$（内节点）

$$T_i^{n+1}=f(T_{i-1}^n+T_{i+1}^n)+(1-2f)T_i^n \tag{4-236}$$

$i=b$（绝热边界节点）

$$T_b^{n+1}=2fT_{b-1}^n+(1-2f)T_b^n \tag{4-237}$$

其中，$a=\dfrac{\lambda}{\rho c}$，$f=\dfrac{a\Delta t}{(\Delta x)^2}$，$Bi=\dfrac{\alpha\Delta x}{\lambda}$，$\Delta x=\dfrac{L}{m}$。

为了提高整个格式的计算精度，用中心差分来代替边界上的一阶偏微分，达到截断误差在数量级上的一致。式(4-235)、式(4-236)、式(4-237)三式构成表观比热容模型的显式差分格式。程序框图如图 4-23 所示。

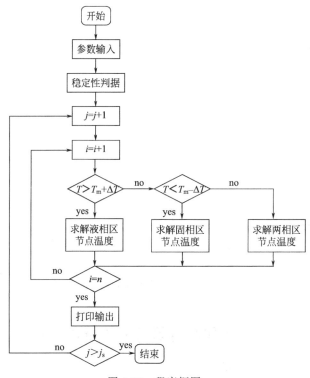

图 4-23　程序框图

4.5.2.2　表观比热容模型的完全隐式差分格式

把初始温度为 T_0、厚度 $2L$ 的平板状牛肉放在温度为 T_f、对流传热系数为 α 的冷却介质中冻结。由于冻结过程温度分布的对称性，这里仅讨论右半平板的情况。为了建立差分格式，人为地将右半块食品分成 m 层，产生了 $(m+1)$ 个节点，令 l 等于总节点数，如图 4-24 所示。

由于导热微分方程具有扩散型的特点，区域内任何一点的扰动将瞬时波及整个区域，选用隐式差分格式更加符合原有导热问题的数学模型。同时采用完

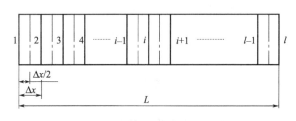

图 4-24　平板状食品分层示意图

全隐式差分格式最大的优点是它的稳定性是无条件的，即不受边界条件和步长的影响。

温度对时间的一阶偏微分用一阶向前差商来近似，温度对距离的二阶偏微分用中心差商来近似，故内节点差分格式为

$$\frac{T_{i+1}^{n+1} - 2 \times T_i^{n+1} + T_{i-1}^{n+1}}{(\Delta x)^2} = \frac{1}{a} \times \frac{T_i^{n+1} - T_i^n}{\Delta t}$$

上式整理为

$$-f \times T_{i+1}^{n+1} + (1 + 2 \times f) \times T_i^{n+1} - f \times T_{i-1}^{n+1} = T_i^n \tag{4-238}$$

$$(n = 0, 1, 2, 3 \cdots; \ i = 2, 3, \cdots, l-1), \ f = \frac{a \Delta t}{(\Delta x)^2}$$

为了提高整个差分格式的计算精度，用中心差商来代替绝热边界上的一阶偏微分

$$(1 + 2 \times f) \times T_1^{n+1} - 2 \times f \times T_2^{n+1} = T_1^n \tag{4-239}$$

为了提高整个差分格式的计算精度，用中心差商来代替对流换热边界上的一阶偏微分

$$T_l^n = (1 + 2 \times f + 2 \times Bi \times f) T_l^{n+1} - 2 \times f \times T_{l-1}^{n+1} - 2 \times Bi \times f \times T_f \tag{4-240}$$

式(4-238)、式(4-239)、式(4-240) 三式构成表观比热容模型的完全隐式差分格式。

为了简化计算步骤，把有因次参数转化为无因次参数，即令

$$\begin{cases} \theta = \dfrac{T - T_0}{T_f - T_0} \\[2mm] \bar{x} = \dfrac{x}{L} \\[2mm] f_0 = \dfrac{a \Delta t}{L^2} \end{cases}$$

则问题的数学描述为

$$\frac{\partial^2 \theta}{\partial \bar{x}^2} = \frac{\partial \theta}{\partial f_0}$$

$$f_0 = 0, \ \theta = 0$$

$$\bar{x} = 0, \ \frac{\partial \theta}{\partial \bar{x}}$$

$$\bar{x} = 1, \ \frac{\partial \theta}{\partial \bar{x}} = Bi(\theta - 1)$$

根据以上数学模型和完全隐式差分方程组的建立过程，将差分方程组变换改写成矩阵形式

$$\begin{bmatrix} -\left(2+\dfrac{1}{f}\right) & 2 & & & \\ 1 & -\left(2+\dfrac{1}{f}\right) & 1 & & \\ & \ddots & \ddots & \ddots & \\ & & 1 & -\left(2+\dfrac{1}{f}\right) & 1 \\ & & & 2 & -\left(2+2Bi+\dfrac{1}{f}\right) \end{bmatrix} \times \begin{bmatrix} \theta_1 \\ \theta_2 \\ \vdots \\ \theta_{l-1} \\ \theta_l \end{bmatrix}^{n+1} = \begin{bmatrix} -\dfrac{1}{f}\theta_1 \\ -\dfrac{1}{f}\theta_2 \\ \vdots \\ -\dfrac{1}{f}\theta_{l-1} \\ -2Bi+\dfrac{1}{f}\theta_l \end{bmatrix}^n$$

要求解上述矩阵等式必须联立求解。此矩阵等式的系数阵为"三对角线阵"，这一特点给求解矩阵带来方便之处，也就是可用 TDMA 法求解。

根据 TDMA 法的求解过程，编写程序上机计算，完成方程组求解。程序框图如图 4-25 所示。

4.5.2.3　焓模型的显式差分格式

以 $m=0$ 为例，即在直角坐标系中建立物理模型。对于一维冻结问题，食品温度沿着厚度方向的中心线对称分布。为简化计算和便于分析，将坐标原点置于食品几何中心，取右半

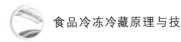

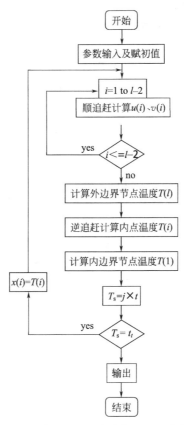

图 4-25 根据 TDMA 法求解过程程序框图

部分为研究对象，在被冻结区域的中心和表面之间分成 $n-1$ 个内部单元和两个半单元（分别位于中心和表面边界处），共有 $n+1$ 个节点，$\Delta r = \delta/n$ 为空间位置步长，Δt 为时间步长，如图 4-26 所示。

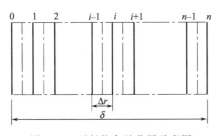

图 4-26 平板状食品分层示意图

对于内部节点（$i=1,2,\cdots,n-1$），差分格式为

$$H_i^{j+1} = H_i^j + \frac{\Delta t \lambda}{(\Delta r)^2 \rho}(T_{i-1}^j - 2T_i^j + T_{i+1}^j)$$

(4-241)

对于中心节点（$i=0$），差分格式为

$$H_0^{j+1} = H_0^j + \frac{1}{2}\frac{\Delta t \lambda}{(\Delta r)^2 \rho}(T_1^j - T_0^j) \quad (4\text{-}242)$$

对于表面节点（$i=n$），差分格式为

$$H_n^{j+1} = H_n^j + \frac{1}{2}\frac{\Delta t}{(\Delta r)^2 \rho}[\alpha \times \Delta r(T_a - T_n^j) - k(T_n^j - T_{n-1}^j)] \tag{4-243}$$

式（4-241）、式（4-242）、式（4-243）三式构成了该问题的显式差分格式。

对于圆柱坐标系和球坐标系，差分格式与上三式形式相同，只需在上三式的右端各项分别乘上不同的系数，限于篇幅，恕不一一列出。

由于焓法采用热焓和温度一起作为待求函数，故在求解上述差分方程组时，应按下述思路进行：在 $(j+1)\Delta t$ 时刻某点的焓值 H^{j+1} 由 $j\Delta t$ 时刻相关点的焓值及其相对应的温度求得，然后线性内插热焓表求取 T^{j+1}；$(j+1)\Delta t$ 时刻相关点的焓值 H^{j+1} 及其相对应的温度

T^{j+1} 用于 $(j+2)\Delta t$ 时刻某点焓值和温度的计算，如此递推下去，可求得各层各时刻的焓值和温度。

采用显式差分格式必须考虑解法的稳定性问题。显而易见，$m=0$ 时其差分格式的稳定性判别与显热容法相同，即必须满足下式

$$\frac{a\Delta t}{(\Delta r)^2} \leqslant \frac{1}{2}$$

式中　a——导温系数，$a=\dfrac{\lambda}{\rho c}$；

　　　c——比热容。

根据上述的分析，编写程序上机运算，可求得食品冻结时间和温度分布的预测值。程序框图如图 4-27 所示。

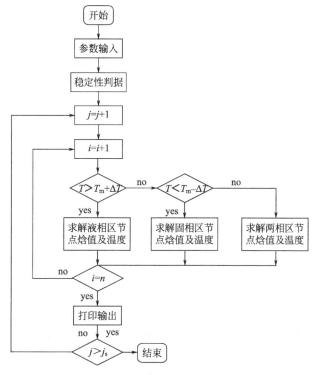

图 4-27　食品冻结时间和温度分布预测值程序框图

4.5.3　大平板食品冻结过程相变界面移动判断

4.5.3.1　温度模型求解时相变界面移动判断

在研究食品冻结过程中，需要解决的另一个问题是如何判断某一层已完全冻结，凝固界面如何从表面向内部推进。

首先，分析经过一个时间步长 Δt 后凝固区所放出热量。凝固时温度基本不变，根据能量守恒，可知：

当 $i=1$（对流边界节点）时，凝固热 $\Delta Q=$ 节点 1 与介质间的对流换热量—从节点 2 传给节点 1 的热量为

$$\Delta Q = \Delta Q_{1\to\infty} - \Delta Q_{2\to1} = \alpha(T_i - T_x)\times\Delta t - \lambda_2(T_2 - T_i)\Delta t/\Delta x$$

当 $1<i<b$（内节点）时，凝固热 $\Delta Q=$ 从节点 i 传给节点 $i-1$ 的热量—从节点 $i+1$ 传

给节点 i 的热量为

$$\Delta Q = \Delta Q_{i \to i-1} - \Delta Q_{i+1 \to i} = \lambda_1 \Delta t (T_i - T_{i-1})/\Delta x - \lambda_2 (T_{i+1} - T_i) \Delta t/\Delta x$$

当 $i-b$（绝热边界节点）时，凝固热 $\Delta Q =$ 从节点 b 传给节点 $b-1$ 的热量为

$$\Delta Q = \Delta Q_{b \to b-1} = \lambda_2 (T_i - T_{b-1}) \Delta t/\Delta x$$

以上讨论是经过一个时间步长凝固区所释放的热量，那么经过 $(n-1)$ 个时间步长所释放的热量为 $(n-1)\Delta Q$，n 个时间步长释放出 $n\Delta Q$。若 $(n-1)\Delta Q < Q_M < n\Delta Q$（式中：$Q_M = h\rho \Delta x$ 为某层凝固时释放的总潜热，h 为凝固潜热，ρ 为密度，Δx 为距离步长），则该层已完全冻结，凝固界面向下一个节点移动。为了使 $(n-1)\Delta Q$ 尽量接近 $n\Delta Q$，保证无论用 $(n-1)\Delta Q$ 还是 $n\Delta Q$ 来代替 Q_M 都影响不大，这就要求在显式差分格式稳定性条件允许的范围内，适当减少时间步长。

4.5.3.2 焓法模型求解时相变界面移动的判断

以板状食品（马鲛鱼块）冻结作为验证实例，有关热物性参数及热焓表取自文献。实验条件如下：厚度 $2\delta = 0.04\mathrm{m}$，初温度 $T_0 = 29℃$，冷却介质温度 $T_a = -48℃$，传热系数 $\alpha = 42\mathrm{W}/(\mathrm{m}^2 \cdot ℃)$（用集总参数法求得）。实验在低温箱中进行，控制箱内温度波动不超过 $1℃$，采用铂电阻和 XMDA-1202 型数字温度显示仪检测温度。

图 4-28 为相变界面移动的预测曲线。相变界面位置随着冻结过程的进行由表面向中心迁移，在靠近表面处迁移的速度较慢，在中心位置附近迁移的速度变快。

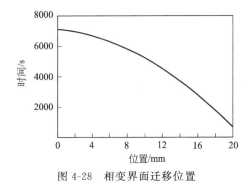

图 4-28　相变界面迁移位置　　　　　图 4-29　不同时刻冻结食品的温度分布

图 4-29 是不同时刻食品冻结的温度分布预测曲线。图中八条曲线按自上至下的顺序分别表示降温时间为 0、20min、40min、60min、80min、100min、120min、132min 时食品温度分布情况。图中显示，在降温的初始阶级，食品表面与中心的温度差逐渐增大。在冻结点附近，由于相变潜热的大量释放，温差变小；冻结以后又逐渐变大。当进一步降温使食品表面温度逐渐接近冷却介质温度时，两者的温差渐渐缩小。

复习思考题

● 4-1　食品常见的传热方式有哪些？如何根据 *Biot* 数的大小来确定食品冷却时间？

● 4-2　冻结时间的计算模型有许多，如何根据需要选择合适的公式来计算食品的冻结时间？

● 4-3　用 $T_\infty = 2℃$ 的空气冷却胡萝卜，胡萝卜的含水率为 80%，初温 $T_0 = 25℃$，冷却终了的温度为 $T = 5℃$，胡萝卜可以看做是直径 $R = 1\mathrm{mm}$，高 $h = 2\mathrm{mm}$ 的圆柱体，密度 $\rho = 926\mathrm{kg/m}^3$，求以自然对流方式冷却胡萝卜所需要的冷却时间。

● 4-4　用 $T_\infty = 0℃$ 的空气冷却 $20\mathrm{cm} \times 10\mathrm{cm} \times 1\mathrm{cm}$ 的猪排，其初始温度为 $30℃$，密度为 $1050\mathrm{kg/m}^3$，热导率为 $0.505\mathrm{W}/(\mathrm{m} \cdot \mathrm{K})$，空气表面自然对流传热系数为 $10\mathrm{W}/(\mathrm{m}^2 \cdot \mathrm{K})$，求 $0.5\mathrm{h}$ 后猪排的温度。

●4-5　用 $T_\infty = 22℃$，流速为 1m/s 的空气冷却鸡蛋。鸡蛋含水率为 74%，初始温度 $T_0 = 25℃$，冷却后的平均温度为 $\overline{T} = 23℃$，密度为 1070kg/m³，比热容 $c = 3.53 \times 10^3 J/(kg \cdot K)$，鸡蛋近似看做是 $R = 0.025m$ 的球体，与冷却介质的对流表面传热系数为 25W/(m²·K)，求鸡蛋的冷却时间。

●4-6　在 -30℃ 的空气冻结装置中冻结厚度为 0.028m 的羊排，已知羊排冻结后的密度为 1020kg/m³，初始冻结温度为 -2.5℃，羊排冻结后的热导率为 1.2W/(m·K)，空气和被冻结物之间对流表面传热系数为 20W/(m²·K)，羊排的冻结潜热为 218kJ/kg，冻结前、后的比热容分别为 3.50kJ/(kg·K) 和 1.5kJ/(kg·K)，羊排的含水率为 83.3%。试选择合适的公式计算羊排从初始温度 25℃ 降至 -15℃ 所需的时间。

●4-7　用 1℃ 的海水冷却鱼，鱼直径为 0.1m，长 0.4m，密度为 1052kg/m³，比热容 $c = 4.02 \times 10^3 J/(kg \cdot K)$，热导率为 0.571W/(m·K)，初始温度为 21℃，与冷却介质的对流表面传热系数为 1500W/(m²·K)，试计算 3h 后鱼的温度。

●4-8　尺寸为 1m×0.25m×0.6m 的瘦牛肉放在 -35℃ 的对流冻结装置中冻结，已知牛肉含水率（即水的质量分数）为 74.5%，初始冻结温度为 -1.75℃，冻结后的密度为 1050kg/m³，冻结牛肉的热导率为 1.108W/(m·K)，对流表面传热系数为 30W/(m²·K)，试用普朗克公式计算所需冻结时间。

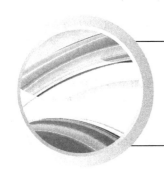

第5章
食品冷冻冷藏的传质学基础

质量传递是自然界和工程技术领域普遍存在的现象，是食品工程单元操作的理论基础之一，与动量传递和热量传递统称为"三传过程"。由于物质的质量传递大多是依靠扩散过程来实现的，因此，质量传递又称为扩散过程。质量传递的方式分为分子传质（扩散）和对流传质（扩散）两种。在食品冷冻冷藏过程中，也普遍存在着质量传递现象，如冷冻干燥、热泵干燥和食品干耗等。

5.1　分子扩散传质

5.1.1　斐克（Fick）定律

在混合物中，某一组分分子因浓度不均而引起从高浓度到低浓度的迁移，称为分子扩散。分子扩散是依靠微观分子运动而产生的质量传递现象，它不依靠宏观的混合作用，在气相、液相和固相中都能发生。

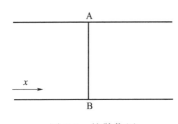

图 5-1　扩散作用

如图 5-1 所示，假如平行于 AB 截面的任一截面上的浓度是均匀的，而沿垂直于 AB 截面的轴（z 轴，由左向右）的方向上浓度有变化，则浓度梯度为 dc/dz。设通过 AB 截面的扩散质量为 m，通过 AB 截面的扩散速率即为 dm/dt。扩散速率与浓度梯度 dc/dz 以及 AB 截面的面积 A 成正比，表示为

$$\frac{dm}{dt} = -DA\frac{dc}{dz} \tag{5-1}$$

式(5-1)就是斐克第一定律，式中 D 是扩散系数，负号是因为扩散方向与浓度梯度方向相反，表示扩散发生在浓度降低的方向。

斐克第一定律只适用于浓度梯度不变的情况，实际上在扩散过程中浓度梯度是变化的。此时可使用斐克第二定律

$$\frac{dc}{dt} = D\frac{d^2 c}{dz^2} \tag{5-2}$$

若考虑扩散系数受浓度的影响，则表示为

$$\frac{dc}{dt} = \frac{d}{dz}\left(D\frac{dc}{dz}\right) \tag{5-3}$$

斐克第二定律是扩散的普遍公式。

在单位时间内通过单位面积传递的物质的量称为扩散通量，通常用 J 表示。

$$J = \frac{dm}{A\,dt} = -D\frac{dc}{dz} \tag{5-4}$$

对气体常用分压梯度表示，z 方向上等温扩散时，因

$$c = \frac{n}{V} = \frac{p}{RT} \tag{5-5}$$

所以有

$$J = -\frac{D}{RT}\frac{dp}{dz} \tag{5-6}$$

5.1.2　扩散速率

分子扩散形式一般可分成两种类型：等摩尔扩散和单向扩散。

5.1.2.1　等摩尔扩散

如图 5-2 所示，在用一段粗细均匀的直管联通的两个很大容器中，有浓度不同的 A、B 两种气体的混合物，其中 $p_{A_1} > p_{A_2}$，$p_{B_1} < p_{B_2}$，但两容器内混合气体的温度和总压强都相同，且两容器内均装有搅拌器，使各自的浓度保持均匀。

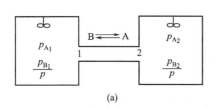 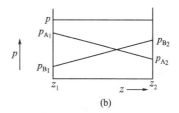

图 5-2　等摩尔扩散

扩散时，因为两容器内总压强相等，所以连通管内任一截面上单位时间、单位面积上向右传递的 A 分子数量与向左传递的 B 分子的数量必定相等，这就是等摩尔逆向扩散。即

$$p_A + p_B = p = 常数$$

同时有

$$\frac{dp_A}{dz} = -\frac{dp_B}{dz} \tag{5-7}$$

$$J_A = -J_B \tag{5-8}$$

在任一固定的空间位置垂直于扩散方向的截面上，单位时间内通过单位截面的 A 的净物质的量，称为 A 的传递速率，以 N_A 表示。在等摩尔逆向扩散中，物质 A 的传递速率应等于它的扩散通量，即

$$N_A = J_A = -D\frac{dc_A}{dz} = -\frac{D}{RT}\frac{dp_A}{dz} \tag{5-9}$$

在上述条件下，扩散为稳定过程，N_A 应为常数，$\dfrac{dp_A}{dz}$ 也为常数，所以，$p_A\text{-}z$ 为线性关系，如图 5-2(b) 所示。

将式(5-9) 分离变量，在截面 z_1 和 z_2 之间积分，得到其传递速率为

$$N_A = \frac{D}{RT\Delta z}(p_{A_1} - p_{A_2}) \tag{5-10}$$

对于液体

$$N_A = \frac{D}{\Delta z}(c_{A_1} - c_{A_2}) \tag{5-11}$$

5.1.2.2 单向扩散

如果在密闭容器中放上一定的碱液，上方为含酸的空气，气体压强一定（容器盖子可上下自由滑动），则在气、液相界面上 A 组分（酸）会不断向液相扩散。与等摩尔扩散不同，此时液相中没有 B 组分（空气）向相面扩散，这种情况的分子扩散称为单向扩散，又称组分 A 通过静止组分 B 的扩散。

由于 A 组分向液相溶解，气液界面附近的气相中的浓度降低，分压力减小，使得界面附近的气相总压强比气相主体的总压强略为低一些，将有 A、B 混合气体从主体向界面移动，这种现象称为整体移动。

经推导分析，单向扩散传递速率为

$$N_A = \frac{D}{RT\Delta z} \frac{p}{p_{BM}}(p_{A_1} - p_{A_2}) \tag{5-12}$$

式中 p_{BM}——组分 B 分压强的对数平均值，$p_{BM} = \dfrac{p_{B_2} - p_{B_1}}{\ln(p_{B_2}/p_{B_1})}$。

对于液体

$$N_A = \frac{D}{\Delta z} \frac{c}{c_{BM}}(c_{A_1} - c_{A_2}) \tag{5-13}$$

式中 c_{BM}——组分 B 浓度的对数平均值，$c_{BM} = \dfrac{c_{B_2} - c_{B_1}}{\ln(c_{B_2}/c_{B_1})}$。

与式(5-10) 比较可知，单方向扩散的传质速率 N_A 比等摩尔逆向扩散时的传质速率 J_A 大。这是因为在单方向扩散时除了有分子扩散，还有混合物的整体移动。p/p_{BM} 比值越大，表明整体移动在传质中所占分量就越大。当气相中组分 A 的浓度很低时，各处 p_B 都接近于 p，即 p/p_{BM} 接近于 1，此时整体移动便可忽略不计，可看做等摩尔逆向扩散。

5.1.3 扩散系数

扩散系数 D 是物质的一种传递性质，表示物质在介质中的扩散能力，扩散系数的单位为 m^2/s。扩散系数随介质的种类、温度、浓度及压强的不同而异。组分在气体中的扩散，浓度的影响可以忽略，而在液体中的扩散，浓度的影响则不可忽略，但压强的影响不显著。同一组分在不同混合物中其扩散系数也不一样。食品是多组分组成的系统，若干种扩散组分在食品系统中的扩散，尤其是水分在食品材料中的扩散是食品加工中的重要特性。

5.1.3.1 组分在气体中的扩散系数

假设气体混合物的分子是性质相同的弹性刚性小球体，小球相互之间做无规则的碰撞热运动，在不考虑其他作用力的简化条件下，经分子运动论的理论推导和实验修正，获得计算气体扩散系数的半经验公式

$$D = \frac{1.517 \times 10^{-4} T^{1.81}(1/M_A + 1/M_B)^{0.5}}{p(T_{CA} T_{CB})^{0.1405}(V_{CA}^{0.4} + V_{CB}^{0.4})^2} \tag{5-14}$$

式中 M_A, M_B——组分 A、B 的摩尔质量，kg/mol；

T_{CA}, T_{CB}——组分 A、B 的临界温度，K；

V_{CA}, V_{CB}——组分 A、B 的临界体积，cm^3/mol。

当 $p < 0.5MPa$ 时，D 与组分 A 的浓度无关，此时根据式(5-14) 可较准确地估计气体的扩散系数 D。

由式(5-14) 可推导出扩散系数与温度、压强的关系

$$D = D_0 \left(\frac{T}{T_0}\right)^{1.81} \left(\frac{p_0}{p}\right) \tag{5-15}$$

式中　D_0——T_0、p_0 状态下的扩散系数。

由式(5-15)可知，温度越高，分子动能越大；压强越低，分子间距越大，两者均使扩散系数增加。

表 5-1 给出了一些气体组分在空气中的扩散系数。

表 5-1　在大气压力下各种气体和蒸汽在空气中的扩散系数/($\times 10^{-5}\,m^2/s$)

H_2	O_2	CO_2	水蒸气	乙醛	乙酸	醋酸乙醛	乙醛	丁醛
6.11	1.78	1.38	2.60	1.06	1.33	0.71	0.8	0.7

5.1.3.2　组分在液体中的扩散系数

由于液体分子比较密集，组分在液体中的扩散系数比在气体中大得多。一般说来，气体的扩散系数约为液体的 10^5 倍，但组分在液体中的浓度较在气体中大，因此，组分在气相中的扩散速率约为液相中的 100 倍。此外，液体中组分的浓度对扩散系数有较显著的影响，一般手册中的数据均为稀溶液中的扩散系数。

由于液体的扩散理论和实验均不及气体完善，故液体扩散系数的估计也不及气体精确，当扩散组分为低摩尔质量的非电解质时，其在稀溶液中的扩散系数可按下式估计

$$D = \frac{7.4 \times 10^{-12} (aM_B)^{0.5} T}{\mu V_{m,A}^{0.6}} \tag{5-16}$$

式中　μ——溶液黏度，mPa·s；

M_B——溶剂 B 的摩尔质量，kg/kmol；

$V_{m,A}$——组分 A 在常沸点下的摩尔体积，cm^3/mol；

a——溶剂的缔合因子，水 $a=2.6$。

当溶剂为水时，$V_{m,A}$ 取 $75.6cm^3/mol$。

由式(5-16)可推算液体的扩散系数与温度、黏度的关系

$$D = D_0 \left(\frac{T}{T_0} \right) \left(\frac{\mu_0}{\mu} \right) \tag{5-17}$$

表 5-2 给出了某些组分在液体中的扩散系数。

表 5-2　某些与食品有关的组分在稀水溶液中（25℃）的扩散系数/($\times 10^{-9}\,m^2/s$)

O_2	CO_2	SO_2	乙醛	乙酸	尿素	催化酶
2.41	2.00	1.70	1.24	1.26	1.37	0.041
蔗糖	乳糖	NaCl	咖啡因	肌红蛋白	大豆蛋白	过氧化酶
0.56	0.49	1.51	0.63	0.113	0.03	0.012

5.1.3.3　组分在固体中的扩散系数

由于固体扩散理论研究还不够充分，目前难以精确估计组分在固体中的扩散系数。工程应用上大多采用实验数据。

表 5-3 给出了某些组分在固体中的扩散系数。

表 5-3　某些与食品有关的组分在固体中的扩散系数

扩散组分	固体材料	温度/℃	$D/(\times 10^{-11} m^2/s)$
O_2	橡胶	25	21
CO_2	橡胶	25	11
N_2	橡胶	25	15

续表

扩散组分	固体材料	温度/℃	$D/(\times 10^{-11}\,\mathrm{m^2/s})$
水	醋酸纤维素(水的质量分数为 12%)	25	0.32
	醋酸纤维素(水的质量分数为 5%)	25	0.20
NaCl	离子交换树脂(Dowex50)	50	9.5
环乙烷	马铃薯	20	20
蔗糖	琼脂凝胶(冻粉)	5	25

5.1.4　食品材料中的水分扩散系数

食品材料中水分迁移涉及在食品固形物质中的水分扩散以及在加工和储存过程中界面之间的水分传递。在干燥、复水或储存过程中，固体食品的水分扩散是一个复杂的过程，它可能涉及分子扩散、毛细管流动、Knudsen 流动、水力流动和表面扩散等。通常使用干燥速率或吸附速率的实验数据来估计在特定温度下的水分扩散系数，用实验方法测得的用于表征此过程的是有效水分扩散系数或表观水分扩散系数，用 De 表示。表 5-4 给出了一些文献列举的各种食品的有效水分扩散系数数据。

表 5-4　食品材料的有效水分扩散系数 De

食 品 材 料	水分含量/%(干基)	温度/℃	$De/(\times 10^{-11}\,\mathrm{m^2/s})$
淀粉胶体	10	25	0.1
	30	25	2.3
	60	30	15
淀粉/葡萄糖胶体(50/50)	60	30	9
马铃薯	60	54	26
苹果			
空气干燥	12	30	0.65
喷雾干燥	12	30	6
冻结干燥	12	30	12
大豆			
全大豆	5	30	0.2
脱脂大豆	5	30	0.54
鱼肉	5	30	8.1
	30	30	34
剁碎牛肉			
未加工的	60	60	10
加热的	60	60	10

食品的物理结构对水分的扩散性能起了重要的作用。图 5-3 给出了经不同方法脱水的马铃薯的有效水分扩散系数。如图所示，一个多孔结构食品（例如被冷冻干燥处理的食品），其有效水分扩散系数（De）将显著地增加。在低水分含量时，由于冷冻干燥食品的孔隙率较高，De 也较高；在高水分含量时，由于多孔结构的坍塌，De 反而逐渐减少，但仍然高于其他干燥方式。在热风干燥马铃薯时，由于马铃薯淀粉结构的膨化，De 随着水分含量（水分活度）的增加而增加。喷雾干燥的 De 是一个介于冷冻干燥和热风干燥之间的数值。

很多干燥食品都是多孔结构，这种结构是在干燥过程（尤其是当食品中的水分以蒸汽的形式除掉时）中形成的。多孔结构可以用孔隙率（空隙率）来描述，用下式估计

$$\varepsilon = 1 - \frac{\rho_b}{\rho_p} \qquad (5\text{-}18)$$

式中　ρ_b——容积密度；

　　　ρ_p——固体部分密度。

在淀粉系统里，孔隙率对有效水分扩散系数起着决定性作用。图 5-4 展示了颗粒状、胶状和膨化淀粉材料的 De 与水分含量的关系。在颗粒状和膨化淀粉物质中，有更高的 De，显然这是因为样品的容积孔隙率的区别。在温度为 60℃、水分含量为 0.25 时，De 从 0.75×10^{-10}（胶状淀粉）$\sim 43 \times 10^{-10}$ m²/s（膨化淀粉）之间变化。

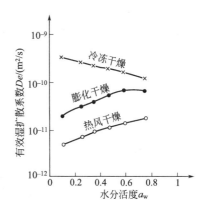

图 5-3　经不同方法脱水的马铃薯的有效水分扩散系数（30℃）

图 5-5 显示了颗粒状和胶状淀粉材料在干燥过程中容积孔隙率的变化。湿的淀粉材料有很小的孔隙率，在干燥过程中孔隙率增加很快，特别是在颗粒状淀粉中。干的颗粒状淀粉的孔隙率可以达到 0.45，干的胶状淀粉孔隙率小于 0.1，有更加密实的结构。

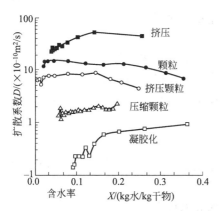

图 5-4　60℃下各种淀粉材料的有效水分扩散系数

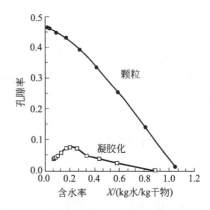

图 5-5　颗粒状和胶状淀粉材料在干燥过程中容积孔隙率的变化

食品 De 随食品含水量的变化主要取决于食品的物理结构，通常说的 De 是指在一个确定的湿度范围内 De 的平均值。总的来说，De 随水分含量和温度的不同而变化很大。Fish（1958）在研究淀粉胶体吸附时证明，在低水分含量时 De 明显降低。空气干燥淀粉胶体时也有类似的情况，但淀粉胶体最大 De 是在 60%~70% 水分含量范围内。

小麦面条和玉米面条中的 De 分别为 0.3×10^{-10} 和 2.6×10^{-10} m²/s。正常的小麦面条的膨胀可以使 De 从 0.3×10^{-10} 增加到 1.2×10^{-10} m²/s。在白色或棕色米中，De 分别为 0.52×10^{-10} 和 1.2×10^{-10} m²/s。小麦仁的 De 是温度和水分含量的函数，在 $0.8 \times 10^{-10} \sim 2.5 \times 10^{-10}$ m²/s 之间变化。对马铃薯、胡萝卜、洋葱和青椒的干燥数据进行回归分析，得到了对应于不同水分含量的有效水分扩散系数的光滑曲线，其值在 $0.2 \times 10^{-10} \sim 10 \times 10^{-10}$ m²/s 之间。

食品中脂肪的存在明显地降低了水分的扩散能力，这一点可以用全大豆和脱脂大豆中 De 的测量来说明。在相同的外界环境条件下（温度为 30℃，水分活度为 0.2~0.8），全大豆的 De 在 $1 \times 10^{-12} \sim 3 \times 10^{-12}$ 之间变化，脱脂大豆的 De 保持在一个较高的常数（5.4×10^{-12} m²/s）。

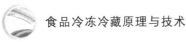

压力在水分扩散中起反作用，因为水蒸气的扩散能力与压力成反比，如式（5-12）所示。机械压缩会减少孔隙度和降低有效水分扩散系数。

5.2 对流传质

第一节讨论了由浓度梯度引起的分子扩散传质。分子扩散只单独发生在固体、静止或层流流动的流体内，而在湍流运动的流体中，分子扩散不再单独发生，还存在着由流体微团的宏观运动而产生的物质传递，这种流动着的流体与相界面之间的传质称为对流传质。在对流扩散传质过程中，物质传递方式仍然是以分子扩散和湍（涡）流扩散进行，传质速率除了受分子扩散的影响外，还受到流体流动的影响。为了强化物质传递过程，常使流体做激烈的湍流运动。

5.2.1 对流传质的类型与机理

5.2.1.1 对流传质的类型

根据流体流动发生的原因不同，对流传质可分为强制对流传质和自然对流传质两类。工程上为了强化传质速率，流体一般是在强制状态下流动，属强制对流传质。强制对流传质又分为层流传质和湍流传质两种情况。

按流体的作用方式不同，对流传质又可分两类，一类是流体作用于固体壁面，即流体与固体壁面间的传质，如水流过可溶性固体壁面时溶质自固体壁面向水中的传递；另一类是一种流体作用于另一种流体，两流体通过相界面进行传质，即相际间的传质，如用水吸收混于空气中的氨气，氨向水中的传递。

5.2.1.2 对流传质的机理

实际工程中，以湍流传质最为常见。下面以流体强制湍流流过固体壁面时的传质过程为例，探讨对流传质的机理。对于有固定相界面的相际间传质，其传质机理与之相似。

当流体以湍流流过固体壁面时，在壁面附近形成湍流边界层。湍流边界层又分为层流内层、缓冲层和湍流主体三部分，各部分的传质机理是不同的。在层流内层中，流体沿着壁面平行流动，在与流向相垂直的方向上，只有分子的无规则热运动，没有涡流运动的帮助，在贴近层流内层壁面处的溶质只能靠分子扩散而转移。在缓冲层中，流体既有沿壁面方向的层流流动，又有一些旋涡运动，故该层内的质量传递既有分子扩散，也有涡流扩散，质量传递速率受分子扩散和涡流扩散同时控制。在湍流主体中，发生强烈的旋涡运动，虽然分子扩散与涡流扩散同时存在，但涡流扩散远远大于分子扩散，故分子扩散的影响可忽略不计。

由于各层传质机理的不同，浓度分布必然不同。在层流内层，由于仅靠分子扩散传质，故其中的浓度梯度必然很大，浓度分布曲线很陡，近似为一直线，用斐克第一定律进行求解较为方便。在湍流主体，由于旋涡进行强烈的混合，其中浓度梯度必然很小，浓度分布曲线较为平坦。而在缓冲层内，既有分子扩散，又有涡流扩散，其浓度梯度介于层流内层与湍流中心之间，浓度分布曲线也介于二者之间。典型的浓度分布曲线如图 5-6 所示。

5.2.2 对流传质系数

根据对流传质速率方程，固体壁面与流体之间的对流传质速率为

$$G_A = N_A S = k_c S(c_{As} - c_{Ab}) \tag{5-19}$$

式中　G_A——对流传质速率，kmol/s；

k_c——对流传质系数，m/s；

S——传质面积，m²；

c_{As}——壁面浓度，kmol/m³；

c_{Ab}——流 体 的 主 体 浓 度 或 称 为 平 均 浓 度，kmol/m³。

由式（5-19）可见，求解对流传质速率 G_A 的关键在于确定对流传质系数 k_c。k_c 与流体的性质、壁面的几何形状和粗糙度、流体的速度等因素有关，一般很难确定。

由于流体具有黏性，必然有一层流体贴附在壁面上，其速度为零。当组分 A 进行传递时，首先以分子传质的方式通过该静止流层，然后再向流体主体对流传质。在稳态传质下，组分 A 通过静止流层的传质速率应等于对流传质速率，即

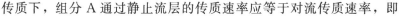

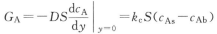

图 5-6　流体与壁面之间的浓度分布

$$G_A = -DS\frac{dc_A}{dy}\bigg|_{y=0} = k_cS(c_{As}-c_{Ab})$$

整理得

$$k_c = \frac{D}{c_{Ab}-c_{As}}\frac{dc_A}{dy}\bigg|_{y=0} \tag{5-20}$$

式（5-20）与传热中的牛顿冷却定律在数学形式上相同。求解时关键在于壁面浓度梯度 $\dfrac{dc_A}{dy}\bigg|_{y=0}$ 的计算，而要求得浓度梯度，必须先求解传质微分方程。而在传质微分方程中包含了速率分布，这又要求解运动方程和连续性方程。实际上，由于方程组的非线性特点和边界条件的复杂性，利用该方法只能求解一些较为简单的问题，而对实际工程中常见的湍流传质问题，尚不能用此方法进行求解。

5.2.3　相际间的对流传质模型

对流传质计算的关键是确定对流传质系数，但目前理论上求解还不能令人满意。实际工程中，首先对对流传质过程做一定的假设，根据这些假设建立描述对流传质的数学模型，然后求解对流传质数学模型，得出对流传质系数。目前已提出的具有代表性的对流传质数学模型有双膜模型、溶质渗透模型和表面更新模型。

（1）双膜模型

双膜模型的应用较为广泛，它对复杂的相际传质过程做如下假设：①当气、液两相接触时，两相之间存在一个稳定的相界面，界面两侧分别存在呈层流流动的停滞膜层，溶质 A 以分子扩散的方式连续通过这两个膜层，传质的阻力集中在此两层膜内，膜层厚度随流体流动状态而变化，流速越大厚度越小；②在相界面处，气、液两相处于平衡状态，界面上不存在传质阻力；③在两层停滞膜以外的气、液两相主体呈湍流状态，由于流体的充分湍动，各处溶质的浓度基本上是均匀的，即认为主体中不存在浓度梯度，浓度梯度全部集中在两个膜层内。双膜模型把复杂的相际传质过程简化为两层流体停滞膜内的分子扩散问题，整个相际传质过程的阻力全部集中在两层停滞膜内。

对于等摩尔逆向扩散，根据式（5-10）和 $N_A = k_G^0(p_{A_1}-p_{A_2})$，可求得

$$k_G^0 = \frac{D}{RTz_G}$$

根据式（5-11）和 $N_A = k_L^0(c_{A_1}-c_{A_2})$，可求得

$$k_L^0 = \frac{D}{z_L}$$

式中 k_G^0，k_L^0——气膜对流传质系数和液膜对流传质系数，上标"0"表示分别在气膜和液膜内进行等摩尔逆向扩散；

  z_G，z_L——气膜厚度和液膜厚度。

对于组分 A 通过停滞组分 B 的单向扩散，根据式(5-12) 和 $N_A = k_G(p_{A_1} - p_{A_2})$，可求得

$$k_G = \frac{Dp}{RTz_G p_{BM}}$$

根据式(5-13) 和 $N_A = k_L(c_{A_1} - c_{A_2})$，可求得

$$k_L = \frac{Dc_{av}}{z_L c_{BM}}$$

$$c_{av} = \left(\frac{\rho}{M}\right)_{av} = \frac{1}{2}\left(\frac{\rho_1}{M_1} + \frac{\rho_2}{M_2}\right)$$

式中 c_{av}——平均总浓度，$kmol/m^3$；

  ρ_1，ρ_2——溶液在点 1 和点 2 处的平均密度，kg/m^3；

 M_1，M_2——溶液在点 1 和点 2 处的平均摩尔质量，$kg/kmol$。

（2）溶质渗透模型

按照溶质渗透模型，溶质 A 在流体单元内进行的是一维不稳态扩散过程。根据斐克第二定律，经推导得到平均传质系数为

$$k_{cm} = \sqrt{\frac{D}{\pi\theta_c}} \tag{5-21}$$

式中 θ_c——暴露时间。

（3）表面更新模型

利用表面更新模型导出的平均传质系数计算式为

$$k_{cm} = \sqrt{DS} \tag{5-22}$$

式中 S——表面更新率。

关于上述三个模型的具体假设和分析推导，详见其他参考书籍。从这些模型的数学表达式中可以看出，平均传质系数与扩散系数的 1 次方或 0.5 次方（比较公认的幂次方为 2/3）成正比。利用这些模型计算对流传质系数，虽然都有简单的数学表达式，但其模型参数（如 θ_c 和 S）的求解比较困难，因此仍然没有解决实用问题，实践中还是用实验测定的方法来确定传质系数。

5.2.4 食品干燥机理

5.2.4.1 干燥过程中的传热和传质

物料的干燥过程是传热和传质相结合的过程。它包含物料内部的传热传质和物料外部的传热传质。在对流干燥过程中，干燥介质（热空气）将热能传到物料表面，再由表面传到物料内部，这是两步传热过程。水分从物料内部以液态或气态透过物料传递到表面，然后通过物料表面的气膜扩散到空气主体，这是两步传质过程。

干燥进行前，物料内部温度和湿度分布基本均匀。物料与外界所进行的湿传递是自然蒸发或吸湿，这取决于物料的湿度和环境空气的状态参数。在自然条件下，既使物料中水分能自行蒸发，物料的干燥速度也是很小的，要使物料中水分蒸发速度加快，必须对物料施加外

部条件。

干燥过程中湿物料表面水分受热后首先由液态转化为气态（即水分蒸发），而后水蒸气从物料表面向周围介质扩散，于是在物料内部各区间建立了水分梯度，促使物料内部水分不断地向表面方向移动。在简单情况下，水分蒸发只在物料表面进行，因而物料内部水分就有可能以液态或蒸汽状态向外扩散转移。

物料水分受热蒸发时，在恒速阶段内物料内部一般不会出现温度差，在降速阶段内就会出现一定的温度差，低温空气加热时温度差并不大，若用辐射热或高温空气加热时就会出现较大的温度差，由于温度梯度的存在，产生了热量的传递，这对物料内水分扩散转移也产生影响。因此，干燥过程中物料水分和热量两者之间的传递转移有着密切的联系，物料内部水分传递机理、水分蒸发的推动力（热力）以及水分从物料表面经边界层向周围介质扩散的机理将对物料干燥过程产生影响。实际上物料湿热传递就是湿物料与环境介质间的传热与传质和湿物料内部的传热与传质，传质过程具体体现在物料的给湿（外部传质）和导湿（内部传质）两个过程。

（1）外部传热与传质（湿物料与环境介质间的传热与传质）

以热风干燥为例，当进行干燥处理时，热空气经过物料表面，物料对空气的阻挡使物料表面形成一层很薄的层流层，也称界面层。界面层对整个干燥过程影响极大。界面层中，靠近物料表面内层的速度和物料速度一致，靠近热空气流的外层速度与气流速度相当。热空气与物料之间的质热传递都要经过界面层来传递。界面层中同样存在着温度与湿度梯度。界面层中的温度梯度为热空气向物料传递热量的动力，温度梯度越大，物料所接收热量的速度越快。湿度梯度一方面为界面层中水蒸气向热空气中扩散的动力，另一方面却是物料内部水向界面层扩散的阻力。界面层中湿度梯度越大，水蒸气由它向热空气扩散时的速度越快，物料内部水分向界面层传递的速度越低。所以干燥时应该尽量创造使界面层薄，传热阻力小，界面层中水蒸气迅速扩散到热介质中的干燥条件。其他干燥方式也同样以

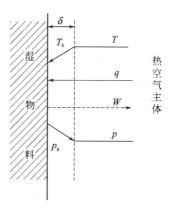

图 5-7　干燥的传热和传质

不同的方式形成界面层，湿传递完全通过界面层，而热传递只是部分通过界面层。

图 5-7 示出外部传热和传质。水分由物料内部扩散到表面后，在表面汽化，如前所述，可以认为在物料表面附近存在一界面层，外部传热和传质的阻力都集中在这层气膜中，其厚度 δ 为 10^{-4} m 的数量级。

外部传热是对流传热，其热流密度为

$$q=\alpha(T-T_s) \tag{5-23}$$

外部传质是对流传质，物料表面界面层的水蒸气分压等于物料中水分的蒸气压，其大小主要取决于物料中水分的结合方式。水分在外部气相中的传质推动力为物料表面界面层水蒸气分压与外部气相主体中水蒸气分压之差。形成这一蒸气分压差（推动力）的主要原因，对于空气对流干燥，是由于流动的干燥介质不断带走了汽化的蒸气；对于真空干燥，是由于真空泵的抽吸带走了汽化的蒸气。

当物料水分大于吸湿水分时，物料表面水分受热蒸发，经过表面界面层向周围介质扩散，而原料表面又被它内部向外扩散的水分所湿润，此时水分从物料表面向周围介质扩散的过程称为给湿过程，它和自由液面蒸发水分相类似。如果物料表面粗糙，它的蒸发表面面积就大于几何面积，同时毛细管多孔性物料内部也有水分蒸发，那么它的干燥强度就会大于自

由液面的水分蒸发强度。

（2）内部传热与传质（湿物料中的传热与传质）

无论是对流干燥、接触干燥还是辐射干燥，固体物料内部的传热属于热传导，遵从傅里叶定律。

物料干燥时会出现蒸汽或液体状态的分子扩散性水分转移以及毛细管势能和其内挤压空气作用下的毛细管水分转移，这样的水分转移称为导湿现象（或称导湿性），由导湿性所引起的水分转移与水分梯度成正比。同时，物料干燥受热时，表面温度高于中心温度，因而在物料内部建立起一定的温度梯度，温度梯度将促使水分（蒸汽或液体）从高温处向低温处转移，这种现象称为热湿导（或称导湿温性）。因此，物料内部传质是由水分梯度和温度梯度同时推动的。

物料干燥开始时，水分均匀分布于物料中，由于物料水分受热汽化首先是在表面进行，故逐渐形成从物料内部到表面的水分梯度。设物料内部到表面的水分梯度为 $\dfrac{\mathrm{d}w}{\mathrm{d}x}$，则单纯由于水分梯度而引起的内部水分扩散速率 $\dfrac{\mathrm{d}W_\mathrm{w}}{\mathrm{d}t}$ 可表示为

$$\frac{\mathrm{d}W_\mathrm{w}}{\mathrm{d}t}=-k_\mathrm{w}A\frac{\mathrm{d}w}{\mathrm{d}x} \tag{5-24}$$

式中　A——干燥物料表面积；

　　　k_w——物料内部水分扩散系数。

但是，物料内部水分扩散的推动力不只是水分梯度，温度梯度也可以使物料内部水分发生迁移。由于温度梯度的推动，热湿导使水分从温度高处向温度低处转移。设物料内部到表面的温度梯度为 $\dfrac{\mathrm{d}T}{\mathrm{d}x}$，则物料内部热湿导的速率 $\dfrac{\mathrm{d}W_\mathrm{T}}{\mathrm{d}t}$ 可表示为

$$\frac{\mathrm{d}W_\mathrm{T}}{\mathrm{d}t}=-k_\mathrm{T}A\frac{\mathrm{d}T}{\mathrm{d}x} \tag{5-25}$$

式中　k_T——由温度梯度引起的水分扩散系数。

对于任何干燥过程，水分梯度（导湿性）和温度梯度（导湿温性）均存在于物料内部，因此，水分传递应是上述两种传递水分的代数和，即

$$W_\mathrm{s}=W_\mathrm{w}+W_\mathrm{T} \tag{5-26}$$

对于空气对流干燥和一般辐射干燥，物料内部的水分梯度与温度梯度方向相反，此时，$W_\mathrm{w}>0$，$W_\mathrm{T}<0$。如果导湿性比导湿温性强，水分将按照物料水分减少方向转移，而导湿温性成为阻碍因素，水分扩散则受阻。如果导湿温性比导湿性强，水分则随热流方向转移，并向物料水分增加方向发展，而导湿性则成为阻碍因素。在大多数干燥情况下，导湿温性常成为内部水分扩散的阻力因素。对于接触干燥和微波加热干燥，物料内部的水分梯度与温度梯度方向一致，此时，$W_\mathrm{w}>0$，$W_\mathrm{T}>0$。显然，当两者方向一致时干燥速率比方向相反时快。

由于物料干燥过程中同时存在着水分梯度和温度梯度，物料内部传质机理比较复杂，可以是下面几种机理的一种或几种的结合。

① 液态扩散　在干燥过程中，如果物料表面的含水量低于物料内部含水量，则此含水量之差作为传质推动力，使水分由物料内部向表面扩散。

② 气态扩散　干燥进行到一定程度，当水的汽化面由物料表面逐渐移向内部，则由汽化面到物料表面的传质属气态扩散，其推动力为汽化面与物料表面之间的水蒸气压差。物料内部的气态扩散因为要穿过食品组织，其阻力一般比外部扩散要大。

③ 毛细管流动　由颗粒或纤维组成的多孔性物料具有复杂的网状结构，孔穴之间由截面不同的毛细管孔道沟通，由表面张力引起的毛细管力可产生水分的毛细管流动，形成物料内的传质。

④ 热流动　物料表面的温度和物料内部温度之间会产生水的化学势差，推动水的流动，称为热流动（热湿导）。在传导干燥中，热流动有利于水分由物料内部向表面传递。但在对流干燥和红外线干燥中，热流动的作用是相反的。

5.2.4.2　表面汽化控制和内部扩散控制

物料水分的内部传质（内部扩散）和外部传质（表面汽化）是同时进行的，但在干燥过程的不同阶段，由于内部扩散和表面汽化的速率不同，从而控制干燥速率的机制也不相同。进行较慢一步的传质控制着干燥过程的总速率，通常将外部传质控制称为表面汽化控制，内部传质控制称为内部扩散控制。

（1）表面汽化控制

当物料中水分表面汽化（表面传质）的速率小于内部扩散（内部传质）的速率时，称为表面汽化控制。此时，物料内部水分能迅速到达物料表面，使表面保持充分润湿，物料从干燥介质中吸收的热量全部用于水分的汽化，物料不升温，干燥主要由外部扩散传质所控制。为强化表面汽化控制的干燥速率，操作就必须集中强化外部的传热和传质。在对流干燥中，因物料表面充分润湿，表面温度近似等于空气的湿球温度，水分的汽化近似于纯水的汽化。此时，提高空气的温度、降低空气的相对湿度、改善空气与物料间的接触和流动状况，都有利用于提高干燥速率。在真空接触干燥中，提高干燥室的真空度也有利于传热和外部传质，可提高干燥速率。在接触干燥和辐射干燥中，物料表面温度不等于空气的湿球温度，而是取决于导热或辐射的强度。传热强度越高，物料表面水分的温度就越高，气化速率就越快。此外，因湿空气仍为载湿体，故改善其与物料的接触与流动同样有助于提高干燥速率。

（2）内部扩散控制

当物料中水分表面汽化的速率大于内部扩散的速率时，称为内部扩散控制。此时，内部水分来不及扩散到物料表面供汽化，物料表面逐渐干燥，干燥界面逐渐向物料中心移动，物料开始升温，干燥速率为内部扩散所控制。为强化内部扩散控制的干燥速率，可采取下列措施：减小料层厚度，或使物料堆积疏松，空气与料层穿流接触，以缩短水分的内部扩散距离，从而减小内部扩散阻力；采用搅拌方法，使物料不断翻动，深层湿物料及时暴露于表面；采用接触干燥和微波干燥方法，使热流动有利于内部水分向表面传递。

在同一物料的整个干燥过程中，一般前阶段为表面汽化控制，后阶段为内部扩散控制。干燥食品的品质损伤大部分来自内部扩散控制干燥过程，例如表面结壳、变焦、变色、出现裂缝等，此时要及时调整干燥介质参数，使表面汽化速率与内部扩散速率相协调，必要时采取缓速干燥工艺，保证食品内部水分扩散时间。

5.3　冷冻干燥原理

冷冻干燥是使含水物质温度降至冰点以下，使水分凝固成冰，然后在较高真空度下使冰直接升华为水蒸气而被除去的干燥方法。冷冻干燥过程是发生在低温低压下水的物态变化和移动的过程，因此，其基本原理是低温低压下传热传质的机理。冷冻干燥又称真空冷冻干燥、冷冻升华干燥、分子干燥等。

冷冻干燥早期用于生物的脱水，随后迅速应用于医药、血液制品和各种疫苗的保存，应用于食品工业是始于第二次世界大战。冷冻干燥具有如下特点：①冷冻干燥在水的三相点压

力以下进行，食品物料处于高度缺氧状态，且温度较低，使物料不会过热，可以保留新鲜食品的色、香、味及维生素 C 等营养物质，特别适用于热敏性食品以及易氧化食品的干燥；ⅱ由于食品物料在升华脱水前先经冻结，形成稳定的固体框架结构，物料中水分存在的空间在水分升华以后基本维持不变，故干燥后制品不失原有的固体框架结构，保持食品原有的形状；ⅲ升华时原来均匀地溶于水中的无机盐就地析出，避免了食品因物料内部水分向表面扩散时所携带的无机盐在表面析出而造成的表面硬化现象；ⅳ由于物料处于冻结状态，温度较低，升华所需的热量可用常温或温度稍高的热源提供，热能利用的经济性好，干燥设备往往不需绝热，甚至希望以导热性较好的材料制成，以利用外界的热量；ⅴ操作是在高真空和低温下进行，需要有一整套高真空获得设备和制冷设备，故投资和操作费用都大，生产成本高。由此可见，冷冻干燥的食品品质在许多方面优于普通干燥的食品品质，但由于其系统装备和操作费用较高，应用范围与规模受到一定的限制。

5.3.1 冷冻干燥基本原理

物质的集聚态由一定的温度和压强条件所决定，分子间的相互位置随这些外部条件的改变而改变。物质的相态转变过程可用相图表示。图 5-8 为水的相图。图中 AB、AC、AD 三

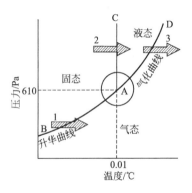

图 5-8 水的相图

条曲线分别表示冰和水蒸气、冰和水、水和水蒸气两相共存时其压强和温度之间的关系，分别称为升华曲线、熔解曲线和汽化曲线。此三条曲线将图分成三个区域，对应于水的三种不同的集聚态，分别称为固相区、液相区和气相区。箭头 1、2、3 分别表示冰升华成水蒸气、冰融化成水、水气化成水蒸气的过程。三曲线交点 A 为固、液、气三相共存的状态点，称为三相点，其温度为 0.01℃，压强为 610Pa。

在三相点以下，不存在液相。若将冰面的压力保持低于 610Pa，且给冰加热，冰就会不经液相直接变为气相，这一过程称为升华。也就是说，升华是物质从固态不经液态而直接转变为气态的现象。升华曲线是固态物质在温度低于三相点时温度的饱和蒸汽压曲线。由图 5-8 可知，冰的温度不同时，对应的饱和蒸汽压也不同，只有在环境压强低于对应的冰的蒸汽压时，才会发生升华。冷冻干燥即基于此原理。升华相变的过程一般为吸热过程，这一相变热称为升华热。冰的升华热为 2.840kJ/kg，约为熔融热和汽化热之和。

5.3.2 冷冻干燥过程

食品物料冷冻干燥工艺过程可分为三步：物料的预冻、升华干燥和解吸干燥。

（1）物料的预冻

冻结是冷冻干燥的预备操作，因此称为预冻。预冻将物料中的自由水固化，使干燥后产品与干燥前有相同的形态，防止抽空干燥时起泡、浓缩、收缩和溶质移动等不可逆变化产生，减少因温度下降引起的物质可溶性降低的生命特性的变化。物料的预冻可以在干燥箱内进行，也可以先在干燥箱外进行，再将已预冻的物料移入干燥箱内。

预冻温度必须低于产品的共晶点温度，各种食品物料的共晶点温度是不一样的，通常由实验测定，表 5-5 给出一些物质的共晶点温度。

冻结对冷冻干燥的影响主要是冻结速率。这种影响主要包括对食品组织结构和干燥速率的影响。物料预冻时形成冰晶，冰晶升华后留下的空隙是后续冰晶升华时水蒸气的逸出通

道。当预冻速率较慢时，形成大而连续的六方晶体，冰晶在物料中形成网状的骨架结构。冰晶升华后，空出的网状通道空隙大，后续冰晶升华时水蒸气逸出的阻力小，因而制品干燥速率快。当预冻速率较快时，形成的树枝形和不连续的球状冰晶升华后其通道小或者不连续，水蒸气靠扩散或渗透方能逸出，因而干燥速率慢。仅从干燥速率来说，以慢冻为好。但是慢速冻结对食品物料组织结构破坏较大，影响制品品质。因此应通过实验确定合适的预冻速率，既使物料组织造成的破坏小，又能形成有利于以后升华传质的冰晶结构。

表 5-5　一些物质的共晶点温度

名　　称	共晶点温度/℃	名　　称	共晶点温度/℃	名　　称	共晶点温度/℃
纯水	0	脱脂牛奶	−26	马血清	−35
0.85%氯化钠液	−22	人参	−15	一般生物制品	−30
10%蔗糖溶液	−26	20%明胶,10%葡萄糖溶液	−32	菠菜	−6
10%葡萄糖溶液	−27	20%明胶,10%蔗糖液	−19	甘油水	−46.5

(2) 升华干燥

升华干燥也称第一阶段干燥。将预冻后的产品置于密闭的真空容器中加热，其冰晶就会升华成水蒸气逸出而使产品干燥。干燥层从物料外表面向内部推进，冰晶升华后留下的空隙成为后续冰晶升华水蒸气的逸出通道。已干燥层和冻结层的界面称为升华界面。当全部冰晶升华为水蒸气逸出后，升华干燥阶段结束，这一阶段约除去全部水分的 80% 左右。

为使密封在干燥箱中的冻结物料进行较快的升华干燥，必须启动真空系统使干燥箱内达到并保持足够的真空度，并对物料精细供热。一般冷冻干燥采取的绝对压力为 0.2kPa 左右。升华时所需的热量由加热设备（通过搁板）提供，热量从下搁板通过物料底部传到物料的升华前沿，也从上搁板以辐射形式传到物料上部表面，再以热传导方式经已干层传到升华前沿。此时，应控制热流量使供热仅转变为升华热而又不使物料升温熔化，冻结层的温度应低于产品共熔点温度，干燥层温度应低于产品的崩解温度或容许的最高温度（不烧焦或变性）。升华产生的大量水蒸气在冷阱表面形成凝霜，部分水蒸气以及不凝汽由真空泵抽走。冷阱又称低温冷凝器，用氨、二氧化碳等制冷剂使其保持 −40～−50℃ 的低温。冷阱的低温使其内的水蒸气压低于干燥箱中的水蒸气压，形成水蒸气传递的推动力。

(3) 解吸干燥

解吸干燥也称第二阶段干燥。已结冰的水分在升华干燥阶段被除去后，在干燥物质的毛细管壁和极性基团中还吸附有一部分水分，这些水分是未被冻结的。即使是单分子层吸附以下的低含水量，也可以成为某些化合物的溶液，产生与水溶液相同的移动性和反应性，并且为微生物的生长和某些化学反应提供条件。因此，为了保证冻干产品的安全储藏，还应进一步干燥。产品最终的残余水分含量视产品种类和要求而定，一般在 0.5%～4% 之间。升华干燥后残存的水分主要是结合水分，活度较低，为使其解吸汽化，应在真空条件下提高物料温度。一般在解吸干燥阶段采用 30～60℃ 的温度。待物料干燥到预期的含水量时，解除真空，取出产品。在大气压下对冷阱加热，将凝霜熔化排出，即可进行下一批物料的冷冻干燥。

5.3.3　冷冻干燥中的传热和传质

图 5-9 所示为一冷冻干燥系统的基本构成，冷冻干燥时系统的低压由真空泵和低温冷凝器维持，而升华所需的热量则由与待干燥物料接触的加热搁板（或不与食品直接接触的其他加热元件）提供。

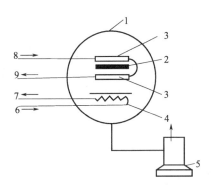

图 5-9　冷冻干燥机原理图

1—干燥室；2—产品；3—加热搁板；

4—冷凝器（冷阱）；5—真空系统；

6—制冷剂进；7—制冷剂出；

8—加热流体进；9—加热流体出

在一定温度下，当含冰晶食品中所有水分的蒸汽压等于此温度下冰晶的蒸汽压时，食品体系达到平衡状态。但研究证明，部分冻结的食品，其蒸汽分压低于同温度下冰的蒸汽压。由低温冷凝器和真空泵系统所提供的干燥室的环境压强应低于此蒸汽压，这样在冻结食品与环境之间存在一个压强差。在这个压差的推动下，冻结食品的冰晶由外向内不断升华成为水蒸气，此升华的水蒸气向压强低的方向扩散，凝结在低温冷凝器的表面，而待干燥食品由冰晶升华形成的干燥层则自外向内推进。

在理想情况下，物料升华干燥时的水分分布可用图 5-10(a) 的曲线来表示。由图可知，冻结层与已干层之间有一个明显的移动界面。冰结层的水分含量为物料原始水分含量 w_1，已干层的水分含量为 w_2。在冰结层和已干层的界面上，水分含量有突然的下降，并且已干层的水分含量主要取决于此层与外围蒸汽分压的平衡。但这种理想情况并不存在。实际上，正如图 5-10(b) 所示的那样，在冻结层与已干层之间应存在一个过渡层，过渡层内并无冰晶存在，但水分含量仍明显高于已干层的物料最终水分含量。在已干层内也还存在着湿度梯度。过渡层的厚度较薄，在工程分析上可忽略不计。

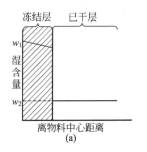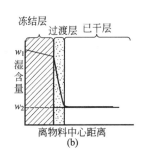

图 5-10　冷冻干燥物中的水分分布

5.3.3.1　理想条件下冷冻干燥中的传热和传质

为分析方便，先考虑理想条件下的情形。如图 5-11(a) 所示，一块维持定温 T_i 的平板冰，对应蒸汽压为 p_i，其上方空间与低温冷凝器相连接。低温冷凝器内的温度为 T_c，其相应的压强 p_c 甚低，可以忽略，并假定从冰到低温冷凝器之间的蒸汽流动阻力忽略不计。在此理想情况下，根据气体分子撞击率做分析，可推知最大升华速率 G_{max} 应正比于冰的蒸汽压 p_i 而反比于冰的热力学温度的平方根，故有

$$G_{max}=\frac{k_1 A p_i}{\sqrt{T_i}} \tag{5-27}$$

式中　A——升华面积，m^2；

　　　T_i——冰的热力学温度，K；

　　　p_i——冰的蒸汽压，Pa；

　　　k_1——常数，取决于升华物质的相对分子质量；对于冰，在 SI 制中，$k_1=0.0184$。

维持最大升华速率需要供给的升华热为：

$$q = G_{\max} r_s = \frac{k_1 A p_i r_s}{\sqrt{T_i}} \tag{5-28}$$

式中　r_s——冰的升华热，kJ/kg。

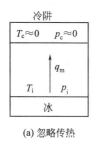
(a) 忽略传热

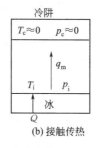
(b) 接触传热

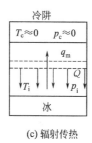
(c) 辐射传热

图 5-11　冷冻升华过程的图解表示

例 5-1　设有一板状冰块，其温度为 $-12.5℃$，对应的蒸汽压约为 203Pa，求 $1m^2$ 表面的最大升华速率和相应供给的升华潜热。

解　根据式(5-27)，$1m^2$ 表面的最大升华速率应为

$$G_{\max} = \frac{k_1 A p_i}{\sqrt{T_i}} = \frac{0.0184 \times 1 \times 203}{\sqrt{273.15 - 12.5}} = 0.231$$

这样的升华速率需要供给的升华潜热为

$$q = G_{\max} r_s = 0.231 \times 2790 = 644.49 \; (kJ/s)$$

上述升华所需的热量可通过热传导方式供给，如图 5-11(b) 所示。此时，为避免熔化，冰块的下表面温度应维持在 $T_w < 273K$。设冰的热导率为 λ_i，冰层厚度为 δ_i，则传热速率为

$$q = \frac{\lambda_i A (T_w - T_i)}{\delta_i} \tag{5-29}$$

联立式(5-28) 和式(5-29)，可以确定保证最高升华速率时的冰层厚度。

若升华所需的热量通过如图 5-11(c) 所示的辐射方式来供给，设辐射体与冰块之间为两平板之间的辐射换热，辐射体的温度为 T_R，则传热速率为

$$q = \frac{\sigma_0 A (T_R^4 - T_i^4)}{\dfrac{1}{\varepsilon_R} + \dfrac{1}{\varepsilon_i} - 1} \tag{5-30}$$

5.3.3.2　实际冷冻干燥中的传热和传质

上述所讨论的理想情形下的冷冻干燥升华速率只与蒸汽压有关。实际上，冷冻干燥也同时存在着传热和传质的阻力。图 5-12 给出了热量和质量传递阻力的示意图，因此，考虑传热和传质阻力的实际升华速率可表示为

$$G = \frac{A(p_i' - p_0)}{R_d + R_s + k_1^{-1}} \tag{5-31}$$

式中　R_d——食品内部已干层的阻力；

　　　R_s——食品与冷阱之间部分的阻力；

　　　k_1——由式(5-27) 所定义的常数；

　　　p_i'——界面上冰的蒸汽压；

　　　p_0——冷阱内靠真空泵维持的蒸汽分压强。

同样，满足水分升华所需的热量为：

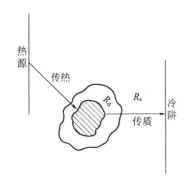

图 5-12　冷冻干燥过程中热量和
质量传递阻力的示意图

$$q = Gr_s = \frac{A(p_i' - p_0)}{R_d + R_s + K_1^{-1}} r_s \qquad (5\text{-}32)$$

冷冻升华中的传热和传质，因提供冻结食品水分升华所需热量的传递方向的不同，可有如下三种代表性的基本情形：①传热和传质均经过已干层，但方向相反，见图 5-13(a)；②已干燥经过冻结层，而传质经过已干层，见图 5-13(b)；③热量在冰的内部发生（通过微波），而传质经过已干层，见图 5-13(c)。

下面分别介绍上述三种情形的传热传质情况。

（1）传热和传质均经过已干层、但方向相反的情形

如图 5-14 所示，考察如下常见情况：被干燥物料的加热是通过向已干层辐射来进行，而内部冰结层的温度则取决于传热和传质的平衡。假定：①忽略平板两端热质传递效应；②已干层表面达到并保持最大允许的温度值 T_s；③干燥室内的蒸汽压保持定值 p_s；④全部供热完全用于冰的升华。则任一时刻的热流量可表示为

$$q = \frac{\lambda_d A(T_s - T_i)}{\delta_d} \qquad (5\text{-}33)$$

式中　λ_d——已干层的热导率，W/(m·K)；

　　　δ_d——已干层的厚度，m；

　　　T_s——已干层表面的最大允许的温度，K；

　　　T_i——冻结层的温度，K。

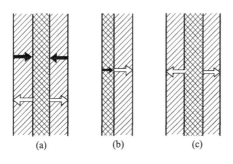

图 5-13　冷冻干燥中的传热和传质

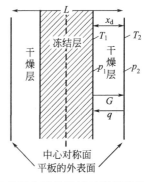

图 5-14　热量和质量通过已干层传递的示意图

升华速率可表示为

$$G = \frac{bA(p_i - p_s)}{\delta_d} \qquad (5\text{-}34)$$

式中　b——已干层水气透过系数，kg/(m·s·Pa)；

　　　p_i——冻结层温度下的蒸汽压，Pa；

　　　p_s——已干层温度下的蒸汽压，Pa。

同时，对于给定的物料层，若在冻结和已干层界面附近的物料湿度从初值 X_0 降至 X_i，则升华速率与界面内退缩速率之间有如下关系

$$G = A\rho(X_0 - X_i)\frac{d\delta_d}{dt} \qquad (5\text{-}35)$$

式中　ρ——已干层内固体的容积密度，kg/m³；

X_0，X_i——物料的初、终湿度。

联立式(5-34) 和式(5-35)，可得

$$\delta_d d\delta_d = \left[\frac{b}{\rho(X_0 - X_i)}\right](p_i - p_s)dt \tag{5-36}$$

由于

$$G = q/r_s$$

有

$$A\lambda_d(T_s - T_i)\delta_d^{-1} = Ab(p_i - p_s)\delta_d^{-1}r_s \tag{5-37}$$

简化后可得压力和温度的关系

$$p_i = p_s + \frac{\lambda_d}{br_s}T_s - \frac{\lambda_d}{br_s}T_i \tag{5-38}$$

假定 p_s、b、r_s、λ_d 和 T_s 是定值，可得到 p_i 和 T_i 的线性关系，如图 5-15 所示。在同一张图中，还可以画出 p_i 和 T_i 的热力学关系图线。这两条图线只有一个交点，这意味着如果前面的假设成立，则冷冻干燥全过程中，冻结层温度 T_i 保持不变。

式(5-36) 只有两个变量，积分后得到下式

$$\int_0^{L/2} \delta_d d\delta_d = \frac{b(p_i - p_s)}{\rho(X_0 - X_i)}\int_0^{t_d} dt \tag{5-39}$$

得干燥时间

$$t_d = \frac{L^2\rho(X_0 - X_i)}{8b(p_i - p_s)} \tag{5-40}$$

式中　t_d——干燥时间，s；

　　　L——物料层厚度，m。

式(5-37) 显示了热量和质量传递的平衡状态。同样地，对热传递方程(5-33) 积分，相应可得

$$t_d = \frac{L^2\rho(X_0 - X_i)r_s}{8\lambda_d(T_s - T_i)}p_s \tag{5-41}$$

因此，冷冻干燥时间取决于以下变量：①已干层表面的最大允许温度（T_s）；ⅱ最初与最终含水量（X_0，X_i）；ⅲ固体密度（ρ）；ⅳ升华潜热（r_s）；ⅴ平板厚度（L）；ⅵ已干层热导率（λ_d）；ⅶ已干层水气透过系数（b）。冻结层温度既不取决于干燥物料的总厚度，也不取决于已干层厚度。

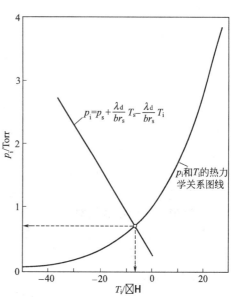

图 5-15　确定冰的温度和蒸汽压的图线

$1°F = \frac{5}{9}(x-32)℃$；$1Torr = 133.322Pa$

（2）传热经过冻结层、传质经过已干层的情形

图 5-12 给出了这种情形的示意图。对于平板状食品，忽略平板两端的传热传质。水蒸气的质量传递方程与前述方程(5-34) 一样

$$G = \frac{bA(p_i - p_s)}{\delta_d}$$

同样，方程(5-35) 也适用，冻结层的退缩速率和干燥层的增厚速率由方程(5-36) 给出

$$\delta_d d\delta_d = \left[\frac{b}{\rho(X_0 - X_i)}\right](p_i - p_s)dt$$

因此，传热速率由下式给出

$$q = A\lambda_i(T_w - T_i)\delta_i^{-1} \tag{5-42}$$

式中　T_w——冻结层温度，K；

λ_i——冻结层热导率，W/(m·K)；

δ_i——冻结层厚度，m。

因此，冰界面的压力与温度的关系变得很复杂。p_i 和 T_i 的相关关系由下式给出

$$p_i = p_s + \left(\frac{\lambda_i}{br_s}\right)\left(\frac{\delta_d}{\delta_i}\right)(T_w - T_i) \qquad (5\text{-}43)$$

与式(5-38)比较，式(5-43)中出现了两个额外变量：δ_d 和 δ_i，但这两个变量是相互关联的

$$\delta_d = L - \delta_i \qquad (5\text{-}44)$$

所以

$$p_i = p_s + \left(\frac{\lambda_i}{br_s}\right)\left(\frac{\delta_d}{L - \delta_d}\right)(T_w - T_i) \qquad (5\text{-}45)$$

虽然 λ_i、r_s、δ_d、p_s、T_w 和 b 保持不变，但移动界面的温度与压力不再独立于干燥时间。实际上，p_i 是 δ_d 的函数。可以通过下述方法寻求这一函数关系。首先假设一个 δ_d 值，然后按图5-14方法确定相应的 p_i 值，再假设另一个 δ_d 值，确定另一个相应的 p_i 值，如果取的点足够多，就可以找到 p_i 和 δ_d 的关系式

$$p_i = f(\delta_d) \qquad (5\text{-}46)$$

把这一关系式代入式(5-39)，得到方程(5-47)

$$\int_0^L \frac{\delta_d}{f(\delta_d) - p_s} d\delta_d = \frac{b}{\rho(X_0 - X_i)} \int_0^{t_d} dt \qquad (5\text{-}47)$$

如果 $p_i = f(\delta_d)$ 太复杂，可用数值方法求解。

在这种情形下，随着干燥的进行，传热和传质的难易程度要发生变化，因已干层越来越厚，故传质愈来愈困难，相反因冻结层愈来愈薄，故传热愈来愈容易。

(3) 热量在冰的内部发生（通过微波）、传质经过已干层的情形

这种情形是利用微波加热作为冷冻干燥的热源，热量发生在物料的内部。理论上，采用微波加热会使干燥速率加快，因为热量传递不在物料内部产生温度梯度，使得冻结层温度可维持在接近物料干燥层表面最大允许温度。

微波产生的功率用下式计算

$$P = 55 \times 10^{-14} E^2 \upsilon \varepsilon'' \qquad (5\text{-}48)$$

式中　P——微波产生的功率，W/cm；

E——电场强度，V/cm；

υ——频率，Hz/s；

ε''——损失因子。

损失因子是食品的固有性质，主要取决于食品的组分与温度。特别指出的是，液态水吸收微波能量比冰或干燥食品组分吸收的微波能量多。

微波干燥的时间由下述方程给出

$$t_d = \frac{L^2 \rho(X_0 - X_i)}{8b(p_i - p_s)}$$

5.3.4　冷冻干燥数学模型

冷冻干燥过程是具有移动界面的热质同时传递的过程。为了保证产品质量、降低能耗、缩短冷冻干燥时间和优化操作参数，必须掌握冷冻干燥过程的机理，并对过程给予定量的分析和描述。在 King 提出冰前沿均匀退却稳态模型（URIF）以前，研究者大多集中于研究各种参数变化对冷冻干燥过程的影响，缺乏对冷冻干燥过程整体的分析和描述，因而认识不

够深入。King 的 URIF 模型认为，在冷冻干燥过程中，存在一个无限薄的均匀退却的界面，此界面将物料分为干燥区和冻结区，在界面升华的水蒸气通过干燥层从物料表面逸出，且物料界面和表面温度以及水蒸气分压均维持不变，即认为过程处于拟稳定状态。这一模型的提出为后来的研究奠定了良好的基础。但是由于是建立在拟稳定的基础上，使得模型只能用于解释冷冻干燥过程升华阶段自由水分的脱除，而不能满足脱除物料中的物理吸附水分和化学吸附水分的干燥过程。虽然这些结合水只占总水量的小部分，但在实际冷冻干燥过程中，脱除这部分水分需要较长的时间。为了克服 URIF 模型的缺点，Sheng 和 Pack 提出了一个将脱除结合水也考虑在内的冷冻干燥模型。由于此模型是建立在具有恒定的物料表面和界面温度的基础上，且认为冻干过程为传热所控制，结合水在升华阶段结束后才开始脱除，因此该模型的适用范围是有条件的。Liapis 和 Litchfield 考虑升华水分通过干燥层的温升现象，提出了所谓"升华"模型。虽然该模型比 URIF 模型在预测脱除自由水分时的时间更准确些，但仍不能预测脱除结合水所需的时间。后来，Litchfield 和 Liapis 认为在干燥过程中，干燥层存在温升的同时也存在结合水的解吸，提出了"升华-解吸"冻干模型。此模型的特点是考虑的因素多，限制的条件较少，应用的范围也更为广泛。但由于该模型的复杂性，需要确定较多的物性参数和结合水的吸附平衡数据，而有些参数特别是结合水的吸附平衡数据测定的困难性和准确性，使该模型的应用带来不便。

5.3.4.1　稳态冷冻干燥模型

冷冻干燥包括传热和传质的操作。在食品冷冻干燥中，升华速率一方面取决于提供给升华界面热量的多少，另一方面取决于从升华界面通过干燥层逸出水蒸气的快慢。当传给升华界面的热量等于升华界面的水蒸气升华所需潜热时，则升华界面的温度和压力达到平衡，升华正常进行。当传给升华界面的热量不足时，升华速率下降，水的升华将夺走食品自身的热量而使升华界面的温度降低；当水蒸气扩散阻力大时，逸出的水蒸气少于升华的水蒸气，多余的水蒸气聚集在升华界面使其压力和温度增高，最终将可能导致冻结食品融化。如果前者对干燥过程影响大，则为传热控制过程；如果后者对干燥过程影响大，则为传质控制过程。最佳的冷冻干燥过程应该是二者处于平衡状态。由于食品材料的多样性和加工过程参数的变化，在一个冷冻干燥中很难区分是属于传热控制还是属于传质控制。一般情况下，底部冻结层导热方式往往不会出现传热控制问题，而冷冻干燥初期也不会出现传质控制问题。

传热控制和传质控制过程所表现的冷冻干燥模型不同，现分别讨论如下。

（1）传质控制下的冷冻干燥速率模型

以大平板为例，分析图 5-13(a) 的传热与传质问题。King（1970 年）首先提出了处理此类问题的冰面均匀后退模型，即目前应用较多的 URIF 模型。URIF 模型基于两个主要假设条件：①冰晶在食品中是均匀分布的；ⅱ升华界面后移所形成的多孔层是绝干物质。根据上述物理模型和假设条件，建立如下数学方程。

① 多孔干燥层内部（升华界面至食品表面）的水蒸气摩尔质量扩散方程

$$G_1 = \frac{D}{\delta_d RT}(p_i - p_s) \tag{5-49}$$

式中　G_1——升华界面至食品表面的摩尔质量扩散速率，kg·mol/(m²·s)；

　　　D——水蒸气扩散系数，m²/s；

　　　δ_d——食品多孔干燥层厚度，m；

　　　R——摩尔气体常数，为 8.314Pa·m³/(kg·mol·K)；

　　　T——冻结食品中冰的温度，K；

p_i，p_s——升华界面和食品表面的水蒸气压力，Pa。

② 干燥层表面至冷阱表面的水蒸气摩尔质量扩散方程

$$G_2 = \frac{\alpha_m}{RT}(p_s - p_a) \tag{5-50}$$

式中　G_2——食品表面至冷阱表面的摩尔质量扩散速率，kg·mol/(m²·s)；

α_m——食品表面对流传质系数，m/s；

p_a——冷阱表面的水蒸气压力，Pa。

③ 连续方程

$$G = G_1 = G_2 \tag{5-51}$$

式中　G——升华界面至冷阱表面的水蒸气摩尔质量扩散速率，kg·mol/(m²·s)。

④ 根据假设条件①：冰晶在食品中是均匀分布的，有

$$\frac{\delta_d}{L} = \frac{1 - MR}{2} \tag{5-52}$$

式中　L——食品厚度，m；

MR——食品水分比。

其值由下式确定。

$$MR = \frac{X - X_e}{X_0 - X_e} \tag{5-53}$$

式中　X——冷冻干燥过程中任意时刻食品的水分含量（质量分数），kg 水/kg 干物质；

X_0——食品初始水分含量（质量分数），kg 水/kg 干物质；

X_e——冷冻干燥结束时食品中的残余水分含量（质量分数），kg 水/kg 干物质。

⑤ 根据假设条件②：升华界面后移所形成的多孔干燥层是绝干物质，得出升华速率与水分比变化率的关系式

$$G = \frac{L(X_0 - X_e)\rho_d}{2M}\left(-\frac{dMR}{dt}\right) \tag{5-54}$$

式中　M——水的分子量；

ρ_d——多孔干燥层的密度，kg/m³

$\dfrac{dMR}{dt}$——水分比变化率，1/s。

联立式(5-49)、式(5-50)、式(5-51)，得

$$p_s = \frac{\dfrac{D}{\delta_d RT}p_i + \dfrac{\alpha_m}{RT}p_a}{\dfrac{\alpha_m}{RT} + \dfrac{D}{\delta_d RT}} \tag{5-55}$$

将式(5-55) 代入式(5-49)、式(5-51) 中得

$$G = \frac{p_i - p_a}{(1/\alpha_m + \delta_d/D)RT} \tag{5-56}$$

合并式(5-54) 与式(5-53) 得

$$\frac{L(X_0 - X_e)\rho_d}{2M}\left(-\frac{dMR}{dt}\right) = \frac{p_i - p_a}{(1/\alpha_m + \delta_d/D)RT}$$

将式(5-52) 代入上式得

$$1 - MR = \frac{4DM(p_i - p_a)}{RTL^2(X_0 - X_e)\rho_d(-dMR/dt)} - \frac{2D}{\alpha_m L} \tag{5-57}$$

式中　α_m——食品表面对流传质系数，m/s。

式(5-57) 就是图 5-13(a) 物理模型（两侧传热与两侧传质方式）下的冷冻干燥速率的表达式。设 $p_i - p_a$ 为常数，对上式在时间 $0 \to t$，水分比 $1 \to 0$ 进行积分，得冷冻干燥时间 t 的表达式

$$t = \frac{RTL^2 \rho_d (X_0 - X_e)}{8DM(p_i - p_a)} \left(1 + \frac{4D}{\alpha_m L}\right) \tag{5-58}$$

（2）传热控制下的冷冻干燥速率模型

仍以图 5-13(a) 的传热与传质方式为例，多孔干燥层总热阻等于多孔干燥层的传热热阻和对流表面传热热阻之和，即

$$\frac{1}{k} = \frac{1}{\alpha} + \frac{\delta_d}{\lambda_d} \tag{5-59}$$

式中　k——多孔干燥层总传热系数，W/(m·K)；

　　　λ_d——多孔干燥层的热导率，W/(m·K)；

　　　α——多孔干燥层表面的对流表面传热系数，W/(m·K)。

由式(5-59) 和式(5-52) 得总传热系数 k

$$k = \frac{\lambda_d}{\lambda_d/\alpha + L(1-MR)/2} \tag{5-60}$$

通过多孔干燥层传入升华界面的热量为

$$q = k(2A)(T_\infty - T_i) = \frac{\lambda_d}{\lambda_d/\alpha + L(1-MR)/2}(2A)(T_\infty - T_i) \tag{5-61}$$

式中　T_∞，T_i——食品表面气体温度和升华界面温度，K；

　　　A——食品传热面积，m²。

若升华所需的热量全部由多孔干燥层传入，则有

$$\frac{\lambda_d}{\lambda_d/\alpha + L(1-MR)/2}(2A)(T_\infty - T_i) = \frac{Lh\rho_d(X_0 - X_e)}{2}(2A)\left(-\frac{dMR}{dt}\right) \tag{5-62}$$

式中　h——冰的升华潜热，J/kg。

将水分比 MR 从 $1 \to 0$，时间从 $0 \to t$ 积分

$$t = \frac{Lh\rho_d(X_0 - X_e)}{2(T_\infty - T_i)\lambda_d}\left[\frac{\lambda_d(1-MR)}{\alpha} + \frac{L(1-MR)^2}{4}\right] \tag{5-63}$$

假设食品冻冷干燥后的水分为零，即 $X_e \approx 0$。

$$t = \frac{Lh\rho_d(X_0)}{2(T_\infty - T_i)\lambda_d}\left[\frac{\lambda_d(1-MR)}{\alpha} + \frac{L(1-MR)^2}{4}\right] \tag{5-64}$$

由于

$$W = \rho_d X_0 = \frac{\rho X_0}{1 + X_0} \tag{5-65}$$

式中　W——湿物料的含水量；

　　　ρ——湿物料的密度，kg/m³。

所以，式(5-64) 可改写为

$$t = \frac{Lh\rho(X_0)}{2(1+X_0)(T_\infty - T_i)\lambda_d}\left[\frac{\lambda_d(1-MR)}{\alpha} + \frac{L(1-MR)^2}{4}\right] \tag{5-66}$$

例 5-2　冷冻干燥猪排，干燥室气体温度 30℃，压力 43Pa，猪排密度 $\rho = 1050\text{kg/m}^3$，厚度 1.5cm，初始水分含量 w_0（湿基含水率，质量分数）为 72%，冷冻干燥后剩余水分含量 w_1（湿基含水率，质量分数）为 6%。将猪排作为大平板考虑，且两边均匀对称干燥，多孔干燥层热导率 $\lambda_d = 0.0692\text{W/(m·K)}$，干燥箱气体与多孔干燥层表面的对流换热热阻

近似为3mm厚水蒸气层的导热热阻 [水蒸气层热导率 $\lambda_v = 0.0235W/(m \cdot K)$]，求冷冻干燥所需要的时间。

解 多孔干燥层对流表面传热系数为

$$\alpha = \frac{\lambda_v}{x} = \frac{0.0235}{0.003} = 7.83W/(m \cdot K)$$

与压力43Pa平衡的温度约为 $-29℃$，冰的升华潜热为2840.3kJ/kg；

由 $X = \dfrac{w}{1-w}$ 得：

牛排的初始干基含水率（质量分数）为 $X_0 = 0.72/(1-0.72) = 2.57$；

牛排的剩余干基含水率（质量分数）为 $X_1 = 0.06/(1-0.06) = 0.0638$；

水分比 $MR = 0.0638/2.57 = 0.0248$；

干牛排密度 $\rho_d = \rho/(1+X_0) = 1050/(1+2.57) = 294.12kg/m^3$。

将上面数据代入式(5-64) 得

$$t = \frac{0.015 \times 2.8403 \times 10^6 \times 294.12 \times 2.57}{2(30+29) \times 0.0692} \left[\frac{0.0692(1-0.0248)}{7.83} + \frac{0.015(1-0.0248)^2}{4} \right]$$

$$= 4805.6(s) = 13.35(h)$$

（3）传热与传质仅在食品表面一侧的情况

讨论如图5-13(b) 所示的情形，将式(5-52) 和式(5-54) 分别改写为如下形式

$$\frac{\delta_d}{L} = 1 - MR$$

$$G = \frac{L(X_0 - X_e)\rho_d}{M} \left(-\frac{dMR}{dt} \right)$$

利用上述同样方法，即可得出此种方式传质控制下的冷冻干燥速率模型

$$1 - MR = \frac{2DM(p_i - p_a)t}{RTL^2(X_0 - X_e)\rho_d(1-MR)} - \frac{2D}{\alpha_m L} \tag{5-67}$$

水蒸气扩散系数 D 和食品表面对流传质系数 α_m 分别反映了水蒸气在孔隙中的扩散方式和干燥室内的流动状态。由于多孔干燥层内孔隙尺寸、曲折状态以及干燥室内真空度高低等因素影响，使得 D 和 α_m 难以确定。目前，通常利用食品冷冻干燥中冰晶升华速率的试验数据，从式(5-67) 中回归得到 D 和 α_m。这种方法获得的数值能综合反映水蒸气在传递过程中许多难以确定的因素。

例5-3 真空冷冻干燥贝肉，物料初始含水率为75%，厚度为0.007m，加热板温度为40℃，预冻温度为 $-45℃$，冷阱表面温度为 $-60℃$，真空冷冻干燥后贝肉密度为340kg/m³，试根据试验测得的食品质量变化数据（见下表），确定水蒸气扩散系数 D、食品表面对流传质系数 α_m 以及冷冻干燥时间的表达式。

干燥时间/h	食品质量/g	干燥时间/h	食品质量/g
0	0.96	5	0.34
1	0.76	6	0.26
2	0.64	7	0.25
3	0.51	8	0.25

解 ① 利用式(5-53)，先计算水分比 MR、$1-MR$ 和 $t/(1-MR)$，由于食品初始含水率为75%，因此，食品中干物质质量为0.24g，冷冻干燥结束时的干基水分为0.042，由此

计算得 $1-MR$ 与 $\dfrac{t}{1-MR}$ 的关系，见下表。

干燥时间/h	$1-MR$	$t/(1-MR)$	干燥时间/h	$1-MR$	$t/(1-MR)$
1	0.352113	2.840000	5	0.873240	5.725806
2	0.450704	4.43750	6	0.985915	6.085714
3	0.633803	4.733333	7	1	7
4	0.830986	4.813560	8	1	8

② 以 $1-MR$ 为纵坐标、$\dfrac{t}{1-MR}$ 为横坐标作图，试验数据回归曲线如图 5-16 所示。

经线性拟合得回归方程为：$1-MR=0.1619\dfrac{t}{1-MR}-0.1332$

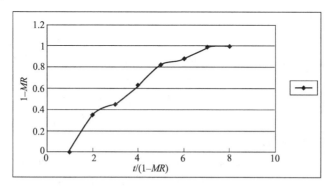

图 5-16　试验数据回归曲线图

③ 对照式(5-67)，$\dfrac{2DM(p_i-p_a)}{RTL^2\rho_d(w_0-w_e)}$ 为回归方程的斜率，$-\dfrac{2D}{\alpha_m L}$ 为回归方程的截距，

即
$$\frac{2DM(p_i-p_a)}{RTL^2\rho_d(w_0-w_e)}=0.1619$$

$$\frac{2D}{\alpha_m L}=0.1332$$

将已知数据代入上式，其中 p_i 和 p_a 根据冻结层温度 $-45℃$ 和冷阱表面温度 $-60℃$，$p_i=7.21\text{kPa}$ 和 $p_a=1.08\text{kPa}$。

$$D=\frac{0.1619RTL^2\rho_d(w_0-w_e)}{2M(p_i-p_a)}=\frac{0.1619\times8314.34\times228\times(0.007)^2\times340\times(1-0.042)}{2\times18\times(7.21-1.08)}$$

$$=22.1966\ (\text{m}^2/\text{h})=0.00617\ (\text{m}^2/\text{s})$$

$$\alpha_m=\frac{2D}{0.1332L}=\frac{2\times0.00617}{0.1332\times0.007}=13.2347\ (\text{m/s})$$

(4) 当 $MR\approx0$ 时，冷冻干燥时间与食品厚度的关系可由式(5-67)获得

$$t=\frac{RT\rho_d(w_0-w_e)}{2DM(p_i-p_a)}L^2+\frac{RT\rho_d(w_0-w_e)}{M\alpha_m(p_i-p_a)}L$$

将已知数据代入上式得

$$t=\frac{0.1619\times8314.34\times228\times340\times(1-0.042)}{2\times18\times(7.21-1.08)}L^2+$$

$$\frac{0.1619\times8314.34\times228\times340\times(1-0.042)}{13.2347\times18\times(7.21-1.08)}L$$

$$=453480810.345L^2+422824.333L$$

5.3.4.2 非稳态冷冻干燥模型

真空冷冻干燥过程是一个热质偶合过程，属于低压低温下气固两相界面连续移动热质传递的动力学研究范畴。在真空冷冻干燥过程中，升华界面是固相和气相的分界面，在升华界面上不仅发生气固两相的变化，而且升华界面是连续移动的。在通常加热条件下，其边界条件是非线性的，因此数学模型具有强烈的非线性特点，一般需要采用有限差分法或有限元法进行数值计算得到近似解，只有在特殊的条件下对过程进行简化，如把过程看成是准稳态的、把模型简化为一维的以及把边界条件视为恒温壁等才可以求出解析解。

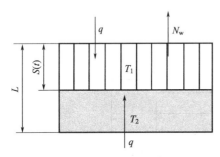

图 5-17 冷冻干燥示意图

如图 5-17 所示，顶部多孔干燥层厚度为 $S(t)$，热量分别从顶部多孔干燥层和底部冻结层传入，温度分别为 T_1 和 T_2，水蒸气质量流率为 N_w。随着干燥的进行，升华界面均匀地向冻结层移动。并做如下的假设：

ⅰ．物料为均匀厚度 L 的无限大平板，即物料的长度和宽度远比厚度大，只考虑厚度方向的传热和传质，传递的方向垂直于物料表面和升华界面；

ⅱ．干燥过程中升华仅发生在平行于物料表面的升华界面上。升华界面与物料表面的距离为 $S(t)$，升华界面为无限薄厚度的平面；

ⅲ．在升华界面上，水蒸气与冰处于平衡状态，符合 Clausius-clapeyron 方程；

ⅳ．冰升华时，物料干燥层中的气体与固体骨架处于相平衡，且可看做理想气体，忽略惰性气体和不凝性气体；

ⅴ．考虑干燥层中气体的对流效应对物料温度的影响，水蒸气扩散仅在浓度差推动下进行；

ⅵ．物料冻结层是均匀的，热物理性质各向同性，且无传质现象发生；

ⅶ．在干燥过程中，物料无明显的体积收缩；

ⅷ．在干燥过程中，物料的初始温度为预冻阶段结束时的物料温度，底部搁扳温度可视为底部边界温度；

ⅸ．在整个干燥过程中，物料冻结层和干燥层的物性系数视为常数。

在一维坐标系中，取 X 轴方向为升华界面移动方向，利用质量和能量平衡原理，建立非稳态冷冻干燥模型。

（1）冻结层能量方程 $[S(t) < x < L]$

根据假设条件，冻结层中无水气传质现象发生，因此只需做能量衡算就可得到冻结层的控制方程。

在物料冻结层中取单位面积上 $\mathrm{d}x$ 厚度微元体，对其进行能量衡算，得

$$\frac{\partial}{\partial t}(\rho_2 c_{p2} T_2)\mathrm{d}x = q_2 - \left(q_2 + \frac{\partial q_2}{\partial x}\mathrm{d}x\right) \tag{5-68a}$$

由傅里叶定律

$$q_2 = -\lambda_2 \frac{\partial T_2}{\partial x} \tag{5-68b}$$

联立式（5-68a）和式（5-68b），可得冻结层的能量方程

$$\frac{\partial T_2}{\partial t} = \frac{\lambda_2}{\rho_2 c_{p2}} \frac{\partial^2 T_2}{\partial x^2} \tag{5-69}$$

式中　ρ_2——冻结层密度，kg/m^3；

　　　c_{p2}——冻结层比热容，$kJ/(m^3 \cdot K)$；

　　　T_2——冻结层温度，K；

　　　λ_2——冻结层热导率，$kW/(m \cdot K)$；

　　　q_2——冻结层热流密度，W/m^2。

（2）干燥层能量方程$[0<x<S(t)]$

在干燥层中取单位面积上 dx 厚度微元体，根据能量守恒定律，微元体上的能量累积速率等于由气体对流引起的能量净输入速率与由热传导引起的热量净输入速率之和，即

$$\frac{\partial}{\partial t}(\rho_1 c_{p1} T_1)dx = \left\{ N_w c_{pg} T_1 - \left[N_w c_{pg} T_1 + \frac{\partial}{\partial x}(N_w c_{pg} T_1)dx \right] \right\} + \left[q_1 - \left(q_1 + \frac{\partial q_1}{\partial x}dx \right) \right]$$

(5-70a)

由傅里叶定律

$$q_1 = -\lambda_1 \frac{\partial T_1}{\partial x}$$

(5-70b)

联立式(5-70a) 和式(5-70b)，可得干燥层的能量方程

$$\rho_1 c_{p1} \frac{\partial T_1}{\partial t} = \lambda_1 \frac{\partial^2 T_1}{\partial x^2} - c_{pg} N_w \frac{\partial T_1}{\partial x}$$

(5-71)

式中　ρ_1——干燥层密度，kg/m^3；

　　　c_{p1}——干燥层固相比热容，$kJ/(m^3 \cdot K)$；

　　　T_1——干燥层温度，K；

　　　λ_1——干燥层热导率，$kW/(m \cdot K)$；

　　　q_1——干燥层热流密度，W/m^2；

　　　N_w——水蒸气质量流率，$kg/(m^2 \cdot s)$；

　　　c_{pg}——干燥层水蒸气比热容，$kJ/(m^3 \cdot K)$。

（3）干燥层质量传递方程$[0<x<S(t)]$

赵鹤皋等人研究表明，多孔干燥层的扩散阻力是干燥层表面至冷阱间阻力的 6～10 倍，为简化模型，忽略干燥层表面至冷阱间的传质。

在干燥过程中，在单位时间和单位面积上沿 x 方向取微元体 dx，对 dx 做能量衡算，得

$$\frac{\partial}{\partial t}(\varepsilon \rho_{gw})dx = N_w - \left(N_w + \frac{\partial N_w}{\partial x}dx \right)$$

(5-72)

$$-\frac{\partial N_w}{\partial x} = \varepsilon \frac{\partial \rho_{gw}}{\partial t}$$

(5-73)

式中　ε——干燥层孔隙率；

　　　ρ_{gw}——气相水蒸气密度，kg/m^3。

在低压下，由假设④，气相水蒸气浓度以水蒸气分压表示，气相浓度与气相分压的关系可用理想气体状态方程关联

$$p_w = \frac{\rho_{gw}}{M_w}RT_1$$

(5-74)

联立式(5-72)、式(5-73) 和式(5-74)，可得

$$\frac{\varepsilon M_w}{RT_1}\frac{\partial p_w}{\partial t} - \frac{\varepsilon M_w p_w}{RT_1^2}\frac{\partial T_1}{\partial t} = -\frac{\partial N_w}{\partial x}$$

(5-75)

式中　M_w——水的摩尔质量，$kg/kmol$；

p_w——干燥室压力，Pa；

R——气体通用常数，kJ/(kg·K)。

可见，干燥层中水蒸气在 x 方向质量流率的变化是由于水蒸气压力 p_w 随时间变化、物料干燥层温度 T_1 随时间的变化和固相中水蒸气浓度随时间的变化三种原因造成的。

经计算发现由温度变化引起的质量流率变化的数量级约为 10^{-9}，远低于其他两项，因此式(5-75)中的第二项可以忽略，式(5-76)即为干燥层质量传递方程。

$$\frac{1}{RT_1}\frac{\partial p_w}{\partial t}=-\frac{1}{M_w\varepsilon}\frac{\partial N_w}{\partial x} \quad 0<x<S(t),t>0 \tag{5-76}$$

(4) 升华界面上的热质偶合方程 $[x=S(t)]$

升华界面是冻结层和干燥层的分界面，由冻结层和干燥层传入的热量应等于冰的升华热和冻结层与干燥层微元体的显热变化，可以用式(5-77)来表示

$$q_1-q_2+\frac{dS(t)}{dt}(\rho_1 c_{p1} T_1-\rho_2 c_{p2} T_2)=-N_w\Delta H_s \tag{5-77}$$

$$\frac{dS(t)}{dt}=-\frac{N_w}{\varepsilon(\rho_2-\rho_1)} \tag{5-78}$$

在升华界面处，还应满足热平衡条件与 Clausius-clapeyron 方程

$$T_1=T_2=T_s \tag{5-79}$$

$$p_w=133.32\exp(23.9936-2.19\frac{\Delta H_s}{T_s}) \tag{5-80}$$

$$\lambda_2\frac{\partial T_2}{\partial x}-\lambda_1\frac{\partial T_1}{\partial x}-\frac{N_w}{\varepsilon(\rho_2-\rho_1)}(\rho_1 c_{p1} T_1-\rho_2 c_{p2} T_2)=-N_w\Delta H_s \tag{5-81}$$

式中 ΔH_s——冰的升华潜热，kJ/kg；

T_s——升华界面温度，K。

(5) 冻结层和干燥层能量方程的初始条件和边界条件

① 常见的初始条件 $t=0,0\leqslant x\leqslant L,T_1=T_2$ (5-82)

② 上边界条件 $t>0,x=0$ $q_1=-\lambda_1\frac{\partial T_1}{\partial x}$ (5-83)

若 q_1 是从顶部辐射加热器辐射而来，则由能量守恒关系得

$$q_1=\sigma F_{1-2}(T_{up}^4-T_0^4) \tag{5-84}$$

式中 σ——斯忒藩-玻耳兹曼常量，亦称黑体辐射常数，取 5.669×10^{-8} W/(m²·K⁴)；

F_{1-2}——形状系数；

T_{up}——辐射加热器温度，K；

T_0——食品材料上表面温度，K。

③ 下边界条件 $t>0,x=L$ $q_2=\lambda_2\frac{\partial T_2}{\partial x}$ (5-85)

底部传入的热量常见有如下三种情况。

ⅰ. 当辐射加热器从底部向冻结层传热时

$$q_2=\sigma F_{1-2}(T_{lp}^4-T_b^4) \tag{5-86}$$

ⅱ. 当加热器与食品底面充分接触时，食品底面温度与加热器表面温度相同，即

$$T_b=T_{lp} \tag{5-87}$$

ⅲ. 当加热器与食品底面接触不良，如两平面之间存在着气体间隙时

$$q_2=\alpha_f(T_{lp}-T_b) \tag{5-88}$$

式中 T_{lp}——底部加热器温度，K；

T_b^4——食品底面温度，K；

α_f——加热器与食品底面间微量气体的对流表面传热系数，$W/(m^2 \cdot K)$。

5.3.4.3　准稳态冷冻干燥模型

冷冻干燥过程非常缓慢，在一个较短的时间内，温度、压力和升华界面位置等物理量变化非常小，可以近似视为常量处理。冷冻干燥中显热量与潜热量比较，显热量对过程的影响非常小，可以忽略。试验表明，这种简化处理后所获得的冷冻干燥时间误差在 2% 以内。因此，忽略非稳态模型表达式式(5-69)、式(5-71) 和式(5-75) 中温度和压力对时间的偏导数项，可简化得到准稳态模型。

(1) 模型简化

在准稳态简化的假设条件下，式(5-69)、式(5-71) 和式(5-75) 可以简化为

$$\frac{\partial^2 T_2}{\partial x^2} = 0 \tag{5-89}$$

$$\lambda_1 \frac{\partial^2 T_1}{\partial x^2} - c_{pg} N_w \frac{\partial T_1}{\partial x} = 0 \tag{5-90}$$

$$\frac{\partial N_w}{\partial x} = 0 \tag{5-91}$$

(2) 初始条件和边界条件

初始条件

$$T_1 = T_2 = T_s = T_f \qquad (0 \leqslant x \leqslant L, t = 0)$$

$$p_w = p_w^0 \qquad (x = 0, \ t = 0)$$

式中　T_f——物料冻结终了温度，K；

p_w^0——干燥室初始压力，Pa。

边界条件

$$T_1 = T_0 \qquad (t > 0, x = 0)$$

$$T_1 = T_2 = T_s \qquad [t > 0, x = S(t)]$$

$$T_2 = T_b \qquad (t > 0, x = L)$$

(3) 模型求解

将式(5-90) 变成如下形式

$$\frac{\partial^2 T_1}{\partial x^2} - \frac{c_{pg} N_w}{\lambda_1} \frac{\partial T_1}{\partial x} = 0$$

令

$$k_1 = -\frac{c_{pg} N_w}{\lambda_1} \tag{5-92}$$

式(5-92) 写为

$$\frac{d^2 T_1}{dx^2} + k_1 \frac{dT_1}{dx} = 0 \tag{5-93}$$

式(5-93) 的通解为

$$T_1 = c_1 + c_2 e^{-k_1 x}$$

考虑初始条件和边界条件，式(5-93) 的特解为

$$\frac{T_1 - T_0}{T_s - T_0} = \frac{1 - e^{-k_1 x}}{1 - e^{-k_1 S(t)}} \tag{5-94}$$

$$T_1 = (T_s - T_0) \frac{1 - e^{-k_1 x}}{1 - e^{-k_1 S(t)}} + T_0 \tag{5-95}$$

同理，式(5-89) 的特解为

$$T_2 = (T_s - T_b)\frac{x-L}{S(t)-L} + T_b \tag{5-96}$$

根据升华界面温度与界面位置的线性关系可得 T_s 的表达式

$$T_s = T_b + (T_b - T_f)\frac{S(t)-L}{L} \tag{5-97}$$

将式(5-97) 代入式(5-95) 和式(5-96)，可得

$$T_1 = T_0 + \left[(T_b - T_f)\frac{S(t)-L}{L} + T_b - T_0 \right]\frac{1-e^{-k_1 x}}{1-e^{-k_1 S(t)}} \tag{5-98}$$

$$T_2 = T_b + (T_b - T_f)\frac{x-L}{L} \tag{5-99}$$

从式(5-98) 和式(5-99) 可以看出，在真空冷冻干燥的某一时刻，多孔干燥层温度 T_1 按指数规律变化，变化幅度取决于 k_1；冻结层温度 T_2 按线性分布。

（4）冻干时间的求解

对式(5-98) 求一阶导数

$$\left.\frac{\partial T_1}{\partial x}\right|_{x=S(t)} = \left[(T_b - T_f)\frac{S(t)-L}{L} + T_b - T_0 \right]\frac{k_1 e^{-k_1 S(t)}}{1-e^{-k_1 S(t)}} \tag{5-100}$$

$$e^{-k_1 S(t)} = \sum_{i=0}^{\infty}\frac{[-k_1 S(t)]^n}{n!}$$

取前两项作为 $e^{-k_1 S(t)}$ 的近似值，其误差满足精度要求。

$$e^{-k_1 S(t)} \approx 1 - k_1 S(t)$$

由式(5-92) 和式(5-78)，可得

$$k_1 = -\frac{c_{pg}}{\lambda_1}\varepsilon(\rho_2 - \rho_1)\frac{dS(t)}{dt} \tag{5-101}$$

代入式(5-100) 得

$$\left.\frac{\partial T_1}{\partial x}\right|_{x=S(t)} = \left[(T_b - T_f)\frac{S(t)-L}{L} + T_b - T_0 \right]\left[\frac{1}{S(t)} - \frac{c_{pg}}{\lambda_1}\varepsilon(\rho_2 - \rho_1)\frac{dS(t)}{dt} \right]$$

对式(5-99) 求一阶导数 $\qquad \left.\dfrac{\partial T_2}{\partial x}\right|_{x=S(t)} = \dfrac{T_b - T_f}{L}$

式(5-81) 可写为

$$\left[(T_f - T_0)c_{pg}\varepsilon(\rho_2 - \rho_1) + (\rho_1 c_{p1} T_1 - \rho_2 c_{p2} T_2) - \varepsilon(\rho_2 - \rho_1)\Delta H_s \right]\frac{dS(t)}{dt}$$

$$\frac{(T_b - T_f)}{L}c_{pg}\varepsilon(\rho_2 - \rho_1)S(t)\frac{dS(t)}{dt} + \frac{(\lambda_2 - \lambda_1)(T_b - T_f)}{L} - \lambda_1(T_f - T_0)\frac{1}{S(t)} = 0$$

$$\tag{5-102}$$

令

$$A = -\lambda_1(T_f - T_0)$$

$$B = \frac{(\lambda_2 - \lambda_1)(T_b - T_f)}{L}$$

$$C = \frac{(T_b - T_f)}{L}c_{pg}\varepsilon(\rho_2 - \rho_1)$$

$$D = (T_f - T_0)c_{pg}\varepsilon(\rho_2 - \rho_1) + (\rho_1 c_{p1} T_1 - \rho_2 c_{p2} T_2) - \varepsilon(\rho_2 - \rho_1)\Delta H_s$$

对式(5-102) 分离变量后积分

$$\int_0^t dt = \int_0^{S(t)}\frac{CS^2(t) + DS(t)}{BS(t) + A}dS(t)$$

积分结果为

$$t=\frac{C}{B^3}\left\{\frac{1}{2}\left[A+BS(t)\right]^2-2A\left[A+BS(t)\right]+\frac{3A^2}{2}\right\}+\frac{DS(t)}{B}+\left(\frac{CA^2}{B^3}-\frac{DA}{B^2}\right)\ln\left[\frac{A+BS(t)}{A}\right]$$

(5-103)

5.4　食品中的水分转移

食品中的水分转移可以分为位转移和相转移两种情况。位转移是指水分在同一食品的不同部位或在不同食品之间发生的转移，它导致了食品水分分布状况的改变。相转移是指食品水分在相与相之间特别是在气相和液相之间的互相转移，它导致了食品含水量的改变。食品中的水分转移对食品的储藏性、加工性和商品价值都有极大影响。

5.4.1　食品中水分的位转移

根据物理化学定义，食品中水分的化学势 μ 可以表示为

$$\mu_w=\mu_w^*+RT\ln a_w$$

(5-104)

由式(5-104)可看出，如果不同食品或食品的不同部位的温度（T）或水分活度（a_w）不同，则水的化学势就不同，水分就要沿着化学势降低的方向运动，从而造成食品中水分发生位转移。从理论上讲，水分的位转移必须进行到食品中各部位水的化学势完全相等即达到热力学平衡状态才能停止。

食品中水分的位转移是由于温度差和水分活度的不同引起的。由温度差引起的水分转移，使食品中水分从高温区域沿着化学势降落的方向运动而进入低温区域，这个过程较为缓慢。由水分活度不同引起的水分转移，使水分从 a_w 高的区域自动地向 a_w 低的区域转移。如果把水分活度大的蛋糕与水分活度低的饼干放在同一环境中，则蛋糕里的水分就会逐渐转移到饼干里，使两者的品质都受到不同程度的影响。

5.4.2　食品中水分的相转移

食品的含水量是指在一定温度、湿度等外界条件下食品的平衡水分含量。如果外界条件发生变化，则食品的水分含量也发生变化。空气湿度的变化就有可能引起食品水分的相转移，空气湿度变化的方式与食品水分相转移的方向和强度密切相关。

食品中水分相转移的主要形式有水分蒸发和蒸汽凝结。

（1）水分蒸发

食品中的水分由液相变为气相而散失的现象称为食品的水分蒸发，水分蒸发对食品质量有着重要影响。利用水分的蒸发进行食品干燥或浓缩可制得低水分活度的干燥食品或半干燥食品。但对新鲜的水果、蔬菜、肉禽、鱼贝及其他许多食品，水分蒸发会导致外观萎蔫皱缩，原来的新鲜度和脆度发生变化，严重时将丧失其商品价值。同时，由于水分蒸发，还会促进食品中水解酶的活力增强，高分子物质水解，食品品质降低，货架寿命缩短。

食品水分的蒸发过程是食品中水溶液形成的水蒸气和空气中的水蒸气发生转移-平衡的过程。由于食品的温度与环境温度、食品水蒸气压与环境水蒸气压不一定相同，因此两相间水分的化学势有差异。它们的差为

$$\Delta\mu=\mu_f-\mu_e=R(T_f\ln p_f-T_e\ln p_e)$$

(5-105)

式中　　p——水蒸气压；

f、e——分别表示食品、环境的相应参数。

分析式(5-105)可得出以下结论。

ⅰ. 若 $\Delta\mu>0$，则食品中的水蒸气向外界转移是自发过程。这时食品水溶液上方的水蒸气压力下降，食品水溶液与其上方水蒸气达成的平衡状态遭到破坏。为了达到新的平衡状态，食品水溶液中就有部分水蒸发，直到 $\Delta\mu=0$ 为止。对于敞开的、无包装的食品，在空气的相对湿度较低时 $\Delta\mu$ 很难为 0，食品水分的蒸发不断地进行，食品的品质受到严重的影响。

ⅱ. 若 $\Delta\mu=0$，食品水溶液的水蒸气与空气中水蒸气处于动态平衡状态。从静的结果来看，食品既不蒸发水也不吸收水分，是食品货架期的理想环境。

ⅲ. 若 $\Delta\mu<0$，空气中的水蒸气向食品转移是自发过程。这时食品中的水分不仅不能蒸发，而且还吸收空气中的水蒸气而变潮，水分活度 a_w 增加，食品的稳定性受到影响。

水分蒸发主要与空气湿度与饱和湿度差有关，饱和湿度差是指空气的饱和湿度与同一温度下空气中的绝对湿度之差。若饱和湿度差越大，则空气要达到饱和状态所能容纳的水蒸气量就越多，反之就越少。因此，饱和湿度差是决定食品水分蒸发量的一个极为重要的因素。饱和湿度差大，则食品水分的蒸发量就大；反之，蒸发量就小。

影响饱和湿度差的因素主要有空气温度、绝对湿度和流速等。空气的饱和湿度随着温度的变化而改变，温度升高，空气的饱和湿度也升高。在相对湿度一定时，温度升高，饱和湿度差变大，食品水分的蒸发量增大。在绝对湿度一定时，若温度升高，饱和湿度随之增大，所以饱和湿度差也加大，相对湿度降低。同样，食品水分的蒸发量加大。若温度不变，绝对湿度改变，则饱和湿度差也随着发生变化，如果绝对湿度增大，温度不变，则相对湿度也增大，饱和湿度差减少，食品的水分蒸发量减少。空气的流动可以从食品周围的空气中带走较多的水蒸气，从而降低了这部分空气的水蒸气压，加大了饱和湿度差，因而能加快食品水分的蒸发，使食品的表面干燥。总之，环境的相对湿度越低，空气的饱和湿度差越大，食品水分蒸发就越强烈。

（2）水蒸气的凝结

空气中的水蒸气在食品表面凝结成液体水的现象称为水蒸气的凝结。一般来讲，单位体积的空气所能容纳水蒸气的最大数量随着温度的下降而减少。当空气的温度下降一定数值时，就有可能使原来饱和的或不饱和的空气变为过饱和状态，致使空气中的一部分水蒸气有可能在其物体上凝结成液态水。空气中的水蒸气与食品表面、食品包装容器表面等接触时，如果其表面的温度低于水蒸气饱和时的温度，则水蒸气有可能在表面上凝结成液态水。在一般情况下，若食品为亲水性物质，则水蒸气凝聚后铺展开来并与之融合，如糕点、糖果等就容易被凝结水润湿，并可将其吸附；若食品为憎水性物质，则水蒸气凝聚后收缩为小水珠，如蛋的表面和水果表面的蜡纸层均为憎水性物质，水蒸气在其上面凝结时就不能扩展而只能收缩为小水珠。

5.4.3 食品在冻藏中的水分转移

食品在冷冻加工和冷冻储藏中由于水分的蒸发或升华，发生不同程度的水分转移（俗称干耗），使食品重量减轻，质量下降。干耗是食品冷冻加工和冷冻储藏中的主要问题之一，干耗程度主要与食品表面和环境空气的水蒸气压差的大小有关。干耗量的计算可采用如下两种方法。

（1）根据食品表面对流传质理论计算干耗量

$$m=k_c A(p_s-p_\infty) \tag{5-106}$$

式中 m——单位时间内食品的干耗量，kg/s；

k_c——对流传质系数，kg/(m² · s · Pa)；

A——与空气接触的食品表面积，m²；

p_s，p_∞——食品表面与其周围环境空气的水蒸气压力，在计算时，食品表面水蒸气压力可取其温度下的饱和压力；环境空气水蒸气压力可由空气的干、湿球温度求出，Pa。

k_c 值与对流表面传热系数的关系为

$$k_c \approx 62.1 \times 10^{-10} \alpha \quad [\text{这里 } \alpha \text{ 的单位是 W}/(\text{m}^2 \cdot \text{K})]$$

在 t 时间内的绝对干耗量为

$$\Delta m_{初} = mt \tag{5-107}$$

而相对干耗量为

$$g = \frac{\Delta m_{初}}{m_{初}} \times 100\% \tag{5-108}$$

式中　$m_{初}$——食品的初始质量，kg。

（2）根据冷却设备表面的热湿传递计算干耗量

在没有加湿去湿的情况下，设空气中的湿度不变，冷却设备表面的结霜量与食品水分蒸发量近似相等（即干耗量）。在冷却或冻结过程中，其值可表示为

冷却或冻结过程中的绝对干耗量　$\Delta m_{初} = \dfrac{m_{初}(h_0 - h_f)}{\varepsilon}$ $\tag{5-109}$

冷却或冻结过程中的相对干耗量　$g = \dfrac{h_0 - h_f}{\varepsilon} \times 100\%$ $\tag{5-110}$

储藏期间的绝对干耗量　$\Delta m_{初} = \dfrac{kAt(T_\infty - T_{in})(1 - \varepsilon_F)}{\varepsilon}$ $\tag{5-111}$

储藏期间的相对干耗量　$g = \dfrac{kAt(T_\infty - T_{in})(1 - \varepsilon_F)}{\varepsilon m_{初}} \times 100\%$ $\tag{5-112}$

式中　h_0，h_f——食品冷冻加工前后的比焓值，J/kg；

k——冷库围护结构传热系数，W/(m² · K)；

A——冷库围护结构传热面积，m²；

T_∞，T_{in}——冷库外和冷库内温度，℃；

t——食品在冷库内的储藏期，s；

ε_F——冷库冷却设备对外界传入库内热流的封锁系数；

ε——湿空气冷却过程的热湿比，J/kg。

ε 值可由前苏联学者 A. B. 阿列克谢也夫提出的计算式获得

$$\varepsilon = \left[2500 + \frac{\Delta T(270 + 1.07 T_{in})B_1}{B_2 \phi - 1} \right] \times 1000 \tag{5-113}$$

式中　T_{in}——冷库内空气温度，℃；

ΔT——冷库内冷却设备表面温度与空气温度之差，K；

ϕ——冷库内空气相对湿度，%；

B_1，B_2——系数。

B_1、B_2 可由下式计算

$$B_1 = (1.086 - 3.7 \times 10^{-4} T)^{\Delta T - T} \tag{5-114}$$

$$B_2 = [1.086 + 3.7 \times 10^{-4}(\Delta T - T)]^{\Delta T} \tag{5-115}$$

例 5-4　在自然对流装置中冻结瘦牛肉，已知牛肉尺寸 1m×0.25m×0.6m，密度为

$1050kg/m^3$，初始温度$-1.5℃$，冻至表皮平均温度$-15℃$，冻结时间为$31h$。冻结过程中空气平均水蒸气压力为$63.5Pa$，空气自然对流表面传热系数为$10W/(m^2·K)$，牛肉的表面积$A=2m^2$，试计算牛肉在冻结过程中的重量损失。

解 应用式(5-106)得

$$k_c=62.1\times10^{-10}\alpha=62.1\times10^{-10}\times10=621\times10^{-10}[kg/(m^2·s·Pa)]$$

牛肉表面平均温度所对应的饱和水蒸气压约为$p_s=165.3Pa$

$$m=k_cA(p_s-p_\infty)=621\times10^{-10}\times2\times(165.3-63.5)=1.264\times10^{-5}(kg/s)$$

绝对干耗量 $\quad\Delta m_初=mt=1.264\times10^{-5}\times31\times3600=1.411(kg)$

相对干耗量 $\quad g=\dfrac{\Delta m_初}{m_初}\times100\%=\dfrac{1.411}{157.5}\times100\%=0.90\%$

例 5-5 在$-30℃$的送风冻结器内，将初始温度为$35℃$的猪半胴体冻结至$-15℃$，求猪肉在冻结过程中的相对干耗量。已知冻结间相对湿度为100%，空气与冷风机管束外表面换热温差为$10K$，猪肉冻结前后的比焓差为$305.65kJ/kg$。

解 $B_1=(1.086-3.7\times10^{-4}T)^{\Delta T-T}=[1.086-3.7\times10^{-4}\times(-30)]^{13-(-30)}=53.776$

$B_2=[1.086+3.7\times10^{-4}(\Delta T-T)]^{\Delta T}=\{1.086+3.7\times10^{-4}[13-(-30)]\}^{10}$
$=2.639$

$$\varepsilon=\left[2500+\frac{\Delta T(270+1.07T_{in})B_1}{B_2\phi-1}\right]\times1000$$

$$=\left\{2500+\frac{13\times[270+1.07\times(-30)]\times53.776}{2.639\times1-1}\right\}\times1000=103972.26\times10^3(J/kg)$$

$$g=\frac{h_0-h_f}{\varepsilon}\times100\%=\frac{305.65\times10^3}{103972.26\times10^3}\times100\%=0.29\%$$

影响食品干耗的因素很多，其中主要有两方面，即库内空气状态（温度、相对湿度）、流速和食品表面与空气的接触情况。因此，对于冷库内的冷却方式，应尽量提高冷库的热流封锁系数。对于冷库内食品的堆放方式和密度、食品的包装材料以及包装材料与食品表面的紧密程度，都应尽量减少食品表面与空气的接触面积。

5.4.4 新鲜果蔬组织的蒸腾作用

果蔬组织的蒸腾作用是指水分以气态通过植物体的表面从体内散发到体外的现象。蒸腾作用受组织结构和气孔行为的调控，它与一般的蒸发过程不同。果蔬产品的失重又称自然损耗，是指储藏过程中果蔬的蒸腾失水和干物质损耗所造成的质量减少。蒸腾失水主要是由于蒸腾作用所导致的组织水分散失；干物质消耗则是呼吸作用所导致的细胞内储藏物质的消耗。果蔬的失重是由蒸腾作用和呼吸作用共同引起的，蒸腾失水是果蔬储藏失重的主要原因。

新鲜果蔬组织含水量高达$85\%\sim95\%$，细胞汁液充足，细胞膨压大，组织器官呈现坚挺、饱满的状态，具有光泽和弹性，表现出新鲜健壮的优良品质。采收后的果蔬离开了母体和土壤，失去了营养和水分的补给，而蒸腾作用仍在持续进行，蒸腾失水也不能得到补充。如储藏环境不适，就会因此减少质量，而且还会使果蔬失去光泽，出现皱缩，并产生一系列的不良反应，失去商品价值。影响采后蒸腾作用的因素如下。

（1）内在因素

① 表面组织结构 表面组织结构对植物器官、组织的水分蒸腾具有明显的影响。蒸腾是在果蔬表面进行的，果蔬气孔和皮孔就成为水分散失和气体交换的主要通道。蒸腾的途径

包括自然孔道蒸腾和角质层蒸腾。

自然孔道蒸腾是指通过气孔和皮孔的水分蒸腾。通过植物皮孔进行的水分蒸腾叫皮孔蒸腾，该蒸腾量极微，约占总蒸腾量的 0.1%。通过植物气孔进行的水分蒸腾叫气孔蒸腾。气孔多在叶面上，主要由它周围的保卫细胞和薄壁细胞的含水程度来调节其开闭，温度、光和 CO_2 等环境因子对气孔的关闭也有影响。当温度过低和 CO_2 增多时，气孔不易开放；光照刺激气孔开放；植物处于缺水条件时，气孔关闭。

角质层的结构和化学成分的差异对蒸腾有明显影响。角质的主要成分为高级脂肪酸，蜡质常附于角质层表面或埋在角质层内，它由脂肪酸和相应的醇构成的酯或它们的混合物组成，其中还可能混有碳原子数相同的石蜡等物质。角质层本身不易使水分透过，但角质层中间夹杂有吸水能力大的果胶质，同时角质层还有微细的缝隙，可使水分透过。角质层蒸腾在蒸腾中所占的比重，与角质层的厚薄有关，还与角质层中有无蜡质及其厚薄有关。随着成熟度的增加，表皮角质层发育完整健全，有的还覆盖着致密的蜡质，这就有利于保持组织内的水分。但是，有些品种采收后，随着后熟的进展还有蒸腾速率加快的趋势，如木瓜和香蕉等。

气孔蒸腾的量和速率均比角质层蒸腾大得多。叶菜类蔬菜之所以极易脱水萎蔫，除了与比表面积有关外，也与气孔蒸腾在蒸腾失水中占优势有关。

② 细胞的持水力　细胞保持水分的能力与细胞中可溶性物质的含量、亲水胶体的含量和性质有关。原生质中有较多的亲水性强的胶体，可溶性固形物含量高，使细胞渗透压高，因而保水力强，可阻止水分渗透到细胞壁以外。细胞间隙的大小影响着水分迁移的速率，细胞间隙大，水分迁移时阻力小，有利于细胞失水。

③ 比表面积　比表面积指单位质量的产品所具有的表面积。比表面积大，蒸腾的面积则大，因而失水多。不同果蔬的比表面积差异很大，如叶菜类农产品比表面积较其他农产品大得多，因此叶菜类在储运过程中更容易失水萎蔫。同一种果蔬，体积越小，比表面积越大，蒸腾失水越严重。

（2）外在因素

① 温度　果蔬的蒸腾作用与温度的高低密切相关。当温度升高时，空气的饱和水蒸气压增大，可以容纳更多的水蒸气，导致产品更多地失水。高温促进蒸腾，低温抑制蒸腾。

② 相对湿度　果蔬采后的水分蒸发是以水蒸气的状态移动的。采后的新鲜果蔬组织内相对湿度在 99% 以上，当其储藏在一个相对湿度低于 99% 的环境中，水蒸气便会从组织内向储藏环境移动。在同一储藏温度下，储藏环境越干燥，即相对湿度越低，蒸腾作用越明显，失重也越快。

③ 空气流速　蒸腾的水蒸气滞留在果蔬表面附近，可以降低果蔬组织内和果蔬表面附近空气的水蒸气压差，起到抑制蒸腾的作用。如环境中空气流速较快，吹散了果蔬表面的水蒸气膜，就会促进蒸腾作用。流动的空气将果蔬表面附近的潮湿空气带走，相对湿度较低的空气补充，使产品处于一个相对湿度较低的环境中，加速蒸腾速率。

④ 光照　光照对产品的蒸腾作用有一定的影响，这是由于光照可刺激气孔开放，减小气孔阻力，促进气孔蒸腾失水；同时光照可使产品的体温增高，提高产品组织内水蒸气压，加大产品与环境空气的水蒸气压差，从而加速蒸腾速率。

⑤ 包装　包装对于储藏、运输中蒸腾具有十分明显的影响。瓦楞纸箱与木箱和筐相比，前者包装的果实蒸发量小。若在纸箱内衬塑料薄膜，水分蒸发可以大大降低。纸包装、塑料薄膜袋包装、涂蜡、保鲜剂等都可防止或降低果实的水分蒸腾。

复习思考题

● 5-1　什么叫水分扩散系数？等摩尔扩散和单向扩散有什么不同？

● 5-2　什么叫对流传质？在热风干燥过程中如何实现传热热质？

● 5-3　冷冻干燥的原理是什么？冷冻干燥模型的类型及特点？

● 5-4　在 -20℃ 的冻结间将初始温度为 30℃ 的牛半胴体冻结至 -15℃，求牛肉在冻结过程中的相对干耗量。已知冻结间相对湿度为 100%，空气与冷风机管束外表面换热温差为 10K。

● 5-5　如何计算冷加工过程中食品表面的干耗量？

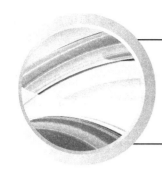

第6章
食品冻结和冻藏工艺

冻结是指在低温条件下使食品中的水冻结成冰结晶的一种食品冷加工方式。这种冷加工的食品能使食品做较长时间的储藏而不会腐败变质。鱼、肉、禽及加工食品没有生命，对微生物的侵入无抵御能力，也不能控制体内酶的作用，一旦被微生物污染很容易腐败变质。因此，食品要想长期储藏，必须经过冻结处理。

食品在冻结状态下，无流动的水分，微生物得不到赖以生存所必需的水分，且反应物质失去了借以扩散移动的介质。食品可做较长时间储藏。一般情况下，防止微生物繁殖的临界温度是−12℃，实际经验表明大部分冻结食品当使用温度达到−18℃时能做一年的储藏而不失去商品价值。且储藏温度越低，品质保持越好，储藏期越长。现代人们对食品品质的要求不只是停留在实用冷藏期的品质要求，还有高品质要求或颜色、芳香控制等方面的要求，特别是对鱼、虾、贝类食品，冻藏的温度越来越低，冻结速度越来越快，快速深冷冻结已经成为当代冻结行业的主流。在这样低的温度下，鱼、肉、禽等动物性食品若不经前处理直接冻结，对解冻后的感官品质影响不大，但水果、蔬菜等植物性食品若不经前处理直接冻结，解冻后的感官品质就会明显恶化。所以速冻果蔬速冻前还必须经过烫漂或其他的前处理工序，如速冻水果冻前必须进行加糖或糖液等工序处理后才能进行冻结。因此，冻结是食品冷加工的重要内容，也是冻藏食品不可缺少的前提条件。如何把食品冻结过程中水变成冰结晶及低温造成的影响减小或抑制到最低限度，是冻结工序中必须考虑的技术关键。

6.1　食品冻结和冻藏时的变化

由前面的分析可知，食品冻结过程的两大影响因素：热力学因素和动力学因素。热力学因素决定平衡位置，动力学因素描述达到平衡的速度。在许多系统中，动力学对最终冻结体系的形成具有深刻的影响。然而，动力学是对热力学概率的一种调整。也就是说，热力学达不到的动力学不可能达到，而热力学上有可能达到的，动力学上也可能达不到。所以体系一旦满足条件，随时都有倾向于即刻达到反映平衡的热力学状态。而动力学约束则控制在某一瞬间，某一设定的条件下，该系统达到每一潜在平衡的速度。因此，时间、温度和系统压力对能否达到已经被认为是存在的那种状态具有重要的影响。

6.1.1　食品在冻结时的变化

对冻结食品质量能产生较大影响的工艺条件主要有两个：冻结温度和冻结速度。

冻结食品的温度不能任意选择，对食品进行冻结必须选择一个合适的温度条件，冻结食品的终温确定需要考虑以下几个方面的因素。

（1）食品质量的安全性

有些嗜冷性微生物在 -8℃下仍能缓慢生长；有些酶类在 $-10\sim-7$℃水分没有完全冻结的条件下仍有活性；有些非酶变化在低温下仍能进行。从这些方面考虑，冻结温度越低，食品质量的安全性越有保障。

（2）冻藏、进出货及转运过程中温度波动

正常情况下冷库允许温度波动 ±1℃，在大批量的出货、进货或者货物转运情况下冷库允许温度波动 ±5℃左右，从这些方面来考虑，冻结温度低也同样能防止温度波动造成食品的不耐储藏。

食品在冻结时由于水结成了冰晶，可能会引起的变化包括：物理变化，化学变化，组织变化，生物和微生物的变化等。

6.1.1.1 物理变化

（1）体积膨胀、产生内压

水在 4℃时体积最小，因而密度最大，为 1000kg/m^3。0℃时水结成冰，体积约增加 9%，在食品中体积约增加 6%。冰的温度每下降 1℃，其体积收缩 $0.01\%\sim0.005\%$。二者相比，膨胀比收缩大得多，所以含水分多的食品冻结时体积会膨胀。

食品冻结时，首先是表面水分结冰，然后冰层逐渐向内部延伸。当内部的水分因冻结而体积膨胀时，会受到外部冻结层的阻碍，产生内压称做冻结膨胀压，纯理论计算其数值可高达 8.7MPa。当外层受不了这样的内压时就会破裂，逐渐使内压消失。

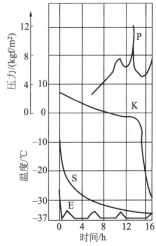

图 6-1　牛肉冻结时的冻结曲线
与冻结膨胀压曲线

K—肉中心部位的冻结曲线；E—空
气温度曲线；P—冻结膨胀压曲线；

S—肉表面的冻结曲线；

$1\text{kgf/cm}^2=9.8\times10^4\text{Pa}$

如采用 -196℃的液氮冻结金枪鱼时，由于厚度较大，冻品会发生龟裂，这就是内压造成的。此外，在内压作用下可使内脏的酶类挤出、红细胞崩溃、脂肪向表层移动等，并因细胞膜破坏，血红蛋白流出，加速了肉的变色。图 6-1 所示是厚 27cm 的牛肉，在 -37℃的空气中冻结时的冻结曲线与冻结膨胀压曲线。当食品温度通过 $-1\sim-5$℃最大冰晶生成带时，膨胀压曲线升高达到最大值。外部肉质抵抗不住此压力时会产生龟裂，内压迅速下降。当食品厚度大、含水率高、表面温度下降极快时易产生龟裂。日本为了防止因冻结内压引起冻品表面的龟裂，在用 -40℃的氯化钙盐水浸渍或喷淋冻结金枪鱼时，采用均温处理的二段冻结方式，先将鱼体降温至中心温度接近冻结点，取出放入 -15℃的空气或盐水中使鱼体各部位温度趋于均匀，然后再用 -40℃的氯化钙盐水浸渍或喷淋冻结至终点，可防止鱼体表面龟裂现象的发生。此外，冻结过程中水变成冰晶后，体积膨胀使体液中溶解的气体从液相中游离出来，加大了食品内部的压力。冻结鳕鱼肉的海绵化，就是由于鳕鱼肉的体液中含有较多的氮气，随着水分冻结的进行成为游离的氮气，其体积迅速膨胀产生的压力将未冻结的水分挤出细胞外，在细胞外形成冰结

晶所致。这种细胞外的冻结，使细胞内的蛋白质变性而失去保水能力，解冻后不能复原，成为富含水分并有很多小孔的海绵状肉质。严重的时候，用刀子切开后其肉的断面像蜂巢，食味变淡。

（2）物理特性的变化

① 比热容　比热容是单位质量的物体温度升高或降低 1K（或 1℃）所吸收或放出的热

量。在一定压力下水的比热容为 4.18kJ/(kg·K)［即相当于 1kcal/(kg·K)］，冰的比热容为 2.0kJ/(kg·K)［即相当于 0.48kcal/(kg·K)］。冰的比热容约是水的 1/2。

食品的比热容随含水量而异，含水量多的食品比热容大，含脂量多的食品比热容小。对一定含水量的食品，冻结点以上的比热容要比冻结点以下的大（表 6-1）。比热容大的食品在冷却和冻结时需要的冷量大，解冻时需要的热量亦多。

表 6-1　食品的热物性值

食品名	水分含量 /%	冻结点 /℃	比热容/[kJ/(kg·℃)]		冻结潜热 /(kJ/kg)
			冻结点以上	冻结点以下	
蔬菜类					
大豆	89	−0.7	3.90	1.96	298
胡萝卜	88	−1.4	3.88	1.95	295
黄瓜	96	−0.5	4.08	2.05	322
青豆	74	−0.6	3.53	1.77	248
山芋	69	−1.3	3.40	1.71	231
萝卜	95	−0.7	4.06	2.04	318
菠菜	93	−0.3	4.00	2.01	312
番茄	93	−0.6	4.00	2.01	312
水果类					
苹果	84	−1.1	3.78	1.90	281
香蕉	75	−0.8	3.55	1.79	251
葡萄	82	−1.6	3.73	1.87	275
柑橘	87	−0.8	3.85	1.94	292
草莓	90	−0.8	3.93	1.97	302
鱼贝类					
鲢鱼	64	−2.2	3.28	1.65	214
金枪鱼	70	−2.2	3.43	1.72	235
鳕鱼	79	−2.2	3.65	1.84	265
鲐鱼	57	−2.2	3.10	1.56	191
虾	83	−2.2	3.75	1.89	278
畜肉类					
牛肉(里脊肉)	56	—	3.08	1.55	188
猪肉(腿肉)	56	−1.7	3.08	1.55	188
乳制品					
白脱	16	−2.2	2.07	1.04	54
奶酪	40	−6.9	2.68	1.34	134
冰淇淋	63	−5.6	3.25	1.63	211
牛奶	87	−0.6	3.85	1.94	291
其他类					
鸡蛋	74	−0.6	3.53	1.77	247
鸡肉	74	−2.8	3.53	1.77	248

食品比热容的近似计算式（Siebel 式）为

$$c_f = 3.35w + 0.84 \quad （冻结点以上）$$
$$c_f' = 1.26w + 0.84 \quad （冻结点以下）$$

式中　w——食品中水分的含量。

该近似计算式的计算值与实测值有很好的一致性。但在食品冻结过程中，随着时间的推移，冻结率在不断变化，会对食品的比热容带来影响。因此需根据食品的品温求出冻结率，对比热容进行修正。

② 热导率　构成食品主要物质的热导率如表 6-2 所示。水的热导率为 0.6W/(m·℃)，冰的热导率为 2.21W/(m·℃)，约为水热导率的 4 倍。其他成分的热导率基本上是一定的，但因为水在食品中的含量是很高的，当温度下降，食品中的水分开始结冰的同时，热导率就变大（图 6-2），食品的冻结速度加快。

另一方面，冻结食品解冻时，冰层由外向内逐渐融化成水，热导率减小，热量的移动受到抑制，解冻速度就变慢。食品的热导率还受含脂量的影响，含脂量高则热导率小。此外，热导率还与热流方向有关，当热的移动方向与肌肉组织垂直时热导率小，平行时则大。

表 6-2　食品构成物质的密度与热的特性

物质	密度 /(kg/m³)	比热容 /[kJ/(kg·℃)]	热导率 /[W/(m·℃)]	物质	密度 /(kg/m³)	比热容 /[kJ/(kg·℃)]	热导率 /[W/(m·℃)]
水	1000	4.182	0.60	糖类	1550	1.57	0.25
冰	917	2.11	2.21	无机物	2400	1.11	0.33
蛋白质	1380	2.02	0.20	空气	1.24	1.00	0.025
脂肪	930	2.00	0.18				

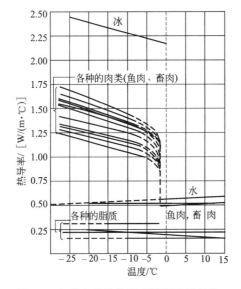

图 6-2　各种食品的热导率随温度的变化

（3）体液流失

食品经过冻结、解冻后，内部冰晶融化成水，如不能被组织、细胞吸收回复到原来的状态，这部分水分就分离出来成为流失液。流失液不仅是水，还包括溶于水的成分，如蛋白质、盐类、维生素类等。体液流失使食品的质量减少，营养成分、风味亦受损失。因此，流失液的产生率成为评定冻品质量的指标之一。

解冻时水分不能被组织吸收，是因为食品中的蛋白质、淀粉等成分的持水能力，因冻结和冻藏中的不可逆变化而丧失，由保水性变成脱水性所致。体液的流出是由于肉质组织在冻结过程中产生冰结晶受到的机械损伤所造成的。损伤严重时，肉质间的空隙大，内部冰晶融化的水通过这些空隙向外流出；机械损伤轻微时，内部冰晶融化的水因毛细管作用被保留在肉质中，加压时才向外流失。冻结时食品内物理变化越大，解冻时体液流失也越多。

一般来说，如果食品原料新鲜，冻结速度快，冻藏温度低且波动小，冻藏期短，则解冻时流失液少。若水分含量多，流失液亦多。如鱼和肉比，鱼的含水量高故流失液亦多。叶菜类和豆类相比，叶菜类流失液多。经冻结前处理如加盐、糖、磷酸盐时流失液少。食品原料切得越细小，流失液亦越多。

（4）干耗

食品冻结过程中，因食品中的水分从表面蒸发，造成食品的质量减少，俗称"干耗"。干耗不仅会造成企业很大的经济损失，还给冻品的品质和外观带来影响。例如日宰 2000 头猪的肉联厂，干耗以 2.8% 或 3% 计算，年损失 600 多吨肉，相当于 15000 头猪。

干耗发生的原因是冻结室内的空气未达到水蒸气的饱和状态，其蒸汽压小于饱和水蒸气压，而鱼、肉等含水量较高，其表面层接近饱和水蒸气压，在蒸汽压差的作用下食品表面水分向空气中蒸发，表面层水分蒸发后内层水分在扩散作用下向表面层移动。由于冻结室内的空气连续不断地经过蒸发器，空气中的水蒸气凝结在蒸发器表面，减湿后常处于不饱和状态，所以冻结过程中的干耗在不断进行着。

食品冻结过程中的干耗可用下式表示

$$q_{m} = \beta A (p_{f} - p_{a}) \tag{6-1}$$

式中　q_{m}——单位时间内的干耗量，kg/h；

　　　β——蒸发系数，kg/(h·m²·Pa)；

　　　A——食品的表面积，m²；

　　　p_{f}——食品表面的水蒸气压，Pa；

　　　p_{a}——空气的水蒸气压，Pa。

式(6-1) 表明，蒸汽压差大，表面积大，则冻结食品的干耗亦大。如果用不透气的包装材料将食品包装后冻结，由于食品表面的空气层处于饱和状态，蒸汽压差减小，就可减少冻结食品的干耗。

此外，冻结室中的空气温度和风速对食品干耗也有影响。空气温度低，相对湿度高，蒸汽压差小，食品的干耗亦小。金华肉联厂曾做过试验，冻结室内空气温度从 −8℃经过 20h 分别降至 −21℃和 −25℃，整个降温过程始终保持温差 3~4℃，比较二者之间的干耗。终温降至 −25℃的干耗为 1.659%，降至 −21℃的干耗为 2.4%，二者相差 0.75%。故降低冻结室的温度可减少食品的冻结干耗。

对风速来说，一般概念是风速加大，干耗增加。但如果冻结室内是高湿、低温，加大风速可提高冻结速度，缩短冻结时间，食品也不会过分干耗。

6.1.1.2　组织变化

蔬菜、水果类植物性食品在冻结前一般要进行烫漂或加糖等前处理工序，这是因为植物组织在冻结时受到的损伤要比动物组织大。

植物细胞的构造与动物细胞不同。植物细胞内有大的液泡，它使植物组织保持高的含水量，但结冰时因含水量高，对细胞的损伤大。植物细胞的细胞膜外还有以纤维素为主的细胞壁，而动物细胞只有细胞膜，细胞壁比细胞膜厚又缺乏弹性，冻结时容易被胀破，使细胞受损伤。此外，植物细胞与动物细胞内的成分不同，特别是高分子蛋白质、碳水化合物含量不同，有机物的组成也不一样。由于这些差异，在同样的冻结条件下，冰结晶的生成量、位置、大小、形状不同，造成的机械损伤和胶体损伤的程度亦不同。

新鲜的水果、蔬菜等植物性食品是具有生命力的有机体，在冻结过程中其植物细胞会被致死，这与植物组织冻结时细胞内的水分变成冰结晶有关。当植物冻结致死后，因氧化酶的活性增强而使果蔬褐变。为了保持原有的色泽，防止褐变，蔬菜在速冻前一般要进行烫漂处理，而动物性食品因是非活性细胞则不需要此工序。

6.1.1.3　化学变化

（1）蛋白质冻结变性

鱼、肉等动物性食品中，构成肌肉的主要蛋白质是肌原纤维蛋白质。在冻结过程中，肌原纤维蛋白质会发生冷冻变性，表现为盐溶性蛋白质的溶解度降低、ATP 酶活性减小、盐溶液的黏度降低、蛋白质分子产生凝集使空间立体结构发生变化等。蛋白质变性后的肌肉组织，持水力降低、质地变硬、口感变差，作为食品加工原料时，加工适宜性下降。如用蛋白质冷冻变性的鱼肉作为加工鱼糜制品的原料，其产品缺乏弹性。

蛋白质发生冷冻变性的原因目前尚不十分清楚，但可认为主要是由下述的一个或几个原因共同造成的。

ⅰ. 冻结时食品中的水分形成冰结晶，被排除的盐类、酸类及气体等不纯物就向残存的水分移动，未冻结的水分成为浓缩溶液。当食品中的蛋白质与盐类的浓缩溶液接触后，就会因盐析作用而发生变性。

ⅱ. 慢速冻结时，肌细胞外产生大冰晶，肌细胞内的肌原纤维被挤压，集结成束，并因冰晶生成时蛋白质分子间失去结合水，肌原纤维蛋白质互相靠近、蛋白质的反应基互相结合形成各种交联，因而发生凝集。

ⅲ. 脂类分解的氧化产物对蛋白质变性有促进作用。脂肪水解产生游离脂肪酸，但很不稳定，其氧化结果产生低级的醛、酮等产物，促使蛋白质变性。脂肪的氧化水解是在磷脂酶的作用下进行的，此酶在低温下活性仍很强。

ⅳ. 鳕鱼、狭鳕等鱼类的体内存在特异的酶的作用，它能将氧化三甲胺分解成甲醛和二甲基苯胺。甲醛会促使鳕鱼肉的蛋白质发生变性。

上述原因是互相伴随发生的，通常因食品种类、生理条件、冻结条件不同，而由其中一个原因起主导作用。

（2）变色

食品冻结过程中发生的变色主要是冷冻水产品的变色，从外观上看通常有褐变、黑变、退色等现象。水产品变色的原因包括自然色泽的分解和产生新的变色物质两方面。自然色泽被破坏，如红色鱼皮的退色、冷冻金枪鱼的变色等，产生新的变色物质如虾类的黑变、鳕鱼肉的褐变等。变色不但使水产品的外观变差，有时还会产生异味，影响冻品的质量。

6.1.1.4 生物和微生物的变化

（1）生物

生物是指小生物，如昆虫、寄生虫之类，经过冻结都会死亡。牛肉、猪肉中寄生的无钩绦虫、有钩绦虫等的胞囊在冻结时都会死亡。猪肉中的旋毛虫的幼虫在−15℃下20d后死亡。大麻哈鱼中的裂头绦虫的幼虫在−15℃下5d死亡。由于冻结对肉类所带有的寄生虫有杀死作用，有些国家对肉的冻结状态作出规定，如美国对冻结猪肉杀死肉中旋毛虫的幼虫规定了温度和时间条件，如表6-3所示。联合国粮农组织（FAO）和世界卫生组织（WHO）共同建议，肉类寄生虫污染不严重时，须在−10℃温度下至少储存10d。

表 6-3　杀死猪肉中旋毛虫的幼虫温度和时间条件

冻结温度/℃		−15	−23.3	−29
肉的厚度	15cm 以内	20d	10d	6d
	15~68cm 以内	30d	20d	16d

日本人有吃生鱼片的习惯。在荷兰，人们也常生吃鲱鱼。为了杀死鱼肉中寄生虫的幼虫，荷兰以法律的形式规定，用于生吃的鱼，厂商须履行在−20℃条件下冻结24h的义务。

（2）微生物

引起食品腐败变质的微生物有细菌、霉菌和酵母，其中与食品腐败和食物中毒关系最大的是细菌。微生物的生长、繁殖需要一定的环境条件，温度就是其中一个重要条件。当温度低于最适温度时，微生物的生长受到抑制；当温度低于最低温度时，微生物即停止繁殖。引起食物中毒的细菌一般是中温菌，在10℃以下繁殖减慢，4.5℃以下停止繁殖。霉菌和鱼类的腐败菌一般是低温菌，在0℃以下繁殖缓慢，−10℃以下停止繁殖。

冻结阻止了微生物的生长、繁殖。食品在冻结状态下储藏，冻结前污染的微生物数随着时间的延长会逐渐减少，但不能期待利用冻结可杀死污染的微生物，只要温度一回升，微生物就很快繁殖起来。所以食品冻结前要尽可能减少细菌污染，才能保证冻品的质量。

食品在－10℃时大部分水已冻结成冰，剩下的溶液浓度增高，水分活性降低，细菌不能繁殖。所以－10℃对冻结食品来说是最高的温度界限。国际冷冻协会（IIR）建议为防止微生物繁殖，冻结食品必须在－12℃以下储藏。为防止酶及物理变化，冻结食品的冻藏品温必须低于－18℃。

冻结阻止了细菌的生长、繁殖，但由于细菌产生的酶还有活性，尽管活性很小可还有作用，它使生化过程仍缓慢进行，降低了食品的品质，所以冻结食品的储藏仍有一定期限。

6.1.2　食品冻藏时的变化

经过低温速冻后的食品必须在较低的温度下冻藏起来，才能有效保证其冻结时的高品质。冻结食品一般在－18℃以下的冻藏室中储藏。由于食品中 90% 以上的水分已冻结成冰，微生物已无法生长繁殖，食品中的酶也已受到很大的抑制，故可做较长时间的储藏。但是在冻藏过程中，由于冻藏条件的变化，比如冻藏温度的波动，冻藏期又较长，在空气中氧的作用下还会使食品在冻藏过程中缓慢地发生一系列的变化，使冻藏食品的品质有所下降。储藏时间对冷冻产品的结构和特性的影响是至关重要的。

6.1.2.1　干耗与冻结烧

在冻藏室内，由于冻结食品表面的温度、室内空气温度和空气冷却器蒸发管表面的温度三者之间存在着温度差，因而也形成了水蒸气压差，冻结食品表面的温度如高于冻藏室内空气的温度，冻结食品进一步被冷却，同时由于存在水蒸气压差，冻结食品表面的冰结晶升华，跑到空气中去。这部分含水蒸气较多的空气，吸收了冻结食品放出的热量，密度减小向上运动，当流经空气冷却器时，就在温度很低的蒸发管表面水蒸气达到露点和冰点，凝结成霜。冷却并减湿后的空气因密度增大而向下运动，当遇到冻结食品时，因水蒸气压差的存在，食品表面的冰结晶继续向空气中升华。

这样周而复始，以空气为介质，冻结食品表面出现干燥现象，并造成质量损失，俗称干耗。冻结食品表面冰晶升华需要的升华热是由冻结食品本身供给的，此外还有外界通过围护结构传入的热量。冻藏室内电灯、操作人员发出的热量等也供给热量。

当冻藏室的围护结构隔热不好、外界传入的热量多、冻藏室内收容了品温较高的冻结食品、冻藏室内空气温度变动剧烈、冻藏室内蒸发管表面温度与空气温度之间温差太大、冻藏室内空气流动速度太快等都会使冻结食品的干耗现象加剧。开始时仅仅在冻结食品的表面层发生冰晶升华，食品表面出现脱水多孔层。长时间后逐渐向里推进达到深部冰晶升华。这样不仅使冻结食品内的脱水多孔层不断加深，造成质量损失，而且冰晶升华后留存的细微空穴大大增加了冻结食品与空气的接触面积。在氧的作用下，食品中的脂肪氧化酸败，表面发生黄褐变，使食品的外观损坏，食味、风味、质地、营养价值都变差，这种现象称为冻结烧。

冻结烧部分的食品含水率非常低，接近 2%～3%，断面呈海绵状，蛋白质脱水变性，并易吸收冻藏库内的各种气味，食品质量严重下降。

为了减少和避免冻结食品在冻藏中的干耗与冻结烧，在冷藏库的结构上要防止外界热量的传入，提高冷库外墙围护结构的隔热效果。20 世纪 70 年代，先进的国家开始建设新型的夹套冷库，使由外围结构传入的热量在夹套中及时被带走，不再传入库内，使冻藏室的温度保持稳定。如果冻结食品的温度能与库温一致的话，可基本上不发生干耗。

对一般冷库来讲，要维护好冷库的外围结构，减少外界热量传入；将冷库的围护结构外表面刷白，减少进入库内的辐射热量；维护好冷藏门和风幕，在库门处加挂棉门帘或硅橡胶门帘，减少从库门进入的热量，减少开门的时间和次数，减少不必要进入库房的次数，库内操作人员离开时要随手关灯，减少外界热量的流入。在冷库内要减少库内温度与冻品温度和空气冷却器之间的温差，合理地降低冻藏室的空气温度和保持冻藏室较高的相对湿度，温度和湿度不应有大的波动。

对于食品本身来讲，其性质、形状、表面积大小等对干耗与冻结烧都会产生直接的影响，但很难使它改变。从工艺控制角度出发，可采用加包装或镀冰衣和合理堆放的方法。冻结食品使用包装材料的目的通常有三个方面：卫生、保护表面和便于解冻。

包装通常有内包装和外包装之分，对于冻品的品质保护来说，内包装更为重要。由于包装把冻结食品与冻藏室的空气隔开，就可防止水蒸气从冻结食品中移向空气，抑制了冻品表面的干燥。为了达到良好的保护效果，内包装材料不仅应具有防湿性、气密性，还要求在低温下柔软，有一定的强度和安全性。常用的内包装材料有聚乙烯、聚丙烯、聚乙烯与玻璃纸复合、聚乙烯与聚酯复合、聚乙烯与尼龙复合、铝箔等。食品包装时，内包装材料要尽量紧贴冻品，如果两者之间有空气间隙，水蒸气蒸发、冰晶升华仍可能在包装袋内发生。

镀冰衣主要用于冻结水产品的表面保护，特别是对多脂肪鱼类来说。因为多脂鱼类含有大量高度不饱和脂肪酸，冻藏中很容易氧化而使产品发生油烧现象。镀冰衣可让冻结水产品的表面附着一层薄的冰膜，在冻藏过程中由冰衣的升华替代冻鱼表面冰晶的升华，使冻品表面得到保护。同时冰衣包裹在冻品的四周，隔绝了冻品与周围空气的接触，就能防止脂类和色素的氧化，使冻结水产品可做长期储藏。冻鱼镀冰衣后再进行内包装，可取得更佳的冻藏效果。在镀冰衣的清水中加入糊料或被膜剂，如褐藻酸钠、羧甲基纤维素、聚丙烯酸钠等可以强化冰衣，使附着力增强，不易龟裂。对于采用冷风机的冻藏间来说，商品都要包装或镀冰衣。库内气流分布要合理，并要保持微风速（不超过 0.2～0.4m/s）。

此外，在冻藏室内要增大冻品的堆放密度，加大堆垛的体积。因为干耗主要发生在货堆周围外露部分，使货堆内部空气相对湿度接近饱和，对流传热受到限制，则不易出现干耗。提高冻藏库装载量也相当重要。60t 容量，−10℃的冻藏库储藏牛肉，装满时每年的干耗量为 2%，堆装量为 20%时干耗量则增至 8.4%。如果在货垛上覆盖帆布篷或塑料布，可减少食品干耗。

6.1.2.2　冻藏食品的冰结晶的成长

在冻藏阶段，除非起始冷冻条件产生的冰晶总量低于体系热力学所要求的总量，否则在给定温度下，冰晶总量为一定值。同时冰晶数量将减少，其平均尺寸将增大。这是冰晶与未冻结基质间表面能变化的自然结果，也是晶核生长需求的结果。无论是恒温还是变温条件，趋势是表面的冰晶含量下降。温度波动（如温度上升）会使小冰晶的相对尺寸降低幅度比大冰晶的大。在冷却循环中，大横截面的冰晶更易截取返回固相的水分子。在冻藏阶段，冰晶尺寸的增大会产生损伤，从而使产品质量受损。再者，在冻藏过程中，相互接触的冰晶聚集在一起，导致其尺寸增大，表面积减小。当微小的冰晶相互接触时，此过程最为显著，一般情况是相互接触的冰晶会结合成一个较大的冰晶。

重结晶是冻藏期间反复解冻和再结晶后出现的一种结晶体积增大的现象。储藏室内的温度变化是产生重结晶的原因。通常，食品细胞或肌纤维内汁液浓度比细胞外高，故它的冻结温度也比较低。储藏温度回升时，细胞或肌纤维内部冻结点较低部分的冻结水分首先融化，经细胞膜或肌纤维膜扩散到细胞间隙内，这样未融化冰晶体就处于外渗的水分包围中。温度再次下降，这些外渗的水分就在未融化的冰晶体的周围再次结晶，增长了它的冰晶体。

重结晶的程度直接取决于单位时间内温度波动次数和程度，波动幅度愈大，次数愈多，重结晶的情况也愈剧烈。因此，即使冻结工艺良好，冰结晶微细均匀，但是冻藏条件不好，经过重复解冻和再结晶，就会促使冰晶体颗粒迅速增大，其数量则迅速减少，以致严重破坏了组织结构，使食品解冻后失去了弹性，口感风味变差，营养价值下降，见表 6-4。

表 6-4　冻藏过程中冰晶体和组织结构的变化情况

冻藏天数/d	冰晶体直径/μm	解冻后的组织状态	冻藏天数/d	冰晶体直径/μm	解冻后的组织状态
刚冻结	70	完全回复	30	110	略有回复
7	84	完全回复	45	140	略有回复
14	115	组织不规则	60	160	略有回复

即使在良好的冻藏条件下仍然难免会发生温度波动，这只能要求在冻藏室预定的温度波动范围内，尽量维持较稳定的储藏温度。如使用现代温度控制系统时，要求在一定温度循环范围内能及时地调整温度。因此，冻藏室内的温度经常从最高到最低反复地进行，一般大约 2h 一次，每月将循环 360 次。

在－18℃的冻藏室内，温度波动范围即使只有 3℃之差，对食品的品质仍然会有损害。温差超过 5℃的条件下解冻将会加强"残留浓缩水"对食品的危害。在有限传热速率影响下，冻藏室的温度不论如何波动，食品内部常会出现滞后或惰性现象，故食品内部温度波动范围必然比冻藏室小。在－18℃的储藏室内温度波动范围虽然只相差几度，但大多数冻制食品需要长期储藏，这样就会产生明显的危害。

6.1.2.3　色泽的变化

（1）脂肪的变色

多脂肪鱼类如大马哈鱼、沙丁鱼、带鱼等，在冻藏过程中因脂肪氧化会发生黄褐变，同时鱼体发黏，产生异味，丧失食品的商品价值。

（2）蔬菜的变色

蔬菜在速冻前一般要将原料进行烫漂处理，破坏过氧化酶，使速冻蔬菜在冻藏中不变色。如果烫漂的温度与时间不够，过氧化酶失活不完全，绿色蔬菜在冻藏过程中会变成黄褐色，如果烫漂时间过长，绿色蔬菜也会发生黄褐变，这是因为蔬菜叶子中含有叶绿素而呈绿色，当叶绿素变成脱镁叶绿素时，叶子就会失去绿色而呈黄褐色，酸性条件会促进这个变化。蔬菜在热水中烫漂时间过长，蔬菜中的有机酸溶入水中使其变成酸性的水，会促进发生上述变色反应。所以正确掌握蔬菜烫漂的温度和时间，是保证速冻蔬菜在冻藏中不变颜色的重要环节。

（3）红色鱼肉的褐变

红色鱼肉的褐变，最有代表性的是金枪鱼肉的褐变。金枪鱼是一种经济价值较高的鱼类，日本人有食金枪鱼肉生鱼片的习惯。金枪鱼肉在－20℃下冻藏 2 个月以上，其肉色由红色向暗红色、红褐色、褐红色、褐色转变，作为生鱼片的商品价值下降。这种现象的发生，是由于肌肉中的亮红色的氧合肌红蛋白在低氧压下被氧化生成褐色的高铁肌红蛋白的缘故。冻藏温度在－35℃以下可以延缓这一变化，如果采用－60℃的超低温冷库，保色效果更佳。

（4）虾的黑变

虾类在冻结储藏中，其头、胸、足、关节及尾部常会发生黑变，出现黑斑或黑箍，使商品价值下降。产生黑变的原因主要是氧化酶（酚酶）在低温下仍有一定活性，使酪氨酸氧化，生成黑色素所致。黑变的发生与虾的鲜度有很大关系。新鲜的虾冻结后，因酚酶无活性，冻藏中不会发生黑变；而不新鲜的虾其氧化酶活性化，在冻结储藏中就会发生黑变。

（5）鳕鱼肉的褐变

鳕鱼死后，鱼肉中的核酸系物质反应生成核糖，然后与氨基化合物发生美拉德反应，聚合生成褐色的类黑精，使鳕鱼肉发生褐变。-30℃以下的低温储藏可防止核酸系物质分解生成核糖，也可防止美拉德反应发生。此外，鱼的新鲜度对褐变有很大的影响，因此一般应选择鲜度好、死后僵硬前的鳕鱼进行冻结。

（6）箭鱼的绿变

冻结箭鱼的肉呈淡红色，在冻结储藏中其一部分肉会变成绿色。绿变现象的发生，是由于鱼的鲜度下降，因细菌作用生成的硫化氢与血液中的血红蛋白或肌红蛋白反应，生成绿色的硫血红蛋白或硫肌红蛋白而造成的。绿色肉发酸，带有异臭味，无法食用。

（7）红色鱼的褪色

含有红色表皮色素的鱼类如红娘鱼，在冻结储藏过程中常可见到褪色现象。这是由于鱼皮红色色素的主要成分类胡萝卜素被空气中的氧氧化的结果。这种褪色在光照下会加速。降低冻藏温度可推迟红色鱼的褪色。此外，用不透紫外光的玻璃纸包装，用0.1%~0.5%的抗坏血酸钠溶液浸渍后冻结，并用此溶液镀冰衣，可以防止红色鱼的褪色。

6.1.2.4 冻藏中的化学变化

（1）蛋白质的冻结变性

食品中的蛋白质在冻结过程中会发生冻结变性。在冻藏过程中，因冻藏温度的变动，冰结晶长大，会挤压肌原纤维蛋白质，使反应基互相结合形成交联，增加了蛋白质的冻结变性程度。通常认为，冻藏温度低，蛋白质的冻结变性程度小。钙、镁等水溶性盐类会促进鱼肉蛋白质冻结变性，而磷酸盐、糖类、甘油等可减少鱼肉蛋白质的冻结变性。

（2）脂类的变化

含不饱和脂肪酸多的冻结食品必须注意脂类的变化对品质的影响。鱼类的脂肪酸大多为不饱和脂肪酸，特别是一些多脂鱼，如鲱鱼、鲭鱼，其高度不饱和脂肪酸的含量更多，主要分布在皮下靠近侧线的暗色肉中，即使在很低的温度下也保持液体状态。鱼类在冻藏过程中，脂肪酸往往因冰晶的压力由内部转移到表层中，因此很容易在空气中氧的作用下发生自动氧化，产生酸败臭。当与蛋白质的分解产物共存时，脂类氧化产生的羰基与氨基反应，脂类氧化产生的游离基与含氮化合物反应，氧化脂类互相反应，其结果使冷冻鱼发生油烧，产生褐变，使鱼体的外观恶化。风味、口感及营养价值下降。由于冷冻鱼的油烧主要是由脂类氧化引起的，因此可采取降低冻藏温度、镀冰表、添加脂溶性抗氧化剂等措施加以防止。

6.1.2.5 溶质结晶及 pH 改变

经初始冷冻后，许多溶质在未冻结相中均为过饱和溶液，很快它们便会结晶或沉淀。这将改变溶质的相对含量及实际浓度，并最终改变其离子强度。由于改变了缓冲组分的比率，pH 也会发生变化。因这些因素影响其他分子的稳定性，因此溶液中分子的特性将随总成分的改变而继续发生变化。

6.1.2.6 其他因素引起的变化

冻藏对植物组织体系非常重要的冷冻损伤的影响包括蛋白质沉淀、脂类氧化、聚合物聚集、色素氧化或水解。例如，叶绿素转变成脱镁叶绿素后将严重影响其感官。冷冻前的热处理能加速某过程，在未经漂烫的组织中，冷冻能抑制正常的酶催化过程。在储藏期间，这些催化反应将继续进行，并产生大量不受欢迎的产物。具有代表性的酶为：脂酶、脂肪氧化酶、过氧化物酶、多酚氧化酶以及白芥子中的胱氨酸裂解酶。不充分的漂烫会使酶的活性残留，为了适当控制漂烫过程，有必要鉴别出何种酶使产品的色泽及风味发生变化。在不宜进行漂烫处理的场合，必须采取其他必要的措施抑制有害的酶催化过程。

这些措施常常与延长室温储藏农产品的方法相类似。目前存在许多有效的抑制剂。并非所有的品质下降过程均由酶催化作用而产生，因此根据该过程的化学机理，对于非酶过程的抑制也是很有必要的。且在冻藏期间，每一过程均有一个特征速率，如果可能，有必要选择储藏条件使此特征速率最小化。可以确信，在冻藏期间，通过使储藏温度接近或低于最大冻结浓缩玻璃态（在体系冻结时产生）的特征转变温度，许多重要的品质降级速率能被控制至最小化。

6.1.3　食品的冷冻损伤

冷冻损伤指由冷冻过程引起的组织中不可逆变化，在组织解冻后表现出来。冷冻损伤究竟是发生在冷冻过程中还是解冻过程中仍然不清楚，冷冻损伤是多种独立过程综合作用的结果。在考虑植物组织冷冻损伤机理时有四种过程是至关重要的，分别为：冷却损伤、溶质浓缩损伤、脱水损伤及来自冰晶体的损伤。

6.1.3.1　冷却损伤

冷却损伤指将植物组织暴露于低温环境所产生的结果。许多商品特别是来自热带地区的品种会出现冷却损伤。冷却损伤与冷冻损伤有明显的区别。虽然在 0℃ 以下也能发生类似效果，但冷却损伤可在组织暴露于 0℃ 以上的环境中产生，因此在 0℃ 以上不会发生冷却损伤的组织出现损伤应该归罪于冷冻损伤。引起冷却损伤产生的因素包括膜结构的变化（作为膜脂肪相变的结果）及膜蛋白形态的变化，其他蛋白质的形态变化也可产生同样效果。分子及组织水平上发生这些变化的结果，影响了代谢过程，生化反应发生了紊乱。在许多冷冻后解冻的产品中，细胞膜会发生功能损失。这很大程度上是由于脂肪的相变以及膜蛋白结构的变化引起的。除非采用特殊的预处理来保护细胞膜，否则在许多组织中，此变化为不可逆变化，但在许多低温生物学课本中所涉及的预处理方法却不适用于食品体系。

西红柿是一种能表现严重冷却损伤的原料，若于 10℃ 以下存放任何一段时间，则会出现异常代谢现象。异常代谢对风味的影响较大。

6.1.3.2　溶质浓缩损伤

由于冰晶的形成，未冻结介质中溶液浓度会增加。特别是离子浓度会增加，离子强度也上升。溶液体系的离子强度将影响生物大分子的形状与功能，如蛋白质的变性。特别是当体系离子强度增大时，带电分子之间的相互作用发生变化，分子聚集或沉淀现象可能发生。而这些变化都是不可逆的变化，因此体系的特性也发生永久性的变化。其他溶质浓度的增加也能导致体系分子组分间相互作用的变化。若浓度较高时，许多生物聚合物则更可能聚集。所有的这些结果都是溶质浓缩损伤引起的。

6.1.3.3　脱水损伤

由于未冻结基质中溶质的浓度增加，正如已经描述的，水分从细胞内渗透至细胞外部。细胞内脱水，体积缩小。因细胞体积的缩小，细胞内部结构必然发生改变。而细胞结构的物理特性可限制此变化的范围。例如，由于细胞壁被拉开后易弯曲、撕破，脱离细胞壁的细胞膜可能破裂。细胞膜可能折叠和失效。许多因体积缩小而产生的机械损伤便显现出来，这些损伤使细胞的组成器官完全遭受破坏。

6.1.3.4　来自冰晶体的机械损伤

冰晶坚硬且不易变形，更多的易弯曲细胞组分可能受力，并且在冰晶存在的区域内，由于冰晶本身缺乏弹性而引起局部应力集中，导致对结构的机械损伤。不断生长的冰晶的存在也会对易碎结构施加应力。当水分子添加到不断增加的表面引起冰层的推进时，冰"矛"穿过结构的流行图示是错误的。然而，如果弯曲发生，冰晶会在新的可能接近的区域生长，并阻止体系恢复到原来的形状。于是，在"棘轮机制"的作用下，冰晶能阻止瞬间变形的恢复，从而增强了机械损伤的潜力。由此机理产生的损伤可在解冻组织中发现，此时组织中存在大空穴，并被冰晶所占据。

6.1.3.5　冷冻损伤效应

植物组织体系中冷冻损伤的某些特征性结果包括代谢系统瓦解，酶系统紊乱，因细胞壁和细胞膜受损而造成的细胞膨压损失，以及细胞内水分永久性地渗透至细胞外（因细胞膜被损坏而在解冻过程中无法恢复）。在某些情况下，这种损伤产生的危害非常严重，因此必须采取措施以减少此后果。而这些措施本身却又会引起组织特性的显著变化。最具代表性的例子是漂烫（能导致体系酶变性、膨压损失，植物细胞致死等），但这激烈的热处理能阻止因酶活动而形成不理想产物的发展。由此生产的产品比未经漂烫就冷冻的产品更易被接受。

在许多动物细胞体系中冷冻损伤的最重要的起因是溶质浓缩损伤。由于没有坚固的细胞壁，尽管仍然可以看见脱水损伤，但机械损伤还是不普遍。

6.2　食品冻结特性和冻结装置

6.2.1　食品冻结过程特性

6.2.1.1　冰结晶的条件

水或水溶液的温度降低至冻结点时并不都会结冰，较多的场合是温度要降至冻结点以下，造成过冷却状态时，水或水溶液才会结冰。当冻晶产生时因放出相变热，使水或水溶液的温度再度上升至冰结点温度，如图6-3所示。

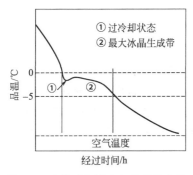

图6-3　冻结时食品中心温度的变化

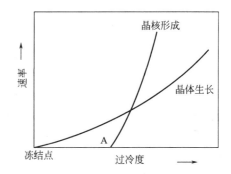

图6-4　晶核形成速率、冰晶生长速率与过冷却度的关系

称为"冰结晶之芽"的晶核形成是水或水溶液结冰的必要条件，当液体处于过冷却状态时，由于某种刺激作用会形成晶核，例如溶液内局部温度过低，水溶液中的气泡、微粒及容器壁等。由于温度起伏形成的晶核称为均一晶核，除此以外形成的晶核称为非均一晶核。食品是具有复杂组成的物质，其形成的晶核属于非均一晶核。

晶核形成以后，冰结晶开始生长。冷却的水分子向晶核移动，凝结在晶核或冰结晶的表面，形成固体冰。晶核形成速率、冰晶生长速率与过冷却度的关系如图6-4所示。图中A点是晶核形成的临界温度。在过冷度较小的区域（冻结点至A点之间），晶核形成数少，但以这些晶核为中心的冰晶生成速率快；过冷度超过A点，晶核形成的速率急剧增加，而冰晶生长的速率相对比较缓慢。

食品冻结时，冰晶体的大小与晶核数直接有关。晶核数越多，生成的冰晶体就越细小。缓慢冻结时，晶核形成放出的热量不能及时被除去，过冷度小并接近冻结点，对晶核的形成十分不利，生成的晶核数少且冰晶体大。快速冻结时，晶核形成放出的热量及时被除去，过冷度大，当超过 A 点后晶核大量形成，而且冰晶生长有限，生成大量细小的冰晶体。

为了促进晶核的生成，日本采用微生物作为冻结促进剂。一种已商品化的冰核活性菌，具有可形成水冻结时的晶核的功能，加快冻结的进行，减少能耗。经试验表明，可降低能量消耗 10%～15%。

6.2.1.2 冻结率

纯水通常在大气压下温度降至 0℃ 就开始结冰，0℃ 称为水的冰点或冻结点。食品中的水分不是纯水，是含有有机物质和无机物质的溶液，这些物质包括盐类、糖类、酸类及水溶性蛋白质、维生素和微量气体等。根据拉乌尔（Raoult）定律，溶液冰点的降低与溶质的浓度成正比。1kg 水中每增加 1mol 溶质，水的冰点下降 1.86℃（图 6-5），因此食品的温度要降至 0℃ 以下才产生冰晶，此冰晶开始出现的温度即食品的冻结点。由于食品的种类、动物类死后条件、肌浆浓度等不同，各种食品的冻结点也不相同。一般食品冻结点的温度范围为 −0.5～−2.5℃，参见表6-1。

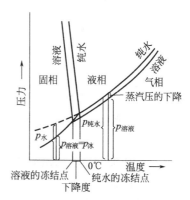

图 6-5 水的相图与冰点下降度

食品温度降至冻结点后其内部开始出现冰晶。随着温度继续降低，食品中水分的冻结量逐渐增多，但要食品内含有的水分全部冻结，温度要降至 −60℃ 左右，此温度称为共晶点。要获得这样低的温度，在技术上和经济上都有难度，因此目前大多数食品冻结只要求食品中绝大部分水分冻结。品温在 −18℃ 以下即达到冻结储藏要求。食品在冻结点与共晶点之间的任意温度下，其水分冻结的比例称冻结率（w_0），以质量分数表示，其近似值可用下式计算

$$w_0 = 1 - t_B/t \qquad (6\text{-}2)$$

式中 t_B——食品冻结点温度；

     t——食品冻结点以下的实测温度；

式(6-2)计算结果有点偏大，可以用下式计算得到更准确的结果

$$w_0 = 1.15/\{1 + 0.31/\lg[t + (1 - t_B)]\} \times 100\% \qquad (6\text{-}3)$$

两式中的温度均为摄氏温度，且不考虑负号。

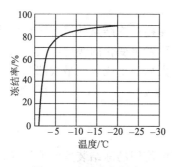

图 6-6 冻结率与温度

食品温度与冻结率的关系如图 6-6 所示，当温度达到共晶点时，$w_0 = 1$。如某食品的冻结点是 −1℃，当温度降至 −5℃，其冻结率就等于 0.8，当温度降至 −18℃ 时，其冻结率为 0.944，即 94.4% 的水分已结成了冰。

6.2.1.3 食品的冻结过程

通常把食品降温至冻结点以上的操作称为食品冷却，而把食品降温至冻结点以下的操作称为食品冻结。

食品冻结过程的本质是食品中的自由水随环境温度的降低，逐渐形成冰晶体的物理过程。食品中的水分大致分

为自由水和结合水两种形式。自由水是可以冻结成冰晶的水分,而结合水与固形物结合在一起,冷冻时很难冻结成冰晶。

（1）水的冻结曲线

冻结曲线是表示物体在低温环境下冻结时间与冻结温度变化关系的曲线。水冻结成冰的一般过程是先降温至过冷状态,而后由于体系达到了热力学的成核条件,水将在冻结温度下形成冰晶体。从图 6-7 中可以看出,水从液态到产生冰晶体的变化并非当温度一降到 0℃ 就立即发生,而是要先经过一个过冷过程。水在低于其冰点的某一温度时才开始冻结的现象称为过冷,即水温要降到低于冰点某一温度时才会出现从液态变为固态的相转变过程。过冷度是指水在低于冰点温度以下某一开始发生相变的温度与冰点温度的差,它对外界条件的反应

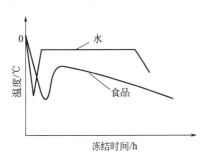

图 6-7　水和食品的冻结曲线

非常敏感。水在多大过冷度下才能开始出现冰晶则依体系所处条件的不同而异。例如,振动可使过冷的水在温度近冰点时出现冰晶,含有微小颗粒的水比纯净水更容易结冰等。较纯净的水在降温过程中需要较大的过冷度用于形成晶核,因此通常在其过冷温度达 -40℃ 时才出现冰晶。但是水一旦发生相变,水的温度即会很快回到冰点,并且在全部水冻结成冰以前,体系的温度将保持冰点不变。此即图 6-7 中水的冻结曲线在 0℃ 出现"冻结平台"的原因。

（2）食品的冻结曲线

各类食品都有一个初始的冻结温度,称为食品的初始冻结点,习惯上称为食品的冰点。食品在冷冻过程中,由于食品中往往含有大量的水分,因此,当温度不断下降至冻结点后,食品中的水分将发生冻结,这一过程与水冻结成冰的过程大致相似,如图 6-7 所示。但由于食品可以被看成是由固体成分与水分构成的溶液体系,食品中的水分是作为溶液中的溶剂存在的,因此食品的冻结过程又有自身的特点。根据溶液的依数性,其初始冻结温度总是比纯水的冰点要低。食品中的水分含量和存在状态与食品的冻结点有密切的关系。一般而言,同一种食品的冻结点与其含水量呈正相关。

食品在冻结时的温度与时间的关系是一条温度随时间不断变化的曲线,通常可出现类似于水冻结时的过冷过程和较短时间的"冻结平台"。食品的过冷度不是一个定值,而与食品的种类有关。例如,肉、禽类的过冷度一般可达 5～6℃,蛋品为 13℃,牛奶为 6℃,草莓 1～2℃,而有些食品则没有过冷现象。因此过冷现象不是食品冷冻过程中要考虑的主要问题。食品中的水在形成冰晶时的过程不是等温的,主要原因是随着冰晶体从溶液中不断析出,溶液的浓度不断增加,从而导致残留溶液的冻结点不断下降。研究表明,即使在温度已远低于冰点的情况下,食品中的自由水仍有一小部分不能被冻结,而对于这部分未冻结的高浓度溶液,只有当温度继续降低至低共熔点时,才会凝结为固体。

根据对食品冻结规律的研究,食品在冻结时大部分水分是在接近冻结点的温度区域内形成冰晶体的。随着冻结的进行,水分冻结率在后期随温度降低而发生变化的幅度不大。根据这一特征,通常把水分冻结率发生变化最大的温度区域称为最大冰晶生成区或最大冰晶生成带。大部分食品及食品原料的最大冰晶生成区为 -5～-1℃。

6.2.1.4　食品的冻结速率与食品品质的关系

（1）冻结装置的冻结速率

食品冻结速率的表示方法详见 2.2 节相关内容。目前生产中使用的冻结装置的冻结速率大致为:

ⅰ. 慢速冻结，在通风房内，对散放大体积材料的冻结，冻结速率为 0.2cm/h；

ⅱ. 快速或深温冻结在鼓风式或板式装置中冻结零售包装食品，冻结速率为 0.5～3cm/h；

ⅲ. 速冻或单体快速冻结，在流化床上对单粒小食品快冻，冻结速率为 5～10cm/h；

ⅳ. 超速冻采用低温液体喷淋或浸渍冻结，冻结速率为 10～100cm/h。

（2）冻结速率与食品质量的关系

① 冻结速率与冰结晶的关系　冻结对食品质量的影响主要与冰结晶有关。不论是一瓶牛奶、一块肉或一个蘑菇，都不会转瞬间同时均匀地冻结，也就是说液体绝不会同时立即从液态转变成固态。例如将一瓶牛奶放入冻结室内，瓶壁附近的液体首先冻结。而且最初完全是纯水形成冰晶体。随着冰晶体的不断形成，牛乳中未冻结部分的无机盐类、蛋白质、乳糖和脂肪的含量就相应增浓。随着冻结的不断进行，牛乳冻结的温度不断下降，含有溶质的溶液也就随之不断冻结，未冻结部分的溶液的浓度不断增加，最后牛乳中部核心位置上还有未冻结的高浓度溶液残留下来。如果温度降到足够低（达到低共晶点）时，最后牛乳也有全部冻结固化的可能。

动植物组织的水分存在于细胞和细胞间隙，或结合、或游离。在冻结过程中，当温度降低到食品的冻结点时，那些和亲水胶体结合较弱或存在于低浓度部分中的水分，主要是处于细胞间隙内的水分，就会首先形成冰晶体。这样，冰晶体附近的溶液浓度增加，与细胞内汁液形成渗透压力差；同时由于水结成冰，体积膨胀，对细胞会产生挤压作用；再者由于细胞内汁液的蒸汽压大于冰晶体的蒸汽压，使得细胞内的水分子不断地向细胞外转移，并聚集在细胞间隙内的冰晶体周围。这样存在于细胞间隙内的冰晶体就不断增大。

如果缓慢冻结，冰晶首先在细胞外的间隙中产生，而此时细胞内的水分仍以液相形式存在。由于同温度下水的蒸汽压大于冰的蒸汽压，在蒸汽压差的作用下，细胞内的水分透过细胞膜向细胞外的冰结晶移动，使大部分水冻结于细胞间隙内，形成大冰晶，并且数量少、分布不均匀。由于食品冻结过程中因细胞汁液浓缩，引起蛋白质冻结变性，保水能力降低，使细胞膜的透水性增加。缓慢冻结过程中，因晶核形成量少，冰晶生长速率快，所以生成大冰晶。水变成冰体积要增大 9% 左右，大冰晶对细胞膜产生的胀力更大，使细胞破裂，组织结构受到损伤，解冻时大量汁液流出，致使食品品质明显下降。

如果快速冻结，细胞内、外几乎同时达到形成冰晶的温度条件，组织内冰层推进的速率也大于水分移动的速率，食品中冰晶的分布接近冻前食品中液态水分布的状态，形成的冰结晶数量多、体积小，细胞内与细胞间都有冰晶形成。这样的冰结晶对细胞的机械损伤轻，解冻时汁液流失少，可以较好地保存食品的质量与营养成分。这种情况对于植物性食品尤为重要。植物性食品的细胞壁比较厚，且缺乏弹性，压力的承受能力远小于动物性食品的原生质膜，后者是由肌纤维构成的。冻结植物性食品时，如果冻结的速率慢，冰晶大部分在细胞间形成，且冰晶颗粒大，容易损伤细胞膜，解冻时有大量的汁液外流。因此，水果、蔬菜一定要快速冻结。冻结速率与冰结晶形状之间的关系见表 6-5。冻结食品组织内冰结晶的分布情况见图 6-8 所示

表 6-5　冻结速率与冰结晶形状之间的关系

冻结速率通过0～ −5℃的时间	冰结晶				冰层推进速率 I；冰层移动速率 v/(cm/h)
	位置	形状	大小（直径×长度）	数量	
数秒	细胞内	针状	(1～5)μm×(5～10)μm	无数	$I \geqslant w$
1.5min	细胞内	杆状	(0～20)μm×(20～500)μm	多数	$I > w$
40min	细胞内	柱状	(50～100)μm×100μm 以上	少数	$I < w$
90min	细胞外	块粒状	(50～200)μm×200μm 以上	少数	$I \leqslant w$

速冻前的细胞组织

速冻后的细胞组织

慢冻后的细胞组织

图 6-8   速冻和慢冻晶体大小与分布比较

② 冻结速率与蛋白质变性   肌肉蛋白质尤其是肌球蛋白在 2~3℃ 温度范围内变性速率最快。快速冻结时，食品在此温度范围内停留时间很短，肌球蛋白的变性程度很轻。

③ 冻结速率与淀粉老化   淀粉老化最适宜的温度区间为 −1~1℃，提高冻结速率，可以减轻 α 淀粉 β 化。

④ 冻结速率与食品膨胀压   水在 4℃ 时的质量体积最小，如果把 4℃ 时的单位质量的水的体积定义为 1，当高于或低于 4℃ 时单位质量的水的体积都要增大。当 0℃ 时的水变成同温度的冰时，其体积会增大到 4℃ 时水的 1.09 倍，增大 9%。结冰后随着温度的下降，冰的体积虽然也有所收缩，但是微乎其微，只有几万分之一。即使温度降低至 −185℃，也远比 4℃ 时水的体积要大得多，所以含水分多的食品冻结时体积会膨胀。比如牛肉的含水量为 70%，水分冻结率为 95%，则牛肉的冻结膨胀率为 6%。

食品冻结时表面水分首先冻结成冰，然后冰层逐渐向内部延伸。当内部的水分冻结膨胀时会受到外部冻结层的阻碍，于是产生内压，即冻结膨胀压。膨胀压会引起食品细胞结构的损伤。食品的尺寸越大，冻结速率越快，食品内外层温差越大，食品内部的膨胀压就越大。液氮冻结食品时，食品发生龟裂就是由膨胀压引起的。

因此，冻结速率过快也有不利的一面。

⑤ 冻结速率与微生物和酶   冻结速率快，可以很快抑制食品中的微生物和酶的作用，有利于保存食品的质量。所以，人们总是希望食品的冻结速率尽可能地快，并千方百计地改进冻结装置，以期加快冻结速率。但是，近年来，人们开始对冻结速率的重要性有所反思，认为不应当过分评价冻结速率的重要性。其理由如下。

ⅰ．影响冻结食品质量的因素是多方面的。冻结食品作为商品在销售前的商品价值的高低和冻结食品作为食品在食用时的营养价值的高低，与许多因素有关。原料的好坏、冷冻加工及前处理（如果蔬速冻前的烫漂和牛羊肉的成熟）、食品的包装，这三方面的因素都会影响食品的质量。不能片面地、单纯地强调冻结速率的影响。

ⅱ．冻结过程中形成的冰结晶，在冻藏过程中是发生变化的。由于小冰晶的蒸汽压大于大冰晶的蒸汽压，水蒸气从小冰晶向大冰晶转移，导致小冰晶消失，大冰晶进一步增大。这在某种程度上抵消了快速冻结的好处。

ⅲ．当食品体积较大时，食品表层和深层的冻结速率不可能保持一致。随着结冰面逐渐向深层推进，热量导出的距离加大，热阻增加，冻结速率逐渐减慢。尽管如此，表层与深层在质量上并没有什么差异。

ⅳ．冻结速率对食品质量的影响程度与食品的种类有关。植物性食品的细胞对冻结膨胀压力的承受能力小，易受到冰结晶的机械损伤，解冻后水分很难回到细胞内，形成大量的汁液流失。因此，植物性食品一定要采用快速冻结。动物性食品的细胞不易受到冰结晶的损伤，即使在缓慢冻结中转移到细胞外的水分，解冻后大部分能重新回到细胞内，解冻后汁液流失较少。因此，动物性食品（部分例外）不像植物性食品那样非快速冻结不可。

Ⅴ．在食品的冻结储藏中，食品的温度发生波动是不可避免的。食品温度升高时，一部分冰晶融化，溶液变稀；食品温度降低时，部分水分重新结冰，溶液变浓。同样是波动1℃，食品温度低和食品温度高时，冰融化量是不一样的。这从食品的结冰率即可了解。对于冰点为−1℃的食品，若温度为−10℃，温度升高1℃时，结冰率从90％降到89％。若食品温度为−20℃时，温度升高1℃，结冰率从95％降到94.7％。很明显，食品的温度越低，温度波动引起的冰结晶融化量越少，对食品质量造成的影响就越轻微。正因为如此，近年来，食品冻藏温度有进一步降低的趋势。即要把快速冻结和深度冻结结合起来，而不是单纯提高冻结速率。

6.2.2　食品冻结的传热和冻结时间的计算

6.2.2.1　食品冻结过程的传热和温度分布

（1）食品冻结过程的传热

根据传热学原理可知，固态食品和黏稠流体食品的冻结以及食品间歇式冻结操作时的热交换均属于非稳态传热过程。在非稳态传热过程中，食品冷冻时各部位的温度、密度和传热速率等可能不同，而且还会随时间而变化。在经过足够长的时间后，食品各部位的温度趋于一致，且与冷冻介质的温度接近，此时的温度分布又呈现新的平衡状态。根据对冷冻介质与食品接触基本方式的分析，冷冻过程包含外部非稳态传热和内部非稳态传热两个过程。外部非稳态传热过程是食品与冷冻介质之间在食品表面发生的传热过程，又可分为冷冻介质的直接接触传热和间接接触传热两种方式。

当以流体为冷冻介质与固态食品接触时，其表面对流传热系数 α 是与冻结效果关系最密切的因素之一，α 的大小由冷冻介质的物性、流速和食品的表面状态决定。由于冷冻介质在食品表面存在层流层或层流内层，且其中有明显的温度梯度，因此传热方式主要是热传导。冷冻过程的另一个传热过程是食品内各部分之间在没有宏观相对运动的情况下能量传递的过程，称为非稳态热传导，其传热流量与食品物料的热导率、物料的尺寸以及温度梯度有关。

（2）冻结过程中食品温度的分布

冻结过程中食品温度分布是：对于成分均匀且几何形状规则的食品，其几何中心的温度最高，食品表面温度最低，食品内部按一定规律形成温度梯度。外部传热的推动力是食品表面与冷冻介质的温度差。食品表面温度总的趋势是在温度差的作用下持续降低，传热推动力也随之逐渐减小。而在实际操作中，食品表面温度是不断变化的，且温度差直至冻结结束也不会缩小到可以忽略。这是因为表面传热温差与内部传热温差在整个冻结过程中不断变化、密切相关，且温度差消失的过程极为缓慢。

内部传热的推动力来自食品表层与内部的温度差。冷冻开始时，食品中各部分的温度可视为均匀一致，当食品表面降温后，食品内部与表面形成了温度梯度，内部的热量逐渐向表面移动，使内部温度不断降低。因此一般冻结计算中采用的冻结终了温度是一个平均温度，此温度比较简单的求算方法是冻结结束时取食品表面温度与中心温度的算术平均值。

（3）食品冻结热量的分配

食品冻结的热负荷计算详见4.3节相关内容。一定质量的食品，在冻结过程中所放出的热量由三部分组成，即冷却阶段放出的热量、冻结阶段放出的热量和冻结后到冻结终温所放出的热量，如果有些果蔬类食品在冻结时未经其他处理，就可以满足冻结条件的，还必须考虑在冷却阶段的呼吸热。

值得注意的是，有些书中将冻结过程的耗冷量的第三部分又细分为三个部分：即食品中已冻结成冰的部分温度下降过程的耗冷量、未冻水分的耗冷量及食品中干物质的耗冷量。分得越细计算会相对繁琐，在计算中可通用焓差法。

食品冻结过程中，各部位的降温速率是不一样的，如食品某一部位的温度高于冻结点，而其他部位低于冻结点，则上述三部分热量同时放出；如食品任一部位的温度均低于冻结点，则冻结时只有两部分热量放出。

从图 6-9 可看出，食品冻结时的三部分热量是不相等的，以水变成冰时放出的热量为最大。由于水在食品中的含量一般都大于 50％，因此 $Q_2 > Q_1 + Q_3$。冻结时的总热量与食品中含水量密切有关，含水量高的食品其总热量亦大。从图上又可看出，第二部分水变成冰放出的热量中，以 $-1 \sim -5$℃温度区间放出的热量为主导。表 6-6 所示的数据是以鱼为对象，计算其各降温阶段放出的热量。计算时的参数为：鱼的初温 +15℃，终温为 −20℃，$w = 78\%$，$c_0 = 3.43 \text{kJ}/(\text{kg} \cdot \text{K})$，$c_s = 1.76 \text{kJ}/(\text{kg} \cdot \text{K})$。从表中可以看出，降温各阶段所放出的热量，其中一半以上是在 $-1 \sim -5$℃温度范围内放出的，所以食品冻结过程中的热量放出是不均衡的。

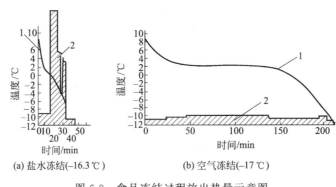

(a) 盐水冻结 (−16.3℃)   (b) 空气冻结 (−17℃)

图 6-9　食品冻结过程放出热量示意图

1—冻结温度曲线；2—冻结过程中放出的热量

表 6-6　不同降温阶段鱼体放出的热量及百分比

鱼体降温段/℃	+15～−1	−1～−5	−5～−12	−12～−20	+15～−20
放出热量/(kJ/kg)	55.27	184.73	52.30	34.92	327.21
占放出总热量的百分比/%	16.8	56.5	16.0	10.7	100.0

6.2.2.2　冻结时间的计算

冻结时间是指食品从初始温度（通常高于食品的冰点）冻结到规定温度所需要的时间。冻结时间与冻结速率密切相关，是设计食品冻结装置的重要依据。食品的冻结时间与多种因素有关，如食品的形状、食品的热物理性质、冻结点、冷却介质温度以及冻结装置的特性等，很难用数学分析准确求解。目前，常见的几种求解方法基本是在较多假设条件范围内，经过试验修正后获得。其计算公式见 4.4 节相关内容。

6.2.3　食品的冻结方法和冻结装置

6.2.3.1　影响冻结食品质量的因素

快速冻结食品的质量是否良好，与冷加工过程的各个环节有直接关系，其主要影响因素如下。

（1）原料的性质

① 初始质量　具备冻结加工条件的食品，初始质量好坏直接影响速冻食品的质量。一般认为，初始质量越好或新鲜度越高，其冻结加工质量就越好。对于果蔬类食品，不适采摘方式、虫害、农药污染严重以及采摘时造成机械损伤等都不利于冻结加工。对于肉类食品，屠宰前家禽的安静休息、冲洗干净、宰杀放血、干净卫生、胴体污染限制到最小程度以及对胴体进行适当冷却等，都是保证冻结质量的重要措施。为了保证鱼类及其他水产品的新鲜度，应在捕捞后迅速冻结。

② 果蔬收获、禽畜屠宰、渔获与冻结加工之间的时间间隔　实践证明，果蔬收获、禽畜屠宰、渔获与冻结加工之间的时间间隔越短，冻结加工后的食品质量越好。对于果蔬类食品，如青豌豆收获 24h 后再冻结加工会出现严重的脱水、变色等现象，即使采用先进的流态化冻结方法冻结，其产品质量，尤其是颜色、口感等都将大大下降。

（2）冻结前的加工处理

① 果蔬类食品冻结前的加工处理　果蔬类食品冻结前的加工处理包括原料的挑选及整理、清洗、切分、漂烫、冻结等环节。对每一环节必须认真操作，任何操作不当都会影响冻结质量。例如，在挑选、整理原料时，不能食用的部分是否摘除，大小是否均匀，清洗是否符合卫生标准，切分是否整齐，漂烫时间、温度是否达到要求，冷却温度的高低及冻结前需要包装的食品其包装是否严密等。

酶的数量及作用对于果蔬类食品冻结质量的影响尤为重要。酶是一种在有机体内促进化学转化的生物，对热十分敏感，在 -40℃ 以下或 70～100℃ 时丧失活性，而某一品种应控制一定的漂烫时间及温度。不经过漂烫直接进行冷冻不可能完全消除其活性。个别品种因工艺要求也可不经漂烫而直接冻结。

② 肉类食品冻结前的加工处理　为保持肉类食品鲜嫩度，冻结加工前需要有一个成熟过程，也就是经 0～4℃ 冷却间内预冷却或在温度 10～15℃ 状态下高温成熟。在此过程中，应该选择最佳冷却条件和冷却方式。一般认为低温冷却的空气以温度 0～4℃、相对湿度 86%～92%、流速 0.15～0.5m/s 为宜。目前，国外采用了一种两段式快速冷却方法，第一段空气温度为 -10～-5℃，第二段空气温度为 2～4℃。这种新工艺的优点是冷却肉质量好，即外观鲜艳、肉味鲜、干耗小。

（3）快速冻结过程的各种因素

如上所述，影响速冻食品质量的关键因素是冻结速率。与冻结速率有关的各种条件都是影响速冻食品质量的具体因素。主要有以下几点。

① 冷却介质温度的影响　在相同条件下，冷却介质温度越低，冻结速率越快。国际制冷学会推荐的冻结时间计算公式

$$\tau = \frac{\Delta i \rho}{\Delta t}\left(\frac{Px}{\alpha} + \frac{Rx^2}{\lambda}\right) \tag{6-4}$$

式中　Δi——食品初终温的焓差，kJ/kg；

ρ——食品的密度，kg/m³；

Δt——食品冰点与冷却介质间温差，℃；

α——对流传热系数，W/(m² · K)；

λ——食品的导热系数，W/(m · K)；

x——食品的定性尺寸，平板状食品取厚度，柱状及球状食品取直径，m；

P,R——分别为食品的形状系数。

如前所述，平板状食品：$P=1/2$，$R=1/8$；圆柱状食品：$P=1/4$，$R=1/16$；圆球状

食品：$P=1/6$，$R=1/24$。

根据式(6-9)可知，冷却介质温度越低，温差越大，τ值越小，即冻结时间越短。但需要指出的是：冷却介质温度越低，制冷装置的能耗越大，食品干耗也增大。因此，出于经济上的原因，应选择合适的冷却介质温度。根据目前我国的具体情况（采用氨作制冷剂），蒸发温度一般选择$-45\sim-35℃$之间。如果采用强制通风连续式冻结装置，那么冷却介质温度还与蒸发器结霜速率有关。当蒸发器霜层达一定厚度时，由于传热效果降低，冷却介质温度即相应升高，此时应及时融霜，以保证一定的冷却介质温度和冻结时间。

② 对流传热系数α值的影响　由传热学傅里叶公式可知，在快速冻结过程中，增大对流传热系数值是提高冻结速率的重要手段，但是实际上确定对流传热系数α值相当困难。经验表明，采用流态化冻结方法，空气流速、食品形状等是影响对流传热系数α值的主要因素。因此，对某一食品而言，适当提高空气流速可以提高冻结速率。例如，将青刀豆置于$-30℃$的静止空气中冻结，冻结时间大约需要 2h；在同一温度下，空气流速增加到 $4.5\sim5.0m/s$，则冻结时间只有 10min。

③ 食品成分的影响　各种食品的导热性因其成分不同而异。含水量较高的食品比含空气和脂肪高的食品导热性高。这是由于水的导热系数［$0.604W/(m\cdot K)$］比脂肪的导热系数［$0.15W/(m\cdot K)$］和空气的导热系数［$0.066W/(m\cdot K)$］都大的缘故。因此，在快速冻结过程中当冻结温度一定时，不同食品应保持不同的冻结时间，否则，不仅影响食品的冻结质量，而且造成能源浪费。

④ 食品规格的影响　食品的大小、薄厚是影响冻结速率的重要因素。较大、较厚的食品其冻结速率不可能很快，因为越接近食品的中心部位冻结越缓慢。式(6-9)冻结时间计算公式表明，在具有良好传热条件下，冻结时间与食品的厚度的平方成正比。因此，减小食品的厚度是提高冻结速率的重要措施。一般认为 $3\sim100mm$ 厚的食品可以获得最有利的冻结条件。

⑤ 食品冻结终止温度的影响　食品冻结终止温度一般应低于或等于储藏温度($-18℃$)，这有利于保持食品快速冻结状态下形成的组织结构。如果食品冻结终止温度高于储藏温度，那么就会出现食品的缓慢冻结，食品组织内部未冻结的水分就会生成较大的冰结晶，从而出现组织结构被破坏、蛋白质变性、解冻时汁液流失增加等现象，影响速冻食品的质量。

⑥ 机械传送方式的影响　采用连续式快速冻结装置冻结食品，机械传送方式一般不作影响速冻食品质量的因素考虑。但是实践证明，机械传递方式对速冻食品的质量确有一定影响，尤其是采用流化床快速冻结装置。适宜的机械传送可以防止物料与传送带黏结，从而保证物料本身的完整性和实现单体快速冻结。传送方式不当，容易造成物料与传送带黏结或物料与物料黏结，从而影响单体快速冻结。例如，采用水平传送带传送冻结食品，在微冻区往往会出现黏结现象，而在水平传送带上增加一定数量的驼峰，即可以防止物料与物料、物料与传送带黏结。

此外，机械传送装置的运行速率必须根据不同品种的要求做适当调整。运行过快，达不到规定的冻结时间，不能保证冻结质量；运行过慢，影响生产速度，能耗增加。

（4）冷藏、运输、销售及家庭储藏等环节的影响

在冷藏、运输、销售及家庭储藏过程中，影响速冻食品质量的因素主要是温度、湿度的波动及储藏方式。食品在快速冻结过程中，大约 90% 以上的水分被冻结，微生物与酶的作用被抑制，可以长期储藏。但是，如果在上述各环节中出现较大的温度和湿度的波动（尤其在$-18℃$以上的温度波动），再加上冷藏时间长而出现的缓慢氧化作用，往往使冻结食品析出冰结晶，发生干耗、变色等，从而使速冻食品质量下降。因此，为了保证速冻食品的质量和

单体快速冻结的特色，应尽可能形成冷藏、运输、销售及家庭储藏的冷藏链，使速冻食品始终处于－18℃以下的稳定温度条件下。

（5）速冻食品的优点

快速冻结食品具有如下优点。

ⅰ.避免在细胞之间生成大的冰晶体。

ⅱ.减少细胞内水分外析，解冻时汁液流失少。

ⅲ.细胞组织内部浓缩溶质和食品组织、肢体以及各种成分相互接触的时间显著缩短，浓缩的危害性下降到最低程度。

ⅳ.将食品迅速降低到微生物生长活动温度之下，有利于抑制微生物的增长及其生化反应。

ⅴ.食品在冻结设备中的停留时间短，有利于提高设备的利用率和连续性生产。

6.2.3.2　食品速冻装置

食品的冻结可以根据各种食品的具体条件和工艺标准，采用不同的方法和不同的冻结装置来实现。总的要求是，在经济合理的原则下尽可能提高冻结装置的制冷效率，加快冻结速率，缩短冻结时间，以保证产品的质量。

冻结装置是用来完成食品冻结加工的机器与设备的总称。从结构上看大致包括制冷系统、传动系统、输送系统、控制系统。最简单的冻结装置只有制冷系统。用于食品的冻结装置多种多样，分类方式不尽相同。按冷却介质与食品接触的状况可分为空气冻结法、间接接触冻结法和直接接触冻结法 3 种。其中每一种方法均包含了多种形式的冻结装置，如图 6-10 所示。

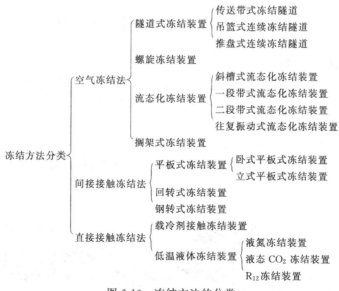

图 6-10　冻结方法的分类

6.2.3.2.1　空气冻结法

在冻结过程中，冷空气以自然对流或强制对流的方式与食品换热。由于空气的导热性差，与食品间的换热系数小，故所需的冻结时间较长。但是，空气资源丰富，无任何毒副作用，其热力性质早已为人们熟知，所以，用空气作介质进行冻结仍是目前应用最广泛的一种冻结方法。

（1）隧道式冻结装置

隧道式冻结装置共同的特点是，冷空气在隧道中循环，食品通过隧道时被冻结。根据食品通过隧道的方式，可分为传送带式冻结隧道、吊篮式连续冻结隧道、推盘式连续冻结隧道等几种。

① 传送带式冻结隧道　简单地讲，传送带式冻结装置由蒸发器、风机、传送带及包围在它们外面的隔热壳体构成。传送带式速冻装置是一种连续式冻结装置（其典型结构示意图和风向分布图如图 6-11 所示），其送风冷却器及送风机一般置于输送带的上部或下部，冷风由输送带的上部或下部垂直吹送，风速的设计多为 3～7m/s。输送带可分为网状与带状两大类（图示为带状），其速度可利用变速装置进行无级调节以适应不同的冻结食品冻结时间的需要。

隧道冻结装置的特点是结构简单、成本低、用途多，对不同冻结食品的适用性好（可以单体冻结，也可以装盘冻结），所以通用性强，且自动化程度高，但占地面积大。

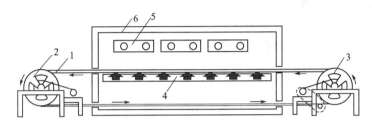

图 6-11　钢带连续冻结隧道装置

1—不锈钢传送带；2—主动轮；3—从动轮；
4—平板蒸发器；5—冷风机；6—隔热外壳

② 固定式冻结隧道　采用冷风机作为冷却设备，按照冷风的型式和空气流向可分为纵向吹风、横向吹风和吊顶式冷风机等三种。

纵向吹风冻结间：在冻结间的一端设置落地式冷风机，在吊轨上面铺设木制导风板，导风板与楼板之间形成供空气流通的风道，使冷风顺着冻结间纵向（即长度方向）循环流通。导风板的形式有两种：一种是仅在墙头留风口，空气沿着导风板吹到库房的另一端，其吹风示意图如图 6-12（a）所示，这种形式的空气流通距离长，使库温、风速分布不均匀，食品冻结时间相差较大，故要求冻结间不能太长。一般流通距离为12～18m。另一种在导板上沿着吊轨方向开长孔，其吹风示意图见图 6-12（b）所示。此种装置为间断性冻结装置。

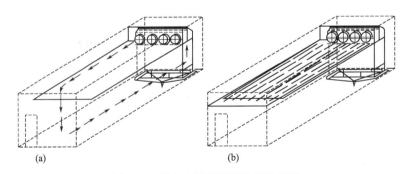

(a)　　　　　　　　　　　　　(b)

图 6-12　纵向吹风冻结间出风示意图

横向吹风冻结间在冷结间的一侧设置冷风机，使冷风在冻结间横断面内流通，其出风型式示意如图 6-13 所示。

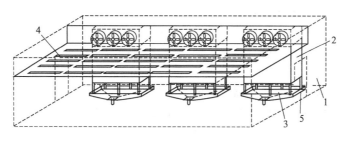

图 6-13　横向吹风冻结间出风型式示意图

1—冻结间；2—冷风机；3—冷风机水盘；4—挡风门路；5—门

（2）螺旋式冻结装置

为了克服传送带隧道冻结装置占地面积大的缺点，可将传送带做成多层，由此出现了螺旋式冻结装置，它是 20 世纪 70 年代初发展起来的，如图 6-14 所示是一单螺旋式冻结装置结构示意图。

螺旋式冻结装置也有多种型式，除单螺旋外还有双螺旋冻结装置。近几年来，人们对传送带的结构、吹风方式等进行了许多改进，例如，沈阳新阳设备制造厂采用国际上先进的堆积带做成传送带；美国弗列克斯堪的约公司在传送带两侧装上链环等。1994 年美国约克公司改进吹风方式，并取得专利等。

螺旋式冻结装置适用于冻结单体不大的食品，如饺子、对虾，经加工整理的果蔬，还可用于冻结各种熟食制品，如鱼饼、鱼丸等。

螺旋式冻结装置虽然是一种立体结构设计，拥有空间省、产量大、效率高的优点但其转鼓造成空间利用率低，使传送网带的宽度受到限制；输送网带因张力负荷变化而容易损坏；在小批量、间歇式生产时，耗电量大，成本较高。

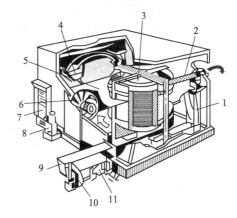

图 6-14　螺旋式冻结装置

1—平带张紧装置；2—出料口；3—转筒；
4—翅片蒸发器；5—分隔气流通道隔板；
6—风扇；7—控制板；8—液压装置；
9—进料口；10—传送带风扇；
11—传送带清洁系统

（3）流态化冻结装置

流态化单体速冻装置是利用高速气流上吹冻品，使之悬浮并快速冻结的设备（如图 6-15 所示为斜槽式流态化冻结装置示意图）。主要用于速冻蔬菜、虾仁和颗粒状食品。流态化单体速冻装置是 20 世纪 60 年代中期瑞典的 FRIGOSCANDIA 公司首先研制成功的。80 年代后我国先后从日本、瑞典、法国、美国、加拿大等国引进了数十台流态化单体速冻装置用于速冻果蔬食品，这是我国从国外引进的冻结装置中最多的一种。目前国内也有多个专业公司从事流态化单体速冻装置的生产。从技术水平上看，国产速冻装置的主要差距是：能耗指标大，这就要求研究出低温高效离心式风机取代现用的轴流式风机，同时使流化条件及保

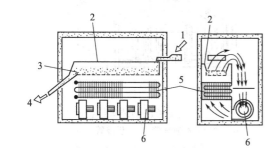

图 6-15　斜槽式流态化冻结装置示意图

1—进料口；2—斜槽；3—排出堰；4—出料口；5—蒸发器；6—风机

温性能得到改善；二是蒸发器传热性能差，国外都用铝合金管套铝肋片变片距结构的蒸发器，传热性能高，外形尺寸小，比国产的无缝钢管套肋片的蒸发器效率要高。这两方面改善后，国产流态化单体速冻装置就有望赶上国际先进水平。

（4）升降式冻结装置

为了使吹风速冻装置具有效率高、空间省、用途多、产量大、冻品干耗小的功能，台湾工研院能资所与开拓冷冻工业股份有限公司合作开发了升降式速冻设备。主要由围护结构、低温换热器和一组升降式传送装置组成，其中传送装置包含有一个下层水平输送机构、上升输送机构、上层水平输送机构、下降输送机构。冻品在被下层水平输送机送入冻结装置后，先由上升输送机构垂直向上输送，再由上层水平输送机构水平输送到冻结装置的另一侧，其后由下降输送机构垂直向下送回下层水平被送出速冻装置。

该速冻装置使作业流程立体化，延长了冻结作业区域，空间利用率高，降低了冷量损失，缩小了占地面积，使冻结效果接近接触式冻结装置，并利用适当的送风设计，配合隔板及导流板来增进冻结效果。

6.2.3.2.2 间接接触冻结法

间接冻结法指的是把食品放在由制冷剂（或载冷剂）冷却的板、盘、带或其他冷壁上，与冷壁直接接触，但与制冷剂（或载冷剂）间接接触。对于固态食品，可将食品加工为具有平坦表面的形状，使冷壁与食品的1个或2个平面接触；对于液态食品，则用泵送方法使食品通过冷壁热交换器，冻成半融状态。

（1）平板冻结装置

平板冻结装置的主体是一组作为蒸发器的空心平板，平板与制冷剂管道相连，它的工作原理是将冻结的食品放在两相邻的平板间，并借助油压系统使平板与食品紧密接触。由于食品与平板间接触紧密，且金属平板具有良好的导热性能，故其传热系数高。当接触压力为 $7\sim30\text{kPa}$ 时，传热系数可达 $93\sim120\text{W}/(\text{m}^2\cdot\text{℃})$。

平板冻结装置有分体式和整体式两种形式，分体式将装有冻结平板及其传动机构的箱体、制冷压缩机分别安装在两个基础上，在现场进行连接；整体式将冻结器箱体与制冷压缩机组组成一个整体，特点是占地面积小，安装方便。

根据平板的工作位置，平板式冻结装置可分为卧式平板冻结装置和立式平板冻结装置。图 6-16 和图 6-17 分别为卧式平板冻结装置和立式平板冻结装置结构示意图。

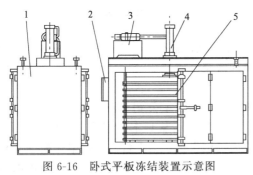

图 6-16　卧式平板冻结装置示意图

1—围护结构；2—电控箱；3—电机；
4—升降油缸；5—平板蒸发器

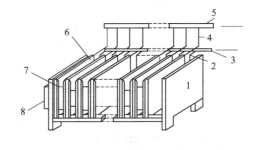

图 6-17　立式平板冻结装置结构示意图

1—机架；2,4—橡胶软管；3—供液管；5—吸入管；
6—冻结平板；7—连接螺杆；8—液压装置

① 卧式平板冻结装置　平板放在一个隔热层很厚的箱体内，箱体的一侧或相对的两侧有门。平板一般有 6～16 块，间距由液压升降装置来调节，冻结平板上升时，两板最大间距可达 130mm，下降时两板间距视食品冻盘间距而定。为了防止食品变形和压坏，可在平板

之间放入与食品厚度相同的限位块。冻结时，先将冻结平板升至最大间距，把食品放入，再降下上面的冻结平板，压紧食品。依次操作，直至把冻盘放进各层冻结平板中为止。然后供液降温，进行冻结。

卧式平板冻结装置主要用于冻结分割肉、鱼片、虾及其他小包装食品的快速冻结。

② 立式平板冻结装置　立式平板冻结装置的结构原理与卧式平板冻结装置相似，只是冻结平板垂直排列。平板一般有 20 块左右，冻品不需装盘或包装，可直接倒入平板间进行冻结，操作方便。冻结结束后，冻品脱离平板的方式有多种，分上进上出、上进下出和上进旁出等。平板的移动、冻品的升降和推出等动作，均由液压系统驱动和控制。平板间装有定距螺杆，用以限制两平板间的距离。

立式平板冻结装置最适用于散装冻结无包装的块状产品，也可用于有包装产品。与卧式冻结装置比较，立式平板冻结装置不用储存和处理货盘，大大节省了占用的空间。但立式的不如卧式的灵活，一般只能生产一种厚度的块状产品。

③ 平板冻结装置的特点　对厚度小于 50mm 的食品来说，冻结速率快，干耗小，冻品质量高。

在相同的冻结温度下，它的蒸发温度可比吹风式冻结装置提高 5～8℃，而且不用配置风机，电耗比吹风式减少 30%～50%。

可在常温下工作，改善了劳动条件；占地少，节约了土建费用，建设周期也短。

平板冻结装置的缺点是，厚度超过 90mm 以上的食品不能使用；未实现自动化装卸的装置仍需较大的劳动强度。

④ 平板冻结装置应注意的问题　使用平板冻结装置时，应注意使食品或货盘都必须与平板接触良好，并控制好两者之间的接触压力。压力越大，平板与食品的接触越好，传热系数越大。平板与食品之间若接触不良，会产生很大的接触热阻，冻结速率大为降低。

为了提高冻结效率，操作使用时需注意以下问题：ⅰ产品应具有规则的形状，如有 2 个平坦的平行表面，或者在受压后能变成这种形状；ⅱ包装应很好地充实，没有空隙；ⅲ装载用的盘子表面平坦；ⅳ平板表面应干净，没有外界物质或霜、冰等残渣。

（2）搁架冻结装置

搁架式排管冻结间也称半接触式冻结间。在冻结间内设置搁架或排管作为冷却设备兼货架，需要冻结的水产品、农副产品、分割肉块状食品可装在盘内或直接放在搁架上进行冻结，适用于每昼夜冻结量小于 5t 的情况。搁架或排管冻结间有空气自然循环式和吹风式两种。采用空气自然循环式时，排管与食品的热交换较差，冻结速率较慢，当室温为 -18～-23℃时，冻结时间则视冻品厚度和包装条件而定，一般为 48～72h。如果在冻结间内装上鼓风机，加速空气的循环，其风量可按每冷冻 1t 食品配 1000m³/h 计算。此时搁架式排管的传热系数增大，单位面积制冷量 q_F 也可增为 232.6W/m² 左右，当室温 -18～-23℃，冻结时间约为 16～48h 不等，

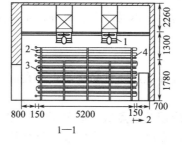
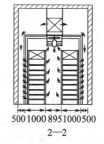

1—1　　　　　　　　　　2—2

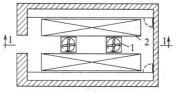

图 6-18　吹风搁架冻结装置
1—轴流风机；2—顶管；3—管架式排管；4—出风口

如冻结鱼和盘装鸡为 20h，冰蛋为 24h，箱装野味为 48h。目前，在实际的工程设计中，一般设计搁架式冻结间时为了配合快速冻结的需要，以加大冷量配置来缩短冻结时间，有的冻结时间可达几小时。其结构示意如图 6-18 所示。

搁架式冻结间的优点是设备结构简单，易于操作，又不必经常维修；缺点是管架的液柱作用较大，不能连续生产，进出货搬动劳动强度大，无吹风的搁架式冻结间内食品与空气间的换热效果较差。

（3）转筒式冻结装置

转筒式冻结装置工作原理如图 6-19 所示。它是一种新型的半接触式冻结装置，也是一种连续式冻结装置。其主体为一个回转筒，由不锈钢制成，外壁为冷表面，内壁之间的空间供制冷剂直接蒸发或供载冷剂流过换热，制冷剂或载冷剂由空心轴一端输入筒内，从另一端排出。冻品呈散开状由入口被送到回转筒的表面，由于转筒表面温度很低，食品立即粘在上面，进料传送带再给冻品稍施加压力，使它与回转筒表面接触得更好。转筒回转一周，完成食品的冻结过程。冻结食品转到刮刀处被刮下，刮下的食品由传送带输送到包装生产线。

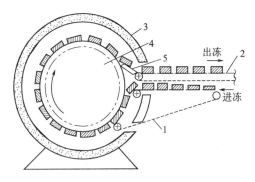

图 6-19　转筒式冻结装置工作原理
1—进冻传送带；2—出冻传送带；3—隔热外壳；4—转筒；5—刮刀

转筒的转速根据冻结食品所需时间调节，每转约数分钟。

制冷剂可用氨、R22 或共沸制冷剂，载冷剂可选用盐水、乙二醇等。该装置适用于冻结鱼片、块肉、虾、菜泥以及流态食品。

该装置的特点是：占地面积小，结构紧凑；冻结速度快，干耗小；连续冻结生产。

6. 2. 3. 2. 3　直接接触冻结法

该方法要求食品（包装或不包装）与不冻液直接接触，食品在与不冻液换热后，迅速降温冻结。食品与不冻液接触的方法有喷淋、浸渍法，或者两种方法同时使用。

（1）对不冻液的要求

直接接触冻结法由于要求食品与不冻液直接接触，所以对不冻液有一定的限制，特别是与未包装的食品接触时尤其如此。这些限制包括要求无毒，纯净，无异味和异样气体，无外来色泽或漂白剂，不易燃，不易爆等。另外，不冻液与食品接触后，不应改变食品原有的成分和性质。

（2）载冷剂接触冻结

载冷剂经制冷系统降温后与食品接触，使食品降温冻结。常用的载冷剂有盐水、糖溶液和丙三醇等。

所用的盐水浓度应使其冰点低于或等于 $-18℃$，盐水通常为 NaCl 或 $CaCl_2$ 水溶液，当温度低于盐水的低共熔点时，盐和水的混合物会从溶液中冻析，所以盐水有一个实际的最低冻结温度，例如，NaCl 盐水的实际冻结温度为 $-21.13℃$。盐水不能用于不应变成咸味的未包装食品，目前盐水主要用于冻结海鱼。盐水的特点是黏度小，比热容大，便宜；缺点是腐蚀性强，使用时应加入一定量的防腐蚀剂。常用的防腐剂为重铬酸钠（$Na_2Cr_2O_7$）和氢氧化钠（NaOH），用量视盐水浓度而定。

糖溶液曾经用于冻结水果，但困难在于要达到较低的温度，所需蔗糖溶液的质量浓度较大，如要达到 $-21℃$ 时，至少需要 62% 的质量分数，而这样的溶液在低温下已变得很黏，因此，糖溶液冻结的使用范围有限。

丙三醇-水的混合物曾被用来冻结水果，但不能用于不应变成甜味的食品。质量分数为67％的丙三醇水溶液的冰点为－47℃。另一种与丙三醇有关的低冰点液体是丙二醇，质量分数为60％的丙二醇与质量分数为40％水的混合物的冰点为－51.1℃。丙二醇是无毒的，但有辣味，为此，丙二醇在直接冻结法中的用途通常限于包装食品。要想达到更低的温度，可使用聚二甲基硅醚或右旋柠檬碱，其冰点分别为－111.1℃和－96.7℃。

　　下面介绍一种盐水浸渍冻结装置，图6-20是盐水冻结装置原理示意图。

　　用盐水浸渍冻结食品的历史已比较久远，20 世纪30 年代初日本等国就已在拖网渔船上使用。但是，由于盐水对设备的腐蚀，盐水会使食品变色及盐分渗入食品等原因，这种方法曾一度停止使用，后来，人们发现某些罐头食品的原料用此法冻结后，质量变化甚微；另外，用不透水的塑料薄膜将食品包装起来后再浸渍冻结，即可防止盐水渗入，又不会引起食品的变色。鉴于以上原因，盐水浸渍冻结装置又重新得到了应用。

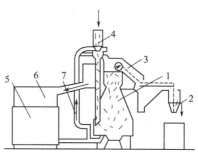

图 6-20　盐水冻结装置原理图

1—冻结器；2—冻鱼出料口；3—滑道（分离器）；4—进料口；5—盐水冷却器；6—除鳞器；7—盐水泵

　　盐水浸渍冻结装置主要用于鱼类的冻结。其特点是冷盐水既起冻结作用，又起输送鱼的作用，省去了机械送鱼装置，冻结速率快，干耗小。缺点是装置的制造材料要求较特殊。

　　（3）低温液体冻结装置

　　同一般的冻结装置相比，这类冻结装置的冻结温度更低，所以常称为低温冻结装置或深冷冻结装置。其共同特点是没有制冷循环系统，在低温液体与食品接触的过程中实现冻结。

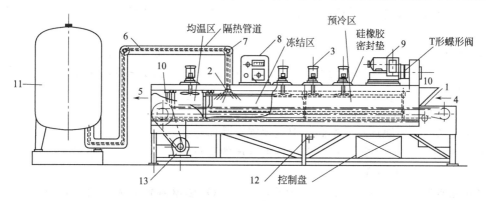

图 6-21　液氮喷淋冻结装置

1—不锈钢传送带；2—喷嘴；3—搅拌风机；4—进料口；5—出料口；6—供液氮管线；7—调节阀；8—温度计；9—排气风机；10—硅橡胶幕带；11—液氮储罐；12—电源开关；13—无级变速器

　　常用的低温液体有液态氮、液态二氧化碳和液态 R12。

　　① 液氮冻结装置　液氮冻结装置大致有浸渍式、喷淋式和冷气循环式 3 种。如图6-21所示为液氮喷淋冻结装置，它由隔热隧道式箱体、喷淋装置、不锈钢丝网格传送带、传动装置、风机等组成。冻品由传送带送入，经过预冷区、冻结区、均温区，从另一端送出。风机将冻结区内温度较低的氮气输送到预冷区，并吹到传送带送入的食品表面上，经充分换热食品预冷。进入冻结区后，食品受到雾化管喷出的雾化液氮的冷却而被冻结。冻结温度和冻结时间，根据食品的种类、形状可调整储液罐压力以改变液氮喷射量，以及通过调节传送带速

率来加以控制，以满足不同食品的工艺要求。由于食品表面和中心的温度相差很大，所以完成冻结过程的食品需在均温区停留一段时间，使其内外温度趋于均匀。

液氮的汽化潜热为 198.9kJ/kg，比热容为 1.034kJ/(kg·℃)，沸点为 −195.8℃。从沸点到 −20℃冻结终点所吸收的总热量为 383kJ/kg，其中，−195.8℃的氮气升温到 −20℃时吸收的热量为 182kJ/kg，几乎与汽化潜热相等。这是液氮的一个特点，在实际应用时，应注意不要浪费这部分冷量。

对于 5cm 厚的食品，经过 10～30min 即可完成冻结，冻结后的食品表面温度为 −30℃，中心温度达 −20℃。冻结每千克食品的液氮耗用量为 0.7～1.1kg。

液氮浸渍冻结装置，主要由隔热的箱体和食品传送带组成。食品从进料口直接落入液氮中，表面立即冻结。由于换热液氮强烈沸腾，有利于单个食品的分离。食品在液氮中只完成部分冻结，然后由传送带送出出料口，再到另一个温度较高的冻结间做进一步的冻结。

据研究，对于直径为 2mm 的金属球，在饱和液氮中的冷却速率高达 1.5×10^3℃/s；在前面我们也曾讲到，如果降温速率过快，食品将由于热应力等原因而发生低温断裂现象，影响冻结食品的质量。因此，控制食品在液氮中的停留时间是十分重要的。这可通过调节传送带的速率来实现。除此之外，如果冻品太厚，则其表面与中心将产生极大的瞬时温差，引起热应力，从而产生表面龟裂，甚至破碎。因此，食品厚度以小于 10cm 为宜。

液氮冻结装置几乎适于冻结一切体积小的食品。液氮冻结装置的特点如下。

ⅰ. 液氮可与形状不规则的食品的所有部分密切接触，从而使传热的阻力降低到最小限度。

ⅱ. 液氮无毒，且对食品成分呈惰性，而且由于替代了从食品中出来的空气，所以可在冻结和带包装储藏过程中使氧化变化降低到最小限度。

ⅲ. 冻结食品的质量高。由于液氮与食品直接接触，以 200℃以上的温差进行强烈的热交换，故冻结速率极快，每分钟能降温 7～15℃，食品内的冰结晶细小而均匀，解冻后食品质量高。

ⅳ. 冻结食品的干耗小，用一般冻结装置冻结的食品，其干耗率在 3%～6%之间，而用液氮冻结装置冻结，干耗率仅为 0.6%～1%。所以，适于冻结一些含水分较高的食品，如杨梅、西红柿、蟹肉等。

ⅴ. 占地面积小，初投资低，装置效率高。

液氮冻结的主要缺点是成本高，但这要视产品而定。

② 液态 CO_2 冻结装置　液态 CO_2 在大气压的沸点为 −78.5℃，汽化潜热为 575kJ/kg，比热容为 0.837kJ/(kg·℃)。

CO_2 在常压下不能以液态存在，因此，液态 CO_2 喷淋到食品表面后，立即变成蒸汽和干冰。其中转变为固态干冰的量为 43%，转变为气态的量为 53%，两者的温度均为 −78.5℃。液态 CO_2 全部变为 −20℃的气体时，吸收的总热量为 621.8kJ/kg，其中约 15% 为显热量，由于显热所占份额不大，一般没有必要利用，因此，液态 CO_2 喷雾冻结装置不像液氮喷淋装置那样做成长形隧道，而是做成箱形，内装螺旋式传送带来冻结食品。

由于 CO_2 资源丰富，一般不采用回收装置，当希望回收时，应至少回收 80%的 CO_2。

上面介绍了一系列食品冻结的方法和装置，随着经济的发展和人民生活水平的不断提高，人们对冻结食品的质量要求也会越来越高，相应地，食品冻结工艺就应朝着低温、快速的方向发展，冻品的形式也要从大块盘装转向体积小的单体。目前，究竟采用什么冻结装置来冻结食品，要考虑多方面的因素，如食品的种类、形态，冻结生产量，冻结质量等，而设备投资、运转费用等经济性问题也是必须考虑的。主要的因素如下。

ⅰ．冻结能力。在选择冻结装置时，首先应考虑生产量的问题。由于同一冻结装置可用于不同种类食品的冻结，其冻结时间也不一样。生产厂家已通过实验或计算机模拟测定了不同食品的生产量数值，在选择时可参考。

ⅱ．冻结质量。冻结质量主要与冻结速率、冻结终温、干耗量等有关。从技术方面来说，不管采用什么样的装置，都应力求做到快速、深度的冻结，但不同的食品受影响的程度也是不一样的。对于草莓，当冻结时间从 12h 减少到 15min 时，相应的失水率可从 20％降低到 8％，变化非常显著；而有些食品受冻结速率的影响则不是很明显。

ⅲ．经济性。冻结装置总的投资非常大，运行费用只占其中的 3％～5％，而包装费用是运行费用的几倍。谈到经济性，首先考虑的应是食品的质量损失，其经济价值基本与运行费用相当，若冻结的是海产品等贵重食品，则损失更大。在冻结过程中，食品的质量损失主要包括机械损失、质量降级损失和失水。机械损失包括食品的掉落，在冻结装置上的黏结等，对于好的冻结装置，这项损失几乎为零；质量降级主要包括食品断裂、破碎等现象也可以最大限度地避免，失水在各种冻结装置中总是存在的，与装置的好坏有很大的关系，如质量较差的冻结隧道的失水率为 3％～4％，而设计良好的则可以降低为 0.25％～1.5％。

6.3 食品冻结和冻藏工艺

6.3.1 食品速冻工艺

食品的快速冻结加工工艺目前尚无统一的规定标准。对于内销食品，各地区、各加工企业的加工工艺不尽相同。对于出口速冻食品，各加工企业一般都按外商提供的加工工艺标准和要求或企业标准进行加工，也没有完全统一的规定。由于速冻食品的品种繁多，某一类食品（如水饺）其规格品种多种多样，所以制定严格的统一标准是一件很复杂的工作。

6.3.1.1 肉类食品的冻结工艺

（1）胴体肉的冻结工艺

冻结胴体肉一般要用空气冻结。由于空气的导热性能差，要进行快速冻结是比较困难的。以前，胴体肉的冻结时间一般是 2～3d，牛胴体长达 80 多小时，现在倾向于缩短冻结时间，一般要求冻 24h。

冻结胴体肉、1/2 胴体肉和 1/4 胴体肉，可用二次冻结或一次冻结。二次冻结是先把 37～40℃的热鲜肉放在冷却间内冷却，然后把冷却肉放到冻结间内使中心温度降到 −15℃左右。一次冻结是将热鲜肉直接送到冻结间内冻结（肉出冻结间的平均终温与冻结间温度一致）。

在国外，如英国、美国、德国和日本等国仍主张采用先冷却后冻结的二次冻结工艺。肉类的冷却过程是在冷却间内完成的，整个冷却时间不要超过 24h。冷却终了时，胴体中心温度为 0～4℃。1/2 片猪白条肉的冷却条件如表 6-7 所示。

表 6-7　1/2 片猪白条肉的冷却条件

冷却过程	室温/℃	相对湿度/％	冷却过程	室温/℃	相对湿度/％
在装入冷却前	−4～−3	90～92	在装入 10h 后	−2～0	90～92
冷却间装满后	0～3	95～98	在装入 20h 后	−3～0	90～92

冷却后的胴体肉要立即送入冻结间进行冻结。冻结间温度一般为 −25～−23℃，空气相对湿度以 90％左右为宜，空气流速为 2～3m/s，将冷却的胴体肉由 0～4℃冻结到中心温度

为一15℃所需时间为 20～24h。

肉类的二次冻结工艺冻结时间较长，效率较低。目前我国主要采用肉类直接冻结工艺即一次冻结工艺。

一次冻结与二次冻结比较，冷加工时间大约缩短 40%；减少了大量的搬运因而节约了劳动力；提高了冻结间利用率；干耗损失降低。一次冻结对于小胴体肉如羔羊肉可能会产生解冻僵直，像牛的大胴体也会受到影响。为了达到较好的嫩度和减少汁液流失，一次冻结的牛肉在一18℃下至少要冻藏 4 个月，猪肉 3 个月。1/4 片牛肉的冷却条件如表 6-8 所示，羊腔的冷却条件如表 6-9 所示。

表 6-8 1/4 片牛肉的冷却条件

冷却过程	室温/℃	相对湿度/%	冷却过程	室温/℃	相对湿度/%
在装入冷却间前	一1	90～92	在装入 10h 后	一1～0	90～92
冷却间装满后	1～3	95～98	在装入 20h 后	一1～0	90～92

表 6-9 羊腔的冷却条件

冷却过程	室温/℃	相对湿度/%
在装入冷却间前	一1	90～92
冷却间装满后	0～4	95～98
在装入 10h 后	0～1	90～92

一次冻结，除猪肉不会产生冷收缩外，小胴体肉如羔羊肉提高冻结速率可以防止冷收缩，但不能防止解冻僵直，这就是目前一些国家对羔羊肉不采用一次冻结的原因。对牛胴体不可能达到足以防止冷收缩的冻结速率，所以肉总有剩余韧度。对冷收缩敏感的肉类（牛、羊肉）采用不完全冷却的方法，即把肉冷却到 10～15℃ 的适宜温度，而不是冷却到最终温度 3～7℃，直到僵直后再进行冻结。

胴体肉在冻结时应注意以下几点。

ⅰ.冻结间装载不要超负荷，超负荷不仅使冻结时间增加，而且影响肉的外观质量。

ⅱ.不同种类不同等级的胴体肉不应在同一冻结间内冻结，因为需要的冻结时间不同。

ⅲ.胴体肉吊挂在吊轨上要呈"品"字形排列，胴体间留有一定空隙，使整个冻结间内热交接条件大致相同。

胴体肉完成冻结后，即送入温度为（一18±1）℃、湿度为 95%～98%、风速 0.25m/s 下的冻藏间进行长期冻藏。

（2）分割肉的冻结工艺

所谓分割肉，是指将屠宰后经过兽医卫生检验合格的胴体，根据销售规格的要求，按部位进行切割修整，经包装的块肉。根据国内外市场需要，猪、牛、羊胴体均可冷加工成不同规格的带骨分割肉和去皮脂分割肉等。

分割肉的加工应在专用车间内进行，车间的设施和卫生场地要有一定要求。

国外一般采用 10～15℃ 的室温，国内多采用 15～20℃ 的室温，75%～85% 的相对湿度。分割剔骨时间应在肉僵直后，分割剔骨的最佳温度为 6～8℃。冻结分割肉，首先把分割肉在模子内包装成模块，模块可以放在冻结间（隧道）或平板冻结器内冻结。模块冻结时包装不能粘在肉上或模具上，冻结好后振动模子就可以使模块从模子中取出来。

根据分割肉块的大小来选择模具的大小，综合考虑认为，肉块的最佳厚度为 100mm，厚度增加冻结时间明显增加，厚度小于最佳厚度，虽可缩短冻结时间但不经济。

模块冻结时可根据模块大小选择冻结设备。例如，25kg 的大块剔骨肉可以在吹风冻结器内冻结，空气温度为－35～－30℃时，冻结时间为18～20h。冻结时间随空气温度、流速、肉块厚度不同而有所不同。

小包装分割肉（0.2～1.0kg）在平板冻结器内冻结。冻结时间取决于平板温度、包装厚度及包装材料的性质。例如，用玻璃纸包装的分割肉，从初温10℃冻结到终温－18℃，平板温度为－34℃，厚度为2.5cm、3cm、5cm、7.5cm、9cm时，冻结时间分别为30min、45min、84min、150min、190min。

冻结好的肉块装入瓦楞纸板箱内，送入冻藏间，骑缝码垛冻藏。冻藏温度为－18℃，冻藏期1年左右。

（3）副产品的冻结加工

牲畜屠宰后除胴体肉外其余的部分统称为副产品。头、蹄及可食内脏是副产品的主要组成部分。这些副产品收集起来后，要立即加工处理及冷却或冻结。冷却或冻结前的加工处理包括分类、清洗、沥水等工序。副产品经冷却后，应进行整形、装盘、分装，然后进行冻结。

在实际生产中，也有些副产品不经冷却而直接装盘冻结。但铁盘不能太深，冻品厚度不超过100mm，要求在24h内冻结完毕。

副产品的冻结应在有搁架排管形式的冻结间内进行，也可在白条肉冻结间中将冻盘放在框架上进行冻结。当副产品中心温度为－15℃时，即可出库。采用立式平板冻结器冻结副产品效果很好。当平板温度为－30℃时，只需5～6h即可，冻品温度达－15℃以下。

经过冻结的食用副产品，在－18℃温度下可保藏8个月。

6.3.1.2　禽类食品的冻结工艺

禽类包括鸡、鸭、鹅及野禽。禽肉往往比畜肉更受到人们的欢迎。这是因为禽肉在营养价值上更高一些，且肉质更为柔嫩细腻，滋味与风味更为诱人，更易于消化和吸收。

家禽肉的冷加工工艺流程是：宰杀—浸烫—拔毛—拉肠和去嗉囊—宰后检验—分品种（全禽、分割、熟制等品种）—复检、塞嘴、包头—称量分级—冷却—包装—冻结—冻藏。

为了保证禽肉的质量，对送往冷加工的禽肉有以下要求。

ⅰ. 禽体表面必须洁净，无残留羽毛、血迹或污物。

ⅱ. 放血彻底，体内不得有残留的淤血。

ⅲ. 拉肠时不得弄破肠、胆，若破断时，应及时用水冲洗，以免污染。体腔内不允许有粪便和胆汁。

ⅳ. 嗉囊去除完整，颈部不得有积食和淤血。

ⅴ. 出口禽肉不得进行二次冻结。否则，肉颜色深暗，外观不良，肉品质量降低。

ⅵ. 自宰杀加工到入冷时间不得超过2h。

冻鸡的加工目前有全鸡（分净腔和半净腔）和分割鸡两种。

全鸡的加工工艺流程是：麻电宰杀—分离颈皮，拉去食管、气管—剪去颈皮—挖肫、心、肝、胆—去除肫皮和胸口腺体—真空吸水—挂鸡—搌血水。

分割鸡加工工艺流程是：宰杀—割翅膀—割腿—拆骨—剪骨—挖内脏—斩颈—挖油送骨。

宰杀和加工后的家禽，肉体平均温度在37～40℃之间。具有这样高的体温和潮湿表面的禽体十分适于酶反应和微生物的生长繁殖。如不立即销售或用作加工原料，应及时进行冷却，使体内温度降至3～5℃。对肝、心、颈皮、鸡尾、肫等产品，在常温25℃以上时，要放在冷却间进行0.5～1h的冷却，避免肉变味。对于直接冻结的家禽，冻前要进行塞嘴、包头和整形。这样不仅可以防止微生物从口腔中侵入，并且使禽体美观。整形的方法通常是采用翻插腿翅法。即将双翅从关节以下反贴在禽体的背部,双腿从关节以下向臀部反贴,使双胫对称,双脚趾蹼分开并贴身。用塑料袋包装禽的操作方法是:将装入塑料袋中的禽腹部朝上,一只手按住禽的胸口部位,另一只手伸入袋内,将两腿向胸部推,使其缩紧形成球状,然后将塑料袋上的图案摆上,将袋口拉起,使禽竖立,袋口绕紧后用玻璃纸胶带封口,再顺手在禽背上向胸口处推一把,把缩到尾部的皮肤推回原处,以防冻结后颈根发红。禽的冻结一般是在空气中进行的,采用搁架排管或强烈吹风的形式冻结。冻结全禽时,如果是塑料袋包装,可放在带尼龙网的小车或吊篮上进行吹风冻结。没有包装的禽大部分放在金属盘内进行冻结,脱盘后再镀冰衣冻藏。分割禽也用金属盘冻结,然后脱盘包装。如果是搁架冻结间,则将金属盘直接放到管架上,盘与盘之间应留有一定的距离。在向冻结间进货时,应整批进入,一次进完,否则会引起冻结间温度波动,影响产品质量。冻结间的空气温度一般在-23℃以下,最好在-25℃或更低些,空气相对湿度在85%~90%之间,空气流速为2~3m/s,当禽体最厚部位肌肉温度达-16℃时,即可结束冻结过程。在上述温度、湿度和空气流速条件下,不同种类的禽,装在铁盘及箱子内的冻结时间如表6-10所示。

表 6-10　各种禽的冻结时间/h

禽的种类	铁盘冻结	装箱冻结
鸡	11	24
鸭	15	24
鹅	18	36

肉用鸡的冻结时间,过去采用旧的工艺,一般在18~24h。目前采用快速冻结工艺,即悬挂连续输送式冻结装置,使吊篮在-28℃的冻结间内连续运行,从不同角度受到风吹,因而经3~6h冻结,禽体中心温度即可达到-16℃,且冻结产品质量好,外形美观,干耗小(低于1%)。快速与慢速冻鸡的质量比较情况如表6-11所示。

表 6-11　快速和慢速冻鸡的质量比较

项目	慢冻鸡	快冻鸡	项目	慢冻鸡	快冻鸡
外观	禽体表皮干燥发红	滋润、乳白色或微红色	干耗	3%左右	无包装时2%左右
肌肉	发红	乳白色、微红色	品味	肉老、走味	肉嫩、味美
冰晶体	冰晶颗粒较大	冰晶颗粒细小			

无论是有包装的冻禽还是无包装的冻禽,在冻藏间都要堆垛冻藏。堆垛时必须注意坚固、稳定和整齐,不同等级、不同种类的禽不要混堆在一起。冻藏间的温度应保持在-18℃左右,相对湿度在95%~100%之间,空气流速以自然循环为宜。在这种条件下,鸡可保藏6~10个月,鸭、鹅可保藏6~8个月。

6.3.1.3　水产类食品的冻结工艺

我国水产资源丰富,水产品种类繁多,鱼虾贝藻风味各异,深受广大消费者喜爱。水产品因具有低脂、高蛋白质的特点,是合理膳食结构中不可缺少的重要组分,成为人们摄取动物性蛋白质的主要来源。

但是水产品容易腐败变质,必须加强保鲜和进行加工,才能使水产资源得到充分利用。把水产品加工成冷冻鱼糜和各种冷冻食品,不仅能较好地保持其营养价值和原有风味,而且还可提高其经济性,向消费者提供更多新款、优质、卫生、方便的冷冻食品,满足人们和社会生产的需要。鲜鱼在冻结前必须经过挑选和整理,剔除腐败变质和机械损伤的鱼及杂鱼,进行整理装盘。

鱼类整理的技术要求如下：两端鱼头整齐，鱼体不能弯曲，鱼头、鱼尾不能伸出盘外；表面平整，露出的背部呈波浪形，防止两端或中部有高低不平现象，影响堆垛工作；容易退色的腹部要藏在鱼体中间，防止与空气接触；首尾相互粘连，防止脱盘或搬运时部分脱落，影响定额重量；冷加工的鱼类，应保持形体完整，不应使用铁钩操作，以免造成鱼体的机械损伤；整理好的鱼应立即送入冷藏库内暂存或冻结，以防止鱼体的质量下降；鱼体装盘高度不能超出或接近鱼盘高度，防止脱盘困难和损伤鱼体。

　　按照冷却介质的不同，鱼的冻结有以下几种方法。

　　(1) 吹风冻结法

　　① 搁架式冻结法　将鱼盘放在管架上，再用风机吹风，风速为 1.5～2.0m/s，鱼盘与管架进行接触换热以及鱼与管架间的冷空气对流换热而冻结。冻结间温度为 -25～-20℃，相对湿度为 90%～95%。定时改变空气的流动方向，以保证冻结间内各部位降温一致。但风不能直接吹到鱼体上，以免引起鱼体因脱水过多而变白。这种方法设备简单，温度均匀，耗电量少，但用钢管多，劳动强度大。

　　② 强烈吹风冻结法　目前采用隧道式空气冻结装置。库温 -25～-20℃，鱼体终温达到 -18～-15℃，鱼块大小为 40cm×60cm×11cm，每块鱼重 15kg，放入冻鱼车的鱼盘内或吊轨上，每辆鱼车装 20 盘，冻鱼车双列布置，用冷风机强烈吹风，风速为 3～5m/s，冻结时间 8～11h，一般是一日冻 2 次。现在经改进，能使冻鱼车在室内自动转动。

　　(2) 平板接触冻结法

　　① 卧式平板冻结器　把鱼装在鱼盘中，鱼盘尺寸一般为 375mm×595mm×751mm，每盘鱼重 10～12kg，鱼盘平放在冻结平板上，开动油压系统，使平板与食品贴紧的压力为 6864.66～29419.95Pa。然后关好进货门，对平板供液降温制冷，致使与平板接触的鱼货迅速冻结。当鱼货厚为 60～80mm、氨蒸发温度为 -33℃ 时，经 2～3h 就可以将鱼冻结好。

　　② 立式平板冻结器　将鱼货装入各平板之间的空间，向平板机供液降温制冷，鱼货受两边平板迅速吸热而冻结成块。每块的厚度一般为 80～100mm，重量一般为 20～25kg，冻结时间为 3～4h。

　　卧式平板冻结器可以冻结已包装的食品，对于体型较小的水产品尤为适宜。

　　立式平板冻结器，操作简单，适用范围较大，可以冻结各种中小型鱼货，但不能冻结已包装的和大型鱼货。

　　(3) 盐水冻结法

　　① 接触式冻结　将低温盐水直接与鱼体接触，利用盐水的对流换热，使鱼体迅速冻结。接触式冻结分沉浸式和淋浇式两种。沉浸式冻结法是将鱼用铁丝笼装着浸入温度为 -18℃ 的盐水中，在盐水搅拌器的作用下，使鱼体温降至 -5～-4℃。淋浇式冻结法是将 -20℃ 左右的盐水，以淋浇或喷雾方式迅速喷注到鱼体上。这种方法的最大优点是鱼体冻结迅速，耗冷量少，冻结时间一般为 1～3h，在冻结过程中没有干耗。缺点是盐水会略微侵入鱼体表面，使鱼味变咸，鱼体变色，成形不规则。

　　② 非接触式冻结　将鱼放在容器中（如我国用 0.8～1.0mm 镀钢板制作成冻鱼桶，鱼块是 25kg），再将容器放入低温的盐水中，使鱼体与盐水有直接接触。这种方法的优点是，冻结速度快，冻结时间短，没有干耗，质量好。缺点是，盐水对设备的腐蚀性较大，使用寿命短，操作较麻烦，并要注意防止盐水漏入鱼货中。冻结完毕后的鱼应立即脱盘和包冰衣，然后进行冻藏。脱盘和包冰衣的场所应是阴凉的，并且有良好的给排水条件。

6.3.1.4　果蔬类食品冻结工艺

　　(1) 适合单体快速冻结的蔬菜

适合单体快速冻结的蔬菜一般有以下几类。

果菜类：青豆、豌豆、嫩蚕豆、茄子、西红柿、青椒、辣椒、黄瓜、西葫芦、丝瓜、南瓜等。

叶菜类：菠菜、芹菜、韭菜、蒜薹、小白菜、油菜、香菜等。

茎菜类：土豆、芦笋、莴笋、芋头、冬笋、香椿等。

根菜类：胡萝卜、山药等。

花菜类：菜花等。

食用菌类：鲜蘑菇如青菇、凤尾菇等。此外，还有葱、姜、蒜等。

适合部分蔬菜的速冻工艺流程基本是：

原料→清洗→去皮→切割→烫漂→冷却→沥干→速冻→装袋→装箱→冻藏

（2）适合单体快速冻结的水果

适合单体快速冻结的水果有葡萄、桃、李、樱桃、草莓、荔枝、板栗、西瓜、梨、杏等。

水果类食品速冻加工工艺流程基本是：

原料→冷却→清洗→分级→去皮、去核、切割→添加剂处理→包装→冻结→冻藏

6.3.1.5　面点制品的速冻工艺

面点制品主要指汤圆、水饺、馒头、包子、馄饨等以面粉为主制成的食品。速冻面点食品在全国各地都有生产，而且各地有各地的特色，如北京的黑窝窝头，天津的狗不理包子，上海的南翔小笼包子，广州的云吞，河南的汤圆、水饺等。在众多的面点制品中，尤以河南的汤圆、水饺在全国的速冻食品市场中占有的份额最大。

总之，速冻面点制品的生产在我国已呈迅猛发展之势。由于速冻面点制品的种类繁多，其生产工艺大致相同，在此仅以人们所熟悉的汤圆、水饺做一简单介绍。

6.3.1.5.1　速冻汤圆

（1）原料配方

以芝麻、花生为例，糯米粉 50kg，熟芝麻 20kg，熟花生 23kg，速冻油 12kg，白砂糖（细）45kg，水适量。

（2）工艺流程

制馅和制皮→包制→速冻→包装→冷藏

（3）制作方法

① 制馅　将芝麻水洗后烤熟或炒熟过筛备用。将花生炒熟去皮、拣选，和处理好的熟芝麻一起磨碎。白砂糖磨粉（60 目）后加入，再加入速冻油拌匀，最后加少量水使馅、料软硬合适，按要求团搓成重量不同的圆馅进行冻结。

② 制皮、包制　将糯米粉倒入和面机中，加入 43kg 水，搅拌和成光滑的粉团，取出分成不同重量的剂子。包入事先冻好的汤圆馅团成圆团，不得露馅、偏心等。

③ 速冻　将团好的汤圆摆入不锈钢托盘中，送入－30℃以下的速冻机中冻结。

④ 包装　将冻好的汤圆按照不同品种、不同规格的要求进行包装、装箱。

⑤ 冷藏　将包装、装箱的速冻汤圆尽快送入－18℃以下冷藏库中储藏。

6.3.1.5.2　速冻水饺

（1）原料配方

以三鲜水饺为例，精粉 50kg，猪肉 50kg，海参 10kg，大虾 10kg，玉兰片 10kg，葱花 5kg，姜末 0.5kg，味精 0.5kg，面酱 0.5kg，骨汤 25kg，食盐 1kg，花生油 5kg，香油 1kg。

（2）工艺流程

制馅和制皮→包制→速冻→包装→冷藏

（3）制作方法

① 制馅 将猪肉绞成碎肉，加入骨汤搅拌呈黏稠状。将海参切成小丁，大虾去皮切成小丁。玉兰片剁成末，然后混合在一起。加入花生油、面酱、葱花、姜末、味精、食盐、香油等，搅拌均匀即成馅。

② 制皮 将面粉倒入和面机中，加入25kg水，搅拌和成面团。取出饧10～30min，制成规格不同（10g、7.2g）的面片。

③ 包制 取擀好的面片，放入约15g的馅，捏合两边即成。

④ 速冻 将包好的水饺放入不锈钢托盘中，送入－30℃以下的速冻机中冻结。

⑤ 包装 将冻好的水饺按照不同品种、不同规格的要求进行包装、装箱。

⑥ 冷藏 将包装、装箱的速冻水饺尽快送入－18℃以下冷藏库中储藏。

6.3.2 食品的冻藏工艺

食品经过冻结后，应放入冻藏间储藏，简称冻藏。储藏期应尽可能使产品温度与储藏间温度处于平衡状态，以达到抑制产品中的各种变化的作用。由于冻结产品在冻藏时，其80%以上的水冻结成冰，故能达到长期储藏的目的。

6.3.2.1 食品的冻藏温度

我国目前冷库冻藏间的温度一般为－18～－20℃，而且要求在一昼夜间室温的升降幅度不得超过1℃。如库温升高，不得高于－12℃。当冻藏温度在－18℃时，要求空气相对湿度为96%～100%，而且只允许有微弱的空气循环，并要求产品在冻结时，其温度必须降到不高于冻藏间的温度3℃，然后再转库储藏。例如，冻藏间的温度为－18℃，则产品的冻结温度应在－15℃以下。但在生产旺季，对于就地近期销售的产品，冻结温度允许在－10℃以下；长途运输中装车、装船的产品冻结温度不得高于－15℃；外地调入的冻结产品，其温度如高于－8℃时，应复冻到温度－15℃后方可入低温冻藏。

产品在出库过程中，低温库的温度升高不应超过4℃，以保证库内产品的质量。

表6-12列举了国际冷冻协会（I.I.R）推荐的一些冷冻食品在不同冻藏温度下的食用储藏期。

从表中可以看出，在同一冻藏温度下，不同产品的冻藏期大体上存在如下规律：植物性产品的冻藏期长于动物性产品。在植物性产品中，蔬菜的冻藏期长于水果；在水果中，加糖水果的冻藏期长于不加糖的水果。畜肉的冻藏期长于水产类，在畜肉中，牛肉的冻藏期最长，羊肉次之，猪肉最短。少脂鱼的冻藏期长于多脂鱼，而虾、蟹的冻藏期则处于少脂鱼与多脂鱼之间。为了保持冻结水产品的良好品质，近年来，国际上冷藏库的储藏温度趋向于低温化，国际冷冻协会对水产品的冻藏温度做了如下推荐：少脂鱼类（如鳕鱼、黑线鳕）为－20℃，多脂鱼类（如鲱鱼、鲐鱼）为－30℃。如果少脂鱼类需要储藏1年以上，其冻藏温度必须为－30℃。为了保持库内温度的稳定，水产品在冻结装置中的冻结终温应达到－20℃。英国对所有冻结鱼类制品推荐的储藏温度为－30℃，这已被欧洲众多的冷库经营者所采用。美国认为水产品的冻藏温度应在－29℃以下，因为该温度下由细菌引起的腐败已完全被抑制，其他不良变化的进行速度也大为减缓。日本为了保持金枪鱼的鲜红色，采用了－40～－60℃的超低温冻藏温度。

表 6-12　一些冷冻农产品和食品的食用储藏期

序号	名　　称	储藏期/个月		
		−18℃	−25℃	−30℃
1	加糖的桃、杏或樱桃	12	18	24
2	不加糖的草莓	12	18	24
3	加糖的草莓	18	＞24	＞24
4	柑橘类或其他水果果汁	24	＞24	＞24
5	扁豆	18	＞24	＞24
6	胡萝卜	18	＞24	＞24
7	菜花	15	24	24
8	结球甘蓝	15	24	＞24
9	带棒的玉米	12	18	24
10	青豆	18	＞24	＞24
11	菠菜	18	＞24	＞24
12	牛白条肉	12	18	24
13	包装好的烤牛肉和牛排	12	18	24
14	包装好的肉糜(未加盐)	10	＞12	＞12
15	小牛白条肉	9	12	24
16	小牛烤肉和排骨	10	10～12	12
17	羊白条肉	9	12	24
18	烤羊肉和排骨	10	12	24
19	猪白条肉	6	12	15
20	烤猪肉和排骨	6	12	15
21	小腊肠	6	10	
22	腌制肉(新鲜而未经熏制)	2～4	6	12
23	猪油	9	12	12
24	小鸡和火鸡(包装良好、去内脏)	12	24	24
25	油炸小鸡	6	9	12
26	可食用内脏	4		
27	液态全蛋	12	24	24
28	多脂肪鱼	4	8	12
29	少脂肪鱼	8	18	24
30	比目鱼	10	24	＞24

另外，冻藏温度的变动也会给冻结水产品的品质带来很大的影响。如在−23℃或−18℃温度下储藏的鳕鱼片，如把它放置在−12～−9℃温度下 2 周，其储藏期缩短为原来的一半，因此，冻品在冻藏中的品质管理，不仅要注意储藏期，更重要的是要注意冻藏温度及其变动对冻品品质的影响。因此，必须十分重视冻品的冻藏温度，严格加以控制，使它稳定、少变动，才能使冻结食品的优良品质得到保持。

根据不同产品品种的要求和国际市场客户的要求，我国水产品冷库的冻藏温度正在逐步降低，已有部分冷库的库温达到−22℃、−25℃、−28℃，最低的达到−30℃及以下。

6.3.2.2　畜禽肉的冻藏工艺

广义地讲，凡作为人类食物的动物体组织均可称为"肉"。几乎各种动物均可剥用作为食用肉，但大多数人类消费的肉来自于家畜、家禽和水产动物，如猪、马、牛、羊、鸡、鸭、鹅和鱼、虾等。狭义地讲，"肉"指动物的肌肉组织和脂肪组织以及附着于其中的结缔组织、微量的神经和血管。肉的商品价值与营养价值取决于各种成分的数量与比例。

（1）冻藏条件与方法

冻结肉的储存条件对维持肉的品质尤其重要。根据肉类在冻藏期脂肪、蛋白质肉汁损失情况，冻藏温度不宜高于−15℃，而应恒定在−18℃左右，相对湿度95％～100％为宜。空气以自然循环为好。

但冻藏室的最适储藏温度要根据食品的种类和各国的情况及条件而定。我国目前冻藏室的温度为−18～−20℃，在此温度下，微生物的生长繁殖几乎完全停止，肉表面的水分蒸发量较小，肉内部的生物化学变化大大受到抑制，故肉类的耐藏性和营养价值的保持较为良好，制冷设备的运转费也比较经济。为了使冻藏品能长期保持新鲜度，近年来国际上的冷藏库储藏温度都趋向于−25～−30℃的低温。

日本F级冷藏室的空气温度规定在−20℃以下，温度变动在2℃以内。冻结品在−20℃以下的空气温度中储藏，一年内不会腐败，完全可以食用，营养价值没有多大变化。但与原状相比，表面干燥，色泽变差，内部变得粗糙且硬，液滴渗出，味道变差，商品价值和食用价值降低。因此该温度对防止肉内部变差、表面恶化所引起的商品价值下降是不够的。为此日本冻藏室的储藏温度趋向于−30℃以下，变动±2℃以内。

综上所述，冻结肉的冻藏室空气温度越低，冻结肉的质量越好。但是冻结肉类还必须考虑它的经济性，温度、质量的保持以及储藏时间三个因素的关系，通常认为冷冻到−18～−20℃对大部分肉类来讲是最经济的温度，在此温度下，肉类可在半年到一年的储藏期内，保持其商品价值。如果肉类进入冷库时，肉温能与冻藏室温度一样最为理想，但一般肉体温度高于冻藏室温度，肉体温度最少要下降到−18℃进冷库才最经济，且质量的变化也很小。各种动物肉的冻藏条件和期限见表6-13。

表 6-13　各种动物肉的冻藏条件和期限

肉类别	冰结点	温度/℃	相对湿度/％	期限/个月
牛肉	−1.7	−18～−23	90～95	9～12
猪肉	−1.7	−18～−23	90～95	4～6
羊肉	−1.7	−18～−23	90～95	8～10
仔牛肉	−1.7	−18～−23	90～95	8～10
兔肉	—	−18～−23	90～95	4～6

禽的冻藏分无包装冻藏与有包装冻藏两种。无包装的冻禽，干耗较大，如经6个月的冻鸡冻藏，干耗可达2％～3％；有包装的，干耗较小，约为1％～1.3％。无包装的冻禽在冻藏时，是直接暴露在空气中，被微生物和其他生物污染的机会很多，因而除在每垛最底层必须铺垫经过消毒处理的木板、席子等物外，还必须做好冻藏间的卫生工作。在堆码时要紧密牢固，并且要很细心，避免拿、放和堆垛时损坏禽体的完整。堆成垛后，可在垛的表面上镀一层冰衣把胴体包起来，以隔绝胴体与空气的直接接触，减少胴体在冻藏时的干耗，还可适当延长保藏时间。冻禽垛镀包冰衣的方法很简单，用喷眼很小的喷雾器将清洁的水直接喷洒到胴体表面即可。在整个冻藏过程中镀包冰衣的次数，视冻藏间的温度和冰的升华情况等而定，一般是10～15d镀一次冰。不论有包装或无包装的冻禽，堆成的垛都必须是坚固稳定和整齐的，不得有倾斜现象。同时，不同种类和不同等级的胴体，不能混堆在一起，以防错乱。

禽类冻藏间的温度保持在−18～−20℃左右，相对湿度在95％～100％之间，在冻藏过程中，冻藏间的温湿度均不得有较大幅度波动。如温度升降的幅度超过1℃，将会引起重结晶等现象，对禽的长期冻藏极为不利。在−18℃温度条件下冻藏，鸡可保藏6～10个月，鸭、鹅可保藏6～8个月。按照欧盟的规定，冻结仔鸡在−12℃的温度下，冻藏期不应超过6个月；在−18℃的温度下，冻藏期不应超过9个月。

包装材料对冻藏时间有一定的影响，聚偏二氯乙烯收缩袋包装禽胴体，在−20℃温度下，可冻藏 10 个月，聚乙烯和防水蒸气的玻璃纸包装禽胴体，在−20℃温度下有效冻藏期只有 6 个月。涂蜡纸或可透气的玻璃纸，在−20℃温度下冻藏期只有 3 个月。根据最新资料，仔鸡、火鸡、鹅、鸭用可收缩聚偏二氯乙烯袋真空包装，在−40℃下冻结，在−10℃下冻藏 4～6 个月；在−15℃时冻藏期为 10～12 个月；在−20℃时冻藏期为 12～15 个月；在−30℃时冻藏期可达 18 个月。

（2）冻藏肉的质量变化

① 干缩　在温度高、湿度低、空气流速快、冷藏时间长、脂肪含量少、形态小、无包装的情况下干缩量显著增大。上述各条件同时显著不利时，由于在冻结储藏时，没有水分的移动，冻结肉表面水分蒸发后就会形成一层脱水的海绵层，海绵层下面的冰晶继续升华，以蒸汽的状态透过表层，海绵层由此不断加深。而另一方面则进行空气的扩散，使空气不断积聚在逐渐加深的脱水海绵状层中，致使肉体形成一层具有高度活性的表层，在这里发生着强烈的氧化作用，并吸附各种气体，带来肉质和脂肪的严重氧化。降低肉的干缩损耗，不仅对质量有利，也有极大的经济意义。

② 变色　冻肉的颜色在冻藏过程中逐渐变暗。其主要原因是由于血红素的氧化及表面水分的蒸发使色素物质浓度增加。融化和重新冻结的冻肉颜色变暗，脂肪组织因氧化变为淡红色。冻结冷藏的温度愈低，颜色的变化愈小，在−50～−80℃时变色几乎不再发生。

③ 脂肪的变化　在低温下，氧分子的活化能力虽被削弱，但仍然存在，因此，脂肪，特别是含不饱和脂肪酸较多的脂肪，也依然受到氧化。温度对脂肪变化关系极大，同一猪肉的肥膘，在−18℃下储藏 6 个月以后，脂肪变黄而有油腻气味，12 个月，这些变化便扩散到深层 25～40mm 处。在各种肉类中，以畜肉脂肪最稳定，禽肉次之，鱼肉最差。脂肪氧化后，产生刺激性臭气和令人不快的、有时发苦的滋味，这种脂肪不宜食用。

④ 微生物和酶　−18～−25℃的冻结温度可以有效地抑制和杀灭肉中的大多数微生物，对猪肉、牛肉中的一些寄生虫具有杀灭致死作用。如寄生在猪肉内的旋毛虫在温度低于−17℃时，2d 内就死亡；钩绦虫在−18℃时，3d 死亡；肉中的弓型属类毒素在−15℃时，2d 以上即可死亡；囊尾虫在−12℃时即可完全杀灭。但冻结肉如果在冻藏前已被细菌或霉菌大量污染，或冻藏条件不好，其表面也会出现细菌和霉菌的菌落，特别在融化的地方易发现。有报告认为组织蛋白酶的活性经冻结后增大，若反复进行冻结和解冻时，其活性更大。

6.3.2.3　鱼类的冻藏

鱼类捕获致死后，体内仍然经历着复杂的生化变化，这种变化主要是鱼体内的酶和附着在鱼体上的微生物不断作用的结果。其变化历程与畜肉相似，分为死后僵直、自溶、腐败三个阶段，但变化更快，要明确区分各个过程非常困难。与畜肉相比，成熟软化阶段相当短暂，几乎没有，鱼体从僵直消失起，立刻就进入自溶、腐败阶段。因此，鱼在捕获之后需要立即冻结（以速冻工艺为宜，见本节鱼的速冻工艺）、保藏。

（1）冻藏前的准备

冻结好的鱼为减少或防止在冻藏中的干耗、脂肪氧化等，要镀冰衣及包装来保护鱼体，然后进行冻藏。脱盘和包冰衣的场所应是阴凉的，并具有良好的给排水条件。

脱盘现在大多采用浸水融脱的方法，即将鱼盘放在一个具有常温的水槽中，将鱼盘浮在水中（注意鱼盘面向上，盘内不浸水），使鱼块与盘冻粘的地方融化脱离，然后立即将盘反转，倾出鱼块。有些冷库采用机械脱盘装置。它是一个可以移动的翻盘机械，可将经过水槽后的鱼盘推到脱盘机的台板上，由翻板旋转动作将鱼盘翻到滑板上，使鱼和盘分离。

冻鱼块脱盘后必须立即镀冰衣，使鱼体与外界空气隔绝，以减少干耗，防止鱼体的冰晶升华、脂肪氧化和色泽消失等变化。冻鱼镀冰衣也是防止鱼体腐败变质的有效方法，是保持冻鱼质量，延长保存时间的重要环节。

冻鱼块也可用聚乙烯薄膜、羊皮纸、纸板箱等包裹、装箱，再放入冻藏室内堆码存放。

（2）冻藏条件

我国渔业水产冷库的冻藏间温度一般为 -18～-20℃，相对湿度为 98%～100%，温湿度应稳定，库温波动不应超过 ±1℃，室内采用顶排管或墙排管，空气流速以自然循环为宜，储藏期限一般为 6～10 个月。对于小型渔业冷库，根据鱼货的储藏期限和条件，冻藏温度也可采用 -15℃。鱼类因其体内的脂肪多含不饱和脂肪酸，特别是多脂鱼类，如带鱼、鲥鱼等，在冻藏过程中很容易氧化、油烧；而一些水产品如墨鱼、黄鱼、对虾等在冻藏中容易发生色泽变化。因此，冻结水产品应根据品种、储藏时间来选择合适的储藏温度，见表 6-14。

表 6-14　冻结鱼类的温度与储藏期

产品种类	储藏期/个月			产品种类	储藏期/个月		
	-18℃	-25℃	-30℃		-18℃	-25℃	-30℃
（肥鱼）鲱鱼	—	—	4.5	中脂鱼	8	18	24
多脂鱼	4	8	12	少脂鱼	10	24	≥24

一般来说，快速冻结的水产品组织纤维细嫩，蛋白质变性，脂肪容易氧化，特别是多脂鱼在冻藏过程中氧化变色更为显著，它与畜肉、禽兔肉冻结食品相比，品质稳定性要差得多，储藏期也明显缩短。为了使优质冻结水产品在冻藏期间保持良好的质量，国际上鱼类的冻藏温度趋向于低温化。1966 年国际经济合作与开发机构（OECD）水产委员会推荐冻鱼的冻藏温度应在 -24～-30℃。

（3）冻鱼在冻藏中的变化

① 干耗　由于外界热量的进入或冻藏间温度保持不好等原因，引起冻鱼体表面的冰晶升华和水分蒸发，使鱼的质量减轻，冻鱼品味、质量下降。一般以镀冰衣、包装、降低冻藏温度、增大冻藏室利用空间等来减少干耗。有的在冻鱼堆垛上盖一层帆布，帆布上再浇一层水，使它形成一层冰衣，相对代替鱼体水分的升华。

② 冰结晶成长　鱼类在冻结过程中，冻结速率越快冰晶越细小、均匀。但在冻藏过程中，由于冻藏温度的波动，微细的冰结晶会逐渐减少、消失，而大的冰结晶逐渐成长，变得更大，这种现象称为冰结晶成长。这就对鱼类食品的品质带来很大影响：细胞受到机械损伤，蛋白质变性，解冻后汁液流失增加，鱼类的风味和营养价值都发生下降。

③ 蛋白质变性与脂肪氧化　对于冻藏鱼来说，多脂鱼的脂肪氧化和少脂鱼的蛋白质变性是冻藏期间需关注的质量问题。如果保护不好，"冻伤"也会限制冻藏期的长短。

蛋白质变性使冻鱼肌肉变硬、发干，少脂鱼类尤为严重。硬度与 pH 值成反比，并随冻藏温度升高而增加。如在 -10℃ 下冻藏鳕鱼，2 周后就出现变硬。此外，蛋白质变性引起汁液流失，这在解冻时才能表现出来，汁液流失的数量约占鱼品质量的 5%～15%。汁液流失随冻结前储藏的时间、冻藏时间的增加而增加。冻藏温度升高，汁液流失增加。

多脂鱼多为洄游性鱼类，鱼体脂类中富含不饱和脂肪酸，而且分布在皮下靠近侧线的一层肌肉组织内，即使在很低温度下也不会凝固。在长期冻藏过程中，脂肪酸往往在冰的压力作用下，由内部转移到表层，与空气中的氧气接触，产生酸败。蛋白质的分解产物与脂肪氧化产物及冷库中的氨一起又会加强鱼体的劣变。

鱼类一经冻结，其色泽有明显变化，冻藏一段时间以后，更为严重。如黄花鱼由姜黄色变为灰白色，乌贼的花斑纹变为暗红色。鱼类变色的原因包括自然色泽的分解和新的变色物质的产生两个方面。自然色泽的破坏为红色鱼肉的褪色，如冷冻金枪鱼的变色；产生新的变色物质，如白色鱼肉的褐变、虾类的黑变等。上述变色不仅外观不佳，而且会产生臭气，失去香味，营养价值下降。鱼、贝类变色反应的机制是复杂的。有的是发生了褐变，鳕鱼褐变的发生，是由于鱼死后肉中核酸系物质反应生成核糖，然后与氨化合物反应生成黑色素。有的是酚酶、酚氧化酶使酪氨酸产生黑色素造成的。如冻藏的对虾由青色逐渐发黑。将虾煮熟，使酶失去活性，然后冻结；或去内脏、头、壳、血液等富含氧化酶的部分，水洗后冻结；可以有效地防止虾的黑变。

金枪鱼发生褐变则是由于血液蛋白质发生褐变。金枪鱼死后，血液不再向肉中供氧，肉中的肌红蛋白和血红蛋白得不到氧，属于还原型肌红蛋白和血红蛋白，其颜色为紫红色。金枪鱼肉也是紫红色的。将金枪鱼肉切开，使之与空气接触，还原型的肌红蛋白、血红蛋白中的二价铁离子立即与空气中的氧结合，形成氧合肌红蛋白和氧合血红蛋白，颜色为鲜红色。金枪鱼肉的颜色也变为鲜红色。

氧合肌红蛋白与氧合血红蛋白中的铁离子仍然是二价的。在冻藏过程中，二价铁离子慢慢地被氧化为三价铁离子，形成褐色的高铁肌红蛋白与高铁血红蛋白，金枪鱼肉自然也变成了褐色。

金枪鱼肉在 $-20℃$ 冻藏 2 个月以上其肉色从红色—深红色—红褐色—褐色。新鲜的金枪鱼肉，外表呈鲜红色，十分好看，日本人喜欢用来制作生鱼片，商品价值高。冻藏的金枪鱼如果发生褐变，商品价值大为降低，不宜用来制作生鱼片。还有的是由于紫外线的影响。总之，对冻藏鱼类在冻藏期间的色泽变化问题，应根据不同情况加以对待。可以采用深低温冻藏、添加抗氧化剂、不透光包装、除去内脏血液后冻藏等方法来解决。

6.3.2.4　蛋的冻藏

禽蛋是一种营养丰富、易被消化吸收的食品，它与肉品、乳品、蔬菜一样是人们日常生活中的重要营养食品之一。禽蛋及其制品也是食品工业的重要原料。它既能改善食品的结构风味，又能提高食品的营养价值，广泛应用于焙烤制品、面条、糕点、糖果、调料、肉产品、饮料等工业。蛋类除供食品工业外，还是轻工业的重要原料，被用于造纸、制革、医药、化工等领域。

鲜蛋是"鲜活商品"，具有怕高温、怕潮湿、怕冻结、怕异味、怕撞击、不耐储存等特性。我国大中城市消费蛋类，除部分自产自给外，大部分要以跨省、区远距离调运的方式供应市场。从生产、收购、集中、调运到市场销售，间隔至少半个月以上。在此期间各个环节稍有不慎，极易发生破损、脏污、霉变等问题，致使降低甚至失去蛋的食用价值，造成相当的经济损失。我国平均每年收购鲜蛋超过 10 亿千克，如此集中程度高、季节性强的商品，要做到集中均衡地供应市场，必然涉及上述诸多问题，尤为突出的是一个鲜蛋商品的储存保鲜。目前延长鲜蛋商品期的方法主要有：冷藏法、气调法、涂膜法、冻藏法。

鲜蛋蛋白的冻结点为 $-0.41～-0.48℃$，平均为 $-0.45℃$；蛋黄的冻结点为 $-0.545～-0.617℃$，平均为 $-0.6℃$。鲜蛋经去壳后，将蛋液经一系列加工工艺，可冷冻储藏，此加工成品称为冰蛋。根据蛋液的种类不同可分为冰全蛋、冰蛋黄、冰蛋白。随着我国冷藏业的发展，冰蛋制品的产量有大幅度的增长，是我国出口创汇的主要蛋制品，也是满足食品工业、化工工业的需要。

冰蛋加工工艺流程图见图 6-22 所示。冰蛋加工要点如下。

① 选蛋与检蛋　用于冰蛋品加工的原料蛋必须新鲜、蛋壳坚实、无脏物附着等。破、次、劣蛋，如黑蛋、霉蛋、酸蛋、绿色蛋白蛋、黏壳蛋、散黄蛋、异臭蛋、胚胎发育蛋、血蛋、热伤蛋等（见表 6-15）不能用于加工，在打蛋之前用照蛋器检查除去。

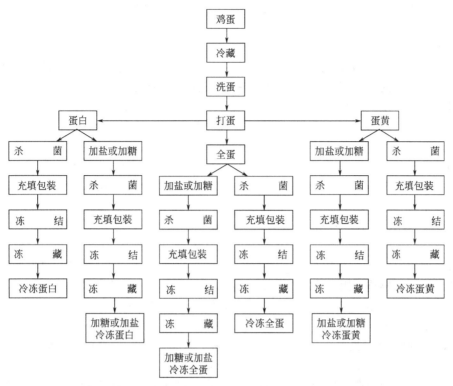

图 6-22　冰蛋加工工艺流程图

表 6-15　不适于加工的蛋

种　类	特　征
黑蛋	腐败,内容物呈黑色
霉蛋	在蛋壳表面或蛋内容物中有霉菌
酸蛋	有甜酸异臭
绿色蛋白蛋	蛋白带绿色,在紫外线下呈荧光
血色环蛋	受精蛋因加温发育面形成血管
黏壳蛋	蛋黄与蛋壳内面黏着
散黄蛋	蛋黄膜破裂而与蛋白混合
异臭蛋	蛋周围的异臭通过蛋壳气孔被吸收,而使蛋内容物有异臭
破蛋	蛋壳与蛋壳膜的一部分缺损,内容物漏出,蛋壳外侧污染
血蛋	血液扩散分布于内容物中,蛋白呈红色
异物蛋	存有肉斑与血斑以外的异物
异常蛋	蛋黄膜完整,蛋黄在外观上有部分缺损
孵化中止蛋	经孵化过的未受精蛋

② 蛋壳的清洗与消毒　健康的鸡所产的鲜蛋内部一般是无菌的,但是蛋壳表面即使外观清洁,往往也带有许多微生物。无论是采用手工操作或机械操作打开蛋壳,在打开蛋壳前,都必须洗涤蛋壳的表面并进行消毒,除去蛋壳上污染的微生物,以防止在打蛋时蛋液被微生物污染。

一般采用 40℃ 左右的温水洗蛋,洗后的蛋用有效氯浓度不低于 1000mg/kg 的漂白粉溶液进行消毒,消毒时间一般不少于 5min。消毒后的蛋再使用 60℃ 的温水冲洗或浸泡半分钟,以消除残留于蛋壳表面的漂白粉溶液。在大量生产时常将蛋放在运输带上,通过 97～100℃ 的蒸汽通道,控制运输带传送速率,使蛋在其中受热 7s 左右进行消毒。经过热水冲洗或蒸汽消毒后的鲜蛋应及时进行冷却，以使蛋黄膜收缩，打分蛋时便与蛋黄、蛋白分清。

③ 晾蛋　即将蛋壳上的水晾干，以免余水在打蛋时混入蛋液中。晾蛋要迅速，一般应在设有通风设备与风扇的专用车间内进行。

④ 打蛋、去壳　打蛋去壳分为打全蛋和打分蛋两种。打全蛋是蛋壳打开后，将蛋黄和蛋白放在一个容器内，是用于生产冰全蛋；打分蛋是去掉蛋壳的同时将蛋黄与蛋白分别放在不同容器中，用于生产冰蛋黄或冰蛋白。现在国内有用打分蛋器打蛋，也有采用各种自动化去蛋壳机，打蛋去壳速度大大提高。去蛋壳时每个蛋各打在一个小容器内，应该检查其外观和臭味，剔除不合格者。坏蛋的混入将可能降低大量蛋液的品质。去壳后的全蛋液大致是鲜蛋质量的 82%～84%。打下来的蛋壳应经篮式离心机分离，回收附着在蛋壳上的蛋白，蛋白的回收率是原料鲜蛋的 2%～5%。但是由于回收蛋白来自离心分离中破碎蛋壳，其表面的微生物污染严重，所以不宜食用，应经专门处理。

⑤ 混合、过滤　为使加热杀菌完全，保证成品质量纯净，必须把去壳后得到的蛋液由搅拌机打成均匀的乳状液。但是过分的搅拌会破坏蛋白的纤维构造，降低其发泡性能，同时因为蛋液经搅拌后容易产生泡沫，所以搅拌时应注意尽量减少发泡。蛋液一旦发泡过多，后一工序的处理就受影响，因为泡沫是热的不良导体，所以在加热杀菌时，泡沫部分容易导致杀菌不完全，影响产品质量。过滤是为了除去蛋液中的蛋壳碎片、系带和蛋黄膜等，以保证蛋液不含杂质，更加均匀稳定。

⑥ 杀菌　原料蛋在洗蛋、打蛋去壳以至蛋液混合、过滤处理过程中，均可能受微生物的污染，而且鲜蛋经打蛋去壳后即失去了一部分防御体系，因此生蛋液应经杀菌方可保证卫生安全。蛋液的巴氏杀菌又称为巴氏消毒，是在最大限度保持蛋液营养成分不受损失的条件下，加热彻底消灭蛋液中的致病菌，最大程度地减少杂菌数的一种加工措施。

考虑到鲜蛋蛋白热凝固点为 63℃，蛋黄为 69.5℃，目前，各国的加热杀菌条件，全蛋和蛋黄大致是 62～64.4℃下加热 25～35min，蛋白大致是 60～62℃下加热 25～35min。蛋液的加热杀菌效果因 pH 值、食盐和糖的添加量不同而有所区别。为提高最终产品质量，还采用了一些改进方法，如在蛋白中添加铝盐增大其对热稳定性的加热杀菌法和调节 pH 值后再加热的方法等。

⑦ 充填　经巴氏杀菌后的蛋液冷却至 4℃以下可充填入听。装听的目的是便于冷冻和储藏。在美国多用 30lb❶ 容量的罐装冰蛋；我国以马口铁罐为主，容量为 5kg、10kg 和 20kg 三种，这对于冰蛋用量大的厂家比较适合，但对用量小的消费者则有很大不便。另外，铁罐作包装材料包装和开启也不方便，因此现在许多冰蛋加工厂采用塑料袋或纸板盒包装，其容量为 1～3kg。蛋液充填入容器后立即密封，送至冷冻室。充填时需注意的是蛋液容器必须事先彻底清洗、杀菌、干燥后方可使用，应注意防止污染和异物进入，并不得使蛋液流于容器外侧，以免霉菌污染。如用铁罐，则罐内侧须有涂层或内衬聚乙烯袋。

⑧ 急冻和冻藏　包装后的蛋液马上送到急冻库冷冻。冷冻时，各包装容器之间尤其采用铁听等大包装之间留有一定的间隙，以有利于冷气流通，保证冰冻速率。急冻库的温度应保持在－20℃以下，在这样的温度下，冻结 72h 即可结束。这时听内中心温度达－15～－18℃，然后即可把听装入纸箱包装。将全蛋液置于－10℃、－20℃和－30℃时，其冻结速率（最大冰结晶生成温度的平均通过速率）分别为 0.2cm/h、0.8cm/h 和 4.0cm/h。蛋液冻结解冻后的黏度变化为冻结速率越快，其黏度越大。据报道蛋在－6℃冷冻则黏度增大，且冻结温度越低，冻结后其黏度的增加越大。冷冻蛋若经 1～2 个月储藏后再解冻，其黏度与

❶　1lb＝0.4536kg，全书余同。

发泡性受储藏温度的影响大，而受冻结速率影响较小。16kg 容器装的蛋液在－10℃冷冻库冷冻时，蛋液中心温度达－5℃需要 10h 以上，冻结速率较慢，以致容器中心部分的蛋液易腐败。因此，蛋液须尽量低温冻结，对添加了食盐或糖的蛋液必要时可把冷冻室温度降至－30℃。对于蛋黄液的冻结，如无高速连续搅拌和均质处理时，则要求冻结间温度在－10～－13℃下冻结，蛋黄液温度不得低于－8℃，否则成品解冻后将有糊状颗粒产生。另外，对于未做加热杀菌处理的蛋液，应保证快速冻结，否则存在细菌在冻结过程中增殖的危险。

冰蛋听急冻时常见的是出现胖听现象，出现听变形，甚至发生破听。为了避免此现象的发生，急冻 36h 后要进行翻听，使听的四角及听内壁冻结结实，然后由外向内冻结。还有一种冰蛋的冻结方法是采用蛋液盘冻结，即将没经包装的蛋液灌入衬有硫酸纸或无毒塑料膜的蛋液盘内，进行急冻，然后分成小包装销售。急冻好的冰蛋品送至冷库储藏，冷库内温度应保持在－18℃，同时要求冷库温度不能上下波动太大，以此达到长期储藏的目的。储存冰蛋的冷库不得同时存放有异味，如腥味的产品。

6.4　食品的解冻

6.4.1　概述

解冻的方法很多，但没有一种是适用于所有的食品，图 6-23 列举了一些具有代表性的解冻方法。并按照热量传入冻品的方式来分类。

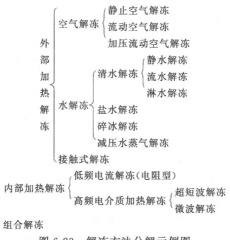

图 6-23　解冻方法分解示例图

6.4.1.1　解冻时细胞的复原

从食品水分存在的状态可知，其中约占总水量 15％的水分（指动物肌肉组织纤维细胞）是在组织细胞外面。食品冻结时这部分水最先冻结，同时细胞内的水分逐渐向外渗透，在细胞外面冻结成冰，使细胞内部呈一定的脱水状态。当食品解冻融化时，细胞外面的冰先融化，然后向细胞内部渗透，并与细胞内的蛋白质重新结合，实现细胞形态上的复原，如图 6-24 所示。

食品解冻时细胞的复原程度直接影响解冻产品质量的高低，复原越好，解冻产品质量越高，反之则越低。但是，通常细胞复原的程度是不一样的，它决定于细胞内蛋白质的性质，如屠宰时动物的生理状态、肉的 pH 值、冻结和冻藏过程中冰结晶的变化等，都不同程度地影响肌肉蛋白质和水结合的能力。在通常情况下，肉的 pH 值越低，蛋白质变性越严重，和

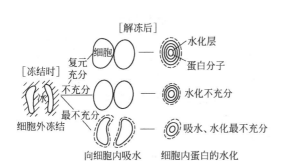

图 6-24　解冻过程细胞复原示意图

水的结合能力越低，解冻时复原的程度越差，失去水分也越多。

6.4.1.2　解冻曲线

从热量的吸收来说，解冻是冻结的逆过程，加入热量使食品内的冰融化成水，重新被食品吸收，水复原得越充分，解冻后产品的质量越好。

以空气、水等为加热介质进行外部解冻的解冻曲线如图 6-25 所示。从图中的曲线可以看出，解冻基本上是冻结的逆过程。在最大的冰结晶生成带的温室范围内，曲线是平坦的。越处于食品的深部，曲线中平坦的这一段越明显。这就说明加入的热量大部分用作冰融化的潜热，因此食品温度上升很慢。将这一温度范围称为"有效解冻温度带"或者"最大冰晶融解带"。有效解冻温度的温度范围一般为 $-1 \sim -5℃$。从这一温度范围可知，这个温度区间正好是结冻时的最大冰结晶生成带。

从食品解冻曲线的形状看出，当食品深部已完全融化时，食品表面上任何一点的温度都在有效解冻温度带的上限温度（冰点）以上。从图 6-25 的 6 条曲线还可以看出，越是靠近食品的表面，解冻速率越快，达到冰点的时间越短，而越靠近食品深部，达到冰点所需的时间越长。因此，当食品深层温度已达到冰点时，食品表面已长时间处于冰点以上的温度，使产品质量恶化。

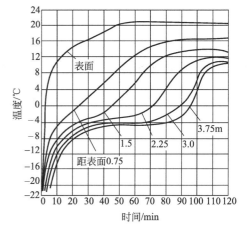

图 6-25　食品解冻曲线

6.4.2　解冻质量要求

解冻质量是指冻结食品解冻后接近冻前质量的程度。由于冻结过程与长期的冻结储藏对食品的影响，不论用什么方法解冻食品，食品的质量都不会完全恢复到冻前的水平。但这决不意味着解冻方法对食品解冻后的质量无关，可以不予重视。相反，解冻方法是否适当，与解冻后食品的质量有密切关系。因为由于冰结晶的机械损伤，解冻升温后，食品更容易受到酶与微生物的作用，冰融化成的水如不能很好地被食品吸收，将会增大汁液流失，解冻后脂肪氧化加剧，水分更容易蒸发等。

为了保证食品解冻后有较好的质量，应根据食品的种类、冻结前食品的状态，采用不同的解冻方法。从总的方面看，解冻方法应满足下列要求。

ⅰ. 解冻的均一性，也就是食品内外层应尽量同步解冻，解冻过程中食品各部位的温度差应尽量小。

ⅱ. 解冻的最终温度应适当，除烹调加工食品和含淀粉多的食品外，解冻终温多在 0℃ 左右，最高不超过 5℃。

ⅲ. 尽量减少食品解冻后的汁液流失。

ⅳ. 解冻过程中要尽量减少微生物对食品的污染，防止食品质量因解冻而下降。

ⅴ. 尽量减少解冻过程中的干耗。

ⅵ. 如果在高温下解冻时间要尽量的短。反之，如果解冻时间长，则一定要在低温下进行。

ⅶ. 解冻后食品应尽量迅速加工或食用，不要久放。这与罐头开罐后要尽快食用一样。

食品解冻后的质量受多方面因素的影响。不仅是解冻方法、食品冻结前的生理状态以及冻结速率的快慢，都会影响食品解冻后的质量。

6.4.3　解冻方法

解冻方法大体可分为两种；一种是从外部借助对流换热进行解冻，如以空气、水进行加热解冻；另一种是在食品内部加热解冻，如利用高频电和微波解冻。具体解冻方法有如下几种。

6.4.3.1　空气解冻

以热空气作为解冻介质虽然是一种原始的解冻方式，但采用仍比较普遍，其理由是成本低、操作方便等。体积较大而且较厚的肉类，一般用空气解冻，因空气解冻速率慢，肉类解冻的水分能够充分被组织吸收，尤其是冻结前未成熟的肉类，可以在慢速解冻中逐渐成熟。在较高的气温中解冻，肉类表面与内部温差大，容易造成表面变色、干耗、污染、堆积灰尘和滋生微生物等。加快空气流动虽然能加速解冻，但易造成肉类的严重干耗。提高湿度可以加快解冻，防止干耗，但湿度过大也会引起微生物的生长和繁殖。所以，用空气解冻，必须考虑一定的风速、温度、湿度等因素，这样才能保证产品质量。空气温度是决定解冻速率的重要因素，也是决定内表面细菌的繁殖、保证产品质量的决定条件。一般空气温度在14～15℃，风速为2m/s，湿度在95％～98％时细菌的污染较少。

6.4.3.2　液体解冻

液体解冻的介质主要是水或稀的盐水，这也是一种较广泛的解冻方法。一般水温在10℃左右。液体解冻的速度比空气快得多，在流动水中更快，在5.1cm/s的流水中解冻，其解冻速率是静止水的1.5～2倍。

液体解冻的品种主要是鱼类、带皮的速冻水果和果菜类等。肉类若用液体解冻，不仅营养物质会随水流失，而且肉色灰白。

液体解冻装置可分静水解冻，流动水解冻和喷淋解冻。喷淋解冻一般适于小型鱼类，解冻时将鱼放在传送带上，随着传送带的传动，用18～20℃的水进行喷淋，即达到解冻的目的。

6.4.3.3　电解冻

6.4.3.3.1　低频电流解冻

电流通过镍铬丝时，镍铬丝因电阻大而发热。根据这一原理，让电流通过冻结食品，在食品内部发生的电热使冰晶融化。最初冰品的电阻大、电流小，在逐渐发热的过程中液态水增加，电阻减小，电流逐渐增大。电流为变流电，采用频率为50～60Hz的低频率电，故称为低频解冻。利用这种方法解冻比用空气和水解冻快2～3倍，耗电较少，费用不高。缺点是只能解冻表面平滑的块状冻结食品，当冻结食品的质地不均匀或与电极板不能密切贴合时，常发生解冻不均匀的过热现象。

6.4.3.3.2　高频解冻与微波解冻

高频解冻是用3～30MHz的高频波进行解冻，微波解冻则是用915MHz及2450MHz的微波进行解冻。为了避免微波解冻装置泄露出的微波干扰广播的收听、电视的收视，国际上规定工业用微波频率为915MHz及2450MHz两个频率。

（1）解冻原理

从导电性能看，食品基本上是属于绝缘体（电介质）。像大多数绝缘体一样，食品有许多分子（例如水分子等）是带有等量正负电荷的电偶极子。当食品不处于电场中时，各个电偶极子的排列方向是任意的、随机的，整个食品并不显示极性。当食品处于电场中时，食品中的电偶极子沿着电场方向定向排列。当电场是交变电场时，由于电场方向不断变化，电偶极子的排列方向也以同样的频率发生变化。在排列方向交替变化的过程中，各个电偶极子相互碰撞、摩擦而发热，频率越高，发热量越多，这就是高频解冻与微波解冻的原理。

图 6-26 表示了极性分子（电偶极子）在电场中的排列情形。

高频解冻时，将冻结食品置于两块平行的电极板之间，在极板上加上高频电压，频率通常在 3～30MHz 之间，电压一般在 10kV 或 15kV 以下，高频解冻可分为固定式与移动式两种。前者是将冻结食品固定在两块电极之间加热，后者是使冻结食品以一定的速率通过电极之间被加热。移动式可减轻电极上电压分布不均匀造成的解冻不均匀，而且可以实现连续操作，故实际应用较多。微波解冻的原理与高频解冻相同。所不同的地方是，微波解冻不需要电极，而是利用磁控解冻食品。为了使微波在金属空腔内分布均匀，空腔内设有搅拌器。金属空腔壁面可反射微波，不会造成微波能量的损失。如图 6-27 所示的是微波解冻装置的示意图，制冷机用来形成 −15℃ 的冷风，在食品表面循环，防止食品的突出部位过热。

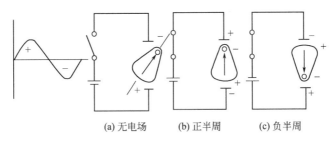

图 6-26 极性分子在电场中的转动示意图

（2）高频解冻、微波解冻的优缺点

① 优点 食品解冻不是靠外部热源加热，而是利用内部加热使食品表层与深层同时解冻，解冻速率很快，只要几十分钟即可完成解冻。食品质量基本上不发生变化，汁液流失少，除了金属包装容器外，食品可以带着包装进行解冻，而且包装材料不会被加热。卫生条件好，不易被微生物污染。

② 缺点 装置成本高。食品成分复杂，对微波能的吸收能力各不相同，会引起食品各部分解冻不均匀。另外，若局部地点的冰融化，由于水中的波能利用系数大于冰，水会吸收更多的微波能，容易引起局部水煮现

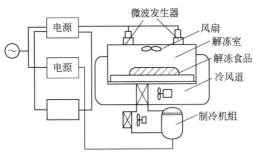

图 6-27 微波解冻装置示意图

象。此外，食品形状不规则，表面凹凸不平，则在棱角、凸起处会吸收较多的微波能，引起解冻不均匀。

注意：含较多的食盐与电解质的食品不宜用高频解冻，因为电解质多，容易使电极板短路。这类食品可以用微波解冻，因为微波解冻不需要电极板。

6.4.3.4 真空解冻

（1）真空解冻的原理

在真空解冻室内，利用热源使解冻室内水槽中的水在低压低温中沸腾气化，低温蒸汽与冻结食品进行对流换热，水蒸气在食品表面冷凝，并放出潜热使食品升温解冻。采用真空，是为了降低解冻用的水蒸气的温度，以避免食品表面过分升温。

（2）真空解冻的装置

装置的组成如图 6-28 所示。

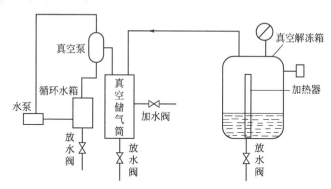

图 6-28　真空解冻装置示意图

① 真空解冻箱　解冻箱内的真空度是靠真空泵和解冻室的密封决定的。真空解冻装置的各部件的连接线路引入箱体的大门等，都应有可靠的密封。如果设计不正确，密封材料选用不当，加工不合适，就很难达到解冻所要求的真空度。

从力学角度分析，解冻箱的几何形状，设计为圆形较为合理，受力均匀且节省材料，加工方便。但是，圆形空间利用率低，操作不方便，因此，逐渐地都向方形发展。

② 加热器　解冻箱底部有一水槽，水槽内有电加热器或蒸汽加热器，加热器的四周放有一定量的水，水在真空条件下加热到 10～15℃ 时沸腾产生大量的低温蒸汽。这些低温蒸汽即是冻结食品的解冻介质。

③ 真空设备　真空泵的选用，要考虑到泵的抽速与解冻装置中应放出的气量，系统的漏气及所需的真空度的关系。真空解冻装置在使用过程中，为避免真空泵吸入气化水，必须设置储气筒。

（3）真空解冻的特点　真空解冻比空气解冻提高效率 2～3 倍。因为在真空状态下解冻，大多数细菌被抑制，有力地控制了食品营养成分的氧化和变色。由于不与水直接接触，食品的汁液流失量比在水中解冻显著减少。低温的饱和水蒸气不会使食品过热和受到干耗损失，而且色泽鲜艳，味道良好，从而保证了食品的质量。

我国一些食品公司使用真空解冻装置证实，真空解冻时间短、损耗低，并能保证解冻肉的质量。真空解冻适用于肉类、禽兔类、鱼类、蛋类、果蔬类以及浓缩状等冻结食品，能经常保持卫生，可利用半自动化或全自动化设备。但是，真空解冻也存在一定缺点，如厚、大食品的内层深处的升温比较缓慢。另外，解冻食品的成本较空气解冻、液体解

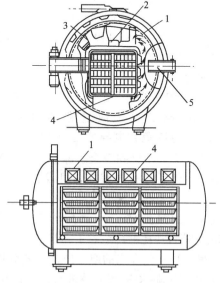

图 6-29　加压流动空气解冻装置示意图
1—加热器；2—鼓风机；3—冷却器；
4—鱼车；5—门开关把手

冻高。

6.4.3.5 加压解冻

加压解冻是将解冻食品放入耐压的铁制容器内，通入压力为 $2\sim3$ kgf/cm² ❶ 的压缩空

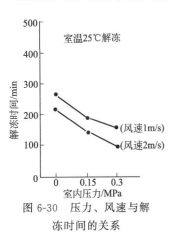

图 6-30 压力、风速与解
冻时间的关系

气，容器内温度为 $15\sim20$℃，在加压容器内使空气流动，风速在 $1\sim1.5$ m/s 之间。由于压力和风速使表面的传热状态改善，缩短了解冻时间，如冷冻鱼的解冻速率为室温 25℃时的解冻速率的 5 倍。

加压解冻的原理：由于压力升高其冰点降低，压力升高后，单位容积内的空气密度增大，提高了食品和空气的换热速率。因此，加压解冻比一般的空气解冻快。其装置示意图如图 6-29 所示。装置中压力、风速与解冻时间的关系见图 6-30 所示。

6.4.3.6 其他解冻方式

（1）气液接触式解冻

如图 6-31 为气液接触式解冻装置示意图。气体循环路径中有个气液接触器，在气液接触器中，空气得到高效率的加湿和热交换，并被除尘、除菌、脱臭，得到净化后被送到解冻室中循环，当它与冻品接触时，就在冻品表面凝结并放出凝结潜热，使冻品升温而被解冻。这种解冻方法解冻终温低，能避免冻品在解冻过程中发生干燥和减重现象，解冻后食品质量较好。

（2）组合式解冻

上述解冻方法各自存在优、缺点。如采取组合式解冻则可集各种优点而避免各自缺点。常见的组合如下。

① 电和空气的组合解冻 这种方式即在微波解冻装置上再装以冷风装置，冷风可防止微波所产生的部分过热现象。先由电加热到刀能切入的程度，停止电加热，继之以冷风解冻，这样不致引起部分过热，并能避免品温的不均匀。

② 电和水的组合解冻 冷冻品在完全冻结时，电流很难通过它的内部。如 -28℃的冷冻鱼其电导率为 $0.6\Omega/cm$，解

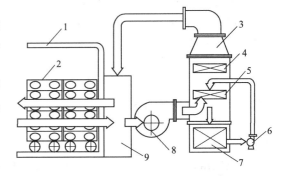

图 6-31 气液接触式解冻装置示意图
1—解冻室；2—鱼车；3—加湿塔；4—除雾器；
5—气液接触器；6—泵；7—热交换器；8—鼓
风机；9—风向反转挡板

冻过程中逐渐上升到完全解冻时的 $1.5\Omega/cm$，这样在解冻初期先采用空气或水把冻品表面先解冻，然后进行电解冻，可发挥各自优点，缩短解冻时间，节约用电。如解冻 $38cm\times25.5cm\times3.8cm$、重 3kg 的冻鲱鱼，单用电阻型解冻需 70min 时间，耗电 $0.074kW\cdot h/kg$，若先用流水浸渍 15min，再用电解冻则仅需 16min，全部时间仅为 31min，耗电 $0.031kW\cdot h/kg$，时间和耗电均节省了一半。

另一种高频和水的组合解冻方式为用六台高频解冻装置，每台之间是水解冻设备。这样解冻时是高频-水-高频交替进行。每台高频解冻装置的功率是 20kW，总解冻时间是 30min。

---

❶ 1kgf/cm² ＝98.0665kPa，全书余同。

用此种设备，鱼箱和鱼要符合一定标准。

③ 微波和液氮组合解冻　图 6-32 及图 6-33 所示分别为微波和液氮组合解冻示意图及静电场作用示意图。微波解冻中产生的过热现象由喷淋液氮来避免。喷淋液氮时加上静电场能使液氮喷淋面集中，冷冻品放在转盘上转动亦使冻品受热均匀。此种方法不仅成本低，而且设备占地面积小，解冻品品质好。

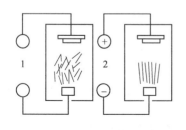

图 6-32　LN$_2$ 喷淋时的静电场作用
1—无静电场 LN$_2$ 喷淋分散；
2—有静电场 LN$_2$ 喷淋集中

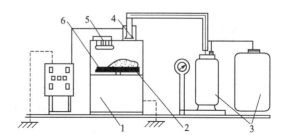

图 6-33　微波和液氮组合解冻
1—微波炉；2—冻品；3—LN$_2$ 储槽；4—LN$_2$
喷头；5—微波发生器；6—转盘

（3）二段解冻

易于出现解冻僵硬现象的冻品，应先放在 0～-2℃ 的空气中解冻 7～10d。肉的品温降到 -2～-3℃，呈半解冻状态，此时冻结率在 50%～70% 之间。然后放到 10℃ 的空气中进行第二段解冻。在第一段呈半解冻状态时，被解冻品内一部分冰晶融化，一部分冰晶未融化。未融化的冰晶就像肉内的骨架，使肉不会出现解冻僵硬时那样的肌肉收缩现象。

使用不同的解冻方法，其解冻时间相差很大。表 6-16 所列出的是厚 65mm 的冻品，从 -10～0℃ 采用不同解冻方法所用的时间。

表 6-16　各种解冻方法的解冻时间

解冻方法	解冻介质温度/℃	解冻时间	解冻方法	解冻介质温度/℃	解冻时间
加压空气	+20	2h	空气(静止)	+20	15h
真空蒸汽	+13	3h50min	空气(静止)	+4	38h
水	+15	3h26min	超短波		7min45s
加压空气	+12	3h45min			

在考虑解冻方法时，不仅要考虑解冻时间的长短，更应考虑解冻后食品的质量。因为随着温度的升高，微生物数量也不断增加，酶的活性也恢复，各种化学反应速率也加快，所有这些都会对食品造成不利影响。

到目前为止，还没有一种能适用于各种冻品、操作简便、节约能源、省人力、使用可靠的解冻装置，解冻方法、解冻装置都在不断研究、开发中。

6.4.4　典型食品的解冻

6.4.4.1　肉的解冻

从热量交换的角度来说，解冻是冻结的可逆过程。为了融化冻结的冰晶体需要吸收热量，融化后的水尽可能地被肉吸收，汁液流失越少，解冻后的肉质量越好。

（1）肉类食品解冻的条件和方法

在肉类工业中大多采用空气解冻和水解冻。解冻的条件主要是控制温度、湿度和解冻速率。空气解冻又称自然解冻，解冻室空气温度为12～20℃，相对湿度为50%～60%，此法解冻速率较慢，约需15～20h才能完成解冻过程，用这种方法解冻的肉类，在以后的处理中将会损失较多的汁液。为加快解冻速率，在空气解冻的同时，可将蒸汽导入解冻室。由于蒸汽向肉表面的凝结，吸收凝结潜热使解冻加速，又因冻结干燥的肉表面吸收凝结水分而部分还原变湿，颜色也稍变淡，肉汁损失较多，但肉表面层的膨润可以补偿由于流失所造成的质量损失。

在水中解冻时，由于水具有较适宜的热力学性质，比相同温度下空气中解冻速率快得多。如在10℃水中，半肉尸的解冻时间为13～15h，而用喷淋法为20～22h，用水解冻时虽有肉汁损失，但由于表面接触水分可引起总质量增加2%～3%。

无论采用何种解冻方法都应注意以下几点：第一，解冻介质的温度应尽量低，最高不能超过20℃，解冻介质数量要充足，并应充分流动；第二，尽量增大与解冻介质的接触面积，使之均匀解冻；第三，注意解冻的终了温度，应根据原料肉的用途确定是半解冻或完全解冻，对在冻结之前进行嫩化处理的幼禽和分割禽可以不解冻直接烹调；第四，解冻后，如不马上进行加工或销售，应放在0℃左右温度下进行冷藏。

（2）解冻速率对肉质的影响

对冻结速率比较均匀而且厚度较薄的产品，应采用快速解冻，对体积大的畜肉应采用慢速解冻。对采用薄包装的肉片，由于冻结速率均匀，采用快速解冻，肌纤维细胞内外冰晶体几乎同时溶解，溶解后水分就能被肌肉细胞重新吸收，汁液流失也较少，由于解冻速率较快、时间短，又可防止解冻过程中生物化学变化引起的肉变质。

对大体积肉类，一般采用低温缓慢解冻。因为肉在冻结过程中，细胞外的水分先行冻结，然后在细胞内形成细小的冰晶体，但由于较长时间的储藏，冰晶体逐渐成长，挤压细胞组织，并使蛋白质分子周围的部分结合水发生冻结，解冻融化的水分要充分地被细胞吸收需要一定的时间，因此，缓慢解冻由于水分的吸收，汁液流失相对较少，解冻后肉的质量接近原来状态。如猪肉在－33℃下冻结24h，在－18℃下储藏后，经快速解冻汁液流失量为3.05%，中速解冻为2.83%，慢速解冻为1.23%。由此可见，缓慢解冻对大体积的畜肉质量损失较少。

对不带骨冻结的热鲜肉，解冻时有大量汁液流失，这是由解冻僵直现象所引起的，肌肉在解冻时发生强烈收缩比正常死后僵直要强得多，所以汁液流失也多，为防止这种现象发生可采用低温慢速解冻，使其处于半解冻状态为好。

6.4.4.2 鱼类的解冻

（1）水解冻法

水解冻法适合于解冻整条冻鱼，冻鱼片、鱼块、鱼糜则不宜采用水解冻。较简单的是静水解冻，将冻鱼放在解冻池中，用常温水淹没鱼体，水应不断地更换，以保持一定的温度。当鱼体温度达到0℃时，解冻过程完成。大型鱼解冻时间不超过6h，小型鱼不超过2h。如能采用含量为4%的食盐水或通入热蒸汽（注意勿使鱼体因受热而变质）解冻，时间可缩短为几十分钟。解冻时间短，可避免干缩损耗。同时鱼在冻结时所形成的干燥层将吸水而胀润，使质量有所增加。

目前将冻鱼浸没在流水中解冻的方法应用得较为广泛。这种装置包括盛水槽、传送带、盛鱼筐、传送带的变速器和电动机。先把冻鱼块放到固定在传送带上的筐子里，传送带的上边一段开始在空气中移动，然后通过水槽。传送带上下两部分都在工作，上部在空气中解冻速率较慢，下部在水中解冻速率快。为了提高解冻速率，可使槽中水有一定流速（0.1～0.2m/s），提高放热系数。解冻好的鱼从传送带下边取出，送往加工间。这种设备的优点是解冻速率快，安装简单，管理方便。缺点是耗水量大，装卸没有实现机械化。

此外，还有喷淋水与空气结合解冻，先用空气吹风解冻 5～15min，然后剧烈淋水 20～30min 达到完全解冻。

（2）空气解冻法

解冻间内设有多层倾斜而活动的放鱼搁架，每层放鱼搁架下面装有防水镀锌铁板，以防止融化的水滴落在下层的鱼体上。将冻结的鱼背朝下，放在搁架上进行解冻。解冻间的空气温度开始时为 0℃，以后则逐渐升高至 8～15℃。当鱼体温度达到 0℃ 时，解冻结束。鱼类的解冻时间一般为 20～30h。该解冻法的缺点是速度慢，干缩损耗大。

解冻后鱼的质量主要取决于冻结前鱼的鲜度，为此，远洋捕获的鱼类需要立即冻结。冻结速率与冻藏时间对鱼的质量也有影响。冻结越慢，冻藏时间越长，解冻后鱼的质量越低。在冻藏过程中细胞内水分不断地向细胞外扩散，使细胞内汁液浓度提高，蛋白质变性，保水能力降低。

解冻的速率越快，鱼的品质越能得到保证。鱼的肌肉脆弱易腐败变质的特性决定了需要低温短时间解冻，进行低温短时间解冻和冻结一样必须选择外表面对流放热系数大的解冻方法，以尽可能快的速率通过 −5～0℃ 温度带，否则鱼的色泽发生变化，蛋白质分解，鲜度降低，鱼的质量下降。冻结鱼解冻终温要求在 5℃ 以下，最高不能超过 10℃，因为解冻鱼比新鲜鱼在同样条件下质量降低得更快。解冻终温高，汁液流失增加，微生物繁殖发育快。因此解冻介质（空气、水）的温度最好不要高于 5℃。

6.4.4.3 冰蛋的解冻

冰蛋制品解冻要求速度快，解冻终止时的温度低，而表面和中心的温差小，这样既能使产品营养价值不受损失，又能使组织状态良好。常用的解冻方法有以下几种。

① 常温解冻法 是经常使用的方法。将冰蛋制品出冷藏库后，在常温清洁解冻室内进行自然解冻。此法优点是方法简便，但存在着解冻时间较长的缺点。

② 低温解冻法 采用在 5℃ 或 10℃ 的低温下进行解冻，通常在 48h 以内完成。国外常采用此法。

③ 加温解冻法 此法即将冰蛋制品置于 30～50℃ 的保温室中进行解冻。解冻快，但温度必须严格控制，室内空气应流通。日本常用此法解冻加盐或加糖冰蛋。

④ 长流水解冻法 即将装有冰蛋的容器置于清洁长流水中，由于水比空气传热性能好，因此流水解冻的速度较常温解冻快。

⑤ 微波解冻法 利用微波特点对冰蛋品进行解冻，冰蛋品采用此方法解冻不会使蛋白发生变性，能保证蛋品的质量，而且解冻时间短。

上述几种解冻方法以低温解冻或流水解冻较为常用，解冻所需时间因冰蛋品的种类而异，如冰蛋黄要比冰蛋白解冻时间短。采用不同解冻方法，产品需要的解冻时间也不一样。同一种冰蛋品，解冻快的品质要优于解冻慢的。

复习思考题

● 6-1 试述食品冻结过程的 3 个阶段及特点。

● 6-2 最大冰晶生成带的温限是多少？其对冻品质量有何影响？

● 6-3 简述食品冷冻冷藏的一般条件和冰结晶成长的机理。

● 6-4 什么叫冰结晶的成长？它会导致什么结果？采取什么措施可以防止？现代水产品加工中都提倡快速深冷冻结，但在某些食品超速冻结中会产生低温断裂，试举例说明，哪种类型的食品在超速冻结中可能会产生低温断裂？

- 6-5 什么是冻结？有哪些冻结方法？有哪些冻结装置？
- 6-6 食品冻结时会产生哪些变化？食品冻藏时会产生哪些变化？
- 6-7 食品冻藏过程中会发生哪些变色，如何防止？
- 6-8 冻结食品的解冻有哪几种方法？各有什么特点？
- 6-9 如何选择合适地解冻方法来解冻肉类食品？影响食品解冻后品质的主要因素有哪些？
- 6-10 食品的冷冻损伤包括哪些？在冷冻加工间如何避免？
- 6-11 冻结过程会发生很多变化，试根据其变化特点来分析一下如何控制或利用其来保证冻结食品的质量？
- 6-12 试述鱼糜的制造工艺，并说明为了保证鱼糜的加工质量人们常采用哪些措施？

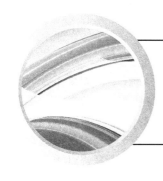

第7章
食品冷却和冷藏工艺

　　冷却是将食品的品温降低到接近食品的冰点而不冻结的一种冷加工方式，是延长食品储藏期的一种被广泛采用的方法。

　　冷却的主要对象是植物性食品和做短期储藏的动物性食品，进行冷却冷藏的食品，储藏期较短，一般从几天到数周，其储藏期因食品的种类和冷藏前的状态而异。因为在冷却温度条件下，部分微生物仍然可以生长繁殖，要想长期储藏，必须使食品在冻结状态下冷藏。

7.1　食品冷却和冷藏时的变化

7.1.1　食品冷却的目的和温度范围

　　冷却是进行水果、蔬菜等植物性食品冷加工的常用方法。由于水果、蔬菜等植物性食品都是有生命的有机体，在储藏过程中还在进行呼吸作用，放出呼吸热使其自身温度升高而加快衰老过程，因此必须冷却来除去呼吸热而延长其储藏期。另一方面，水果、蔬菜的冷却应及时进行，以除去田间热，使呼吸作用自摘收后就处于较低水平，以保持水果、蔬菜的品质。对于草莓、葡萄、樱桃、生菜、胡萝卜等品种，摘收后早一天冷却处理，往往可以延长储藏期半个月至一个月。但是，马铃薯、洋葱等品种由于收获前生长在地下，收获时容易破皮、碰伤，因此需要在常温下养好伤后再进行冷却储藏。

　　应当强调指出，果蔬类植物性食品的冷却温度不能低于发生冷害的界限温度，否则会使果蔬正常的生理机能受到障碍，出现冷害。

　　冷却也是短期保存肉类的有效手段。肉类的冷却是将肉类冷却到冰点以上的温度，一般为0～4℃。由于在此温度下，酶的分解作用、微生物的生长繁殖及干耗、氧化作用等均未被充分抑制，因此冷却肉只能储藏2周左右的时间。如果想做较长期的储藏，必须把肉类冻结，使温度降到-18℃或以下，才能有效地抑制酶、非酶及微生物的作用。肉类在冷却储藏的过程中，在低温下进行成熟作用，显得特别重要。另外，冷却肉与冻结肉相比较，由于没有经过冻结过程中水变成冰晶和解冻过程中冰晶融化成水的过程，因此在品质各方面更接近于新鲜肉，因而更受消费者的欢迎。近年来国际、国内的销售情况都表明，冷却肉的消费量在不断增大，而冻结肉的消费量则在不断减小。英、美等发达国家甚至提出不吃冻结肉的观点，因此肉类的冷却工艺目前又广泛受到了人们的重视。

　　水产品的腐败变质是由于体内所含酶及身体表面附着的微生物共同作用的结果。无论是酶或是微生物，其作用都要求有适宜的温度和水分含量，鱼类经捕获死亡后，其体温处于常温状态。由于其生命活动的停止，组织中的糖原进行无氧分解生成乳酸：

$$(C_6H_{10}O_5)n + nH_2O \longrightarrow 2n(C_3H_6O_3) + 243.08J$$

在形成乳酸的同时，磷酸肌酸分解为无机磷酸和肌酸：

$$肌酸{\sim}P + ADP \longrightarrow ATP + 肌酸$$

$$ATP \longrightarrow ADP + Pi + 29.31kJ$$

由于分解过程都是放热反应，产生的大量热量使鱼体温度升高2～10℃。如果不及时冷却排除这部分热量，酶和微生物的活动就会大大增强，加快鱼体的腐败变质速度。图7-1及图7-2分别表示了保藏温度与鱼体的腐败关系及渔获后的冷却与鱼鲜度之间的关系。由图7-1及图7-2可以看出，渔获后立即冷却到0℃的鱼，第7天进入初期腐败阶段；而渔获后放置在18～20℃鱼舱中的鱼，1d就开始腐败。由此可见，及早冷却与维持低温，对水产品的储藏来讲都具有极其重要的意义。

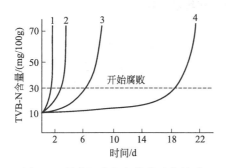

图7-1 保藏温度与鱼体腐败的关系

1—30℃；2—20℃；3—10℃；4—0℃

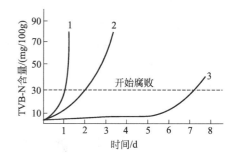

图7-2 渔获后的冷却与鱼鲜度的关系

1—渔获后放在18～20℃的鱼舱内；2—渔获后放在鱼舱内，卸货后才冷却；3—渔获后立即冷却到0℃

食品冷加工的温度范围，虽然也有例外的情况，但大致可按表7-1来划分。在它们各自的温度范围内，分别称为冷却食品、冻结食品、微冻食品和冷凉食品。一般可根据食品的用途等的不同，选择其适宜的温度范围。对于鱼舱内，卸货后才冷却，对冷却食品温度来说，活体食品和非活体食品均可采用；对于其他温度范围，只能以非活体食品作为对象。

表7-1 食品冷却和冻结的温度范围

名　　称	冷却食品	冻结食品	半冻结食品	冷凉食品(1)	冷凉食品(2)
品温范围/℃	0～15	−12～−30	−2～−3	−1～1	−5～5
备注	冷却但未冻结	冻结坚硬	稍微冻结	(参照下文)	(参照下文)

冷却食品的温度范围上限是15℃，下限是0～4℃。在此温度范围内，温度越低储藏期越长的概念只适用于水产类和动物类食品。对于植物性食品来说，其温度要求在冷害界限温度之上，否则会引起冷害，造成过早衰老或死亡。

微冻食品以前我国也称做半冻结食品，近几年基本上统一为微冻食品。微冻是将食品品温降到比其冰点温度低2～3℃并在此温度下储藏的一种保鲜方法。与冷却方法相比较，微冻的保鲜期是冷却的1.5～2倍。

表7-1中冷凉食品（1）在欧美是指冷却状态的食品，而冷凉食品（2）是近年日本的水产公司以冷冻食品的名称市售的食品。两者都以冷凉称呼，但温度的幅度不同，前者温度幅度仅为2℃，后者却有10℃温度范围。前者的代表性商品是从澳洲进口的冷冻牛肉，后者的例子是鱼店贩卖的刚解冻的鲸鱼肉或半解冻的稍硬的鱼肉等。冷凉食品的称呼在我国一直未

被接受。

7.1.2 食品的冷却介质

在食品冷却冷藏加工过程中，与食品接触并将食品热量带走的介质，称为冷却介质。冷却介质不仅转移食品放出的热量，使食品冷却或冻结，而且有可能与食品发生负面作用，影响食品的成分与外观。

用于食品冷藏加工的冷却介质有气体、液体和固体三种状态。不论是气体、液体，还是固体，都要满足以下条件。

ⅰ. 有良好的传热能力。

ⅱ. 不能与食品发生不良作用，不得引起食品质量、外观的变化。

ⅲ. 无毒、无味。

ⅳ. 符合食品卫生要求，不会加剧微生物对食品的污染。

7.1.2.1 气体冷却介质

常用的气体冷却介质有空气和二氧化碳。

(1) 空气

① 空气的性能特点　空气作为冷却介质，应用最为普遍，它具有以下优点：

ⅰ. 空气无处不在，可以无价使用；

ⅱ. 空气无色、无味、无臭、无毒，对食品无污染；

ⅲ. 空气流动性好，容易自然对流、强制对流，动力消耗少；

ⅳ. 若不考虑空气中的氧气对脂肪的氧化作用，空气对食品不发生化学作用，不会影响食品质量。

空气作为冷却介质的缺点：

ⅰ. 空气对脂肪性食品有氧化作用；

ⅱ. 空气作为冷却介质，由于其导热系数小、密度小、对流传热系数小，故食品冷却速率慢。但空气流动性好，可加大风速，提高对流传热系数；

ⅲ. 空气通常处于不饱和状态，具有一定的吸湿能力。在用空气作为冷却介质时，食品中的水分会向空气中扩散，引起食品的干耗。

② 空气的状态参数　空气由干空气和水蒸气组成，所以空气又称为湿空气。虽然空气中水蒸气的含量少，但它可以引起空气湿度的变化，从而影响到食品的质量。与食品冷却冷藏有关的湿空气状态参数主要有：空气的温度、相对湿度。空气的温度可直接用普通水银温度计或酒精温度计进行测量，但一般水银温度计比酒精温度计要准确些。空气的相对湿度表征了空气的吸湿能力，相对湿度越大，空气越潮湿，吸湿能力越差；相对湿度越小，空气越干燥，吸湿能力越强。在食品冷藏过程中，空气的相对湿度是很重要的物理参数。相对湿度低，有助于抑制微生物的活动，但食品的干耗大。相对湿度高，可以减少食品的干耗，但微生物容易发育繁殖。因此，冷库中必须保持合理的相对湿度。

测量相对湿度的仪器称为湿度计。常用的湿度计有干湿球湿度计、露点湿度计、毛发湿度计、电阻湿度计等类型。

(2) 二氧化碳

二氧化碳很少单独用作冷却介质，主要和其他气体按不同的比例混合一起用于果蔬等活体食品的气调储藏中。二氧化碳可以抑制微生物尤其是霉菌和细菌的生命活动。

二氧化碳具有很高的溶解于脂肪中的能力，从而可以减小脂肪中的氧气含量，延缓氧化过程。二氧化碳气体比空气重，比热容和导热系数都比空气小。在常压下，二氧化碳只能以固态或气态形式存在。固态二氧化碳称为干冰，它在 1atm❶ 下于 -79.8℃ 升华，且 1kg 干冰吸收的热量大约为冰融化潜热的 2 倍。

7.1.2.2 液体冷却介质

与气体冷却介质相比，液体冷却介质具有以下优点：

ⅰ.液体的导热系数和比热容均比气体大，密度及对流传热系数也比气体大得多，因此，食品冷却时间短，速度快；

ⅱ.不会引起食品的干耗。

但液体冷却介质也存在以下几点不足：

ⅰ.液体密度大、黏度大，强制对流时花费的动力多；

ⅱ.容易引起食品外观的变化；

ⅲ.需要花费一定的成本，不能无价使用。

常用的液体冷却介质有水、盐水、一些有机溶液及液氮等。

（1）水

水作为冷却介质只能用于将食品冷却至接近 0℃ 的场合，因而大大限制了水作为冷却介质的使用范围。

海水中含有多种盐类，其中包括氯化钠和氯化镁。这使海水的冰点降低到 $-1 \sim -0.5$℃。同时，海水具有咸味和苦味，也限制了海水的使用范围。

（2）盐水

盐水作为冷却介质应用比较广泛，经常使用的盐水溶液有 NaCl、$CaCl_2$、$MgCl_2$ 等。

与食品冷藏关系密切的盐水的热物性主要是密度、冰点、浓度、比热容、热导率、动力黏度等。各参数之间存在以下关系：盐水的比热容、热导率随着盐水浓度的增加而减小，随着盐水温度的升高而增大；盐水的动力黏度、密度随着盐水浓度的增加而增大，随着盐水温度的升高而减小。

在食品冷藏中，合理地选择盐水浓度是很重要的，总的原则是：在保证盐水在盐水蒸发器中不冻结的前提下，尽量降低盐水的浓度。盐水浓度大，黏度就越大，盐水循环消耗的动力就多。同时由于盐水比热容、热导率随着盐水浓度增大而减小，盐水的对流换热系数减小，制取一定量的冷量时，盐水循环量增大，也要多消耗功。因此，要合理选择盐水浓度。为了保证盐水在盐水蒸发器表面不结冰，通常使盐水的温度比制冷剂的蒸发温度低 6～8℃。

盐水在工作过程中，容易从空气中吸收水分，使盐水浓度逐渐降低，冰点升高。当盐水冰点高于制冷剂蒸发温度时，会在传热面上析出一层冰膜，降低蒸发器的传热效率。如果盐水在管内结冰，严重时会使管子破裂。因此，在盐水工作过程中，应定期检查盐水浓度。根据情况及时加盐，保证盐水处于规定浓度。

（3）有机溶剂

用作食品冷却介质的有机溶剂主要有甲醇、乙醇、乙二醇、丙二醇、甘油、蔗糖转化的糖溶液等。这些有机溶剂具有共同的特点是：低温时黏度不增加过多，对金属腐蚀性小，无臭、无味、无毒。所以这些有机溶剂都是良好的食品冷却介质。除食盐、甘油、乙醇、糖、丙二醇外，其他冷却介质均不宜与食品相接触，只能作为间接冷却介质。各液体冷却介质的性质见表 7-2。

---

❶ 1atm＝101325Pa，全书余同。

表 7-2　冷却介质的含量及极限温度

冷却介质	含量/%	极限温度/℃	冷却介质	含量/%	极限温度/℃
食盐	23.0	−21.2	乙二醇	60.0	−46
氯化钙	29.0	−51.0	丙二醇	60.0	60
氯化镁	21.6	−32.5	甘油	66.7	−44.4
甲醇	78.3	−139.9	蔗糖	62.4	−13.9
乙醇	93.5	−118.3	转化糖	58.0	−16.6

（4）液氮

液氮在 1atm 下的蒸发温度为 −196℃，制冷能力为 405kJ/kg。近年来，液氮用于食品冷冻冷藏工程中比较多。由于低温氮气的制冷能力很大，在用液氮冻结食品时，除利用液体的蒸发潜热外，还要想办法充分利用低温氮气的有效制冷能力。

7.1.2.3　固体冷却介质

常用的固体冷却介质有冰、冰盐混合物、干冰、金属等。

（1）冰

冰有天然冰、机制冰，块冰、碎冰之分。根据需要又可制成片状、雪花状、管状及小块状等形状，使用非常方便。近年来，防腐冰开始广泛应用，用作防腐冰的抗生素有氯四环素、氧四环素、氯霉素等。

纯冰的熔点为 0℃，通常只能制取 4～10℃ 的低温，不能满足更低温度的要求。用冰盐混合物可以制取低于 0℃ 的低温。

（2）冰盐混合物

将冰与盐均匀混合，即为冰盐混合物，最常用的冰盐混合物是冰与食盐的混合物。除食盐外，与冰混合的盐还有氯化铵、氯化钙、硝酸盐、碳酸盐等。除冰外，干冰与有机溶剂也能组成冰盐混合物。各种冰盐混合物及其能够制取的低温详见表 7-3。

表 7-3　各种冰盐混合物及极限温度

冰盐混合的成分	质量配比	极限温度/℃
冰或雪∶食盐	2∶1	−20
冰或雪∶食盐∶氯化铵	5∶2∶1	−25
冰或雪∶食盐∶氯化铵∶硝酸钾	21∶10∶5∶5	−28
冰或雪∶硫酸	3∶2	−30
冰或雪∶食盐∶硝酸铵	12∶5∶5	−32
冰或雪∶盐酸	8∶5	−32
冰或雪∶硝酸	7∶4	−35
冰或雪∶氯化钙	4∶5	−40
冰或雪∶结晶氯化钙	2∶3	−45
冰或雪∶碳酸钾	3∶4	−46

（3）干冰

与冰相比，干冰作为冷却介质有如下优点：

ⅰ. 制冷能力大，单位质量干冰的制冷能力是冰的 1.9 倍。

ⅱ. 在 1atm 下，干冰升华为二氧化碳，不会使食品表面变湿。

ⅲ. 1atm 下干冰升华温度为 −78.9℃，远比冰的熔点低，冷冻速率快。

ⅳ. 干冰升华形成的二氧化碳，降低了食品表面氧气的浓度，能延缓脂肪的氧化，抑制微生物的生命活动。

但干冰成本高，其应用受到一定限制。

（4）金属

金属作为冷却介质，最大的特点是导热系数大，导热系数的大小表征了物体导热能力的高低。在制冷技术中，使用最多的是钢、铸铁、铜、铝及铝合金。但在食品工业中，广泛使用的是不锈钢。表7-4是金属的导热系数与比热容。

表7-4　金属的导热系数与比热容

金　　属	导热系数/[W/(m·℃)]	比热容/[J/(kg·℃)]
铝合金	160	788
铜	405	297
碳钢	65	460
不锈钢	14	502

7.1.3　食品冷却中的传热

食品的冷却过程是指热量从食品中传递到冷却介质中，使食品温度降低的过程。根据热力学定义，热量总是从高温物体传递到低温物体，只要有温差存在，就会有热量传递的发生。

食品在冷却过程中，主要以对流、传导及热辐射三种形式进行传热。其中食品表面与冷却介质之间的传热以对流传热和辐射换热为主，但食品内部的传热是以导热方式进行的。

7.1.3.1　导热

导热是指热量从物体中温度较高的部分传递到温度较低的部分，或者从温度较高的物体传递到与之接触的温度较低的另一物体的过程。食品热量从食品中心传到外表面就是靠导热来传递的。

热导率λ的大小表征了物体导热能力的高低，它是物质的热物性参数，其值与物质的种类和温度有关，不同食品的热导率各不相同，它主要与食品中的含水量和含脂量有关。一般来讲，食品的含水量高、含脂量低则λ值高，反之亦然。另外，冻结状态下的λ值要比未冻结时显著增加，详见表7-5及表7-6。

表7-5　食品的热导率

食品的种类	禽肉	畜肉	鱼肉	水	冰	空气
λ/[W/(m·℃)]	0.41~0.46	0.46~0.52	0.41~0.46	0.59	4.65	0.023

表7-6　生鲜状态与冻结状态热导率的比较

温度/℃	λ/[W/(m·℃)]			状　　态
	牛肉(少脂)	牛肉(多脂)	猪肉	
30	0.49	0.49	0.49	生鲜状态
0	0.48	0.48	0.48	
−5	1.06	0.93	0.77	冻结过程
−10	1.35	1.20	0.99	
−20	1.57	1.43	1.29	
−30	1.65	1.53	1.45	

7.1.3.2　对流

对流是指流体各部分之间发生相对位移时所引起的热量传递过程。对流只能发生在流体中，而且必然伴随有导热现象。

当用空气或盐水冷却食品时，流体与食品表面的热交换即为对流传热。

根据流动的原因不同，对流可分为自然对流和强制对流两类。自然对流是由于冷热流体的密度不同而引起的。温度高的流体密度小，要上升；对应的温度低的流体密度大，要下沉，这样便引起流体的自然对流。强制对流是借助风机或泵等机械设备产生压差使流体流动。食品冷却或冻结时常用的冷风机便是使空气冷却并强制其对流的设备。

对流传热系数 α 的大小表征了对流换热的强弱。对流传热系数不是物质的热物性参数。影响对流传热系数的因素很多，如流体的种类、物理性质、流动速率等。通常强制对流的传热系数大于自然对流的，液体的对流传热系数大于气体的。在一定的范围内，随着流体流动速率的增大，对流传热系数也增大。详见表 7-7 中对流换热的大致范围。

表 7-7　对流传热系数

对流换热形式	对流换热系数/[W/(m²·℃)]	对流换热形式	对流换热系数/[W/(m²·℃)]
空气自然对流	3~10	水自然对流	200~1000
空气强制对流	20~160	水强制对流	1000~15000

7.1.3.3　热辐射

热辐射是指因热的原因发射辐射能的过程。自然界中所有的物体都在不停地向四周发出辐射能，同时又不停地吸收其他物体发射的辐射能。不同温度的物体对辐射能进行辐射与吸收的综合结果，导致热量从温度高的物体传向温度低的物体，这就是辐射传热。

7.1.3.4　食品温度的下降

食品在冷却过程中，距离蒸发器越近，辐射传热越强烈，食品降温越快。

把一个平板状食品放入温度为 T_r 的冷却室内，刚放进去时，时间 $t=0$，食品内部各处温度都是 T_0。如图 7-3 所示，把食品分成 S、A、B、C、D 几个面来分析，并以 D 面为对称中心面，由于食品温度 T_0 高于冷却室内空气的温度 T_r，即有温差 $\Delta T=T_0-T_r$ 存在，热量就从食品表面传给冷却室空气，食品表面温度下降为 T_S，且越往中心面温度越高，食品内部形成了温度梯度。由于食品表面失去热量和食品内部热量的传递，经过时间 t 后，食品内部温度的分布变成 SABCD。此时，食品表面与冷却室内空气之间仍有温差 $\Delta T=T_S-T_r$ 存在，上述热量传递过程继续进行。在 t' 时间时，食品内部的温度分布为 S′A′B′C′D′。就这样，只要有温差存在，食品的温度就继续下降。食品表面温度梯度与温度差的关系图如图 7-4 所示。

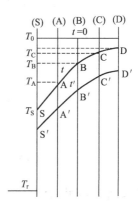

图 7-3　食品表面热量传递示意图

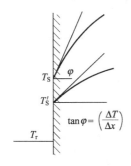

图 7-4　表面温度梯度与温度差关系图

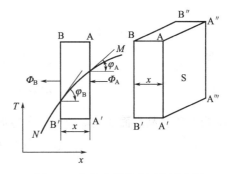

图 7-5　食品内部温度下降示意图

7.1.4　食品的冷却速率与时间

食品的冷却速率就是食品温度下降的速率，用 $-\dfrac{\Delta T}{\Delta t}$ 来表示。由于食品内各部位不同，在冷却过程中温度下降的速率也不同，整个食品的冷却速率只能以平均温度的下降速率来表示。图 7-5 中长方体的冷却速率可由下式表示

$$\bar{v}=\frac{\Delta \overline{T}}{\Delta t}=\frac{\lambda}{c\rho}\frac{\tan\varphi_{\mathrm{B}}-\tan\varphi_{\mathrm{A}}}{x}=\kappa\frac{\tan\varphi_{\mathrm{B}}-\tan\varphi_{\mathrm{A}}}{x} \tag{7-1}$$

式中　　　κ——导温系数，$\kappa=\dfrac{\lambda}{c\rho}$；

$\tan\varphi_{\mathrm{A}}$，$\tan\varphi_{\mathrm{B}}$——表示 A 面和 B 面的温度变化率。

食品内部温度的分布是向上方凸的曲线，离表面越近，温度梯度越大，因此冷却速率也越大。图 7-6 表示平板状食品的表面温度、中心温度、表面与中心之间的温度差及平均温度的下降情况。从图 7-6 中可以看出，表面温度 T_{S} 下降的速率最快，中心温度下降的速率最慢，特别是冷却的开始阶段，食品中心部位的温度下降得特别缓慢。

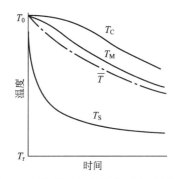

图 7-6　平板状食品各部位温度下降情况

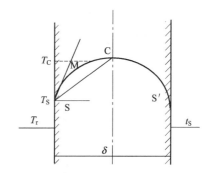

图 7-7　平板状食品冷却情况

7.1.4.1　平板状食品

图 7-7 所示是厚度为 δ 的平板状食品，双面对称地被温度为 T_{r} 的冷却介质冷却。食品内温度的分布可用曲线 SMCS′ 表示，它的平均温度梯度用直线 SC 表示，其值为 $\dfrac{2(\theta_{\mathrm{C}}-\theta_{\mathrm{S}})}{\delta}$。

食品表面的温度梯度可在 S 点作切线来表示，它的值为：$\left(\dfrac{\Delta T}{\Delta x}\right)_{\mathrm{S}}=\tan\varphi_{\mathrm{S}}$。从图 7-7 可以明显地看出，食品表面的温度梯度比平均温度梯度大，设两者之比为 m，则 $\tan\varphi_{\mathrm{S}}=m\dfrac{2(T_{\mathrm{C}}-T_{\mathrm{S}})}{\delta}$。

平板内部通过热传导向表面传递的热量为 φ_{C}

$$\varphi_{\mathrm{C}}=\lambda S\tan\varphi_{\mathrm{S}}=m\lambda S\frac{2(T_{\mathrm{C}}-T_{\mathrm{S}})}{\delta}$$

φ_{C} 也等于食品表面通过对流传热向冷却介质传递的热量 φ_{t}

$$m\lambda S\frac{2(T_{\mathrm{C}}-T_{\mathrm{S}})}{\delta}=\alpha S(T_{\mathrm{S}}-T_{\mathrm{r}})$$

$$m=\frac{\alpha}{\lambda}\delta\frac{T_{\mathrm{S}}-T_{\mathrm{r}}}{2(T_{\mathrm{C}}-T_{\mathrm{S}})} \tag{7-2}$$

m 是决定食品内部向表面传递热量的系数，m 值越大，冷却速率也越大。从式(7-2) 可看出，随着时间的推移，食品中心温度和表面温度是在变化的，m 值也随之而变化，m 值与 $\frac{\alpha}{\lambda}\delta$ 成正比关系。

由于 α 的单位是 $\mathrm{W/(m^2 \cdot ℃)}$，λ 的单位是 $\mathrm{W/(m \cdot ℃)}$，δ 的单位是 m，因此 $\frac{\alpha}{\lambda}\delta$ 与 m 值的量纲都为 1，它们对冷却速率起着支配作用。

另外，由式(7-2) 还可以看到，冷却介质温度 T_r 越低，m 值越大，冷却速率 v 也越大。但是，随着冷却过程的进行，食品的温度逐渐在降低，它与冷却介质之间的温差 $(T_s - T_r)$ 也在减小，其结果是冷却速率减小了。因此，食品的冷却速率随着冷却过程的进行而逐渐减小，如图 7-8 所示。

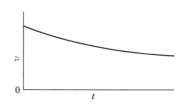

图 7-8 食品冷却速率与时间的关系

由于冷却速率与许多因素有关，经过理论推导，得出了计算平板状食品冷却速率的计算公式

$$\bar{v} = (T_0 - T_r)\kappa \frac{\mu^2}{\delta^2} e^{-\kappa\frac{\mu^2}{\delta^2}t} \tag{7-3}$$

式中　δ——平板状食品的厚度，m；

　　　T_0——平板状食品的初温，℃；

　　　T_r——冷却介质的温度，℃；

　　　t——冷却时间，s；

　　　κ——导温系数$\left(\kappa = \frac{\lambda}{c\rho}\right)$；

　　　μ——常数，由 $\frac{\alpha}{\lambda}\delta$ 的值决定。

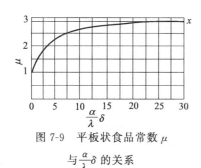

图 7-9 平板状食品常数 μ 与 $\frac{\alpha}{\lambda}\delta$ 的关系

μ 与 $\frac{\alpha}{\lambda}\delta$ 的关系如图 7-9 所示。从图 7-9 中可以看出，当 $\frac{\alpha}{\lambda}\delta$ 值小于 7.5 时，随着 $\frac{\alpha}{\lambda}\delta$ 值的增大，μ 值显著增大。当 $\frac{\alpha}{\lambda}\delta$ 值大于 7.5 后，随着 $\frac{\alpha}{\lambda}\delta$ 值的增大，μ 增大的趋势逐渐减小。当 $\frac{\alpha}{\lambda}\delta$ 的值非常大的时候，μ 值几乎不变。μ 与 $\frac{\alpha}{\lambda}\delta$ 的关系从理论上推算可得到：

$\frac{\alpha}{\lambda}\delta$ 值非常小时，$\mu^2 \approx 2\frac{\alpha}{\lambda}\delta$；

$\frac{\alpha}{\lambda}\delta$ 值非常大时，$\mu \approx \pi$。

在式(7-3) 中，$\kappa\frac{\mu^2}{\delta^2}t$ 一般情况下数值很小，$e^{-\kappa\frac{\mu^2}{\delta^2}t}$ 接近于 1，为了便于讨论，式(7-3) 可以简化为

$$\bar{v} = (T_0 - T_r)\kappa \frac{\mu^2}{\delta^2} \tag{7-4}$$

从式(7-4)中可知道，冷却速率 $\bar{v}$ 与 $\kappa\dfrac{\mu^2}{\delta^2}$ 成正比关系，进一步看冷却速率与 $\dfrac{\alpha}{\lambda}\delta$ 的关系如下。

① 当 $\dfrac{\alpha}{\lambda}\delta$ 非常小时　$\kappa\dfrac{\mu^2}{\delta^2}\approx\dfrac{\lambda}{c\rho}\cdot\dfrac{2\alpha}{\lambda}\delta\dfrac{1}{\delta^2}=\dfrac{2}{c\rho}\cdot\dfrac{\alpha}{\delta}$，此时，冷却速率 $\bar{v}$ 与表面传热系数 α 是成正比的，与厚度 δ 成反比。所以当 $\dfrac{\alpha}{\lambda}\delta$ 非常小时，增大冷却介质的流速，可以增大表面传热系数，增大冷却速率，减小冷却时间。

② 当 $\dfrac{\alpha}{\lambda}\delta$ 非常大时　此时，$\kappa\dfrac{\mu^2}{\delta^2}\approx\dfrac{\lambda}{c\rho}\cdot\dfrac{\pi^2}{\delta^2}$ 冷却速率仅仅与厚度的平方成反比，而与对流表面传热系数无关，所以当 $\dfrac{\alpha}{\lambda}\delta$ 非常大时，减小食品的厚度，冷却时间会大大缩短，但如果增大对流表面传热系数，冷却时间却不会发生变化。

③ 当 $\dfrac{\alpha}{\lambda}\delta$ 在两者之间时　冷却速率与 δ^n 成反比，n 在 1 和 2 之间，当 $\dfrac{\alpha}{\lambda}\delta$ 越小时，n 越接近 1，当 $\dfrac{\alpha}{\lambda}\delta$ 越大时，n 越接近 2。

如果把 κ 看成常数，则可以根据式(7-3)推导出平板状食品从初始温度 T_0 下降到平均温度 $\bar{T}$ 时所需的冷却时间的计算公式

$$t=\frac{2.3\lg\dfrac{T_0-T_r}{T-T_r}}{\kappa\dfrac{\mu^2}{\delta^2}}\tag{7-5}$$

式中，μ 可由图7-9近似的确定，平板状食品 μ^2 可近似地表示为

$$\mu^2=\frac{10.7\dfrac{\alpha}{\lambda}\delta}{\dfrac{\alpha}{\lambda}\delta+5.3}\tag{7-6}$$

将式(7-6)代入式(7-5)可得出计算平板状食品冷却时间的近似计算公式

$$t=\frac{c\rho}{4.65\lambda}\delta\left(\delta+\frac{5.3\lambda}{\alpha}\right)\lg\frac{T_0-T_r}{T-T_r}\tag{7-7}$$

7.1.4.2　圆柱状食品

半径为 R 的圆柱状食品，它的圆周面都一样地被冷却。圆柱状食品的冷却与平板状食品不同的是，传热面积随着半径发生变化，它内部的传热面积与半径 R 成正比，其他均相同。冷却时间的计算公式也可用式(7-6)来计算。圆柱状食品的 μ 与平板状食品一样，也是由 $\dfrac{\alpha}{\lambda}\delta$ 来决定的，可由图7-10中查得，也可用下式近似地表示

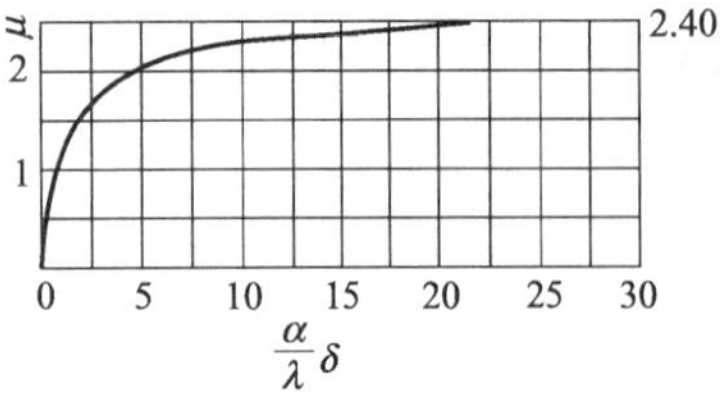

图7-10　圆柱状食品常数 μ 与 $\dfrac{\alpha}{\gamma}\delta$ 的关系

$$\mu^2=\frac{6.3\dfrac{\alpha}{\lambda}R}{\dfrac{\alpha}{\lambda}R+3.0}\tag{7-8}$$

将式(7-8)代入式(7-5)可得出计算圆柱状食品冷却时间的近似计算公式

$$T=\frac{c\rho}{2.73\lambda}R\left(R+\frac{3.0\lambda}{\alpha}\right)\lg\frac{T_0-T_\mathrm{r}}{T-T_\mathrm{r}} \tag{7-9}$$

7.1.4.3 球状食品

半径为 R 的球状食品，它的表面都是一样地被冷却。球状食品的冷却与圆柱状食品相同的是，传热面积随着半径发生变化，它内部的传热面积与半径 R 成正比，其他也相同。冷却时间的计算公式也与平板状食品相同，只是球状食品的 μ 与 $\frac{\alpha}{\lambda}\delta$ 的关系如图 7-11 所示，可近似地表示为

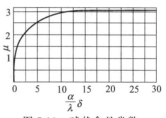

图 7-11 球状食品常数
μ 与 $\frac{\alpha}{\lambda}\delta$ 的关系

$$\mu^2=\frac{11.3\frac{\alpha}{\lambda}R}{\frac{\alpha}{\lambda}R+3.7} \tag{7-10}$$

代入式(7-3) 中，可得到球状食品的冷却时间的近似计算公式

$$t=\frac{c\rho}{4.90\lambda}R\left(R+\frac{3.7\lambda}{\alpha}\right)\lg\frac{T_0-T_\mathrm{r}}{T-T_\mathrm{r}} \tag{7-11}$$

7.1.5 食品冷却与冷藏时的变化

7.1.5.1 水分蒸发

食品在冷却时，不仅食品的温度下降，而且食品中汁液的浓度会有所增加，食品表面水分蒸发，出现干燥现象。当食品中的水分减少后，不但造成质量损失（俗称干耗），而且使植物性食品失去新鲜饱满的外观，当减重达到 5% 时，水果、蔬菜会出现明显的凋萎现象。肉类食品在冷却储藏中也会因水分蒸发而发生干耗，同时肉的表面收缩、硬化，形成干燥皮膜，肉色也有变化。鸡蛋在冷却储藏中，因水分蒸发而造成气室增大，使蛋内组织挤压在一起而造成质量下降。为了减少水果、蔬菜类食品在冷却时的水分蒸发量，要根据它们各自的水分蒸发性，控制其适宜的温度、湿度及风速。表 7-8 是根据水分蒸发特性对果蔬类食品进行的分类。

表 7-8　水果、蔬菜类食品的水分蒸发特性

水分蒸发特性	水果、蔬菜的种类
A 型(蒸发小)	苹果、橘子、柿子、梨、西瓜、葡萄、马铃薯、洋葱
B 型(蒸发中)	白桃、粟子、无花果、番茄、甜瓜、莴苣、萝卜
C 型(蒸发大)	樱桃、杨梅、龙须菜、叶菜类、蘑菇

动物性食品如肉类在冷却储藏中因水分蒸发造成的干耗情况如表 7-9 所示。

表 7-9　冷却及储藏中肉类胴体的干耗（质量分数）/%
（$T=1℃$，$\varphi=80\%\sim90\%$，$v=0.2\mathrm{m/s}$）

时间	牛	小牛	羊	猪	时间	牛	小牛	羊	猪
12h	2.0	2.0	2.0	1.0	48h	3.5	3.5	3.5	3.0
24h	2.5	2.5	2.5	2.0	8d	4.0	4.0	4.5	4.0
36h	3.0	3.0	3.0	2.5	14d	4.5	4.6	5.0	5.0

肉类水分蒸发的量与冷却室内的温度、湿度及流速有密切关系，还与肉的种类、单位质

量表面积的大小、表面形状、脂肪含量等有关。

7.1.5.2 冷害

在冷却储藏时，有些水果、蔬菜的品温虽然在冻结点以上，当储藏温度低于某一界限温度时，果蔬正常的生理机能遇到障碍，失去平衡，这种现象称为冷害。冷害症状随品种的不同而各不相同，最明显的症状是表皮出现软化斑点和核周围肉质变色，像西瓜表面凹斑，鸭梨的黑心病，马铃薯的发甜等。表 7-10 列举了一些水果、蔬菜发生冷害的界限温度与症状。

表 7-10 一些水果、蔬菜发生冷害的界线温度与症状

种类	界限温度/℃	症　状	种类	界限温度/℃	症　状
香蕉	11.7～13.8	果皮变黑，催熟不良	马铃薯	4.4	发甜，褐变
西瓜	4.4	凹斑，风味异常	番茄(熟)	7.2～10	软化，腐烂
黄瓜	7.2	凹斑，水浸状斑点，腐败	番茄(生)	12.3～13.9	催熟果颜色不好，腐烂
茄子	7.2	表皮变色，腐败			

另有一些水果、蔬菜，在外观上看不出冷害的症状，但冷藏后再放到常温中，就丧失了正常的促进成熟作用的能力，这也是冷害的一种。例如香蕉，如放入低于 11.7℃ 的冷藏室内一段时间，拿出冷藏室后表皮变黑成腐烂状，俗称"见风黑"。而生香蕉的成熟作用能力则已完全失去。一般来讲，产地在热带、亚热带的果蔬容易发生冷害。

应当强调指出，需要在低于界限温度的环境中放置一段时间冷害才能显现，症状出现最早的品种是香蕉，像黄瓜、茄子一般则需要 10～14 天的时间。

7.1.5.3 移臭（串味）

有强烈香味或臭味的食品，与其他食品放在一起冷却储藏，这香味或臭味就会传给其他食品。例如洋葱与苹果放在一起冷藏，洋葱的臭味就会传到苹果上去。这样，食品原有的风味就会发生变化，使食品品质下降。有时，一间冷藏室内放过具有强烈气味的物质后，室内留下的强烈气味会传给接下来放入的食品。如放入洋葱后，虽然洋葱已出库，但其气味会传给随后放入的苹果。要避免上述这种情况，就要求在管理上做到专库专用，或在一种食品出库后严格消毒和除味。另外，冷藏库还具有一些特有的臭味，俗称冷藏臭，这种冷藏臭也会传给冷却食品。

7.1.5.4 生理作用

水果、蔬菜在收获后仍是有生命的活体。为了运输和储存的便利，果蔬一般在收获时尚未完全成熟，因此收获后还有个后熟过程。在冷却储藏过程中，水果、蔬菜的呼吸作用、后熟作用仍在继续进行，体内各种成分也在不断发生变化，例如淀粉和糖的比例，糖酸比，维生素 C 的含量等，同时还可以看到颜色、硬度等的变化。

7.1.5.5 成熟作用

刚屠宰的动物的肉是柔软的，并具有很高的持水性，经过一段时间放置后，就会进入僵硬阶段，此时肉质变得粗硬，持水性也大大降低。继续延长放置时间，肉就会进入解僵阶段，此时，肉质又变软，持水性也有所恢复。进一步放置，肉质就进一步柔软，口味、风味也有极大的改善，达到了最佳食用状态。这一系列变化是体内进行的一系列生物化学变化和物理化学变化的结果。

由于这一系列的变化，使肉类变得柔嫩，并具有特殊的鲜、香风味，把肉的这种变化过程称为肉的成熟。这是一种受人欢迎的变化。由于动物种类的不同，成熟作用的效果也不同。对猪、家禽等肉质原来就较柔嫩的品种来讲，成熟作用不十分重要。但对牛、绵羊、野

禽等，成熟作用就十分重要，它对肉质的软化与风味的增加有显著的效果，并且提高了它们的商品价值。但是，必须指出的是，成熟作用如果进行得过分的话，肉质就会进入腐败阶段。一旦进入腐败阶段，肉类的商品价值就会下降甚至失去。

7.1.5.6 脂类的变化

冷却冷藏过程中，食品中所含的油脂会发生水解、脂肪酸的氧化、聚合等复杂的变化，其反应生成的低级醛、酮类物质会使食品的风味变差、味道恶化，使食品出现变色、酸败、发黏等现象。这种变化进行得非常严重时，就被人们称之为"油烧"。

7.1.5.7 淀粉老化

普通淀粉大致由 20％的直链淀粉和 80％的支链淀粉构成，这两种成分形成微小的结晶，这种结晶的淀粉叫 β-淀粉。淀粉在适当温度下，在水中溶胀分裂形成均匀的糊状溶液，这种作用叫糊化作用。糊化作用实质上是把淀粉分子间的氢键断开，水分子与淀粉形成氢键，形成胶体溶液。糊化的淀粉又称为 α-淀粉。食品中的淀粉是以 α-淀粉的形式存在的。但是在接近 0℃的低温范围内，糊化了的 α-淀粉分子又自动排列成序，形成致密的高度晶化的不溶性淀粉分子，迅速出现了淀粉的 β 化，这就是淀粉的老化。老化的淀粉不易为淀粉酶作用，所以也不易被人体消化吸收。水分含量在 30％～60％的淀粉容易老化，含水量在 10％以下的干燥状态及在大量水中的淀粉都不易老化。

淀粉老化作用的最适温度是 2～4℃。例如面包在冷却储藏时，淀粉迅速老化，味道就变得很不好吃。又如土豆放在冷藏陈列柜中储藏时，也会有淀粉老化的现象发生。当储藏温度低于－20℃或高于 60℃时，均不会发生淀粉老化现象。因为低于－20℃时，淀粉分子间的水分急速冻结，形成了冰结晶，阻碍了淀粉分子间的相互靠近而不能形成氢键，所以不会发生淀粉老化的现象。

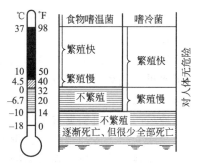

图 7-12 食品嗜温菌与嗜冷菌的
繁殖温度区域

7.1.5.8 微生物的增殖

食品中的微生物若按温度划分可分为嗜冷菌、嗜温菌、嗜热菌，详见表 7-11 和图 7-12。在冷却、冷藏状态下，微生物，特别是嗜冷，它的繁殖和分解作用并没有被充分抑制，只是速度变得缓慢了一些，其总量还是增加的，如时间较长，就会使食品发生腐败。

表 7-11 细菌增殖的温度范围

类　　别	最低温度/℃	最适温度/℃	最高温度/℃
嗜冷菌	－5～5	20～30	35～45
嗜温菌	10～15	35～40	40～50
嗜热菌	35～40	55～60	65～75

嗜冷菌的繁殖在 0℃以下变得缓慢，但如果要它们停止繁殖，一般来说温度要降到－10℃以下，对于个别嗜冷菌，在－40℃的低温下仍有繁殖现象。

7.1.5.9 寒冷收缩

宰后的牛肉在短时间内快速冷却，肌肉会发生显著收缩现象，以后即使经过成熟过程，肉质也不会十分软化，这种现象叫寒冷收缩。一般来说，宰后 10h 内，肉温降低到 8℃以下，容易发生寒冷收缩现象。但这温度与时间并不固定，成牛与小牛，或者同一头牛的不同

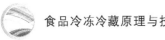

部位的肉都有差异。例如成牛，肉温低于 8℃，而小牛则肉温低于 4℃。按照过去的概念，宰杀后肉类要迅速冷却，但近年来由于冷却肉的销售量不断扩大，为了避免寒冷收缩的发生，国际上正研究不引起寒冷收缩的冷却方法。

7.2　食品冷却方法和装置

常用的冷却食品的方法有冷风冷却、冷水冷却、碎冰冷却、真空冷却等。具体使用时，应根据食品的种类及冷却要求的不同，选择其适用的冷却方法。表 7-12 是上述冷却方法的一般使用范围。

表 7-12　冷却方法与使用范围

冷却方法	肉	禽	蛋	鱼	水果	蔬菜	烹调食品
冷风冷却	○	○	○		○	○	○
冷水冷却		○		○	○	○	
碎冰冷却		○		○	○	○	
真空冷却						○	

7.2.1　冷风冷却

冷风冷却是利用被风机强制流动的冷空气使被冷却食品的温度下降的一种冷却方法，它是一种使用范围较广的冷却方法。

冷风冷却使用最多的是冷却水果、蔬菜，冷风机将冷空气从风道中吹出，冷空气流经库房内的水果、蔬菜表面吸收热量，然后回到冷风机的蒸发器中，将热量传递给蒸发器，空气自身温度降低后又被风机吹出。如此循环往复，不断地吸收水果、蔬菜的热量并维持其低温状态。冷风的温度可根据选择的储藏温度进行调节和控制。

近年来，由于冷却肉的销售量不断扩大，食品的冷风冷却装置使用普遍。冷风冷却装置中的主要设备为冷风机。随着制冷技术的不断发展，冷风机的开发制造工作也发展迅速，图 7-13 是冷风机的冷却示意图，给出了五种不同吸、吹风形式的冷风机，根据冷风机不同的吸、吹风形式，可布置成不同的冷风冷却室。图 7-14～图 7-19 给出了六种布置形式。

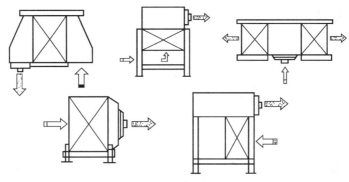

图 7-13　冷风机的冷却示意图

在肉类的冷却工艺上也进行了新的研究，如采用变温快速两段冷却法：第一阶段是在快速冷却隧道或冷却间内进行，空气流速为 2m/s，空气温度较低，一般在 −5～−15℃ 之间，经过 2～4h 后，胴体表面温度降到 0～−2℃，而后腿中心温度还在 16～20℃。然后在温度为 +1～−1℃ 的空气自然循环冷却间内进行第二阶段的冷却，整体温度基本趋向一致，达到平衡温度＋4℃时，即可认为冷却结束。整个冷却过程在 14～18h 之内可以完成。最近国外推荐的二段冷却温度更低，第一阶段温度达到－35℃，在 1h 内完成；第二阶段冷却室空气温度在－20℃。整个冷却过程中，第一阶段在肉类表面形成不大于 2mm 的冻结层，此冻结层在 20h 的冷却过程中一直保持存在，研究认为这样可有效减小干耗。

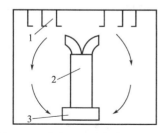

图 7-14 肉类冷风冷却装置示意图
1—吊钩；2—风道；3—冷风机

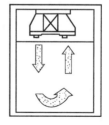

图 7-15 冷风冷却系统示意图（一）

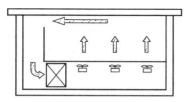

图 7-16 冷风冷却系统示意图（二）

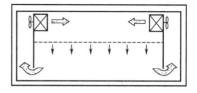

图 7-17 冷风冷却系统示意图（三）

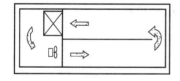

图 7-18 冷风冷却系统示意图（四）

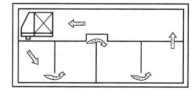

图 7-19 冷风冷却系统示意图（五）

采用两段冷却法的优点是：干耗小，平均干耗量为 1％，肉的表面外观好，肉味佳，在分割时汁液流失量少。但由于冷却肉的温度为 0～4℃，在这样的温度条件下，不能有效地抑制微生物的生长繁殖和酶的作用，所以只能做 1～2 星期的储藏。

冷风冷却还可以用来冷却禽、蛋、调理食品等。冷却时通常把被冷却食品放于金属传送带上，可连续作业。冷却装置可制成洞道式并配上金属传送带。

冷风冷却可广泛地用于不能用水冷却的食品上，其缺点是当室内温度低时，被冷却食品的干耗较大。

7.2.2 冷水冷却

冷水冷却是通过低温水把被冷却的食品冷却到指定的温度的方法。冷水冷却常用于水果、蔬菜、禽类、水产品等食品的冷却，特别是对一些易变质的食品更为适合。大部分食品不允许用液体冷却，因为产品的外观会受到损害，而且失去了冷却以后的储藏能力。冷水冷却通常用预冷水箱来进行，水在预冷水箱中被布置于其中的制冷系统的蒸发器冷却，然后与食品接触，把食品冷却下来。如不设预冷水箱，也可将蒸发器直接设置于冷却槽内，在这种情况下，冷却池必须设置搅拌器，通过搅拌器的搅拌使冷却池内水温均匀。现代冰蓄冷技术的不断发展和完善，为冷水冷却开辟了更为广阔应用前景。具体做法是在冷却开始前先让冰

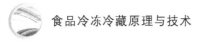

凝结于蒸发器上，冷却开始后，此部分冰就会释放出冷量。

冷水冷却可以分为三种：喷淋式、浸渍式和混合式，其中喷淋式应用最为广泛。

① 喷淋式 在被冷却食品上方，由喷嘴把冷却了的有压力的水呈散水状喷向食品，达到冷却的目的。

② 浸渍式 被冷却食品直接浸在冷水中冷却，冷水被搅拌器不停地搅拌以使温度均匀。

③ 混合式 混合式冷却装置一般采用先浸渍后喷淋的步骤。

同冷风冷却相比较，冷水冷却的优点是：冷却速度快、避免了干耗。缺点是被冷却食品之间易交叉感染。

7.2.3 碎冰冷却

冰的相变潜热为 334.5kJ/kg，具有较大的冷却能力，是一种良好的冷却介质。在与食品接触过程中，冰吸收热量融化成水，使食品迅速冷却。碎冰冷却的优点是：融化的冰水能使食品的表面一直保持湿润，防止干耗的发生，同时，冰价格便宜、无毒害、易携带和储藏。

用来冷却食品的冰有淡水冰和海水冰两种，一般淡水冰用来冷却淡水鱼，海水冰用来冷却海水鱼。淡水冰又有透明冰和不透明冰之分。透明冰轧碎后，接触空气面小，不透明冰则反之，不透明冰是由于形成的冰中含有许多微小的空气气泡而导致的。从单位体积释放的冷量来说，透明冰要高于不透明冰。淡水冰按其形状又有机制块冰（每块重 100kg 或 120kg，经破碎后用来冷却食品）、管冰、片冰和米粒冰之分。海水冰也有多种形式，主要以块冰和片冰为主。随着制冰机技术的发展，许多作业渔船可带制冰机随制随用，但需注意的是，不允许用被污染的海水及港湾内的水来制冰。常用碎冰的体积质量和比体积见表 7-13。

表 7-13　常用碎冰的体积质量和比体积

碎冰的规格/cm	体积质量/(kg/m³)	比体积/(m³/t)
大冰块(约 10×10×5)	500	2.0
中冰块(约 4×4×4)	550	4.82
细冰块(约 1×1×1)	560	1.78
混合冰(大块冰和细块冰混合 0.5~12)	625	1.60

为了提高碎冰冷却的效果，要求冰要细碎，冰与被冷却食品的接触面积要大，冰融化后生成的水要及时排出。

在海上，渔获物的冷却方法一般有三种：加冰法（干法）、水冰法（湿法）及冷海水法。加冰法要求在容器的底部和四壁上先加上冰，随后层冰层鱼、薄冰薄鱼。要求冰粒要细，撒布要均匀，最上面的盖冰冰量要充足，融冰水应及时排出，以免对鱼体造成不良影响。

水冰法是在有盖的泡沫塑料箱内，用冰加上冷海水来保鲜鱼货。海水必须先预冷到1.5~−1.5℃再送入容器或舱中，再加鱼和冰，鱼必须完全被冰浸盖。用冰量根据气候变化而定，一般鱼与水之比为 (2~3)∶1。为了防止海水鱼在冰水中变色，用淡水冰时需加盐，加盐量的大小随鱼种类的不同而异，如乌贼鱼要加盐 3%，鲷鱼要加盐 2%。淡水鱼则可以用淡水加淡水冰保鲜运输，无需加盐。水冰法操作简便，用冰省，冷却速度快，但浸泡后肉质较软弱，易于变质，故从冰水中取出后仍需冰藏保鲜。此法适用于死后易变质的鱼类，如鲐、竹刀鱼等。

冷海水法主要是以机械制冷的冷海水来冷却保藏鱼货，与水冰法相似，水温一般控制在 0~−1℃之间。冷海水法具有效率高，可大量处理鱼货，所需劳动力少、卸货快、冷却速度快等优点。缺点是鱼体会因吸收部分水分和盐分而膨胀，颜色发生变化，蛋白质也容易损耗，另外因舱体的摇摆，鱼体易相互碰擦而造成机械伤口等。目前，国际上广泛使用冷海水法作为预冷手段。

7.2.4　真空冷却

真空冷却又称为减压冷却。其原理是真空降低水的沸点，促使食品中的水分蒸发，因为蒸发潜热来自食品自身，从而使食品温度减低而冷却。真空冷却装置由真空冷却槽、制冷装置、真空泵等设备组成，如图7-20所示。

真空冷却主要用于蔬菜的快速冷却。挑选、整理后的蔬菜放入打孔的纸箱内，推进真空冷却槽，关闭槽门，开动真空泵和制冷机。当真空槽内压力降至667Pa时，水在1℃就沸腾汽化。所以，随着真空冷却槽内压力的降低，蔬菜中所含的水分在低温下迅速汽化，所吸收的汽化热使蔬菜本身的温度迅速下降。水在667Pa的压力、1℃温度下变成水蒸气，体积要增大近20万倍，即使用二级真空泵来抽，消耗了很多电能，也不能使真空冷却槽内的压力很快降下来，所以装置

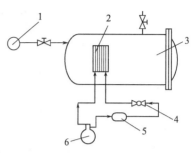

图 7-20　真空冷却示意图
1—真空泵；2—冷却器；3—真空冷却槽；
4—膨胀阀；5—冷凝器；6—压缩机

中增设的制冷设备并不是直接用来冷却蔬菜的，而是用来使大量的水蒸气冷凝成水并排出冷却槽，从而保持了真空冷却槽内形成稳定的真空度。

真空冷却是目前最快的一种冷却方法，对表面积大（如叶类菜）的食品的冷却效果特别好。真空冷却的主要优点是冷却速度快、时间短；冷却后的食品储藏时间长；易于处理散装产品；若在食品上事先喷洒水分，则干耗非常低。缺点是装置成本高，少量使用时不经济。

7.3　食品冷却和冷藏工艺

7.3.1　食品的预冷与冷却

预冷与冷却的概念不同。所谓预冷是指食品从初始温度（30℃左右）迅速降低到所需要的终点温度（0～15℃），即在运输前、冷藏前的冷却以及冻结前的快速冷却等统称为预冷。而冷却则是将食品的温度降低到接近其冰点但不冻结的方法，是食品储藏广泛采用的一种方法。

ⅰ.果蔬类食品的冷却工艺流程：
果蔬挑选、分级→包装→冷却→冷却物冷藏→过磅、出库
ⅱ.肉类食品的冷却工艺流程：
屠宰加工后的白条肉→检验、分级、过磅→冷却→冷藏→过磅、出库
ⅲ.水产品的冷却工艺流程：
鲜鱼清洗、分级→过磅、装盘→冷却→冷却物冷藏→过磅、出库

7.3.2　食品冷藏工艺

7.3.2.1　冷藏的条件和控制要素

冷藏过程中主要控制的工艺条件包括冷藏温度、空气的相对湿度和空气的流速等。这些工艺条件因食品物料的种类、储藏期的长短和有无包装而异。一般来说，储藏期短，对相应

的冷藏工艺要求可以低一些。

在冷藏工艺条件中，冷藏温度是最重要的因素。冷藏温度不仅指的是冷库内空气的温度，更重要的是指食品物料的温度。植物性食品物料的冷藏温度通常要高于动物性食品的物料温度，这主要是因为植物性食品物料的活态生命可能会受到低温的影响而产生低温冷害。

冷藏室内的温度应严格控制。任何温度的变化都可能对冷藏的食品物料造成不良的后果。大型冷藏库内的温度控制要比小型冷藏库容易些，这是由于它的热容量较大，外界因素对它的影响较小。冷藏库内若储藏大量高比热容的食品物料时，空气温度的变化虽然很大但食品物料的温度变化却并不显著，这是由于冷藏室内空气的比热容和空气的量均比食品物料的小和少。冷藏室内空气中的水分含量对食品物料的耐藏性有直接的影响。冷藏室内的空气既不宜过干也不宜过湿。低温的食品物料表面如果与高湿空气相遇，就会有水分冷凝在其表面，导致食品物料容易发霉、腐烂。空气的相对湿度过低时，食品物料中的水分会迅速蒸发并出现萎缩。冷藏时大多数水果和植物性食品物料适宜的相对湿度在85%～90%，绿叶蔬菜、根菜类蔬菜和脆质蔬菜适宜的相对湿度可提高到90%～95%，坚果类冷藏的适宜相对湿度一般在70%以下。畜、禽肉类冷藏时适宜的相对湿度一般也在85%～90%，而冷藏干态颗粒状食品物料如乳粉、蛋粉等，空气的相对湿度一般较低（50%以下）。若食品物料具有阻隔水汽的包装时，空气的相对湿度对食品物料影响较小，控制的要求相对也较低。

冷藏室内空气的流速也相当重要，一般冷藏室内的空气保持一定的流速以保持室内温度的均匀和进行空气循环。空气的流速过大，空气和食品物料间的蒸气压差随之增大，食品物料表面的水分蒸发也随之增大，在空气相对湿度较低的情况下，空气的流速将对食品干缩产生严重的影响。只有空气的相对湿度较高而流速较低时，才会使食品物料的水分损耗降低到最低的程度。

7.3.2.2　果蔬的冷藏工艺和技术

果蔬原料常用的冷却方法有空气冷却法、冷水冷却法和真空冷却法等。空气冷却可在冷藏库的冷却间或过堂内进行，空气流速一般在 0.5m/s，冷却到冷藏温度后再入冷藏库。冷水冷却法中冷水的温度约为 0～3℃，冷却速度快，干耗小，适用于根菜类和较硬的果蔬。真空冷却法多用于表面积较大的叶菜类，真空室的压力约为 613～666Pa。为了减少干耗，果蔬在进入真空室前要进行喷雾加湿。冷却的温度一般为 0～3℃。但由于品种、采摘时间、成熟度等多因素的影响，冷却温度差别很大。

完成冷却的果蔬可以进入冷藏库。冷藏过程主要控制的工艺条件包括温度和空气的相对湿度。表 7-14 和表 7-15 列出了部分果蔬的冷藏条件，仅供参考。

表 7-14　瓜果类低温保藏条件

瓜　果　名	结冰点/℃	保藏温度/℃	相对湿度/%	保藏期限
苹果	−1.5	−1.1～0	85～90	2～4 个月
杏	−1.0	−0.6～0	85～90	1～2 周
香蕉(黄熟)	−0.8	>13	85～90	数日
樱桃	−1.8	−0.6～0	85～90	10～14 日
粗栗	−0.8	0	80～85	10～14 日
无花果	−2.5	−2.2～0	85～90	5～7 日
葡萄(美洲种)	−1.3	−0.6～0	85～90	3～8 周
葡萄(欧洲种)	−2.1	−1.1～0.6	85～90	3～6 周
柠檬	−1.4	12.8～14.1	85～90	1～4 个月
芒果	−0.9	10	85～90	2～3 周

表 7-15 蔬菜类低温保藏条件

菜 类	结冰点/℃	保藏温度/℃	相对湿度/℃	保藏期限
芦笋	−0.9	0	90～95	3～4 周
青豌豆	−1.0	7	85～90	8～10 日
利马豆	−0.7	0～4	85～90	10～15 日
甘蓝菜	−1.0	0	90～95	3～4 周
甘蓝菜(晚生)	−0.8	0	90～95	3～4 个月
胡萝卜	−1.8	0	90～95	10～14 日
花椰菜	−1.0	0	85～90	2～3 周
芹菜	−0.6	−0.6～0	90～95	2～4 个月
甜玉米	−0.7	−0.6～0	85～90	4～8 日
黄瓜	−0.8	7～10	90～95	10～14 日
茄子	−0.9	7～10	85～90	10 日
莴苣	−0.4	0	90～95	3～4 周
蘑菇	−1.1	0～1.7	85～90	3～5 日
黄秋葵	−2.0	10	85～90	7～10 日
洋葱	−1.1	0	70～75	6～8 个月
青豌豆荚	−1.1	0	85～90	1～2 周
马铃薯(早生)	−1.2	10～12.8	85～90	—
马铃薯(晚生)	−1.2	3.3～10	85～90	—
青椒	−0.8	7.2～10	85～90	8～10 日
南瓜(夏)	−0.9	0～4.4	85～95	10～14 日
南瓜(冬)	−0.8	10～12.8	70～75	2～6 个月
萝卜(春)	−1.1	0	90～95	10 日
萝卜(冬)	—	0	90～95	2～4 个月
菠菜	−0.4	0	90～95	10～14 日
甘薯	−1.5	13～16	90～95	4～6 个月
番茄(未熟)	−0.5	13～21	85～90	2～5 周
番茄(完熟)	−0.5	0	85～90	7 日
芜菁	−1.2	0	90～95	4～5 个月

复习思考题

●7-1 什么是冷却？有哪些冷却方法？有哪些冷却装置？

●7-2 冷却和冻结有什么区别？冷藏和冻藏的区别？

●7-3 食品冷却时会发生哪些变化？如何避免寒冷收缩？

●7-4 按照强制通风式与差压式冷却装置的特点来分析，在进行这两种类型的冷却装置设计时的技术要点。

●7-5 真空冷却食品时其冷却品质受哪些因素的影响？在了解真空冷却装置工作原理的基础上分析一下真空冷却装置设计时应注意哪些问题？你觉得这个装置除了可以进行冷却加工外还可协助进行其他食品加工吗？有没有什么研究前景？

●7-6 一个厂家要生产冷却水果和叶菜类蔬菜，请帮这个厂家选择冷却装置，并说明为什么这样选择？

●7-7 什么叫淀粉的老化？为什么要防止淀粉的老化？怎样控制淀粉的老化？有个淀粉类食品的生产厂家，为了保证生产质量，其厂家的配套生产间有什么要求？

主要参考文献

［1］ 王希成编著. 生物化学. 第 2 版. 北京：清华大学出版社，2005.
［2］ 宁正祥主编. 食品生物化学. 第 2 版. 广州：华南理工大学出版社，2006.
［3］ 天津轻工业学院，无锡轻工业学院. 食品生物化学. 北京：轻工业出版社，1981.
［4］ 李培青主编. 食品生物化学. 北京：中国轻工业出版社，2007.
［5］ 冯志哲主编. 食品冷藏学. 北京：中国轻工业出版社，2006.
［6］ 林洪，张瑾，熊正河编著. 水产品保鲜技术. 北京：中国轻工业出版社，2001.
［7］ 林洪主编. 水产品营养与安全. 北京：化学工业出版社，2007.
［8］ 华泽钊，李云飞，刘宝林编著. 食品冷冻冷藏原理与设备. 北京：机械工业出版社，1999.
［9］ 刘红英主编. 水产品加工与贮藏. 北京：化学工业出版社，2006.
［10］ 朱文学等编著. 食品干燥原理与技术. 北京：科学出版社，2009.
［11］ 章建浩主编. 生鲜食品贮藏保鲜包装技术. 北京：化学工业出版社，2009.
［12］ Owen R. Fennema 著. 食品化学. 第 3 版. 王璋等译. 北京：中国轻工业出版社，2003.
［13］ 阚建全主编，谢笔钧主审. 食品化学. 第 2 版. 北京：中国农业大学出版社，2008.
［14］ 葛华才，袁高清，彭程编. 物理化学. 北京：高等教育出版社，2008.
［15］ 天津大学物理化学教研室编. 物理化学. 第 4 版. 北京：高等教育出版社，2001.
［16］ 张佳程，师进生主编. 食品物理化学. 北京：中国轻工业出版社，2007.
［17］ 贺蕴秋，王德平，徐振平编著. 无机材料物理化学. 北京：化学工业出版社，2005.
［18］ 华泽钊，任盛禾著. 低温生物医学技术. 北京：科学出版社，1994.
［19］ 李勇主编. 食品冷冻加工技术. 北京：化学工业出版社，2005.
［20］ 李云飞，殷涌光，金万镐编著. 食品物性学. 北京：中国轻工业出版社，2008.
［21］ 屠康，姜松，朱文学编. 食品物性学. 南京：东南大学出版社，2006.
［22］ Rao. M. A，Rizvi . S. S. H. Engineering Properties of Foods. New York：2nd ed. by Marcel Dekker, Inc. 1995.
［23］ M. A. Rao, S. S. H. Rizvi. Engineering Properties of Foods. New York：by Marcel Dekker, Inc. 1986.
［24］ Shri K. Sharma, Steven J. Mulvaney, Syed S. H. Rizvi. Food Process Engineering. New York：by John Wiley & Sons, Inc. 2000.
［25］ Romeo T. Toledo. Fundamentals of Food Process Engineering Third Edition. New York：by Springer Science＋Business Media，LLC. 2007.
［26］ Jatal D. Mannapperuma & R. Paul Singh. A Computer-Aided Method for the Prediction of Properties and Freezing/Thawing Time of Foods. Journal of Food Engineering，1989，9：275-304.
［27］ Rui Costa・Kristberg Kristbergsson. Predictive Modeling and Risk Assessment. New York：by Springer Science＋Business Media，LLC. 2009.
［28］ Serpil Sahin and Servet Gülüm Sumnu. Physical Properties of Foods. New York：by Springer Science＋Business Media，LLC. 2006.
［29］ 杨世铭，陶文铨编著. 传热学. 第 3 版. 北京：高等教育出版社，1998.
［30］ 程俊国等编. 高等传热学. 重庆：重庆大学出版社，1991.
［31］ 郑金宝编. 速冻技术（讲义）. 武汉：华中理工大学，1991.
［32］ Denyse I, LeBlanc, Robert Kok, Gorkon E, Timbers. Freezing of parallelepiped food product. Part 2. Comparison of experimental and calculated results. Int J Refrig, 1990, 13：379-392.
［33］ 冯骉主编. 食品工程原理. 北京：中国轻工业出版社，2006.
［34］ 李云飞，葛克山主编. 食品工程原理. 第 2 版. 北京：中国农业大学出版社，2009.
［35］ S. A, Goldblith, L. Rey, W. W. Rothmayr. Freeze Drying and Advanced Food Technology. London：by Academic Press Inc.（London）LTD. 1975.
［36］ 李云飞，王成芝. 真空冷冻干燥中能量控制下的准稳态模型研究. 华东工业大学学报，1997，(1) 34-38.
［37］ 姚智华. 低能耗真空冷冻干燥技术与过程参数的研究. 山西农业大学：硕士论文，2003. 7.
［38］ 刘北林. 食品保鲜与冷藏链. 北京：化学工业出版社，2004.
［39］ 赵思明主编. 食品工程原理. 北京：科学出版社，2009.
［40］ 隋继学. 食品冷藏与速冻技术. 北京：化学工业出版社，2007.
［41］ 谢晶. 食品冷冻冷藏原理与技术. 北京：化学工业出版社，2005.
［42］ 李敏. 冷库制冷工艺设计. 北京：机械工业出版社，2009.
［43］ 曾庆孝. 食品加工与保藏原理. 北京：化学工业出版社，2002.
［44］ 余华明. 冷库与冷藏技术. 北京：人民邮电出版社，2006.
［45］ C. P. Mallett 著. 冷冻食品加工技术. 北京：中国轻工业出版社，2004.
［46］ 隋继学. 制冷与食品保藏技术. 北京：中国农业出版社，2005.
［47］ 孙企达，赵大云，孙海宝编著. 实用农产品和食品保鲜技术手册. 上海：上海科学技术出版社，2005.